U0415373

“十三五”国家重点出版物出版规划项目

高分辨率对地观测前沿技术丛书

主编　王礼恒

合成孔径激光雷达成像技术

李道京　杜剑波　胡　烜　马　萌　著

国防工業出版社

·北京·

内 容 简 介

激光信号相干性的提高，已使合成孔径激光雷达技术的实现成为可能，近年来其相干成像技术已成为国内外光学和电子学领域的研究热点。

本书共分10章。针对激光信号的特点，阐述了合成孔径激光雷达技术体制作用原理，介绍了宽带信号产生、信号相干性保持和相位误差校正、运动误差补偿和高分辨率成像探测方法以及用于合成孔径激光雷达的非成像衍射光学系统概念，针对对地成像和运动目标成像的不同应用需求，系统地分析了机载、天基、地基合成孔径激光雷达的主要指标、关键技术和实现方案。

本书是作者近年来在合成孔径激光雷达成像技术领域的研究工作总结，适合从事激光雷达、激光成像和信号处理等领域的科技人员参考使用，也可以作为高等院校相关专业的教学和研究资料。

图书在版编目(CIP)数据

合成孔径激光雷达成像技术/李道京等著．—北京：国防工业出版社，2021.7

ISBN 978-7-118-12254-1

Ⅰ.①合…　Ⅱ.①李…　Ⅲ.①合成孔径雷达—激光成像雷达—研究　Ⅳ.①TN958.98

中国版本图书馆CIP数据核字(2021)第042196号

※

国防工業出版社出版发行

(北京市海淀区紫竹院南路23号　邮政编码100048)

雅迪云印(天津)科技有限公司印刷

新华书店经售

*

开本 710×1000　1/16　**插页** 18　**印张** 18　**字数** 288千字

2021年7月第1版第1次印刷　**印数** 1—2000册　**定价** 128.00元

(本书如有印装错误，我社负责调换)

国防书店：(010)88540777　书店传真：(010)88540776

发行业务：(010)88540717　发行传真：(010)88540762

丛书学术委员会

丛书编审委员会

序　言

高分辨率对地观测系统工程是《国家中长期科学和技术发展规划纲要(2006—2020年)》部署的16个重大专项之一,它具有创新引领并形成工程能力的特征,2010年5月开始实施。高分辨率对地观测系统工程实施十年来,成绩斐然,我国已形成全天时、全天候、全球覆盖的对地观测能力,对于引领空间信息与应用技术发展,提升自主创新能力,强化行业应用效能,服务国民经济建设和社会发展,保障国家安全具有重要战略意义。

在高分辨率对地观测系统工程全面建成之际,高分辨率对地观测工程管理办公室、中国科学院高分重大专项管理办公室和国防工业出版社联合组织了《高分辨率对地观测前沿技术》丛书的编著出版工作。丛书见证了我国高分辨率对地观测系统建设发展的光辉历程,极大丰富并促进了我国该领域知识的积累与传承,必将有力推动高分辨率对地观测技术的创新发展。

丛书具有3个特点。一是系统性。丛书整体架构分为系统平台、数据获取、信息处理、运行管控及专项技术5大部分,各分册既体现整体性又各有侧重,有助于从各专业方向上准确理解高分辨率对地观测领域相关的理论方法和工程技术,同时又相互衔接,形成完整体系,有助于提高读者对高分辨率对地观测系统的认识,拓展读者的学术视野。二是创新性。丛书涉及国内外高分辨率对地观测领域基础研究、关键技术攻关和工程研制的全新成果及宝贵经验,吸纳了近年来该领域数百项国内外专利、上千篇学术论文成果,对后续理论研究、科研攻关和技术创新具有指导意义。三是实践性。丛书是在已有专项建设实践成果基础上的创新总结,分册作者均有主持或参与高分专项及其他相关国家重大科技项目的经历,科研功底深厚,实践经验丰富。

丛书5大部分具体内容如下:**系统平台部分**主要介绍了快响卫星、分布式卫星编队与组网、敏捷卫星、高轨微波成像系统、平流层飞艇等新型对地观测平台和系统的工作原理与设计方法,同时从系统总体角度阐述和归纳了我国卫星遥感的现状及其在6大典型领域的应用模式和方法。**数据获取部分**主要介绍了新型的星载/机载合成孔径雷达、面阵/线阵测绘相机、低照度可见光相机、成像光谱仪、合成孔径激光成像雷达等载荷的技术体系及发展方向。**信息处理部分**主要介绍了光学、微波等多源遥感数据处理、信息提取等方面的新技术以及地理空间大数据处理、分析与应用的体系架构和应用案例。**运行管控部分**主要介绍了系统需求统筹分析、星地任务协同、接收测控等运控技术及卫星智能化任务规划,并对异构多星多任务综合规划等前沿技术进行了深入探讨和展望。**专项技术部分**主要介绍了平流层飞艇所涉及的能源、囊体结构及材料、推进系统以及位置姿态测量系统等技术,高分辨率光学遥感卫星微振动抑制技术、高分辨率SAR有源阵列天线等技术。

丛书的出版作为建党100周年的一项献礼工程,凝聚了每一位科研和管理工作者的辛勤付出和劳动,见证了十年来专项建设的每一次进展、技术上的每一次突破、应用上的每一次创新。丛书涉及30余个单位,100多位参编人员,自始至终得到了军委机关、国家部委的关怀和支持。在这里,谨向所有关心和支持丛书出版的领导、专家、作者及相关单位表示衷心的感谢!

高分十年,逐梦十载,在全球变化监测、自然资源调查、生态环境保护、智慧城市建设、灾害应急响应、国防安全建设等方面硕果累累。我相信,随着高分辨率对地观测技术的不断进步,以及与其他学科的交叉融合发展,必将涌现出更广阔的应用前景。高分辨率对地观测系统工程将极大地改变人们的生活,为我们创造更加美好的未来!

王礼恒

2021年3月

前　言

合成孔径成像的概念包括雷达平台运动目标静止成像和雷达平台静止目标运动成像两个方面,后者通常称为逆合成孔径成像。两者的工作原理都是基于相对运动产生的大等效孔径,获得高的横向分辨率,该横向分辨率的形成也可以用信号在慢时间频域的多普勒带宽进行解释,其基本条件是信号具备高的相干性,故合成孔径成像的概念在原理上适用于微波、毫米波和激光信号。

激光信号相干性的提高,已使合成孔径激光雷达(Synthetic Aperture Ladar,SAL)的技术实现成为可能,近年来相关技术已成为国内外光学领域的研究热点,也引起了电子学领域研究人员的高度关注。较为成熟的微波合成孔径雷达(Synthetic Aperture Radar,SAR)技术能否应用于 SAL,应是从事 SAR 研究电子学人员思考的问题。

激光具有波粒二象性,光子数是光总能量除以单光子能量,当光子数较少时光表现为粒子特性,当光子数多时表现为波的特性。强调波的性质就演变为信号间有严格相位关系的 SAL 成像,强调粒子特性就演变为量子成像。2015 年是国际光年,关于光学发展的纪念文章有很多,其中中国科学院物理研究所一篇关于光本质的百年探索史文章讲到物理学家认为光的波粒二象性使其变得更有价值,光的波动方程或粒子方程都能非常好地描述光的行为,但在某些特定情况下,其中的一种描述方式会比另一种更容易应用,根据不同情况可以选择切换这两种描述方式。这个学术观点不仅提高了电子学人员对光的认知水平,也再次明确了 SAL 成像研究工作的意义和可行性。

从国内外已开展的 SAL 研究情况来看,虽然 SAL 的概念和原理很清楚,但由于技术和工程实现中的问题较多,因此目前还处在关键技术验证阶段,关于SAL 的系统体制和技术实现尚未形成较为统一的学术观点,在一些基本概念,如信号的相干性,光学研究人员强调信号的空间相干性,而电子学研究人员则更强调信号的时间相干性,但实际上 SAL 和 SAR 一样,其相干性概念是建立在空时二维的，需进一步扩展到空时频三维以便于信号处理。

作为主要从事 SAR 研究的电子学人员，2010 年一个偶然的机会，作者接触到了 SAL 并由此开始了较为系统的研究工作。由于 SAL 成像是基于信号处理的，因此从事过 SAR 研究的电子学人员可能容易理解 SAL，但仅从原理上理解是远远不够的，还需要充分考虑到光学系统的特点。在激光信号产生、发射、接收过程中，要实现精确的相位控制并非易事，相关工作还需要专业的光学人员完成。基于此认识，作者在 SAL 的研究工作中，不仅注意学习光学系统知识，也注意和国内光学专家进行讨论和交流，以不断提高自己的研究水平。

2015 年中国物理学会有一篇介绍玻恩和沃尔夫合著“光学原理”写作过程的文章给作者留下了深刻的印象。其中沃尔夫推迟出版时间坚持补入第 10 章“部分相干光的干涉和衍射”的相关内容，书出版后的不久激光问世，此书即成为最早深入处理光的相干性问题的著作，这也促使作者决定加快对 SAL 的研究工作，并整理出版相关研究成果。作者清楚地意识到，相干激光技术在快速发展，虽然自己的研究工作很肤浅，主要是纸上谈兵且带有浓厚的 SAR 色彩，但从事 SAR 研究的电子学人员对 SAL 的学术观点，也可能给他人带来一些启示，这也有益于 SAL 成像技术的发展。

本书是作者近十年来对合成孔径激光雷达成像技术及其应用研究的工作总结，旨在将较为成熟的微波、毫米波 SAR、ISAR 技术应用于激光雷达，对推动相干激光雷达的技术发展起到一定的作用。本书主要内容涵盖了国内外研究进展以及作者在此领域最新的研究结果，主要特点如下：

(1)针对激光信号的特点，阐述了合成孔径激光雷达技术体制，介绍了宽带信号产生、信号相干性保持和相位误差校正、运动误差补偿和高分辨率成像探测方法，以及用于合成孔径激光雷达的非成像衍射光学系统概念。

(2)针对对地成像和运动目标成像的不同应用需求，系统分析了机载、天基和地基合成孔径激光雷达的主要指标、关键技术和实现方案。

本书主要由李道京、杜剑波、胡烜、马萌负责撰写。李道京确定了合成孔径激光雷达成像技术的研究思路和本书的内容框架，撰写了第 1、2、3 章以及第 10 章的 10.2 节内容并负责整理定稿；杜剑波撰写了第 4 章，第 6 章的 6.2 节，第 7 章的 7.3、7.4、7.5 节，以及第 10 章的 10.1 节内容；胡烜撰写了第 5、8、9 章，以及第 7 章的 7.1、7.2 节内容；马萌撰写了第 6 章的 6.1 节内容。研究生周凯、吴疆协助整理了本书文稿，为本书做出了贡献，在此表示感谢。

在本书编写过程中，西安电子科技大学的邢孟道教授、孙艳玲副教授、郭亮副教授、刘飞副教授在SAL成像处理、激光相控阵、图像质量评价工作中给予了支持和帮助；中国科学院西安光学精密机械研究所的朱少岚研究员、薛彬研究员、屈恩世研究员、李东坚研究员和高存孝副研究员，北京理工大学的倪国强、李林教授，浙江大学的徐之海教授，航天工程大学的孙华燕教授，中国科学院长春光学精密机械研究所的丁亚林、武雁雄、梁静秋、姚园和吕金光副研究员，中国科学院成都光电技术研究所的魏凯、鲜浩、高晓东研究员，北京大学的李正斌教授，中国兵器工业第205研究所的徐小雍研究员，中国航天科技集团公司第508研究所的林招荣、郑永超研究员在SAL光学系统设计工作中给予了支持和帮助；中国科学院上海光学精密机械研究所的刘立人、陈卫标研究员和孙建峰、竹孝鹏博士，以及中国科学院上海技术物理研究所的王建宇院士、舒嵘研究员在SAL系统设计工作中给予了支持和帮助；北京航空航天大学的房建成院士，刘刚、雷旭升、李建利教授和周向阳研究员在磁悬浮稳定平台技术中给予了支持和帮助；清华大学的金国藩院士和曹良才教授在二元光学器件技术中给予了支持和帮助。中国科学院电子学研究所的吴一戎院士，丁赤飚、洪文、朱敏慧、吴谨、张毅、李飞、潘洁研究员，党雅文副研究员，杨宏、刘淑贞高级工程师，装备发展部项目管理中心的郑浩高级工程师，以及中国科学院空间科学与应用研究中心的郗莹高级工程师等领导和同志在本书的撰写和研究过程中给予了大量的指导、帮助和鼓励，在此一并表示最诚挚的感谢！本书的撰写和出版，得到了高分辨率对地观测系统重大专项、国家自然科学基金和中国科学院电子学研究所创新项目的资助，在此表示感谢。

合成孔径激光雷达成像技术还在不断完善和发展之中，本书介绍了作者的一些研究结果。由于作者水平有限，书中不足和错误之处在所难免，恳请广大读者批评指正。

电磁波的频段范围很宽，雷达作为有源主动探测设备，人类首先开发了微波和激光这两个波段。以前，利用微波信号相干性，我们极大地提高了微波雷达的性能，使之从脉冲压缩、相干脉冲串积累目标探测发展到了高分辨率成像，获取了该波段对应的丰富信息。今天，进一步开发激光波段，提高激光雷达信号相干性，增强其目标探测与成像性能，扩大其应用领域，是挑战也是机遇，相信我们在该技术领域能够做出应有的贡献。

著　者

2020年10月

目　录

第 1 章 概 论

1.1 概念与内涵

激光雷达成像系统和光学成像系统一样,其空间分辨率都受系统光学孔径的限制。对于一定尺寸的系统光学孔径,其分辨率会随着距离的增加而下降。因此,高分辨率的远距离成像需要很大的系统光学孔径,但实际系统中很多因素限制了系统光学孔径的增加。为此,可以考虑使用合成孔径技术对远距离目标实现高分辨率成像。

激光信号相干性的提高,已使合成孔径激光雷达(Synthetic Aperture Ladar, SAL)/逆合成孔径激光雷达(Inverse Synthetic Aperture Ladar, ISAL)的技术实现成为可能,其波长较短、可以对远距离目标高数据率高分辨率成像的特点,使其具有重要的应用价值。研究合成孔径激光雷达成像技术对高分辨率对地观测系统和运动目标成像探测系统的发展具有重要意义。

1.2 国内外研究现状

与合成孔径微波成像雷达技术的发展情况类似,合成孔径激光雷达(SAL)成像的研究工作也是从地基激光雷达对运动目标的逆合成孔径激光雷达(ISAL)成像开始的。

地基 ISAL 成像最为典型的应用是对远距离运动目标成像。自 1964 年第一台 CO_2 激光器问世以来,CO_2 激光技术发展迅速,促进了相干接收体制 CO_2 激光雷达的起步和发展,比较有代表性的是 Firepond 光学装置[1]。1981 年,高功率激光雷达放大器系统成功安装在 Firepond 光学装置上，林肯实验室利用上述激光雷达对翻滚运动的空间目标（Agena D 火箭推进器）在距离－多普勒域实现了成像。1990 年，林肯实验室利用宽带激光雷达采集到了在轨卫星（LAGEOS）的第一幅距离－多普勒图像，宽带信号为带宽 150MHz 和 1GHz 的线性调频信号。

Firepond 激光雷达系统的主要技术参数为：采用倍频的 ND：YAG 激光器，其输出激光波长为 532nm，脉冲重复频率为 30Hz，峰值功率为 10MW，窄视场为 0.1mrad，口径为 1.2m。使用高灵敏度光电倍增管（PMT），能够探测极微弱（接近单光子）的激光回波。

地基 ISAL 工作一直在持续，其应用方向已扩展到 GEO 目标成像观测。2013 年，美国国防部与 Raytheon 公司签订合同[2]，宣布由该公司研制远距离成像激光雷达，将高功率激光雷达集成到 Maui（口径 3.67m）空间监视站，用于对地球同步轨道目标进行 ISAL 成像。

在机载激光合成孔径成像实验方面，美国雷声公司于 2006 年 2 月，报道了机载合成孔径激光雷达实验结果，该样机采用了 1.5μm 成熟的激光光源和光纤器件。2006 年 4 月，美国诺斯罗普－格鲁门公司采用最新研发的 CO_2 激光器，在美国国防部先进研究项目局（Defense Advanced Research Projects Agency，DARPA）的资助下，成功演示了机载合成孔径激光雷达成像实验[3]。上述机载实验验证了该技术在空间远程探测和高分辨率成像应用中的巨大潜力。在美国军方的继续资助下，该技术正朝着实用化方向进展。

2011 年美国洛克希德·马丁公司独立完成了机载合成孔径激光雷达演示样机的飞行试验[4]，对距离 1.6km 的地面目标（观测目标为洛马公司徽标）获得了幅宽 1m、分辨率优于 3.3cm 的成像结果。

随着激光合成孔径成像技术的快速发展，将干涉处理的概念引入到激光合成孔径成像中已成为新的研究热点。2012 年，美国 Montana 州立大学报道了室内激光干涉合成孔径成像实验结果[5－6]。该实验在 1.37m 的距离上对一枚印有林肯头像的涂白硬币（涂白以使硬币各处散射特性均匀）进行了单航过和重航过激光合成孔径干涉成像，获得了分辨率在毫米级、高程精度在 10μm 级的成像结果。实验表明：相对于二维光学图像，通过干涉处理可以获得关于目标更多的有益信息。

国外同时对关于合成孔径激光成像方式、信号产生和振动抑制核心关键技术也进行了深入研究[15－19]，其实际系统研制工作不断深入推进。2018 年，美国报道了EAGLE计划中的工作在GEO轨道天基ISAL成功发射,其发射再次表明了此项技术的意义以及美国对此技术持续研究的进展。

我国的很多大学和科研机构都展开了激光合成孔径成像技术的研究工作,已取得了一定的研究进展,目前的工作主要是在室内和近距离条件下完成的。西安电子科技大学在2009年首次搭建了逆合成孔径激光成像雷达原理性的室内成像系统[7,8],并在20cm距离上获得了桌面目标的逆合成孔径激光雷达二维图像。中国科学院上海光学精密机械研究所系统地开展了激光合成孔径成像技术研究工作[180],在2011年完成了实验室近距离合成孔径激光成像演示验证实验[9,10],其采用距离向傅里叶变换和方位向匹配滤波的方法,给出了在14m距离上的二维成像结果,方位向分辨率优于1.4mm,距离向分辨率优于1.2mm。2014年,中国科学院上海光学精密机械研究所完成了距离1.2km的直视SAL室外成像演示实验,其成像结果的方位向分辨率为6.8cm,距离向分辨率为5.5cm[11]。2011年底,中国科学院电子学研究所也在室内完成了距离约2.4m的合成孔径激光成像实验[12],其观测目标为电子所徽标,成像分辨率在毫米级。2014年,中国科学院电子学研究所完成了室内三维InSAL成像实验,实验距离2.4m,目标包含屋脊形目标和圆钉[13]。与此同时,中国科学院上海技术物理研究所等单位也积极开展了合成孔径激光成像技术的相关研究工作[14]。

从2013年开始,中国科学院电子学研究所系统地开展了机载SAL的研究工作[20-24]。2017年,中国科学院电子学研究所和中国科学院上海光学机械研究所分别报道了机载侧视SAL和直视SAL飞行成像试验,获得了地面高反射率合作目标的成像结果。中国科学院电子学研究所在飞行试验中采用了稳定平台,在成像处理中使用了子孔径自聚焦方法[25];中国科学院上海光学机械研究所设计了同轴偏振正交的发射信号,并对回波作干涉处理对消振动[26]。这些研究工作,推动了国内SAL技术的发展。

SAL采用相干探测体制,继多普勒测风雷达之后,我国量子卫星天地相干激光通信的实现,在信号调制解调、信噪比和相位锁定方面再次验证了激光相干体制的优势,也表明我国在此已有了较好的技术基础。

由于没有大气的影响,因此激光雷达特别适于装载在天基卫星平台用于空间目标观测,在较小的光学孔径条件下,对较远距离的空间目标,使用激光合成孔径成像技术实现目标识别。关于合成孔径激光雷达天基应用问题,文献[27-31]进行了初步讨论。

1.3 技术体制

关于合成孔径激光雷达，上述国内外研究工作主要是基于光学和电子学技术结合方案的，即对激光信号的成像处理还是通过光电转换用电子学方法实施两维脉冲压缩的。

值得注意的是，基于全光学成像处理的研究工作一直在进行。文献[16，17]介绍了合成孔径激光雷达光学成像处理技术的研究进展，文献[16，18]同时介绍了光学成像处理技术在微波 SAR 成像处理中的应用情况。

与基于数字信号处理的电子学成像技术相比，全光学成像处理具有速度快、实时性好、便于天基应用的特点，但其成像处理精度较低，对实际系统中存在的各种相位误差补偿能力较弱，因此现阶段合成孔径激光雷达技术实现还是应立足于电子学成像处理技术。

1.4 工作模式

SAL 采用相干信号体制，通过发射宽带信号获取高的斜距离向分辨率，通过相对运动形成的合成孔径获取高的横向分辨率，可以用于对地观测或运动目标探测成像，后者通常也称为 ISAL。

用于对地观测时，SAL 主要工作在正侧视方式，获取的图像在斜距 - 飞行方向（横向）二维，这和传统的光学成像系统有很大不同。为保证测绘带幅宽，要求斜距向的激光波束宽度和对应的瞬时视场较大。若要进一步扩大观测幅宽，则 SAL 激光波束需在交轨方向一维扫描。

对运动目标观测时，ISAL 获取的图像在斜距 - 横向二维，横向分辨率由横向合成孔径决定，与目标距离无关，这是 ISAL 的重要优点。ISAL 选用较大的激光波束宽度和宽视场，有利于目标搜索和捕获。为扩大目标观测范围，ISAL 激光波束需二维扫描并且可以工作在多普勒波束锐化（Doppler Beam Sharpening，DBS）状态。为获取其运动参数，ISAL 还需具备目标跟踪能力，选用较窄的激光波束宽度和窄视场，有利于提高角跟踪精度。

为兼顾目标搜索和跟踪成像功能，采用分档变焦光学系统实现宽窄视场转换是一种选择，另外一个就是引入激光相控阵[32,33]和衍射光学系统概念[34,35]，针对 SAL 成像特点设计新的光学系统。

1.5 本书的内容安排

本书是作者近年来在合成孔径激光雷达成像技术领域的研究工作总结，共分10章，各章具体内容安排如下。

第1章为概论，主要介绍了合成孔径激光雷达的概念与内涵、国内外研究现状、技术体制、工作模式以及本书的内容安排。

第2章为机载合成孔径激光雷达关键技术，主要介绍了机载SAL的关键技术、实现方案，分析了主要性能指标。

第3章为衍射光学系统和作用距离分析，介绍了SAL光学系统的特点，提出了SAL可使用非成像衍射光学系统的概念，给出了作用距离计算公式和机载SAL作用距离分析示例。

第4章为激光宽带信号波形产生，介绍宽带相位调制信号和宽带LFM信号两类，分析了相位调制信号的性能，介绍了相位调制信号的收发和处理方法。对宽带LFM信号，主要介绍了MZ干涉调制、基于DPMZM的激光LFM信号产生和其非线性校正方法。

第5章为激光雷达信号相干性分析与保持，建立了激光信号模型，分析了信号相干性对ISAL方位向分辨率的影响，介绍了基于本振数字延时的SAL信号相干性保持方法，给出了仿真验证结果。

第6章为平台振动误差估计和处理，分析了振动对回波信号的影响，介绍了顺轨双探测器机载SAL成像处理方法，提出了SAL光学系统和探测器布局方法，重点介绍了基于正交基线干涉处理的机载SAL振动估计和成像处理方法，并给出了仿真分析结果。

第7章为天基合成孔径激光雷达系统分析，介绍了用于对地成像的10m衍射口径天基SAL系统参数和指标，针对大口径衍射光学系统存在的孔径渡越问题，给出了基于数字信号处理的高距离向分辨率信号补偿聚焦方法，同时介绍了用于空间目标观测的天基ISAL指标和方案，对关键技术进行了分析。

第8章为地基逆合成孔径激光雷达成像处理，针对低轨空间目标地基ISAL成像观测，主要介绍了基于顺轨多通道干涉处理的ISAL振动相位误差估计方法和基于正交基线干涉处理的ISAL振动相位误差估计方法，给出了仿真验证结果，以及79GHz毫米波InISAR试验验证结果。

第9章为GEO目标合成孔径激光成像系统分析，从目标运动特性、系统指标、系统方案三个方面，对用于 GEO 目标成像观测的地基 ISAL 系统进行了分析，介绍了内视场正交短基线和外视场正交长基线结合的 ISAL 观测结构，以及基于正交基线干涉处理的 GEO 目标地基 ISAL 二维、三维成像方法，对目标相位误差估计精度和目标三维成像位置精度进行了分析。

第 10 章为合成孔径激光雷达拓展应用，在基于 InISAL 的运动目标成像探测方面，阐述了 ISAL 匹配照射目标探测的概念和慢时信号起伏问题，介绍了基于干涉处理和 PCA 模板提取的目标探测方法，给出了仿真分析和毫米波InISAR实验数据验证结果；在 SAL 前视成像探测方面，基于共形非成像衍射光学系统，对口径 100mm、作用距离 20km、分辨率 0.05m 的 SAL 系统方案、指标和关键技术进行了分析，介绍了基于频率变化的激光波束展宽和一维扫描方法。

第2章 机载合成孔径激光雷达关键技术

激光雷达成像系统和光学成像系统一样，其空间分辨率都受系统光学孔径的限制。对于一定的工作波长，一定大小的系统光学孔径，分辨率会随着距离的增加而下降。因此，高分辨率的远距离成像需要很大的系统光学孔径，但是在实际系统中很多因素限制了系统光学孔径的增加。机载合成孔径激光雷达由于采用合成孔径的原理，分辨率不随着距离的增加而降低，因此能获得更高的分辨率，在超高分辨率观测技术领域有广阔的发展前景[36,37]。

美国雷声公司于2006年2月报导了机载合成孔径激光雷达实验结果，该样机采用了1.5μm成熟的激光光源和光纤器件。2006年4月美国诺斯罗普·格鲁门公司采用最新研发的CO_2激光器，在DARPA的资助下，成功演示了机载合成孔径激光雷达成像实验[3]。上述机载实验验证了该技术在空间远程探测和高分辨率成像应用中的巨大潜力。在美国军方的继续资助下，该技术正朝着实用化方向进展。

2011年，美国洛克希德·马丁公司独立完成了机载合成孔径激光雷达演示样机的飞行试验[4]，对距离1.6km的地面目标实现了幅宽1m、分辨率优于3.3cm的成像结果。2017年，中国科学院电子学研究所和上海光学精密机械研究所分别报道了机载侧视SAL和直视SAL飞行成像试验，获得了地面高反射率合作目标的成像结果。中国科学院电子学研究所在飞行试验中采用了稳定平台，在成像处理中使用了子孔径自聚焦方法[25]；上海光学精密机械研究设计了同轴偏振正交的发射信号，并对回波作干涉处理对消振动[26]。

本章分析了SAL国内外研究工作中的主要问题，通过对机载SAL试验样机的示例分析，提出了微波合成孔径雷达电子学技术和光学技术相结合的机载SAL系统实现方案，分析了系统参数，讨论了未来实用系统和应用方向。

2.1 研究工作中的主要问题

国内中国科学院上海光学精密机械研究所[9,38]、西安电子科技大学[7,8]、中国科学院电子学研究所[12]、中国科学院上海技术物理研究所[14]都积极开展了合成孔径激光成像技术研究工作,从国内外目前的研究情况看,存在的主要问题如下。

(1)激光信号线宽较大,频率稳定度差,主要在近距离和室内实现 SAL 高分辨率成像。

(2)缺乏有效的振动抑制措施,尚未对自然目标实现连续条带成像。

(3)对 SAL 成像机理和衍射成像特点的关注不够,主要采用传统的光学系统形式。

从信号处理的角度看,从事研究工作的单位多集中在光学专业,对将高分辨率 SAR 成像处理技术和信号相位补偿方法用于 SAL 重视不够。在宽带信号形成方面,早期主要采用频率步进方式形成宽带激光信号,等效重复频率低,不能满足机载要求,因此需要将微波 SAR 高水平的电子学技术引入 SAL。

和广泛使用的激光通信技术一样,目前的微波 SAR 也经常使用激光器件,典型的如将宽带微波信号(常用的如 8GHz ~ 12GHz)用调幅方式调制到激光信号,经光纤延时后,再经包络检波解调到微波频段,注入雷达天线和接收机用于宽带微波信号的内定标。在激光信号调制方面,值得注意的是,在激光调幅技术发展的同时,近年来激光相干通信技术也得到了长足的发展,电信号在激光载波上的相位、频率相干调制和解调器件日趋成熟,相关技术很值得 SAL 研究工作中借鉴。

在此基础上,本章考虑将微波 SAR 高水平的电子学技术和激光通信技术引入 SAL,以促进机载合成孔径激光雷达的技术实现。事实上,美国洛克希德·马丁公司的机载 SAL 使用了相位编码信号并成功飞行,充分体现了 SAR 电子学技术和激光信号调制、解调技术结合的优势。

2.2 机载 SAL 的关键技术和实现方案

本章机载 SAL 系统拟采用微波 SAR 电子学技术和激光信号调制解调技术结合的实现方案,涉及的关键技术包括机载 SAL 系统设计技术、宽带激光信号相干调制和高灵敏度解调技术、大功率高相干激光信号放大发射和接收技术、振动误差控制和振动相位误差高精度补偿技术、高分辨率成像和数据处理技术等。

为便于分析问题,这里给出一个机载 SAL 试验样机示例的主要技术参数,具体见表2.1。

表2.1　机载 SAL 试验样机示例的主要技术参数

载机	运12	飞行高度	约1km
飞行速度	约50m/s	激光波长	1.55μm
入射角	约45°~50°	方位向合成孔径长度	0.1~0.2m
地距向幅宽	约1.5m	方位向合成孔径时间	2~4ms
最高分辨率	5cm	作用距离	约1.5km

2.2.1　方案设计思路

系统采用脉冲压缩体制获取高距离向分辨率,所需的宽带信号波形可以选择为线性调频 LFM 信号或相位编码信号。采用高频率稳定度点频激光光源,将宽带信号相干调制在激光载波上利用光放大器放大后经光学系统发射,回波经光学系统接收放大后,经激光外差探测相干解调成电信号,采用微波 SAR 的技术流程进行信号处理。

为解决激光信号相位不稳定以及和微波信号源不相干的问题,将激光发射信号耦合到接收机中,进行数据采集和记录,利用该耦合信号形成参考定标信号对回波进行脉冲压缩,同时实现激光和微波信号初相位变化校正提高信号的相干性。

合成孔径成像的时间在毫秒量级(2~4ms/1.5km 斜距),平台振动的问题可以通过光学相机稳定平台(或磁悬浮稳定平台)隔离载机振动解决,同时实现激光波束指向稳定,采用激光器倒挂在稳定平台上的方式实现其在舱外机腹下的侧视工作。

2.2.2　系统实现方案

基于上述思路,给出机载 SAL 试验样机系统实现方案框图,如图2.1所示。该系统主要由激光单元(含激光光源、发射和接收端光放大器、激光信号相干调制器、激光相干外差探测解调器)、微波单元(含低噪声放大器 LNA、滤波器、微波信号相干调制和解调器、频率源、定时器、相位编码信号或线性调频 LFM 信号产生器等)、数据单元(含 A/D 和数据记录器)、稳定平台、位置和姿态测量系统(POS)、监控单元和电源等组成。

系统实现框图考虑了相位编码和线性调频 LFM 两种信号形式,分别对应微波单元Ⅰ和Ⅱ。当使用相位编码信号时,由码产生器电路/高速 A/D 产生的相位编码信号直接作用于激光相位调制器,在激光载波上产生相位编码信号,利用光放大器放大后经光学系统发射。回波经光学系统接收放大后,经激光外差探测相干解调成电信号通过 A/D 采集。当使用线性调频 LFM 信号时,该线性调频信号的产生、调制、发射、接收和解调过程与微波 SAR 接近。

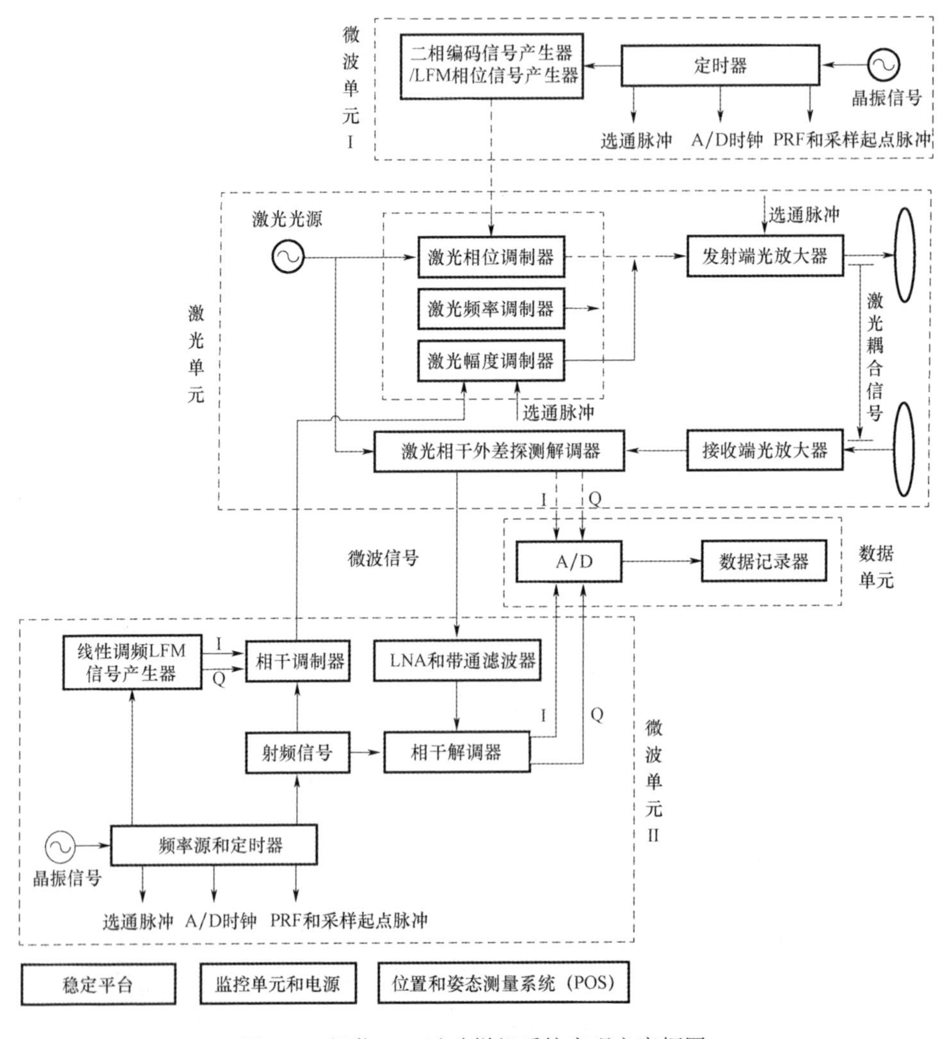

图 2.1　机载 SAL 试验样机系统实现方案框图

载机可选为“运”12 飞机。SAL 试验样机主机包括激光单元、微波单元和 POS，由于体积、重量较小，可以整体安装在一光学相机常用的 PAV30/80 稳定平台上，其他数据单元、监控单元和电源可安装在舱内机架上。

由于“运”12 飞机飞行高度较低，飞行速度较慢，因此 SAL 主机可以通过稳定平台直接挂在舱外机腹实现侧视。基于上述安装布局，载机仅需要具备可安装 PAV 稳定平台的窗口，机腹下具有足够的适于主机工作的离地空间，机顶可安装 POS 所需的 GPS 天线，具备 DC28V 供电能力即可，而不需对飞机进行较大的改装。

2.2.3　主要性能参数分析

1. 作用距离和信噪比

机载 SAL 试验样机的最大作用距离设置为 1.5km，参照微波 SAR 雷达方程，依据表 2.2 所列样机参数，经计算分析，系统的单脉冲信噪比（SNR）约为 −1dB。相干积累后，系统成像信噪比可以优于 15dB，此时方位子孔径成像分辨率约为 15cm，1.5km 处方位向光斑 1.2m，分辨率可以提高约 20 倍；若非相干积累则按 22 次考虑，可以进一步提高信噪比约 5dB。

需要注意的是，与微波 SAR 不同，计算 SAL 作用距离时目标散射的空间立体角小于 4π，通常可设为 π。

表 2.2　机载 SAL 试验样机主要参数

激光波长	1.55μm	接收望远镜孔径	30mm
发射峰值功率	100W	发射光学系统传输效率	0.9
脉冲宽度	1μs	接收光学系统传输效率	0.8
信号带宽	3.6GHz	匹配损耗	0.5
脉冲重复频率	90kHz	其他损耗	0.5
波束宽度（顺轨/交轨）	0.8mrad/0.8mrad	光学系统传输效率	0.18
目标散射系数	0.2	量子效率	0.5
距离向分辨率	0.05m	电子学噪声系数	3dB
方位向分辨率	0.05m	单脉冲信噪比	−1dB
激光大气透过率（单程）	0.8	最小成像探测信噪比	15dB

要特别说明的是，相干体制使 SAL 具有良好的微弱信号探测性能，但 SAL 必须具有足够的功率孔径积以保证图像质量，从应用角度看，其图像 SNR 应优

于10dB，由于其成像机理不同于传统的激光雷达，因此采用微波SAR雷达方程分析其作用距离是合理的。上述分析的试验样机成像幅宽仅在1m量级，若要扩大成像幅宽，则提高激光发射功率是必要的。

2. 方位向信号带宽和重复频率

本章机载SAL试验样机最大作用距离设置为1.5km，其最大脉冲宽度设置为1μs，为保证测距不模糊，其重复周期约为11μs，对应的最高脉冲重复频率*PRF*约为90kHz。本章激光顺轨波束宽度确定为约0.8mrad，当载机速度为50m/s，正侧视时其方位向的多普勒带宽约为51.6kHz，当重复频率选为90kHz时，其方位向过采样率为1.7倍；当重复频率为83kHz时，其方位向过采样率为1.6倍。由此确定重复频率变化范围为83～90kHz。

3. 激光信号慢时频谱和频率稳定度分析

假定本章机载SAL试验样机最小的合成孔径时间为2ms，合成孔径长度为0.1m，方位向分辨率为1.1cm，其对应的频率分辨率为500Hz。回波信号方位向全孔径带宽为51.6kHz，对应的全孔径方位向分辨率约为1mm，全孔径合成孔径时间为20ms，全分辨率合成孔径长度为1m，但要实现5cm分辨率，则在方位频域只需要1kHz的信号带宽。

上述分析表明，机载SAL成像处理不仅可使用微波SAR的子孔径成像方法，子孔径时间为2ms，而且可以通过方位频域滤波处理抑制和运动无关信号的影响。对激光信号以1kHz带宽为间隔进行子孔径成像处理后，可以再进行非相干积累提高信噪比，等效做微波SAR的多视处理，在处理过程中也可以结合微波SAR常用的自聚焦技术。激光信号方位频谱分析和处理范围，如图2.2所示。

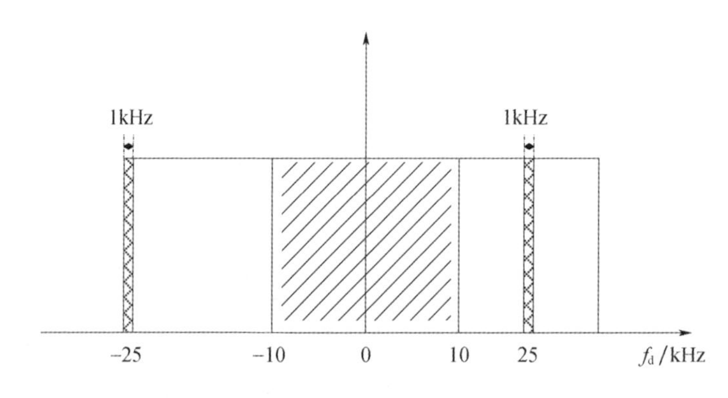

图2.2　激光信号方位频谱分析和处理范围

微波 SAR 信号具有较高的频率稳定度，目前可优于 1Hz。为进一步提高图像质量，对微波信号源又提出了严格的相位噪声要求，相位噪声主要产生宽带相位误差，会使 SAR 图像的对比度、信噪比下降，积分旁瓣比升高。激光雷达的波长短至微米量级，其频率稳定度在原理上就会较差，对相关问题需要高度重视并深入研究。

目前，激光种子源小功率信号的谱线宽度在 1kHz 量级，其对应的短时频率稳定度就是 1kHz 量级，大功率放大后其线宽要控制在 10kHz 量级仍有相当难度。根据相干长度和线宽的公式，当激光波长为 1.55μm 线宽为 30kHz 时，激光的相干长度为 10km。但值得注意的是即使激光信号具有相干性，其较大的线宽也会给激光远距离高分辨率相干成像带来很大困难。

本章机载 SAL 试验样机实现 5cm 分辨率发射信号的带宽约需 3.6GHz，仿真分析表明，激光脉冲间信号 500kHz 的频率变化才可以对距离向分辨率产生影响，这是因为信号频率变化范围相对发射信号带宽而言较小。

机载 SAL 的方位向分辨率可以用系统的慢时频率分辨能力衡量，对应 SAL 静止时对静止目标回波信号的谱宽，体现了系统的频率稳定度和相位噪声水平。根据方位向极限分辨率公式[42]，假设在 1.5km 处，其频谱宽度为 500Hz，速度为 50m/s，则其方位向分辨率为 1.16cm；假定在 3km 处，其频谱宽度为 500Hz，速度为 50m/s，那么其方位向分辨率为 2.32cm。目前微波 SAR 的频率分辨率在 1Hz 量级，激光的频率比微波高 3 ~4 个数量级，其频率分辨率在原理上就较低，再考虑到其他误差的影响，系统实际能实现的方位向分辨率估计会限制在 3cm 左右。

显然，激光信号的频率稳定度主要影响 SAL 的慢时方位向分辨率，机载 SAL 合成孔径时间较短、作用距离较小的特点，在原理上可以降低其频率稳定度要求，但要把线宽在 10kHz 量级的激光信号频率分辨率控制在 500Hz 量级，则需采取参考定标信号实施精确的相位误差校正以提高相干性，相关问题需进一步深入研究。

4. 振动影响分析

由于波长很短，因此载机振动对机载 SAL 成像的影响严重，参考文献[41]提出了一种振动自动抑制方法很值得关注。为减少振动影响，本章机载 SAL 试验样机拟将整个激光单元装在具有减振器的 PAV30/80 稳定平台上。

对一个典型的减振器来说，当振动频率从 10Hz 变化至 250Hz 时，加速度量值从 1g 衰减到 0.014g，衰减倍数为 71 倍；振动频率从 100Hz 变化至 250Hz 时，加速度量值从 0.11g 衰减到 0.014g，衰减倍数为 7.9 倍。根据减振器的频率特性，振动频率越高，残留的振动幅度越小，采用稳定平台，可以大幅度缓解 20 ~ 2kHz 振动频率对成像的影响。

根据分析，目前机械稳定平台可将振动误差控制在 50μm 量级，由于平台振动误差远大于波长，因此振动产生的较大相位误差显然不能满足成像要求，且会使激光回波信号频谱受到影响，并进一步影响自聚焦技术的使用。经过分析，方位向的振动对成像影响较小。下面主要分析距离向振动的影响，并引入多普勒频率对其描述。

本章机载 SAL 试验样机合成孔径成像时间为 2ms 左右，其信号频率分辨率约为 500Hz，当平台振动产生的多普勒信号频率小于 500Hz 时，系统已不能分辨，故振动影响分析应主要考虑振动产生的多普勒频率在 kHz 量级信号，并需将平台振动产生的多普勒频率控制在一定的范围里。

在对应于 250Hz 振动频率的 4ms 时间内，当平台的位置移动范围为 ±5μm 时，在激光波长上可能产生的多普勒频率为 ±10kHz；在对应于 100Hz 振动频率的 10ms 时间内，当平台的位置移动范围为 ±15μm 时，在激光波长上可能产生的多普勒频率为 ±12kHz；在对应于 50Hz 振动频率的 20ms 时间内，当平台的位置移动范围为 ±25μm 时，在激光波长上可能产生的多普勒频率约为 ±10kHz。上述分析给出了振动产生信号的多普勒频率变化范围，当机载 SAL 方位向运动时振动谱会以周期性正余弦形式调制到激光回波信号的频谱上。

对振动影响的分析要充分考虑振动产生的机理和本章成像时间较短的特点。通常，振动可分为低频和高频两部分。从振动产生的机理上来说，低频振动通常都是多频分量，但低频振动的影响需要较长的时间才能够体现，本章毫秒量级短时间成像的特点使其影响通过频域子带滤波容易得到抑制。根据振动产生的机理，高频振动通常都是单频分量且频率相对固定，距离向的高频振动主要会使激光信号的方位频谱受到调制并影响成像，通过对振动谱进行参数估计并实施频率补偿有可能抑制其影响。

要特别说明的是，上述分析仅是原理性的，机载 SAL 必须具有物理上的有效抗振措施，因为载机 10 ~ 100μm（100Hz ~ 1kHz）量级振动不仅会影响成像分辨率，同时也会影响图像信噪比和作用距离。短时子孔径成像可降低对振动误差的控制要求，但仅适用于多普勒波束锐化（Doppler Beam Sharpening，DBS）成像，不适用于有图像拼接要求的 SAL 条带成像。

目前磁悬浮稳定平台可将振动误差范围控制在 10μm 量级，且可以将振动误差频率范围控制在50Hz量级,选用一个抗振性能优异的磁悬稳定浮平台,将平台振动产生的多普勒频率控制在一定范围内,对机载SAL后续的成像处理应具有重要意义。

5. 数据采集方式和数据量

本章机载SAL试验样机距离向观测幅宽虽然很小,但为了解决激光信号脉冲间的相位起伏以及和微波信号不相干问题,需记录发射信号并实施初相位校正。设计的一个信号采集方式,如图2.3所示。

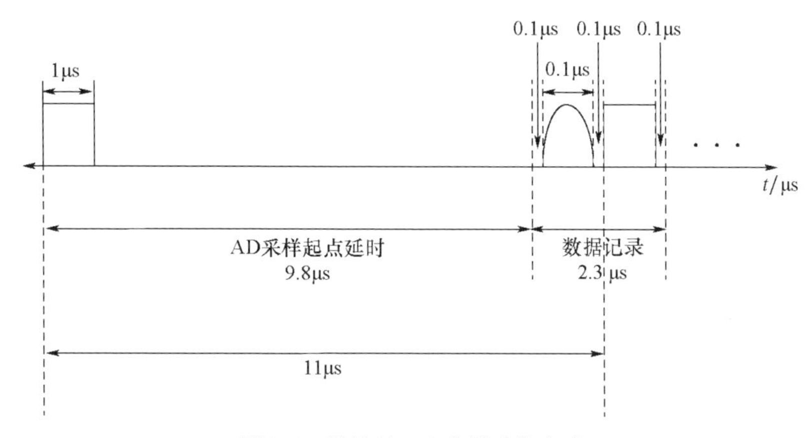

图2.3　设计的一个信号采集方式

本章5cm距离向分辨率信号带宽大约需要3.6GHz,A/D采样率选为4GHz,每脉冲距离向采样时间初步设定在2.3μs时,其距离向的采样点数约为9K。

数据采集过程中,为使系统简化,用于系统定标的耦合发射信号记录在回波后实施,当前时刻记录的数据用于对下一个重复周期回波信号的定标,相关的初相位校正处理在脉冲压缩过程中同时实施。

SAL的数据获取量可以通过如下关系式分析得到,即

数据量/s = 2 ×(距离向采样点数 × 量化位数) × PRF(脉冲重复频率)

数据量分析见表2.3。

表2.3　数据量分析

脉冲重复频率/kHz	90
距离向采样点数	9216
数据量/(MB/s)	829.44

本章数据率较高，因场景较小，故合成孔径时间较短，实际数据记录时，可以1s为单位分时记录，对应的方位向场景尺寸约为50m。

2.2.4 技术方案分析

从目前器件的技术参数看，本章机载SAL试验样机激光单元中涉及的激光光源、激光放大器、激光相干外差探测解调器、微波单元和数据单元的功能参数实现有一定难度但均具备可行性，国外对相关问题的一些研究工作参见文献[39,40]。下面主要针对技术实现方案中的难点进行分析，并提出解决问题的办法。

1. 宽带信号波形选择和激光信号调制

大气气溶胶对激光有回波，即便激光雷达收发望远镜隔离度很高，大气的存在也会使激光收发隔离度降低，影响激光雷达的目标探测性能，故机载SAL应避免使用连续波，其波形应首先考虑采用脉冲信号。

宽带信号波形选择与激光信号调制器的种类和参数密切相关，目前激光信号调制器分为调频、调相和调幅三种。

基于声光器件直接产生的激光频率调制信号，其频率调制带宽较小，只能用于低分辨率成像系统，不适合本章机载SAL试验样机使用。

本章机载SAL试验样机若使用激光相位调制器，则其相位调制信号波形可以考虑使用二相编码脉冲信号，信号带宽约为3.6GHz，系统实现如图2.1中所示的微波单元I。选用M序列二相编码信号时，编码信号可用码产生器电路实现，子码宽度为0.28ns，该方案要求系统的时间分辨率较高，时间量化间隔需优于0.14ns，系统时钟频率大约需要8GHz。当脉冲宽度为1μs时，其码长为3571；当脉冲宽度为0.57μs时，其码长为2048；对应的脉压副瓣电平可优于16dB（副瓣电平与码长的平方根成反比）。

采用二相编码信号存在多普勒容限问题，其多普勒容限为两倍码长的倒数。对本章1μs的码长信号，其多普勒容限为500kHz。扩大多普勒容限的一种方法是使用多相码，极限情况就是对信号相位进行连续调制。若激光相位调制器具备一定的相位连续调制能力，且调制电压和调制相位具有较好的线性关系，则也可以考虑用线性调频（Linear Frequency Modulation，LFM）信号的相位变化曲线对应的LFM相位信号实施相位调制，LFM相位信号产生需利用高速D/A实现。二相编码信号和LFM信号产生的调制相位，如图2.4和图2.5所示。

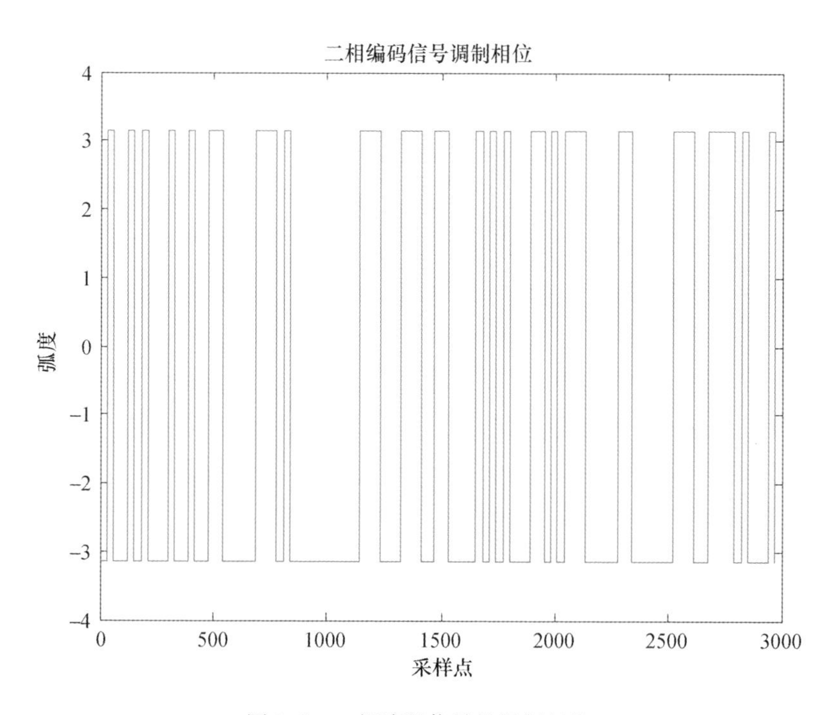

图 2.4　二相编码信号的调制相位

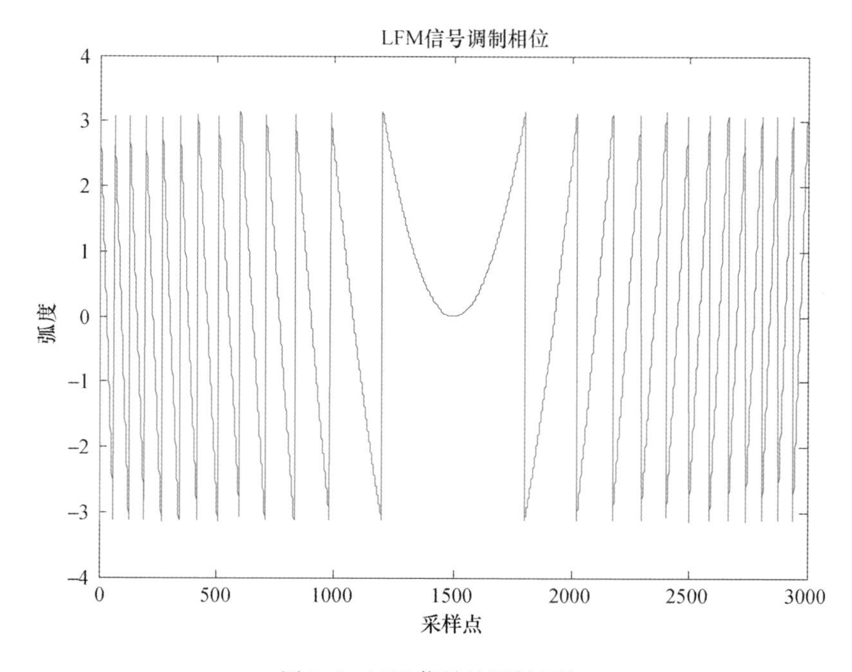

图 2.5　LFM 信号的调制相位

二相编码激光回波信号的相干外差探测，需使用宽带光电探测器并通过正交双通道将回波信号解调成 IQ 基带信号，供高速 A/D 采样后提取回波信号的幅度和相位信息，其信号二维成像处理过程和微波 SAR 相近。

本章机载 SAL 试验样机也可以考虑使用激光幅度调制器，其信号波形可以考虑使用微波 SAR 常用的线性调频 LFM 信号，系统实现如图 2.1 中所示的微波单元Ⅱ。3.6GHz 带宽的基带信号可以通过高速 D/A 来产生，正交调制在 3GHz 的射频信号上形成频率范围为 1.2 ~ 4.8GHz 的宽带微波信号，用于对激光信号进行调幅。由于宽带信号在基带产生，因此系统时钟频率约需 5GHz。

一般认为，采用调幅信号形式存在信道衰减问题，但本章机载 SAL 试验样机由于距离向观测幅宽很小，该问题的影响可能并不突出，故采用激光宽带调幅信号，对距离向脉冲压缩和 5cm 距离向分辨率的实现影响不大。采用调幅信号的主要问题在于回波方位向多普勒信号的提取困难，并且会导致方位向成像困难。

经过计算，本章机载 SAL 试验样机的聚焦深度约为 3.2km，远大于距离向的观测幅宽，观测场景地物散射点应具备相同的多普勒相位变化历程，基于此性质，可以考虑同时再发射一个窄带调幅激光脉冲信号（该信号在脉宽内不调幅，假定信号脉宽为 0.5μs，信号带宽为 2MHz，对应的距离向分辨率为 75m）在距离向低分辨率方式下获取地物散射点激光回波方位向的高分辨率多普勒信息。

宽带调幅信号和窄带调幅信号可统称为调幅信号，适当调整激光幅度调制器上选通脉冲的时序和逻辑关系，即可实现该复合调幅信号的产生。该复合调幅信号的波形和幅度调制后的激光信号波形示意图，如图 2.6 和图 2.7 所示。

上述激光回波信号通过激光相干外差探测解调器后，一方面形成的宽带微波信号经 LNA 和带通滤波器，在射频完成 IQ 基带信号解调，经高速 A/D 采集后，用于距离向的高分辨率脉冲压缩；另一方面形成的窄带低频信号通过正交双通道解调成 IQ 基带信号，供 A/D 采样后用于获取回波方位向的高分辨率多普勒信号。此时，用于多普勒信号获取的光电探测器可以选为窄带，并且可以使用低速 A/D。

采用复合调幅激光信号形式，客观上把机载 SAL 二维成像所需的距离向和方位向二维高分辨率信号实现过程分解成了两个一维信号实现过程，即分别形成一个距离向高分辨率信号和一个方位向高分辨率信号。两个信号均为复信号并且可以经处理具备相干性，其距离向高分辨率信号具有距离频谱宽和方位多普勒频谱窄的特点，方位多普勒频谱宽度主要由射频信号波长决定；其方位向高分辨率信号具有距离频谱窄和方位多普勒频谱宽的特点，方位多普勒频谱宽度主要由激光信号波长决定。

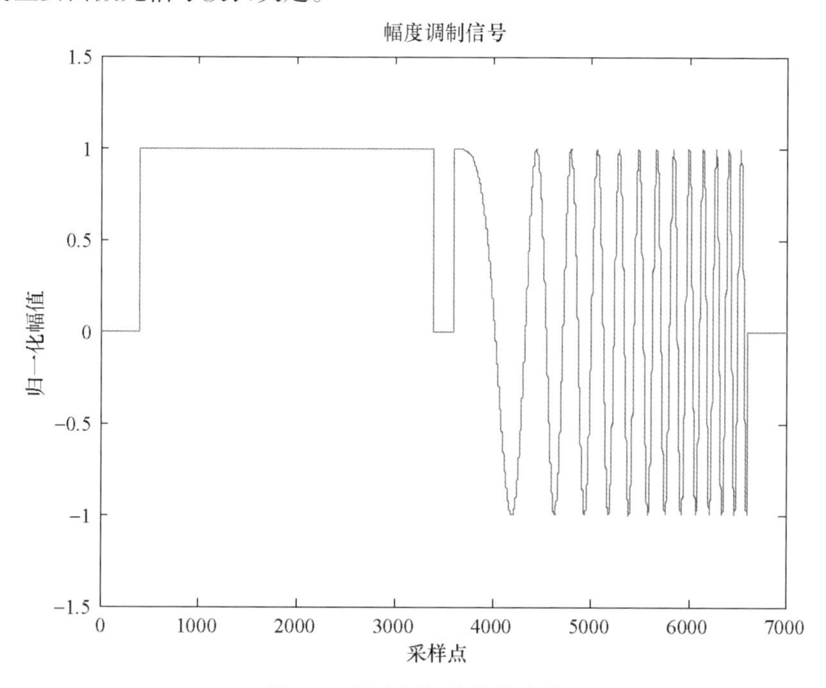

图 2.6　复合调幅信号的波形

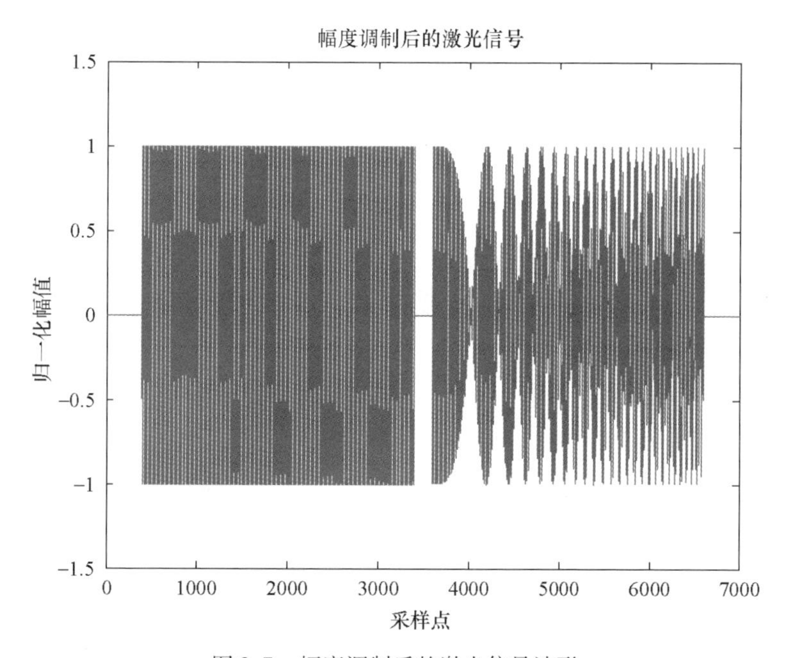

图 2.7　幅度调制后的激光信号波形

从概念上讲,将处理得到的激光回波方位向高分辨率多普勒信号相位补入其距离向高分辨率信号,有可能合成出一距离向和方位向均为宽带的二维信号,实现机载 SAL 的二维成像。在上述复合调幅信号的产生过程中,宽带调幅信号和窄带调幅信号两者在快时间是分离的,这种信号表述形式易于分析问题。从实际应用的角度考虑,两调幅信号在快时间域也可以叠加产生,其典型的信号形式见参考文献[14],通过滤波即可将其分离。以上这两种复合调幅信号的相关处理技术都值得进一步研究。

从上述分析结果看,用调相和调幅两种方式实现激光信号调制,均存在一些问题,相比来说选用调相方式具有较好的可行性,这应该是 2011 年美国洛克希德－马丁公司的机载 SAL 使用相位编码信号的主要原因。

宽带激光频率调制信号的另外一种产生方式为,将电子学产生的宽带频率调制信号利用马赫－曾德干涉仪(MZ)调制到激光上,相关情况详见参考文献[42],该方法基于激光相干通信中成熟的信号调制技术,将成为主流的宽带激光信号产生方法,并将使 SAL 的信号产生、接收、处理流程和微波 SAR 趋同。

2. 激光器选择

幅宽较大的机载 SAL 激光器,平均功率需求估计在 100W 量级,目前主要有固体激光器和光纤激光器可选择。若考虑直接使用脉宽小于 0.25ns 的窄脉冲实现 5cm 高距离向分辨率,由于窄脉冲对应的峰值功率很高,需使用固体激光器,因此体积、重量可能较大。

光纤激光器输出的峰值功率较低,可以通过增加脉冲宽度到微秒量级实现所需的平均功率,此时需采用脉冲压缩技术实现距离向的高分辨率。对发射平均功率在 100W 量级的激光器,假定 PRF 为 100kHz,脉冲宽度为 1μs,占空比为 10%,对应峰值功率为 1kW,进一步加大脉宽可降低峰值功率,采用光纤激光器应有较好的可行性。

3. 激光信号的相干处理

为解决激光信号相位脉间起伏以及和微波信号源不相干的问题,将激光发射信号耦合到接收机中,进行数据采集和记录,利用该耦合信号形成参考定标信号对回波进行初相位校正,即可去除两个源不相干带来的随机初相位,该处理可以结合距离向的脉冲压缩过程完成。这项技术在 20 年前已广泛用于磁控管雷达相干性的提高和 MTI 处理的实现,对本章机载 SAL 可同时去除激光信号发射放大过程中信号相位起伏,提高全系统信号的相干性。

4. 激光波束指向控制

本章机载 SAL 试验样机激光器波束宽度为 0.8mrad(约 0.046°),为控制波束指向,拟将整个激光主机装在 PAV30/80 稳定平台(或磁悬浮稳定平台)上。

稳定平台的指向控制精度约为 0.1°~0.2°,为了在存在指向误差的情况下实现精确成像,系统拟同时配置位置和姿态测量系统(POS510),其横滚和俯仰向测量精度为 0.005°,真航向测量精度为 0.008°,载机速度测量精度为 0.005m/s,POS 的测量数据可用于实际激光回波数据运动误差的初校正。

激光波束指向控制误差为 0.2°时,机载 SAL 有可能产生 225kHz 的多普勒频差,对码长较长二相编码信号的脉冲压缩有一定影响。为扩大机载 SAL 的作用距离,需使用码长较长的相位编码信号,故研究 LFM 相位信号相位调制技术具有现实意义。

5. 成像处理算法

经过分析,正侧视时 2ms 合成孔径时间获得的合成孔径长度为 0.1m,方位向分辨率约为 1.1cm,对应的距离弯曲最大值为 8.3×10^{-4}mm。

经过分析,方位向分辨率为 5cm 时,聚焦深度为 32226m;方位向分辨率为 1cm 时,聚焦深度为 129m。

根据上述分析,本章机载 SAL 成像算法可选择为 RD 算法,非正侧视回波信号有距离走动时可以考虑在使用 POS 数据的基础上用 KEYSTONE 变换进行距离徙动校正。

2.3 未来系统参数

前面分析了机载 SAL 试验样机的技术参数和实现方案,由于作用距离和幅宽较小,因此它很难满足应用需求。一个飞行高度 3km,作用距离为 5km、分辨率为 10cm、瞬时幅宽大于 200m 的机载 SAL 实用系统技术参数如表 2.4 所列。

表 2.4　机载 SAL 实用系统技术参数

激光波长	1.55μm	接收望远镜孔径	200mm
发射峰值功率	1kW	发射光学系统传输效率	0.9
脉冲宽度	2μs	接收光学系统传输效率	0.8
信号带宽	1.5GHz	匹配损耗	0.5
脉冲重复频率	50kHz	其他损耗	0.5

续表

波束宽度(顺轨/交轨)	0.3/30mrad	光学系统传输效率	0.18
目标散射系数	0.2	量子效率	0.5
距离向分辨率	0.1m	电子学噪声系数	3dB
方位向分辨率	0.1m	单脉冲信噪比	1dB
激光大气透过率(单程)	0.8	成像信噪比	15dB

上述参数下,机载 SAL 方位向全孔径分辨率可以达到 2.6mm。当载机速度为 50m/s 时,对应的相干成像时间为 30ms。5km 处方位向光斑尺寸为 1.5m,采用约 50 个脉冲相干成像处理(对应的相干成像时间为 1ms),其方位子孔径成像分辨率为 10cm,分辨率提高 15 倍,此时至少可获得积累增益约 14dB,在约 5km 处可以使目标的成像信噪比优于 15dB,进一步采用非相参积累可以提高图像信噪比。

提高作用距离和扩大幅宽的技术途径包括:增大激光发射功率和接收口径;交轨向发射长椭圆光斑并使用长线状探测器实现宽视场接收,采用机械扫描实现 1km ~ 2km 幅宽覆盖。

2.4 小结

合成孔径激光雷达技术除了用于对地二维成像观测外,在其他方面也具有广阔的应用前景。主要应用方向包括:高分辨率成像技术研究(成像转角很小的主动激光成像,在原理上可以和可见光图像融合),基础测绘(高空三维成像激光雷达距离向采用脉冲压缩,顺轨向采用合成孔径成像体制,提高空间探测分辨率),大气风场测量(目前的激光多普勒雷达距离向可改为脉冲压缩体制)。

由于合成孔径激光雷达采用相干体制,代表着激光雷达的发展方向,因此具有重要的研究价值。本章介绍了机载合成孔径激光雷达的研究现状,分析了其关键技术并讨论了系统实现方案,对后续研究工作的开展具有一定的参考价值。

第3章 衍射光学系统和作用距离分析

2011 年美国洛克希德·马丁公司报道了机载 SAL 演示样机的飞行试验情况,对距离 1.6km 的地面目标(洛克希德·马丁公司徽标)实现了幅宽 1m,分辨率优于 3.3cm 的成像结果[4],随后合成孔径激光雷达即成为国内外研究热点[10,20,43]。

2017 年,中国科学院电子学研究所和中国科学院上海光学精密机械研究所分别报道了机载侧视 SAL[25]和直视 SAL[26]飞行成像试验情况,获得了地面高反射率合作目标的成像结果。中国科学院电子学研究所在飞行试验中采用了稳定平台,在成像处理中使用了子孔径自聚焦方法;中国科学院上海光学精密机械研究所设计了同轴偏振正交的发射信号,并对回波作干涉处理对消振动。这些研究工作,推动了国内 SAL 的技术发展。与此同时,我国量子卫星天地相干激光通信的实现,继多普勒测风雷达之后,在信号调制解调、信噪比和相位锁定方面再次验证确定了相干探测体制的优势。

目前,基于相干探测体制的 SAL 研究工作已得到广泛关注,但研究工作主要集中在原理和部分关键技术验证方面,针对实际应用需求的远距离高分辨率大功率口径积 SAL 系统的分析工作并不多。本章对合成孔径激光雷达光学系统和作用距离进行了分析,给出了一个机载 SAL 系统参数和工作模式,以期为其实际应用奠定基础。

3.1 光学系统

3.1.1 特点

与传统光学系统图像概念不同,SAL 获取的图像在斜距 - 多普勒频率两维，它需要宽的接收视场，但不要求具有高的空间角分辨率，具备采用一个或少量光电探测器实现激光雷达宽视场接收的使用条件，在原理上可以用"非成像光学系统"[27]，也可以工作在"曲面波"状态[10]。据此特点，SAL 应可以通过"离焦"形成重叠视场干涉抗振，也应可以通过"散焦"扩大瞬时观测幅宽。

与此同时，SAL"单色"且波长较长的特点，使其特别适合采用衍射光学系统，通过衍射器件（如二元光学器件）实现信号波前控制，减小焦距并有利于系统的轻量化。

SAL 可使用收发分置光学系统。当使用光纤激光器时，一个小口径的发射光学系统经过扩束处理，即可形成较大的瞬时观测幅宽。为实现远距离成像探测，SAL 必须使用较大的接收口径，若此时激光回波信号能收入光纤，则 SAL 相干探测所需的混频及后续信号处理在实现结构上就较为简单。虽然光纤的数值孔径较小（尤其是 SAL 所需的单模光纤），从几何光学的角度考虑，通常认为大口径条件下宽视场激光信号收入光纤比较困难[44]，但针对 SAL 特点开展相关光学设计工作具有重要意义。

SAL 通过"离焦"形成重叠视场干涉抗振方法，参考文献[23]已进行了较为详细的介绍。为形成大的接收口径，SAL 可采用压缩光路。在此基础上，本章首先介绍了基于馈源波束展宽将回波收入光纤并实现大口径宽视场接收设想，然后介绍了馈源和主镜两处使用二元光学器件形成 SAL 衍射光学系统的概念。

3.1.2 SAL 观测几何和耦合效率

SAL 通常工作在侧视，其观测几何，如图 3.1 和图 3.2 所示。SAL 发射的激光信号，以平面波形式到达观测场景，由于距离向和方位向分辨率较高，目标散射单元二维尺寸较小，如距离向尺寸 ΔR 为 0.1m 量级，不同方向角 ω_i 对应的散射单元回波在不同时刻 t_i 分别以平面波形式到达 SAL 接收望远镜，经光学系统聚焦收入光纤转入不同的距离门 R_i 分别进行成像处理。显然，由于 SAL 视场中不同方向的信号在不同时刻收入光纤，因此其宽视场内涵和传统光学相比有很大不同。

光纤准直器是一个典型的自由空间到光纤（波导）转换器件，其几何结构和参数，如图 3.3 所示。其中 MFD 为光纤的芯径（模场直径），d 为透镜的焦距，ω 为发散角，D 为准直器透镜直径。

其透镜端面至光纤端面耦合效率的近似表达式为

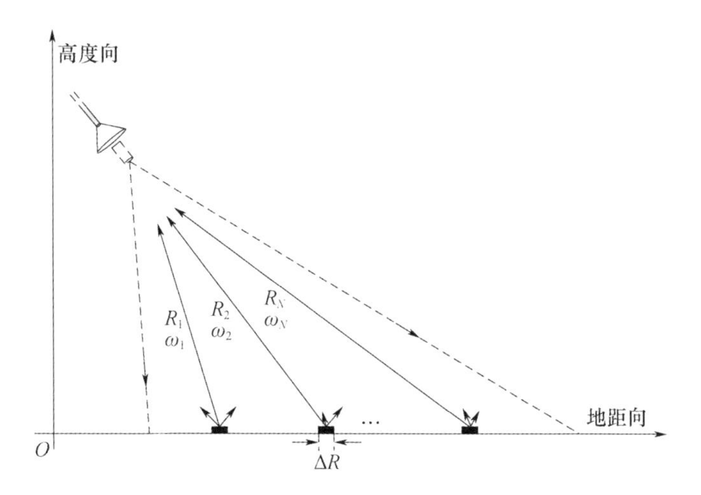

图 3.1　SAL 侧视观测几何

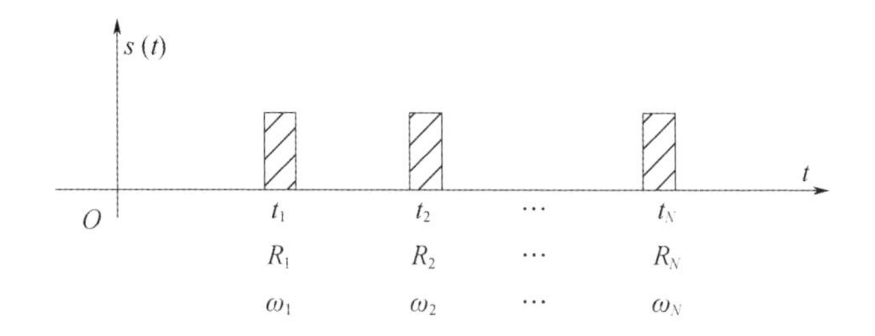

图 3.2　SAL 视场中目标信号方向，距离和时间关系

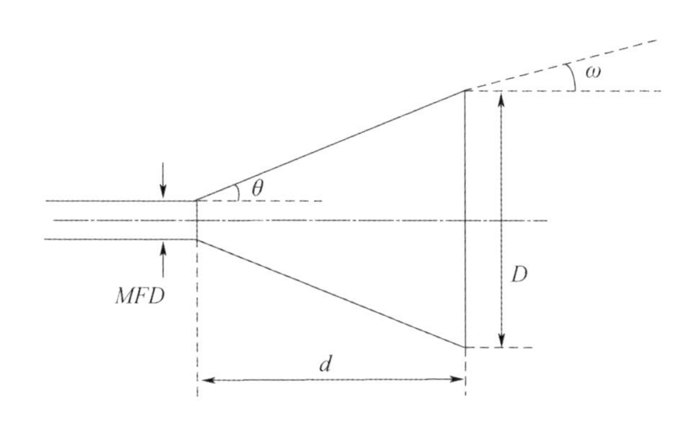

图 3.3　光纤准直器几何结构

$$P_{\text{fiber}} = \left(\frac{MFD}{d\omega}\right)^2 P_{\text{len}} \tag{3.1}$$

式(3.1)表示的是光纤准直器透镜端面至光纤端面的耦合效率,实际上不直接涉及单模光纤的数值孔径问题。若考虑透镜端面至光纤内的耦合效率,则还需要考虑光纤的数值孔径。假设光纤的数值孔径为 N_a,当图 3.3 中 $\sin\theta > N_a$ 时,光纤数值孔径将影响透镜端面至光纤内的耦合效率;当 $\sin\theta \leqslant N_a$ 时,光纤数值孔径不影响透镜端面至光纤内的耦合效率。假设单模光纤的数值孔径 $N_a = 0.125$,在光纤准直器结构中 $\theta \approx \frac{D}{2d}$,若 $D = 15\text{mm}$,当 $d \geqslant 60\text{mm}$ 时,即可满足 $\sin\theta \leqslant N_a$。假设波长 $\lambda = 1.55\mu\text{m}$,准直器口径 $D = 15\text{mm}$,衍射极限对应的最小发散角约 $\omega = 1.2\lambda/D \approx 120\mu\text{rad}$。通常单模光纤的 MFD 较小,若 $MFD = 10\mu\text{m}$,$d = 60\text{mm}$,在准直条件下,$\omega = MFD/d \approx 166\mu\text{rad}$,根据式(3.1),耦合效率约为1,显然,当波束准直时耦合效率最高,此时的发散角接近衍射极限对应的最小发散角。

SAL 波束无须准直,在非准直条件下,当发散角等于 2°(35mrad)时,根据式(3.1),透镜端面至光纤端面的耦合效率约为 0.000025。假定波束只需在一个方向(一维)展宽使发散角达到 2°,则透镜端面至光纤端面的耦合效率约为 0.005。随着发散角的增大,耦合效率会降低,但这种降低仅是相对于准直条件而言的。由于 SAL 波束无须准直,当采用压缩光路获得足够的接收口径,将该器件设置在馈源处使用时,不影响光学系统接收探测性能。

和光学系统中的压缩光路类似,微波系统中馈源阵列/相控阵馈源和大口径主反射体结合的接收系统结构,常用于实现射电望远镜高接收增益和宽视场要求,典型的如我国 500m 大口径射电望远镜 FAST 的接收天线[45]。

3.1.3 基于馈源相控阵概念实现宽视场接收

近年来激光相控阵技术发展很快,美国 MIT 的研究工作[32,33]是典型代表,西安电子科技大学做了跟踪研究[46]。从目前的研究结果看,激光相控阵和微波相控阵不仅工作原理相同,其波束扫描实现方法也基本一致。在阵列空间上插入高阶相位(主要为二阶及三阶相位),即可将常用的波束扫描转化为波束展宽(微波雷达常用技术[47,48],且收发互易),既可以用于发射也可以用于接收。从原理上讲,波束展宽的范围可以达到波束扫描的范围,故光纤相控阵可用于宽视场激光信号收入光纤。

MIT 的激光相控阵天线,光栅可以看作辐射单元,耦合臂的长短决定了耦合强度。工作波长 1.55μm,光波导宽 400nm,辐射单元间距 2μm,四分之一波长辐射单元尺寸和波长量级的辐射单元间距是形成衍射的条件。MIT 激光相控阵的工作极大地缩短了光学系统和微波天线的距离，实现了两者理论和方法的统一。在此基础上，光学中常用的光谱分光，可与电子学中的频扫微波天线概念相对应；光学中常用的多角度分光（衍射分光[49]），可与电子学中的微波天线栅瓣概念相对应，且微波相控阵天线成熟的理论和方法[50]可用于光学系统分析。

下面以一个机载 SAL 光学系统为例进行分析和说明，主镜口径 300mm，焦距 600mm，采用 20∶1 压缩光路。

1. 基于相控阵的宽视场信号收入光纤

机载 SAL 光学系统光路，如图 3.4 所示。在馈源处设置尺寸为 15mm 光纤激光接收相控阵，利用其移相器在阵列空间上插入高阶相位（如二阶相位），即可将常用的波束扫描（移相器在阵列空间上插入一阶线性相位）转化为波束展宽，实现宽视场接收，工作原理同微波相控阵天线。假设使其波束展宽到 40°，经压缩光路后则可以形成 2°（约 35mrad）接收视场，此时机载 SAL 在距离 5km 处可达到约 350m 地距向瞬时幅宽，基本满足使用要求。

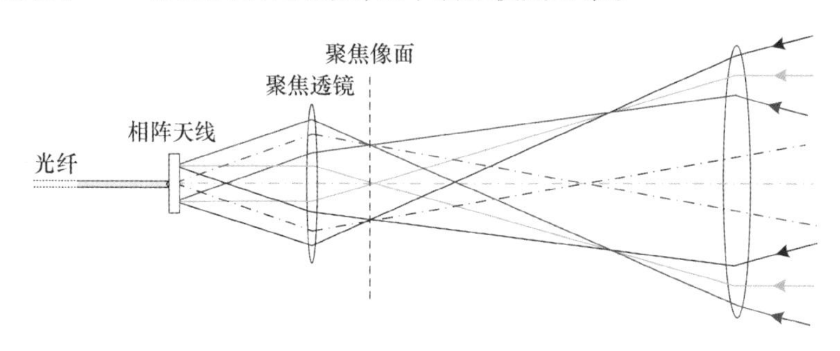

图 3.4　基于相控阵的宽视场信号收入光纤示意图

2. 一维纳米光波导阵 + 空间高阶相位形成器件的宽视场信号收入光纤

机载 SAL 光学系统通常仅需要在地距向一个方向实施波束展宽，此时在馈源处使用尺寸为 15mm 的一维相扫阵通过波束展宽获得地距向宽视场即可，其形式可选择为一维纳米光波导相扫阵，其辐射单元为一维光栅。

一维相扫阵在 SAL 使用时，由于仅是用于波束展宽且波束形状无须时变，移相量固定，因此波导阵中的移相器可省去，通过在空间光输入方向插入高阶相位即可实现一维波束展宽将宽视场信号收入光纤，其技术实现较为简单，如图 3.5 所示。这里高阶相位形成器件可为高阶相位透镜、相位型空间光调制器（SLM）[51]或二元光学器件[34]。

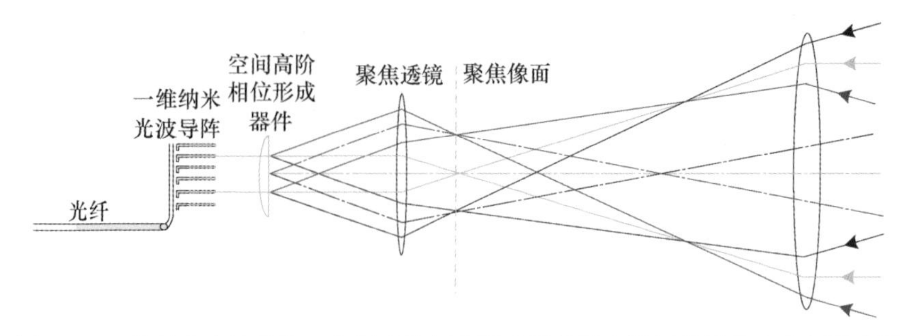

图 3.5 一维纳米光波导阵 + 空间高阶相位形成器件的宽视场信号收入光纤示意图

3. 光纤准直器 + 空间高阶相位形成器件的宽视场信号收入光纤

散焦光纤准直器常用于光纤激光发射扩束，在 2.2 节使用条件下，宽视场回波也应能收入光纤。传统光学通常用基于折射原理的梯度折射率对此进行分析，实际上也可以借助辐射单元间距很小相控阵原理对此建模进行定量分析，因为相控阵天线可看作是连续口径天线在波长量级的离散化，而连续口径天线性能也可以用基于衍射原理的相控阵进行解释，辐射单元间距小于半个波长后，间距的影响已不明显。在此基础上，在馈源处尺寸 15mm 光纤准直器前插入高阶相位，即可形成宽视场接收系统，如图 3.6 所示。

显然，当高阶相位形成器件选为透过率较高的二元光学器件，基于光纤准直器 + 二元光学器件的宽视场信号收入光纤方案最为简单。

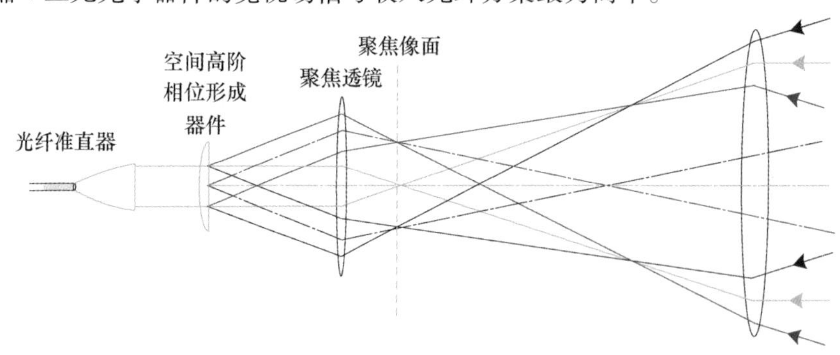

图 3.6 光纤准直器 + 空间高阶相位形成器件的宽视场信号收入光纤示意图（见彩图）

4. 馈源高阶相位形成和参数分析

根据上述分析，假设主镜口径 300mm，要实现 2°接收视场，采用 20∶1 压缩光路时，馈源处光纤相控阵/准直器的尺寸为 15mm，其视场应大于 40°。假定高阶相位仅为二阶相位，借助相控阵模型可以对所需的移相量和波束方向图进行仿真分析，仿真参数为：中心波长 1.55μm，辐射单元间距 1.55μm（一个波长），辐射单元数 9600（阵元数），最大移相量约 5000rad（对应 800 个波长）。

仿真形成的基于理想二阶相位、以2π为模8值化和16值化二阶相位的波束方向图展宽情况，如图3.7～图3.9所示。从中可以看出，16值化二阶相位具有较好的40°波束展宽性能。本章此处仿真无栅瓣区间为60°，适当减少辐射单元间距即可减小栅瓣影响，由于该波束展宽器件设置在馈源处且仅用于接收，因此其栅瓣对系统性能不构成大的影响。

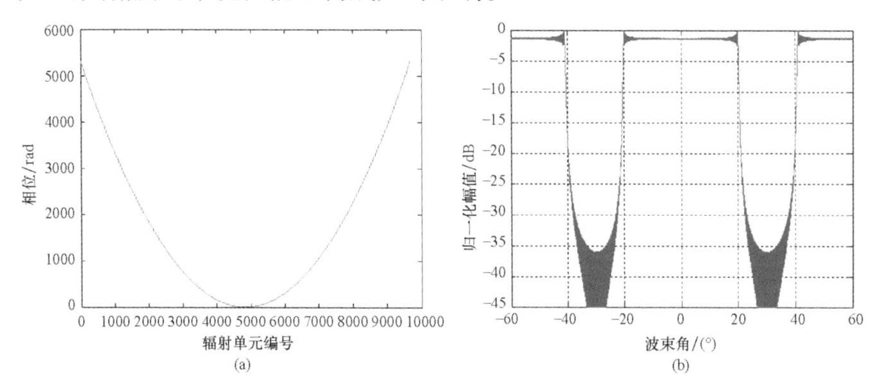

图3.7　理想二阶相位和对应的波束方向图展宽情况

(a)理想二阶相位；(b)波束方向图。

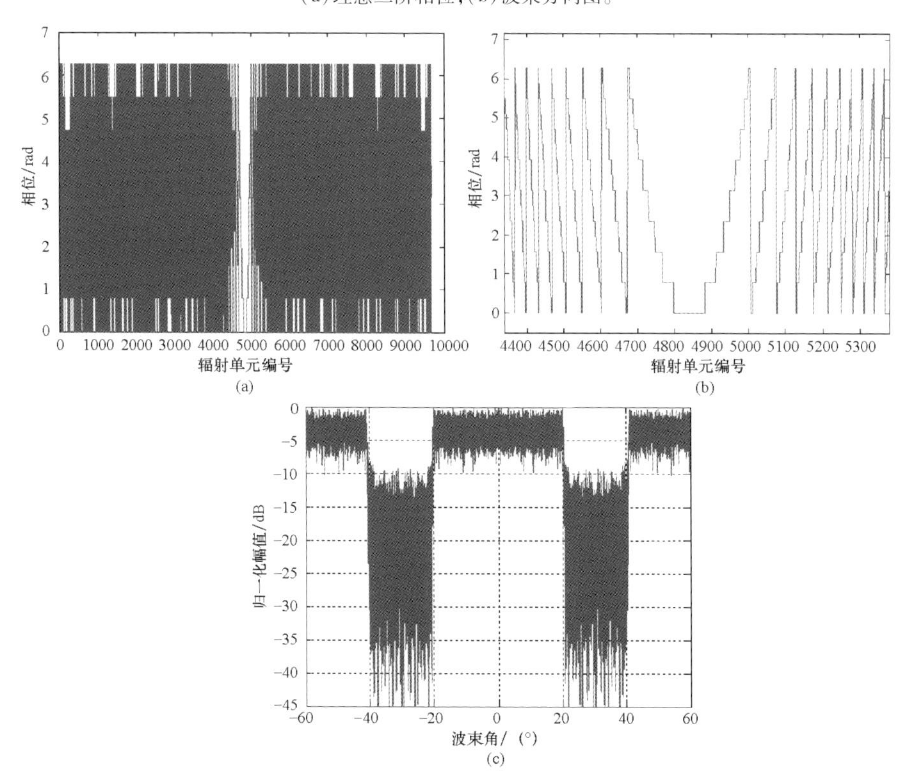

图3.8　8值化二阶相位和对应的波束方向图展宽情况

(a)8值化二阶相位；(b)8值化二阶相位中间部分；(c)波束方向图。

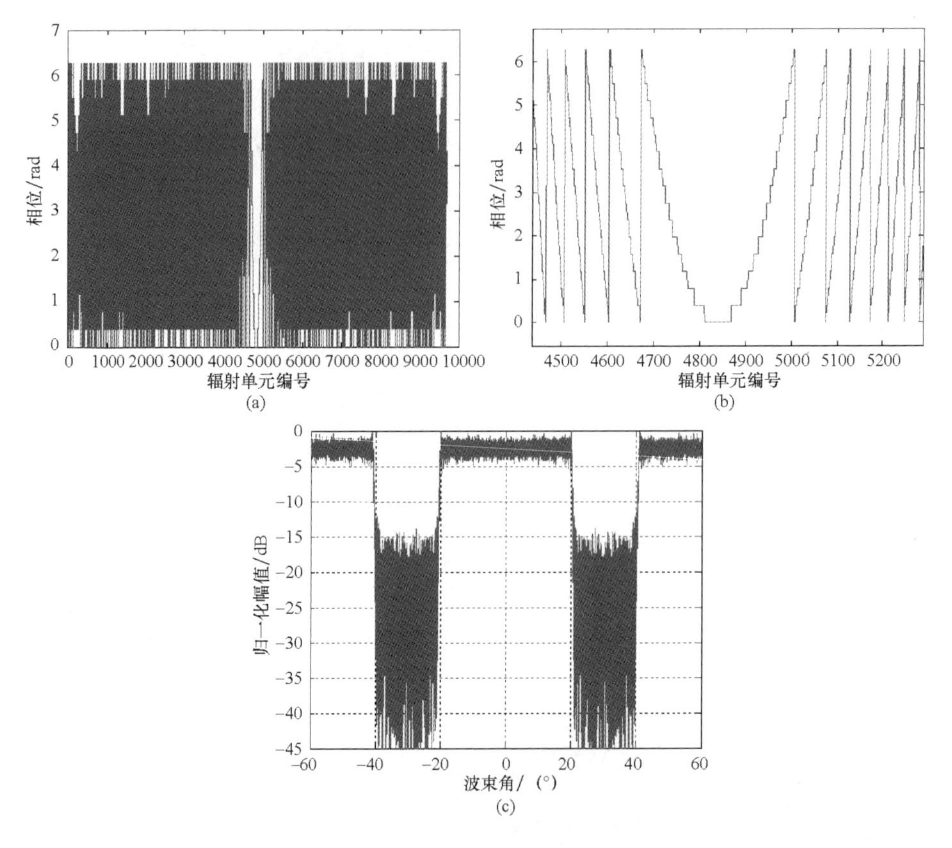

图 3.9　16 值化二阶相位和对应的波束方向图展宽情况

(a)16 值化二阶相位;(b)16 值化二阶相位中间部分;(c)波束方向图。

3.1.4　衍射光学系统分析

3.1.3 节内容明确了在压缩光路中馈源使用二元光学器件,实现宽视场信号收入光纤的概念,值得注意的是,近年来膜基衍射成像光学系统得到了快速发展[35],SAL 的工作视场较小、使用“非成像光学系统”“单色”且波长较长的特点,使其特别适合使用衍射光学系统来形成大的接收口径,通过衍射器件(如菲涅耳透镜阵列和二元光学器件)引入较大的移相量,从而实现波前控制,减小焦距并有利于系统的轻量化。在此基础上,机载 SAL 光学系统主镜也应能使用透过率较高的二元光学器件减小焦距,该器件相当于微波天线的移相器,等效于在阵列空间上插入波程差对应的移相量的共轭值,将接收的平面波转为同相球面波在焦点处实现聚焦,由此形成的衍射光学系统能够使用相控阵模型在理论上给予充分解释。这意味着 SAL 光学系统除了具有“非成像”特点外，和传统光学系统相比也有了更大的变化，即可使用非成像衍射光学系统。

微波相控阵天线成熟的理论和方法可用于光学系统分析，尤其是衍射光学系统分析。根据相控阵原理，相控阵引入的移相量可以 2π 为模进行折叠，且可以对 0～2π 的相位进行量化处理，移相器的量化位数将影响波束方向图的远区副瓣和积分旁瓣比等参数。对衍射光学系统，用透过率较高的二元光学器件实现时，二元光学器件台阶宽度和相控阵辐射单元间距对应，台阶数和移相器的量化位数相对应。台阶宽度决定了波束方向图的栅瓣范围，当其小于二分之一波长时，波束方向图无栅瓣；台阶数直接影响波束方向图的远区副瓣和积分旁瓣比；波束方向图中的主瓣宽度、主旁瓣比、积分旁瓣比、栅瓣分布范围，表征了衍射光学系统的效率。为保证衍射效率，台阶宽度应小于一个波长或者在波长量级，以避免栅瓣的影响，同时需要较多的台阶数，以降低波束方向图的积分旁瓣比。

关于二元光学器件参数，举例说明如下：在去掉波长整数倍光程差部分的条件下，以几分之一波长将二元光学器件厚度量化（台阶化），假定台阶数为 8 时，能以 2π 为模对所需的移相量实现 8 值化处理，移相器的量化位数就是 8。

当本章 SAL 主镜使用二元光学器件时，通过衍射器件引入较大的移相量实现回波信号的波前控制和聚焦，形成的衍射光学系统性能也能够使用相控阵模型给予分析。SAL 主镜和宽视场馈源都采用二元光学器件的衍射光学系统示意图，如图 3.10 所示。

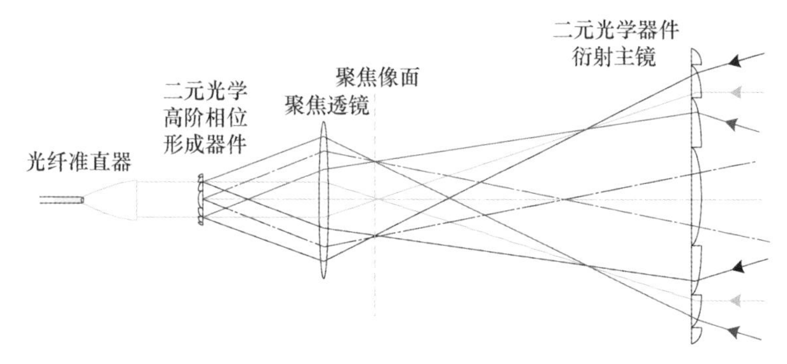

图 3.10　SAL 主镜和宽视场馈源都采用二元光学器件的衍射光学系统示意图（见彩图）

当中心波长为1.55μm,衍射主镜口径为300mm,焦距为600mm,辐射单元间距为1.55μm(一个波长)时,辐射单元数约为193500,300mm衍射主镜需形成的最大移相量约75000rad(12000个波长,对应的波程差18.6mm),衍射主镜需产生的移相量(主要为二阶相位)、折叠相位曲线和对应的波束方向图,如图3.11所示。

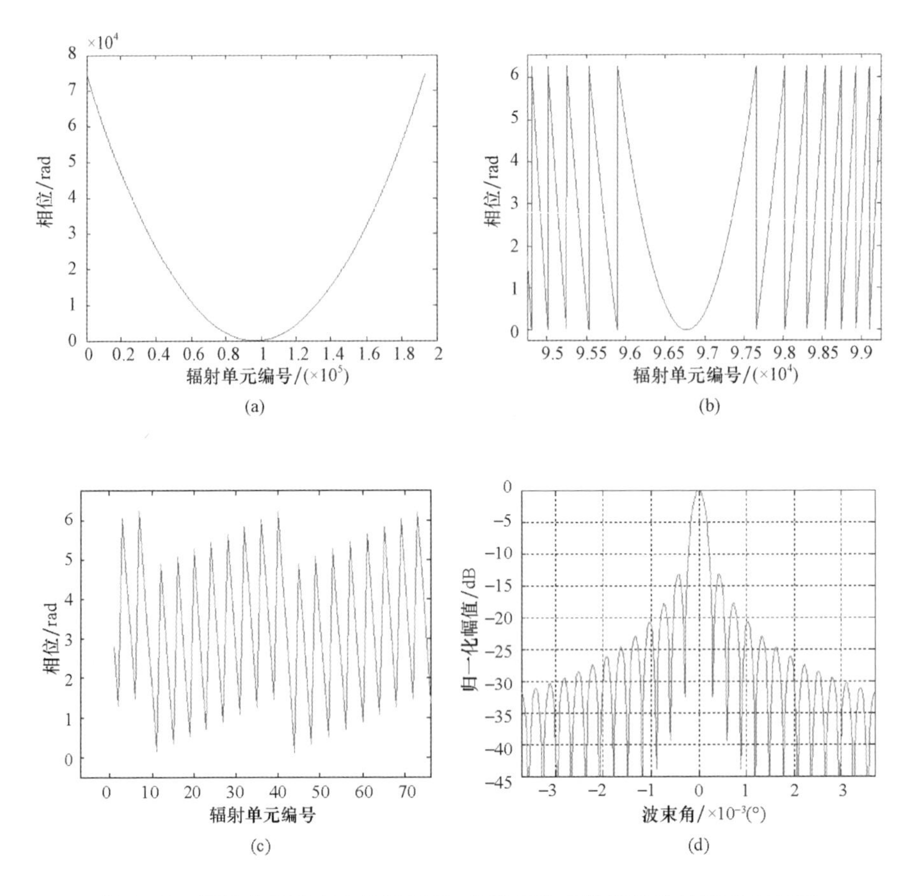

图3.11　衍射主镜需产生的移相量、折叠相位曲线和对应的波束方向图

(a)衍射主镜需形成的移相量;(b)折叠的相位曲线的中间部分;

(c)折叠的相位曲线的边缘部分;(d)波束方向图。

图3.12所示为仿真形成的主镜相位以2π为模8值化主镜相位和波束方向图。从中可以看出,8值化主镜相位即可以具有较好的波束方向图,满足使用要求。当衍射主镜口径300mm时,由于其尺寸较小,二元光学器件能实现的台阶数可以较多,能实现的衍射效率较高。

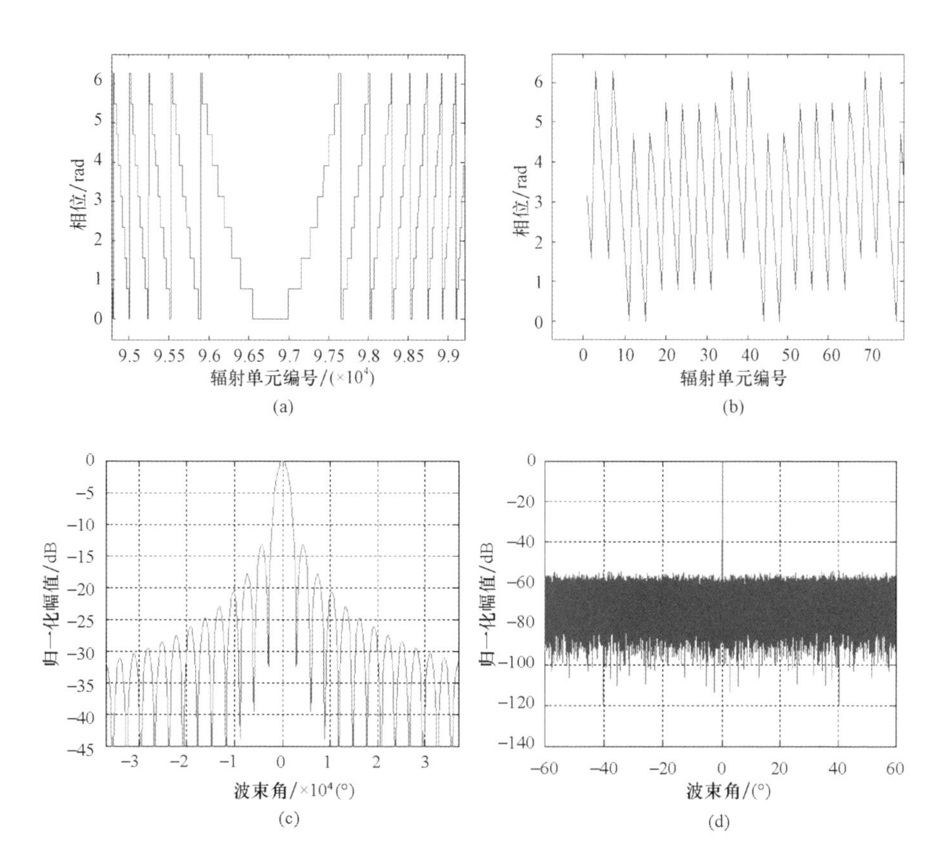

图 3.12　8 值化主镜相位和波束方向图

(a)主镜相位曲线的中间部分;(b)主镜相位曲线的边缘部分;

(c)波束方向图的主瓣;(d)波束方向图。

从上述仿真结果中可以看出,主镜相位以 2π 为模,8 值化主镜相位方向图的远区副瓣约为 -60dB,增大台阶数实现 16 值化主镜相位可以降低方向图的远区副瓣使其达到 -65dB,并提高衍射效率。

需要说明的是,本章上述仿真中辐射单元间距均选为一个波长,主要是为了初步分析栅瓣的分布范围和相位量化位数对波束方向图以及衍射效率的影响。在实际应用中,应根据所能实现的加工精度,深入分析二元光学器件参数对衍射效率和波束方向图的影响。

以上本章以透射式光学系统为例,介绍了 SAL 光学系统的特点,在实际应用中,为控制体积和重量,机载 SAL 应考虑使用反射式光学系统。

2018 年 10 月,西安电子科技大学用实验验证了宽视场激光回波信号收入单模光纤的可行性，为激光 SAR 可使用较为简单的非成像衍射光学系统观点提供了支撑。

3.2 作用距离和信噪比

3.2.1 作用距离和单脉冲信噪比

激光雷达作用距离分析文献[52]较多，本章 SAL 作用距离方程采用与微波雷达[50]类似的形式，雷达方程确定了作用距离和单脉冲信噪比的关系，其单脉冲信噪比表达式可写为

$$\mathrm{SNR}_{\min} = \frac{\eta_{\mathrm{sys}}\eta_{\mathrm{ato}}P_{\mathrm{t}}G_{\mathrm{t}}\sigma A_{\mathrm{r}}T_{\mathrm{p}}}{4\pi\Omega F_{\mathrm{n}}hf_{\mathrm{c}}R^{4}} \tag{3.2}$$

式中：P_{t} 为发射信号峰值功率；$G_{\mathrm{t}}=4\pi/\theta_{\mathrm{c}}\theta_{\alpha}$ 为发射增益，θ_{c} 为交轨向波束宽度，θ_{α} 为顺轨向波束宽度；σ 为分辨单元对应的目标散射截面积（为目标散射系数 σ_0、距离向分辨率 ρ_{r}、横向分辨率 ρ_{α} 三者之积）；$A_{\mathrm{r}}=\pi D^2/4$ 为接收望远镜的有效接收面积，D 为接收望远镜口径；F_{n} 为电子学噪声系数；T_{p} 为脉冲宽度；h 为普朗克常数；f_{c} 为激光频率；Ω 为目标后向散射立体角；R 为目标斜距。

SAL 系统损耗主要包括光学系统损耗与电子学系统损耗

$$\eta_{\mathrm{sys}}=\eta_{\mathrm{ele}}\eta_{\mathrm{opt}}$$

其中

$$\text{光学系统损耗 } \eta_{\mathrm{opt}}=\eta_{\mathrm{t}}\eta_{\mathrm{r}}\eta_{\mathrm{m}}\eta_{\mathrm{D}}\eta_{\mathrm{oth}}$$

式中：η_{t} 为发射光学系统损耗；η_{r} 为接收光学系统损耗；η_{m} 为光学系统匹配损耗；η_{D} 为光电探测器的量子效率导致的光学系统损耗；η_{oth} 为其他光学系统损耗；η_{ele} 为电子学系统损耗；η_{ato} 为大气损耗。

需要注意的是，与微波 SAR 不同，计算激光雷达作用距离时目标散射的空间立体角 $\Omega<4\pi$，通常可设为 π。值得说明的是，和微波 SAR 类似，全孔径成像时 SAL 的图像信噪比与距离的三次方成反比，并与方位向分辨率无关[53]，本章使用式(3.2)，主要是为了便于分析 SAL 子孔径成像信噪比。上述 SAL 雷达方程的特点如下。

(1)热噪声与散弹噪声。

对接收系统的噪声，微波雷达中主要考虑了热噪声的影响，在激光雷达中则需注意考虑散弹噪声的影响，两者相差约 1 ~ 2 个数量级。以温度 300K 为例，热

噪声为4.1400×10^-21^J；以波长1.55μm的激光为例，散弹噪声为1.2825×10^-19^J，激光雷达噪声要比微波雷达噪声高两个数量级。

(2)电子学噪声系数和损耗。

SAL系统涉及光学和电子学两部分，在其雷达方程中加入电子学噪声系数和损耗，有助于准确分析其作用距离。

3.2.2　相干探测和信号积累

SAL是相干探测体制激光雷达，其成像处理过程也是一个相干积累信噪比提升的过程，但要说明的是，长时间相干积累在原理上有可能形成更高的方位向分辨率并导致目标散射截面积下降，由此并不能提高图像信噪比，此时需考虑相干积累和非相干积累结合的处理方案。

当脉冲重复频率 *PRF* 为50kHz，假设5cm方位向分辨率对应合成孔径时间为1.5ms，对应的相干积累脉冲数为75，成像处理提升信噪比约18.8dB。加长观测时间（波束驻留时间）到6ms，采用4视非相干积累可获得信噪比改善3dB，可使图像信噪比提升约21.8dB；加长观测时间到30ms，采用20视非相干积累可获得信噪比改善6.5dB，可使图像信噪比提升约25.3dB。对SAL，加长观测时间，有助于提升图像信噪比。

假定保持图像信噪比15dB不变，当观测时间为30ms时，SAL可探测单脉冲信噪比约为-10dB的目标信号。SAL使用相干探测体制，本振信号的存在使目标微弱小回波可实施光电转换为后续相干和非相干积累提供条件，其探测性能应远优于目前单光子探测器。

目前，通过长时相干积累探测单脉冲信噪比为-30dB目标信号的微波SAR已很常见，SAL也应具备类似的性能。2014年，美国Montana州立大学进行了微弱回波SAL成像实验，证明SAL可以在分辨单元回波能量接近单光子的情况下进行相干成像[54]，其图像信噪比为0，假定其相干成像用了100个脉冲，目标的单脉冲信噪比在-20dB量级。该实验从一个方面表明了SAL具有良好的微弱信号探测能力。

相干积累决定SAL图像分辨率，多视非相干积累决定其图像信噪比，两者均需建立在良好的运动补偿基础上[23]。从实际应用的角度看，SAL必须具有足够的功率孔径积以保证图像信噪比 *SNR* 优于10dB，而其良好的运动补偿和抗振措施对保证图像质量也具有重要作用。

3.3 机载 SAL 作用距离示例分析

3.3.1 技术体制

SAL 观测方式为侧视,在距离向和方位向形成二维图像。采用电子学为主的实现方案,主要特征为其信号产生、接收和处理的流程与微波 SAR 接近。

根据 SAL 使用非成像光学系统特点,通过离焦形成重叠视场干涉抗振,通过散焦扩大瞬时观测幅宽。

根据 SAL 短时子孔径高分辨率成像特点,通过正弦整机摆扫实现大范围观测。通过摆扫将距离向观测幅宽扩大 2 倍的扫描方式,如图 3.13 所示。

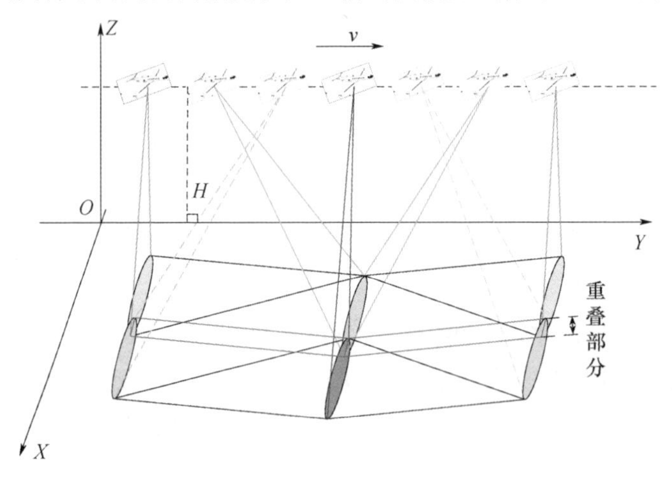

图 3.13　机载 SAL 扫描方式(通过摆扫将距离向观测幅宽扩大 2 倍示意图)(见彩图)

3.3.2 主要指标和工作模式

1)斜距 5km(飞行高度 2.5km,速度 50m/s,入射角 60°)

(1)条带成像模式:

①分辨率:5cm。

②地距向扫描幅宽:1.5km(地距向瞬时幅宽 350m)。

③图像信噪比:10.3dB。

(2)视频和 DBS 成像模式:

① 0.3s 获得分辨率 5cm 尺寸 300m × 350m 信噪比 8.8dB 图像。

② 0.15s 获得分辨率 10cm 尺寸 300m × 350m 信噪比 8.8dB 图像。

③地距向瞬时幅宽 350m。

2）斜距 10km（飞行高度 3.3km，速度 50m/s，入射角 70°）

（1）滑动聚束成像模式：

①分辨率：5cm。

②图像尺寸：200m × 1km（9s，地距向瞬时幅宽 1km）。

③图像信噪比：10dB。

（2）条带成像模式：

① 5cm 分辨率图像信噪比：7.6dB。

② 10cm 分辨率图像信噪比：12dB。

③地距向瞬时幅宽：1km。

3.3.3　系统参数和分析

1. 扫描参数和覆盖范围

本章机载 SAL 通过交轨向波束扫描 ±5°可将瞬时幅宽扩大 5 倍，每两次扫描在地距向重叠约 50m。波束顺轨向 ±3°的扫描范围对应的顺轨幅宽约为 500m，对应载机飞行时间约 10s，与交轨向扫描周期一致，所以二维扫描不影响机载 SAL 的条带成像能力，可以实现连续条带成像。

在作用距离 5km 条带成像模式下，通过扫描将瞬时幅宽扩大 5 倍时的波束扫描顺序和对应的波束覆盖范围示意图，如图 3.14 所示。顺轨采用非匀速正弦扫描，扫描周期为 1 ~ 2s，最大角速度为 9.8°/s，交轨扫描周期为 10s，扫描参数见表 3.1。

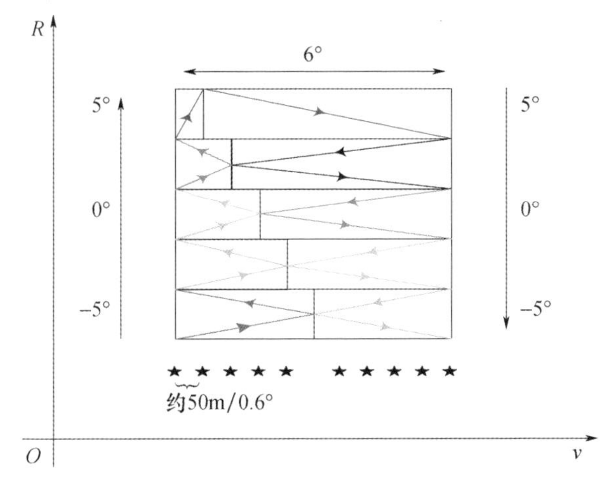

图 3.14　机载 SAL 条带成像模式扫描顺序和对应的波束覆盖范围示意图（见彩图）

表 3.1 机载 SAL 条带成像模式扫描参数

序号	雷达位置	扫描时间/s	顺轨扫描范围/(°)	顺轨扫描角速度/(°/s)	交轨扫描范围/(°)	交轨扫描角速度/(°/s)
1	★→★	0→1	0→2.7→0.6	6	-5→-3	2
2	★→☆	1→2	-0.6→1.5→-1.2	4.8	-3→-1	2
3	☆→★	2→3	-1.2→0.3→-1.8	3.6	-1→1	2
4	★→★	3→4	-1.8→-0.9→-2.4	2.4	1→3	2
5	★→★	4→6	-2.4→-2.1→2.6	2.5	3→5→3	2
6	★→★	6→7	2.6→-2.7→1.8	9.8	3→1	2
7	★→☆	7→8	1.8→-2.7→1.2	8.4	1→-1	2
8	☆→★	8→9	1.2→-2.7→0.6	6.8	-1→-3	2
9	★→★	9→10	0.6→-2.7→0	6	-3→-5	2

在视频和 DBS 成像模式下，为扩大顺轨观测范围，提高成像速率，可以提高顺轨向扫描角速度和扫描范围，交轨向不再扫描。在滑动聚束成像模式下，可以根据需要调整顺轨向的扫描角速度。

2. 作用距离 5km 系统参数

作用距离 5km 机载 SAL 系统参数见表 3.2。

表 3.2 作用距离 5km 机载 SAL 系统参数

参数	数值	参数	数值
飞行高度 H	2.5km	飞行速度 v	50m/s
平均入射角 θ	60°	脉冲重复频率	50kHz
顺轨/交轨波束宽度 θ_a,θ_c	0.3mrad,35mrad	目标散射系数 σ_0	0.1
地距向瞬时幅宽 ΔR	350m	距离/方位向分辨率 ρ_r,ρ_a	0.05m,0.05m
顺轨/交轨扫描范围 $\Delta\theta_c,\Delta\theta_a$	±3°, ±5°	双程大气损耗 η_{ato}	0.4
最近/最远斜距 R	4.35km,5.92km	接收望远镜口径 D	300mm
顺轨/交轨扫描角速度大小 ω_a,ω_c	见表 3.1	发射光学系统损耗 η_t	0.9
顺轨/交轨扫描周期 T_a,T_c	见表 3.1	接收光学系统损耗 η_r	0.8
地距向扫描幅宽	1.5km	匹配损耗 η_m	0.5
激光波长 λ	1.55μm	其他光学损耗 η_{oth}	0.8
发射峰值功率 P_t	400W	量子效率 η_D	0.5
脉冲宽度 T_p	5μs	电子学系统损耗 η_{ele}	0.5
信号带宽 B_r	4GHz	电子学噪声系数 F_n	3dB
目标后向散射立体角 Ω	π	图像信噪比 SNR_{min}(条带模式)	10.3dB

最大斜视角 $\alpha=3°$，对应多普勒中心 $f_{dc}=2v\sin\alpha/\lambda\approx3.38$MHz，正侧视时瞬

时多普勒带宽 $\Delta f_d = 2v\sin\theta_\alpha/\lambda \approx 19.4\text{kHz}$，所以 PRF 可以选为 50kHz，对应不模糊测距范围 3km。波束扫描时，方位向需要根据扫描角度解除多普勒模糊。

在条带成像模式下，顺轨向波束宽度 $\theta_\alpha = 0.3\text{mrad}$，对应波驻时间约为 3ms。方位向分辨率 $\rho_\alpha = 0.05\text{m}$ 对应合成孔径时间 $T_{sa} = \lambda R/2v\rho_\alpha = 1.5\text{ms}$，相干积累的脉冲数为 75，6ms 的波驻时间对应的多视数为 2。对于最远斜距约 5.92km 处的目标，雷达的单脉冲信噪比约为 -10dB，相干积累和非相干积累后 5cm 分辨率的图像信噪比约 10.3dB，10s 时间内图像尺寸为 500m × 1500m。

在视频和 DBS 成像模式下，对斜距 5km 的目标，要获得 5cm 的方位向分辨率，需要 1.5ms 的波驻时间，全孔径时间 30ms，原理上有扩大方位观测范围 20 倍的机会，顺轨扫描角速度可为 11.7°/s，在 300ms 内，顺轨扫描 60mrad 可以获得一个分辨率 5cm、尺寸 300m × 350m（方位 × 地距）的图像。图像信噪比约 8.8dB。将分辨率降到 10cm，顺轨扫描角速度可提高到 23.4°/s，在 150ms 内，顺轨扫描 60mrad 可以获得一个尺寸 300m × 350m（方位 × 地距）的图像。图像信噪比约 8.8dB。

3. 作用距离 10km 系统参数

作用距离 10km 机载 SAL 系统参数见表 3.3。

表 3.3　作用距离 10km 机载 SAL 系统参数

飞行高度 H	3.3km	目标散射系数 σ_0	0.1
入射角	70°	距离/方位向分辨率 ρ_r, ρ_a	0.05m，0.05m
顺轨/交轨波束宽度 θ_a, θ_c	0.3mrad，35mrad	双程大气损耗 η_{ato}	0.25
最近/最远斜距 R	9.21km，10.13km	接收望远镜口径 D	300mm
地距向瞬时幅宽	1km	发射光学系统损耗 η_t	0.9
飞行速度 v	50m/s	接收光学系统损耗 η_r	0.8
激光波长 λ	1.55μm	匹配损耗 η_m	0.5
发射峰值功率 P_t	400W	其他光学损耗 η_{oth}	0.8
脉冲宽度 T_p	5μs	量子效率 η_D	0.5
脉冲重复频率	50kHz	电子学系统损耗 η_{ele}	0.5
信号带宽 B_r	4GHz	电子学噪声系数 F_n	3dB
目标后向散射立体角 Ω	π	图像 SNR_{min}（滑动聚束模式）	10dB

在条带模式下，雷达单脉冲信噪比约为 -20.6dB，通过 60ms 的相干积累可以获得 2.5mm 方位向分辨率，图像信噪比为 1.14dB，再通过 20 视非相干积累将方位向分辨率降低为 5cm，同时提升信噪比约为 6.5dB，所以条带模式下，5cm

方位向分辨率的图像信噪比约为7.6dB。若图像分辨率设置为0.1m,则图像信噪比优于12dB。

在滑动聚束模式下,通过聚束模式将照射时间提高到180ms以提高图像信噪比。在此情况下,可将多视数提升3倍,提高信噪比2.38dB,所能获得的5cm方位向分辨率的图像信噪比约为10dB。聚束模式下图像方位向幅宽较窄,仅为3m,拟用滑动聚束模式扩大图像方位幅宽到100m量级,同时提高图像信噪比。在9s时间内波束顺轨向扫描范围为±0.5°,可获得200m×1km的图像,图像信噪比优于10dB。

3.4 小结

本章对合成孔径激光雷达光学系统和作用距离进行了分析,给出了一个机载SAL的系统参数和工作模式。本章机载SAL项目接收口径选为300mm,方位向波束宽度0.3mrad,距离向波束宽度约为2°,理论上可以实现的合成孔径分辨率为2.5mm。为将发射机平均功率控制在100W量级,通过方位向多视提高信噪比,将方位向分辨率确定在了5cm。300mm口径对应的衍射极限角分辨率约为5.17rad,传统光学系统在实际大气条件下一般能达到4倍衍射极限角分辨率,在5km和10km处能实现的空间分辨率为10.33cm和20.66cm。显然,和传统激光雷达相比,本章机载SAL的分辨率具有明显优势,持续开展相关研究工作具有重要意义。

第4章 激光宽带信号波形产生

不同于传统激光成像雷达,SAL 采用合成孔径的原理,能够突破衍射极限,其方位向分辨率不随距离增加而降低,因此在超高分辨率成像观测领域应用前景广阔。目前其研究已经得到了广泛关注,并取得了明显的研究进展[10,12,14,36,55]。SAL 为获取高距离向分辨率图像,需要形成宽带信号,宽带信号波形主要包括宽带频率调制信号和宽带相位调制信号两种。

4.1 激光宽带相位调制信号

目前微波 SAR 主要使用了宽带频率调制信号,并采用了成熟的成像处理技术,实现的图像分辨率已达到厘米量级。在激光波段,由于实现频率调制器件的限制,目前能够实现的调频信号带宽较小,因此达不到机载 SAL 厘米级分辨率对应的带宽要求。文献[20]分析了机载 SAL 的关键技术和实现方案,指出现阶段激光数字通信技术发展迅速,其发展出的高速宽带激光相位调制器已较为成熟,可以考虑用于形成宽带相位调制信号。事实上,美国 Lockheed Martin 公司的机载实验系统就是使用了相位编码信号并有效结合了微波 SAR 的成像处理技术[4]。

本节将相位调制信号用于机载 SAL,分析了三种相位调制信号的性能,研究了相位调制信号的收发方式和成像处理方法,并给出了仿真实验结果。

4.1.1 相位调制信号的性能分析

本节讨论的相位调制信号主要包括三种:二相编码信号、多相编码信号和文献[6]提出的基于线性调频信号的 LFM 相位调制信号。

1. 二相编码信号

相位编码信号的子脉冲(又称码元)相位可以在设定的多个状态值之间变化。设相位编码信号为 $x(t)$,子脉冲为 $x_n(t)$,则

$$\begin{cases} x(t)=\sum_{n=1}^{N}x_n[t-(n-1)\tau],0\leqslant t\leqslant N\tau \\ x_n(t)=\exp(\mathrm{j}\phi_n),0\leqslant t\leqslant \tau \end{cases} \tag{4.1}$$

式中:N 为相位编码信号中子脉冲的个数;τ 为子脉冲的宽度;ϕ_n 为子脉冲相位。对于二相编码信号,子脉冲相位有两个状态值,通常取为 0 和 π。

Barker 码是最常见的二相编码信号,具有脉冲压缩后副瓣均匀分布的特点。但是已知 Barker 码的码长最大为 13 位,限制了其在需要使用更长编码信号场合中的应用。

伪随机噪声(Pseudo Random Noise,PRN)序列为二相编码信号的典型代表,又称为最大长度序列(Maximum Length Sequence,MLS),由级联线性移位反馈寄存器输出产生,其产生电路较为容易实现[56],在雷达、通信中应用较多。对于级数为 p 的线性移位反馈寄存器,其产生的最大长度序列码长为 2^p-1。对最大长度序列,可由匹配滤波器实现脉冲压缩并改善峰值信噪比。经过脉冲压缩后,其匹配滤波输出的中央处出现峰值,但旁瓣不具有明显的衰减性。同时,最大长度序列的模糊函数近似为图钉状,故存在多普勒敏感问题,这也是二相编码信号普遍存在的不足之处。

对子脉冲宽度为 0.33ns,码长为 1023 的最大长度序列,其脉冲压缩结果,如图 4.1 所示。结果中远区副瓣较高,最大值为 -28.38dB。该最大长度序列的多普勒容限为 $f_{\mathrm{dmax}}=1.48\mathrm{MHz}$,因为机载 SAL 主要工作在正侧视模式,所以多普勒容限对成像构成的影响较小。实际中由于存在波束指向误差等原因,SAL 难以保证工作在理想正侧视,这时可能出现多普勒频移超过多普勒容限的情况,可以在匹配滤波器中引入校正后的参考函数以对多普勒频移进行补偿[57]。

2. 多相编码信号

相对于二相编码信号存在的多普勒容限较小以及脉冲压缩后旁瓣衰落较慢等不足而言,多相编码信号在扩展多普勒容限和降低旁瓣方面有一定程度的改善。较为典型的多相编码信号有 Frank 码、P3 码和 P4 码等。

P3 码和 P4 码是通过将一个 LFM 信号变换到基带,并依据奈奎斯特定律采样得到,两者的区别在于 P3 码在基带变换时的本振频率取为 LFM 信号的初始频率,P4 码取为 LFM 信号的中心频率[58]。对于码长为 N 的 P3 码和 P4 码,其

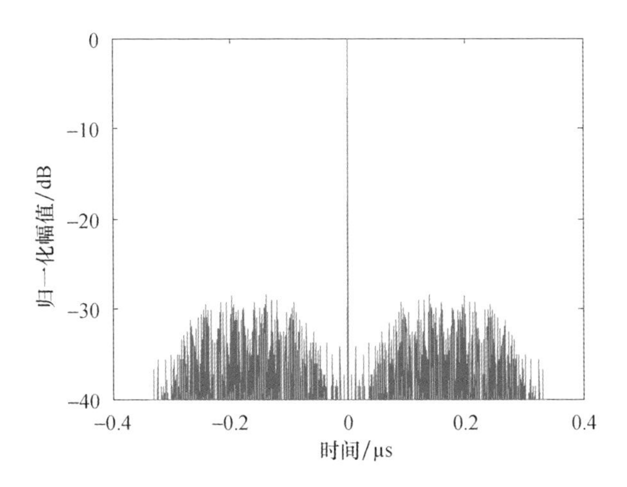

图4.1　码长为1023的最大长度序列脉冲压缩结果

子脉冲相位分别定义如下

$$\begin{cases}\phi_n^{(\mathrm{P3})}=\pi n^2/N, & n=0,1,\cdots,N-1\\ \phi_n^{(\mathrm{P4})}=\pi n^2/N-\pi n, & n=0,1,\cdots,N-1\end{cases} \tag{4.2}$$

相比P3码和P4码，虽然Frank码的子脉冲相位不是LFM信号二次相位的精确实现，但其具有子脉冲相位量化位数远小于码长的特点，有利于在实际中工程实现。因此，本书主要对Frank码的性能进行分析。

Frank码的子脉冲相位可由二维矩阵$\phi(p,q)$导出，即

$$\phi(p,q)=2\pi pq/L, p=0,1,\cdots,L-1, q=0,1,\cdots,L-1 \tag{4.3}$$

式中：L为Frank码子脉冲相位量化的位数；将矩阵$\phi(p,q)$的各行首尾依次连接即得码长为L^2的Frank码子脉冲相位序列[59]。

对子脉冲宽度为0.33ns、L为4,8,16,32的Frank码，其子脉冲相位序列，如图4.2所示。Frank码采用分段线性的相位变化方式得到LFM信号二次相位的阶跃近似。对于码长为L^2的Frank码，每隔L步长就对频率进行一次调整，而使其解缠后相位不断逼近二次变化曲线[60]。不同码长的Frank码，其相位逼近二次曲线的程度不同；码长越长，逼近二次曲线的效果越好。

对于子脉冲宽度为0.33ns，$L=4,8,16,32$的Frank码，其脉冲压缩结果，如图4.3所示。从Frank码的脉冲压缩结果可以看出，随着码长的增加，Frank码的脉冲压缩旁瓣幅度逐渐降低；对二相编码信号而言，同码长的Frank码的脉冲压缩旁瓣在远区衰落较快。从图4.3中可以清楚地看到，当$L=32$时，码长为1024的Frank码经过脉冲压缩后，其远区旁瓣优于-40dB。

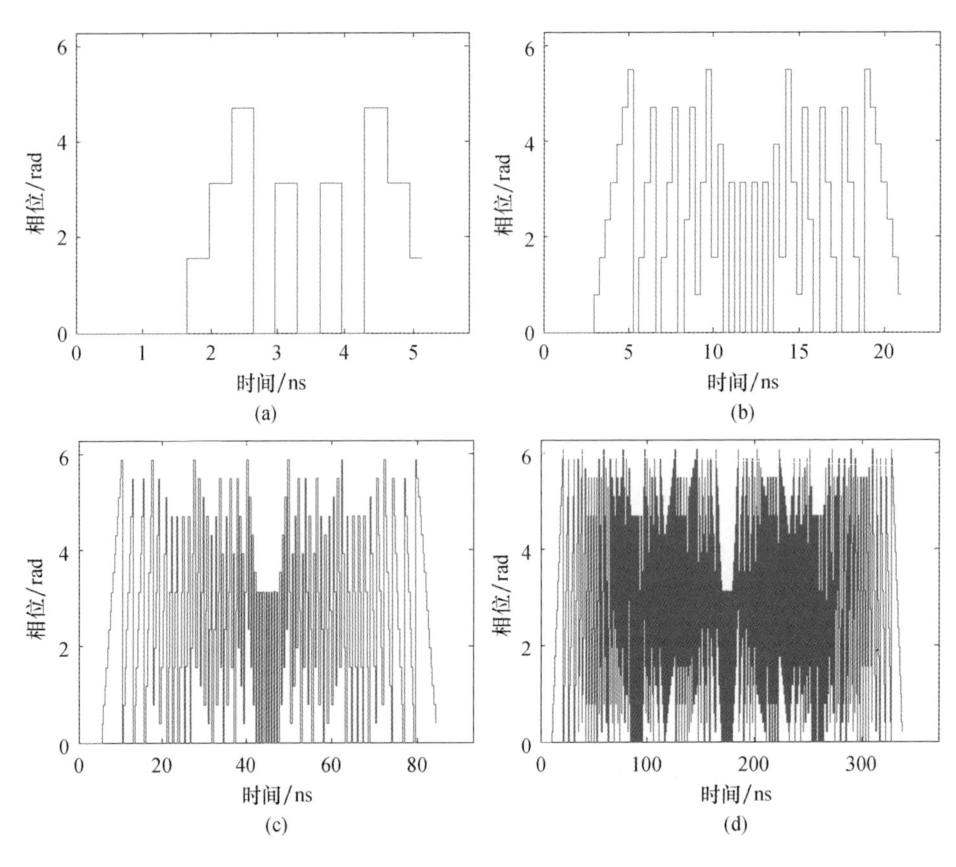

图 4.2 Frank 码子脉冲相位序列

(a)4PSK;(b)8PSK;(c)16PSK;(d)32PSK。

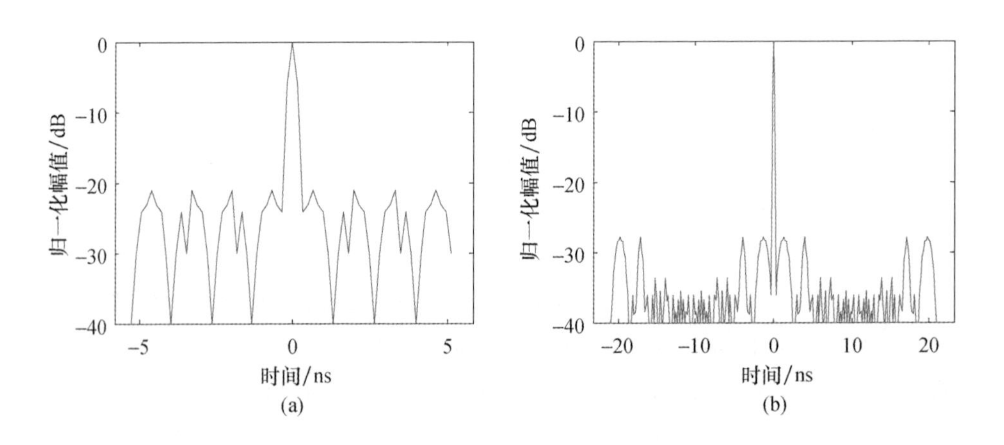

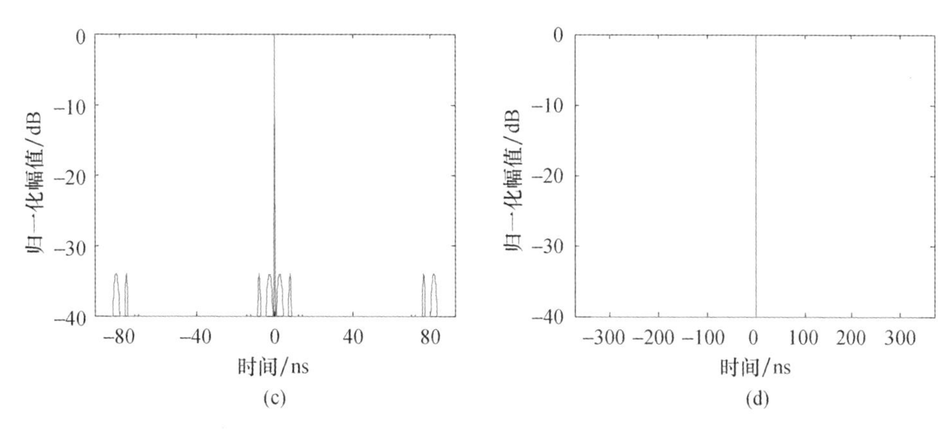

图 4.3　Frank 码的脉冲压缩结果

(a)4PSK;(b)8PSK;(c)16PSK;(d)32PSK。

3. LFM 相位调制信号

宽带 LFM 信号具有较大的多普勒容许度和良好的脉冲压缩性能,采用频率调制方式在微波 SAR 系统中已获得了广泛的应用。在激光频段,由于实现频率调制的器件限制,目前能够实现的 LFM 信号带宽较小,因此达不到机载 SAL 厘米级分辨率对应的带宽要求。现阶段激光数字通信技术发展迅速,可以考虑利用成熟的高速宽带激光相位调制器形成具有 LFM 信号相位特性的宽带相位调制信号。

用调制信号产生器输出与 LFM 信号相位相对应的调制信号作为激光相位调制器的输入,在激光基频上调制产生出激光宽带调相信号,将该激光宽带调相信号定义为基于 LFM 信号的相位调制信号,简称为 LFM 相位调制信号。本书主要分析了量化情况下 LFM 相位调制信号的性能。对于 M 值量化的 LFM 相位调制信号,其相位由 LFM 信号相位经 M 值量化编码后得到,故称之为 LFM*M*PSK 相位调制信号。LFM*M*PSK 相位调制信号的相位序列 $\phi_n^{(\mathrm{LFM}M\mathrm{PSK})}$ 满足

$$\phi_n^{(\mathrm{LFM}M\mathrm{PSK})} = \phi_{n\mathrm{LFM}} + (-1)^{\alpha}\min_m\left|\phi_{n\mathrm{LFM}} - 2\pi m/M\right|, \alpha = \begin{cases}0, \phi_{n\mathrm{LFM}} < 2\pi m/M \\ 1, \phi_{n\mathrm{LFM}} \geqslant 2\pi m/M\end{cases} \tag{4.4}$$

式中:$\phi_{n\mathrm{LFM}}$ 为 LFM 信号在区间 $[0,2\pi]$ 的缠绕相位;$2\pi m/M$ 为 M 值量化相位且 $m=0,1,\cdots,M-1$。

当激光相位调制器具有连续相位调制能力时,其产生的 LFM 相位调制信号为连续相位调制信号。研究量化编码的 LFM 相位调制信号的意义:一是可以降

低对调制信号产生器(由高速数模转换器 D/A 形成)的要求;二是可以模拟激光相位调制器非线性输入输出关系带来的问题。一方面,LFM 相位调制信号具有量化位数不随码长增加而增大的特点,量化位数越少,对 D/A 位数的要求也就越低。因此,量化编码的 LFM 相位调制信号对 D/A 位数的要求明显要低于连续相位调制信号和 Frank 码等多相编码信号。另一方面,即使激光相位调制器具有连续相位调制能力,也会因为其非线性输入输出关系而使调制出的 LFM 相位调制信号可能具有跳变的相位变化,因此,量化编码的 LFM 相位调制信号可以认为是连续相位调制信号在考虑了实际调相器非线性情况下的一种近似信号模型,对该信号的分析有助于对其实际应用性能的评价。

我们对 LFM 2PSK、LFM 4PSK、LFM 8PSK、LFM 16PSK 相位调制信号的性能进行分析。设各相位调制信号的脉冲宽度均为 0.34μs,带宽为 3GHz,采样率为 6GHz,LFM 2PSK、LFM 4PSK、LFM 8PSK、LFM 16PSK 相位调制信号相位序列,如图 4.4 所示。

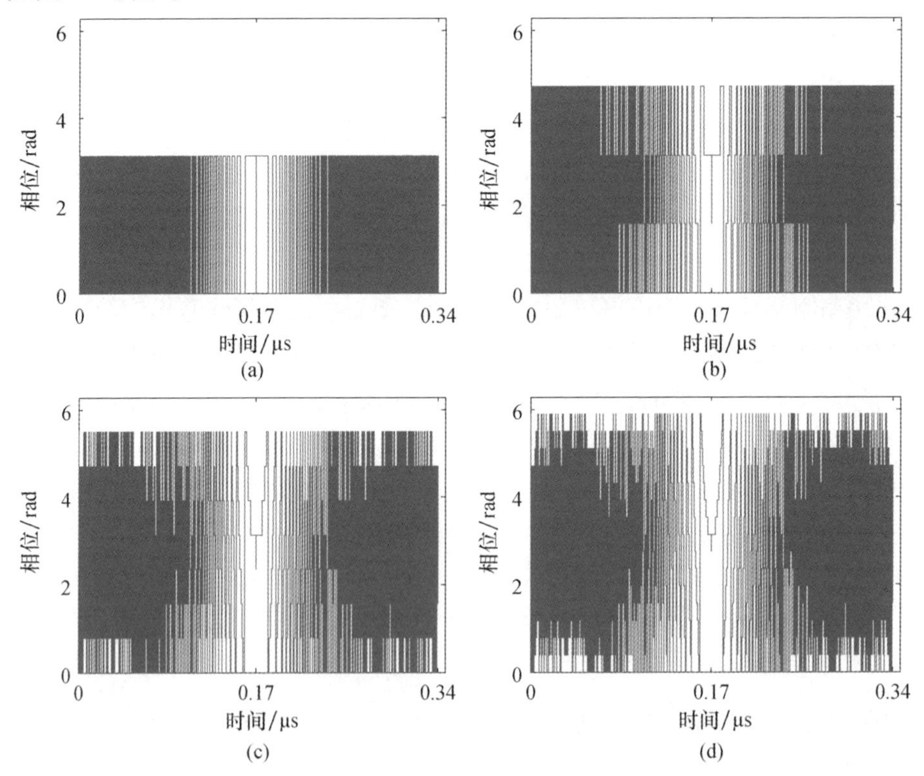

图 4.4 LFM 相位调制信号相位序列

(a)2PSK;(b)4PSK;(c)8PSK;(d)16PSK。

上述仿真参数下LFM 2PSK、LFM 4PSK、LFM 8PSK、LFM 16PSK相位调制信号的脉冲压缩结果,如图4.5所示,显然其远区副瓣较小;且随着量化位数的增加,LFM相位调制信号脉冲压缩后的旁瓣电平逐渐降低,与理想LFM信号脉冲压缩后的旁瓣电平逐渐接近。对LFM 8PSK、LFM 16PSK相位调制信号,其脉冲压缩后的峰值旁瓣比分别为-14.04dB、-13.29dB,积分旁瓣比分别为-10.53dB、-10.18dB,已基本满足成像要求。

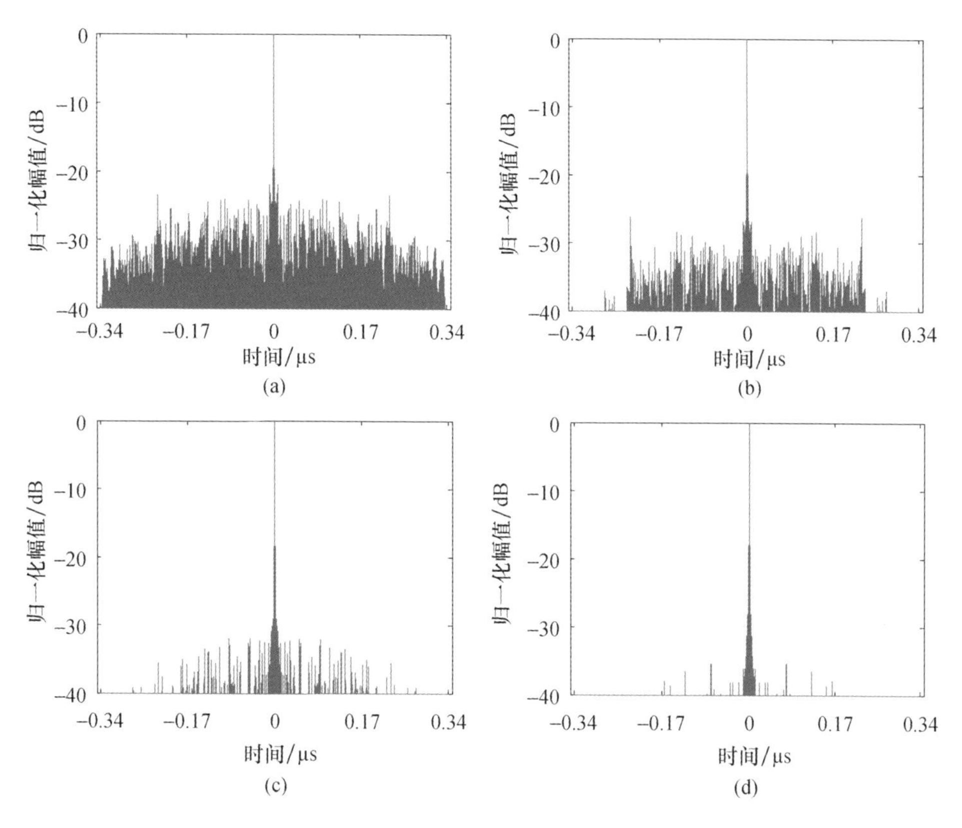

图4.5　LFM相位调制信号的脉冲压缩结果

(a)2PSK;(b)4PSK;(c)8PSK;(d)16PSK。

4.1.2　相位调制信号的收发和处理

文献[20]给出了机载SAL系统实现方案框图,基于相位调制信号,本文给出的机载SAL相位调制信号发射、接收和数据采集系统框图,如图4.6所示。当发射信号采用脉冲体制时,激光光源的信号经过相位调制后,经脉冲选通放大后发射出去;接收到的回波信号经和激光光源本振信号相干探测 IQ 正交解调后送至 A/D 采样,然后在数据记录器中存储。

针对机载 SAL 具有成像幅宽窄(约 1m)的特点,本文利用类似于微波 SAR 对 LFM 信号采用的“去调频”接收处理方式[53],对于 LFM 相位调制信号,考虑将激光相位调制器输出信号延时后作为本振信号,对激光回波信号实施相干探测 IQ 正交解调,实现“去调相”接收,以大幅度降低宽带信号的 A/D 采样率。

对于 LFM 相位调制信号采用“去调相”接收方式解调后,尽管其信号相位有缠绕现象,但解缠后其变化情况和 LFM 信号的“去调频”接收情况相同,在原理上可以通过距离向的傅里叶变换实现脉冲压缩。采用“去调相”接收方式可以使系统信号收发方案大为简化,与之对应的信号关系如图 4.6 中的虚线部分所示。

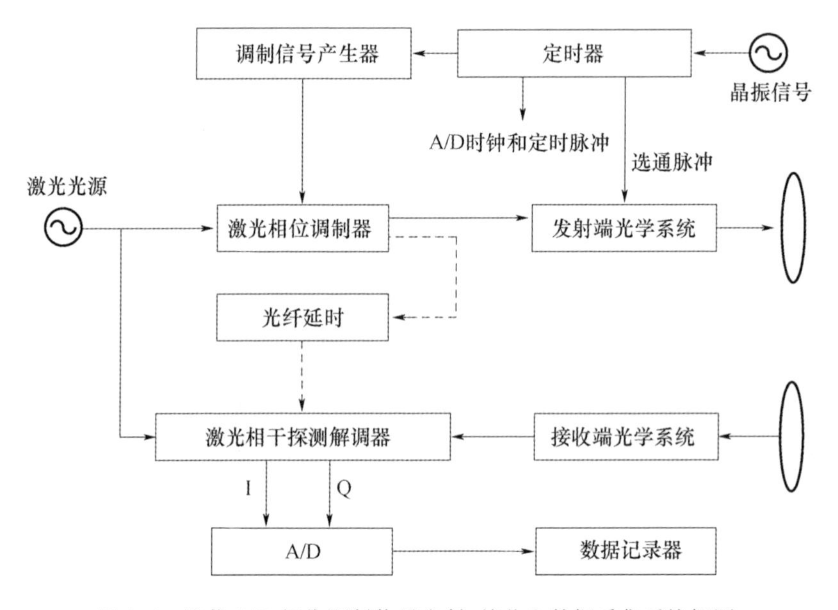

图 4.6　机载 SAL 相位调制信号发射、接收和数据采集系统框图

当激光器收发采用两个孔径时,根据激光信号收发隔离度高的特点,采用“去调相”接收方式,机载 SAL 也可以使 LFM 相位调制信号工作在宽脉冲或连续波模式,从而降低系统的峰值功率。由于使用连续波发射信号可以避免激光信号脉冲调制带来的频率调制问题,因此 LFM 相位调制信号的连续波模式很值得关注。

下面以理想的基于 LFM 信号连续相位调制信号和 LFM 16PSK 相位调制信号为例进行仿真分析。设信号脉宽为 10μs，带宽为 3GHz，A/D 采样率为 500MHz，当回波信号和激光相位调制器的延时信号时差为 0.1μs（对应距离向场景尺寸为 15m）时，经过“去调相”接收和基于距离向傅里叶变换的脉冲压缩结果，如图 4.7 所示。与理想的基于 LFM 信号连续相位调制信号相比，LFM 16PSK 相位调制信号因相位量化存在不连续性，脉冲压缩后产生了新的副瓣，但在延时信号时差为 0.1μs 的情况下，其副瓣的分布区离目标场景中心较远，且其电平较低，因此适用于机载 SAL 成像幅宽较窄的使用场合。

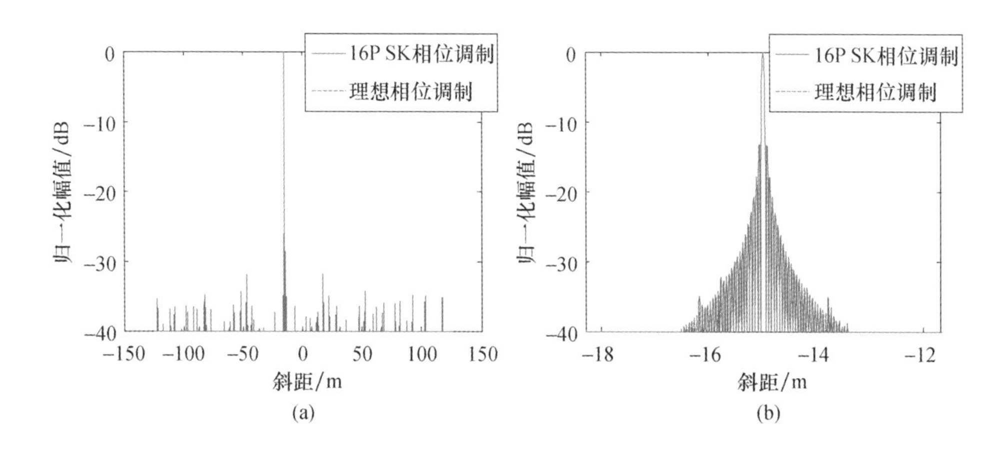

图 4.7　理想连续相位调制信号和 LFM 16PSK 相位调制信号“去调相”后的脉冲压缩结果（见彩图）

（a）原图；（b）局部放大图。

4.1.3　相位调制信号的成像仿真分析

本节仿真分析工作中，成像处理采用了距离徙动算法（又称 ωK 算法）[61]，机载 SAL 的系统参数和目标场景参数设置见表 4.1。其中目标场景为由 5 个点目标构成的十字形目标。分别对窄脉冲最大长度序列，16PSK Frank 码信号和 LFM 16PSK 相位调制信号进行了成像仿真，同时对 LFM 16PSK 相位调制信号增加了宽脉冲“去调相”接收方式下的成像仿真，相位调制信号的种类和参数设置见表 4.2。

表 4.1 机载 SAL 的系统参数和目标场景参数设置

参数	数值	参数	数值
激光波长	1.55μm	合成孔径时间	4ms
平台高度	1000m	场景中心斜距	1414.2m
飞行速度	50m/s	场景方位向宽度	0.2m
脉冲重复频率	90kHz	场景地距向宽度	1.5m
斜视角	0°	点目标方位向间距	0.05m
入射角	45°	点目标地距向间距	0.1m

表 4.2 相位调制信号的种类和参数

信号	带宽/GHz	子码宽度/ns	码长	脉宽/μs	AD 采样率/GHz
最大长度序列	3	0.33	1023	0.34	6
Frank 码	3	0.33	256	0.0845	6
LFM 相位调制信号	3	—	—	0.34	6
“去调相”方式下的 LFM 相位调制信号	3	—	—	10	0.5

从成像仿真结果看,在窄脉冲条件下,最大长度序列和 16PSK Frank 码信号的距离向副瓣区离目标场景中心较远,LFM 16PSK 相位调制信号的成像效果和理想的 LFM 信号成像结果相近,距离向副瓣集中在目标场景中心;在宽脉冲条件下,“去调相”接收方式下的 LFM 16PSK 相位调制信号成像与窄脉冲条件下的 LFM 16PSK 相位调制信号成像效果相近。经过插值后的距离向和方位向剖面分析,图像分辨率和理论值相符。

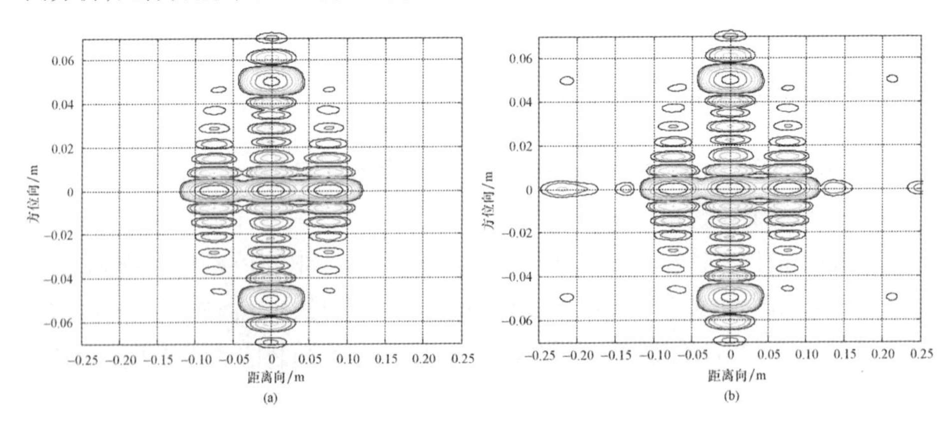

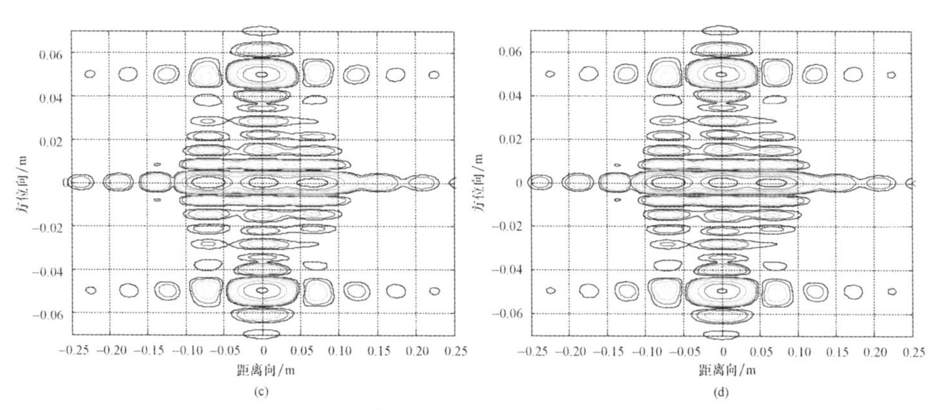

图 4.8　相位调制信号成像结果(8 倍插值后)(见彩图)

(a)码长为 1023 的最大长度序列;(b)码长为 256 的 Frank 码;
(c)LFM16PSK 相位调制信号;(d)“去调相”方式下的 LFM16PSK 相位调制信号。

4.2　激光宽带 LFM 信号

自 1964 年第一台 CO_2激光器问世以来,经过半个多世纪的不断发展,激光雷达已在距离测量、大气风场测量、目标探测和遥感成像等领域获得了广泛的应用[62]。纵观其发展历程,激光雷达呈现出体积更小、重量更轻、分辨率更高和作用距离更远的趋势。现阶段为获得高的距离向分辨率,激光雷达的发射信号多以窄脉冲信号为主,但其对系统的峰值功率要求过高,限制了激光雷达作用距离和分辨能力的进一步提高。通过发射相位或频率经过调制的宽带信号,并结合脉冲压缩技术,可以平衡作用距离和距离向分辨率的矛盾[20],从而提升激光雷达的性能。根据调制方式的不同,适合脉冲压缩的激光雷达宽带信号具体分为激光宽带相位调制信号和宽带 LFM 信号两类。上一节主要研究了二相编码信号、多相编码信号和 LFM 相位调制信号等宽带相位调制信号,其中 LFM 相位调制信号就是依据 LFM 信号相位,经相位调制方式产生出的宽带信号。宽带 LFM 信号具有较好的脉冲压缩性能,压缩后远区副瓣较低。另外,由于激光雷达波束一般较窄,探测幅宽较小,使用 LFM 信号时还可以采用去斜接收方式大幅简化系统设计[63,64],因此,研究激光雷达的宽带 LFM 信号产生问题具有重要意义。

对于激光雷达,宽带 LFM 信号产生方法主要包括内调制和外调制两种。内调制指通过调谐腔长等方法使激光器直接输出宽带 LFM 信号[65-67],这种方法主要存在调制周期较长的问题，无法满足激光雷达常需工作在高重频模式的应用要求。外调制指先用电学方法产生调制信号，再将调制信号作用于激光光源信号，最后输出宽带 LFM 信号。外调制主要可以分为声光调制、电光调制等。其中声光调制利用声光衍射的原理，可实现强度调制，其存在调制带宽小的问题；电光调制通过控制电压改变晶体的折射率，可实现强度或相位调制，其问题是调制信号带宽制约了输出 LFM 信号的带宽。因此，现有激光雷达宽带 LFM 信号产生方法仍然存在的调制周期长、带宽小的问题值得研究。

针对上述问题，文献[15]以成熟的激光通信技术为基础，提出利用一个双平行马赫－曾德尔调制器（Dual－Parallel Mach－Zehnder Modulator，DPMZM），通过 IQ 正交调制的方法实现单边带上变频，实现了激光 LFM 信号的形成。但是该方法仍需首先产生带宽相同的射频 LFM 信号作为调制信号，不利于激光 LFM 信号带宽的进一步提升。为此，需研究新的激光宽带 LFM 信号产生方法。

现阶段光纤承载射频技术（Radio over Fiber，ROF）中对利用光上倍频的方法获取高纯度毫米波单频和相位编码信号已有较多研究[68－75]。该方法提示我们可以利用 MZ 干涉的非线性特性，将较小带宽的射频 LFM 信号作为调制信号，通过光上倍频的方法产生大带宽的激光 LFM 信号。为保留所需频率范围内的信号和抑制其他谐波分量的影响，设计了基于两个 DPMZM 的调制方式，以获取高纯度激光宽带 LFM 信号。

本节将介绍 MZ 干涉的相关概念和特性，分析基于一个 DPMZM 的激光单倍频 LFM 信号产生方法，在此基础上研究基于两个 DPMZM 获取激光三倍频 LFM 信号的方法，对所提方法的相关问题进行分析讨论并给出了解决思路，最后对两种激光 LFM 信号非线性校正方法进行介绍和总结。

4.2.1 MZ 干涉

1. 基本概念

MZ 干涉是将输入光信号分为两条支路，改变两条（或者其中一条）支路的相位，再将两条支路信号汇合作为输出信号，输出信号的幅度随支路信号的调制相位而变化。当两支路的相位差为 0 时，支路信号干涉相加，输出信号幅度最大；当两支路的相位差为 π 时，支路信号干涉相消，输出信号幅度为 0。

马赫－曾德尔调制器（Mach－Zehnder Modulator，MZM）利用 MZ 干涉原理实现幅度调制，它在毫米波信号光学产生、光调制技术实现等方面有较为广泛的应用。MZM 包含射频信号输入电极和直流电压偏置电极，一般按射频信号输入电极数分为双电极 MZM 和单电极 MZM，单电极 MZM 可以看作双电极 MZM 的特例[70]。

DPMZM 可看作由一个主 MZM 和两个子 MZM 构成，其中两个子 MZM 分别位于主 MZM 的两臂上，构成并行排列。通常主 MZM 上只含有一个直流电压偏置电极，而不含射频信号输入电极。

由于 MZ 干涉具有非线性调制特性，因此可用于获取激光宽带 LFM 信号，下面基于 MZM 对 MZ 非线性调制进行简要介绍。

2. 非线性调制

本节使用的 MZM 为双电极 MZM，两臂各含一个射频信号输入电极，其结构示意图，如图 4.9 所示。

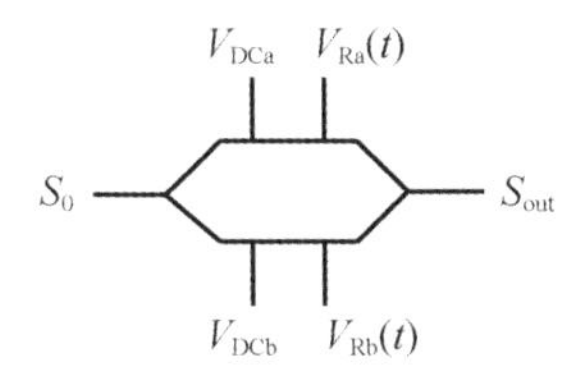

图 4.9　MZM 结构示意图[70]

图 4.9 中，S_0 为输入的激光光源信号；S_{out} 为输出信号；V_{DCa}、V_{DCb} 为 MZM 两臂的直流偏置电压；$V_{Ra}(t)$、$V_{Rb}(t)$ 分别为初相为 φ_1、φ_2 的射频 LFM 信号。该 MZM 两条支路的调制信号分别为

$$V_1(t) = V_{DCa} + V_R \mathrm{rect}\left(\frac{t}{T}\right)\cos(2\pi f_i t + \pi k t^2 + \varphi_1) \tag{4.5}$$

$$V_2(t) = V_{DCb} + V_R \mathrm{rect}\left(\frac{t}{T}\right)\cos(2\pi f_i t + \pi k t^2 + \varphi_2) \tag{4.6}$$

式中：V_R 为 LFM 信号振幅；T 为脉冲宽度；f_i 为中频；k 为调频率。

输出信号为

$$S_{out} = \frac{1}{2}e^{j(2\pi f_0 t + \phi_0)}\left(e^{j\pi\frac{V_1(t)}{V_\pi}} + e^{j\pi\frac{V_2(t)}{V_\pi}}\right) \tag{4.7}$$

式中：f_0 为激光光源信号频率；ϕ_0 为激光光源信号初相；V_π 为 MZM 的半波电压。

根据第一类贝塞尔函数，有

$$e^{jz\cos(\varphi)} = e^{jz\sin\left(\varphi+\frac{\pi}{2}\right)} = \sum_{n=-\infty}^{+\infty} J_n(z)e^{jn\left(\varphi+\frac{\pi}{2}\right)} \tag{4.8}$$

将式(4.8)代入式(4.7),该 MZM 的输出信号可写为

$$S_{\text{out}} = e^{j\left[2\pi f_0 t+\phi_0+\frac{\pi(V_{\text{DCa}}+V_{\text{DCb}})}{2V_\pi}\right]} \sum_{n=-\infty}^{+\infty} J_n\left(\frac{\pi V_{\text{R}}}{V_\pi}\right) e^{jn\left(2\pi f_i t+\pi k t^2+\frac{\varphi_1+\varphi_2}{2}+\frac{\pi}{2}\right)} \cdot \cos\left[\frac{\pi(V_{\text{DCa}}-V_{\text{DCb}})}{2V_\pi}+n\frac{\varphi_1-\varphi_2}{2}\right] \tag{4.9}$$

由式(4.9)可以看出,输出信号含有频率为f_0的零次谐波,频率为f_0+f_i、带宽为$B(B=k\text{T})$的一次谐波,以及频率为$f_0+nf_i(|n|\geqslant 2)$、带宽为nB的高次谐波分量。因此,将射频 LFM 信号作为 MZM 的输入,可利用 MZ 干涉的非线性调制特性产生带宽倍频的激光宽带 LFM 信号。

4.2.2 基于一个 DPMZM 的激光 LFM 信号产生

1. 基于一个 DPMZM 的激光单倍频 LFM 信号产生

通过上述分析可知,LFM 信号经 MZM 非线性调制后,其输出信号含有多个谐波分量,无法直接用作雷达发射信号。如何设计合理的滤波方式,保留所需频率范围内的倍频信号并滤除其他谐波分量,最终输出高纯度的激光宽带 LFM 信号变得尤为重要。

光滤波器实现带通滤波是一个较为直接的方法,但现阶段高Q值的光滤波器实现仍有一定难度。最为重要的是,在射频输入信号中频f_i较小时,倍频后 LFM 信号的多次谐波之间相互重叠,无法直接用光滤波器滤除其他谐波分量的干扰。

利用多个 MZM 可以实现谐波抑制,获取高纯度的激光 LFM 信号。当使用一个 DPMZM 时,将射频 LFM 信号作为其输入,可以对高次谐波抑制后获取一次谐波,实现激光单倍频 LFM 信号的产生。下面对使用一个 DPMZM 进行谐波抑制的原理进行分析。

图 4.10 所示为基于一个 DPMZM 的谐波抑制原理图,图中的两个小虚框和外围的大虚框分别对应 DPMZM 的两个子 MZM 和主 MZM。虚框外的移相通过使用多个信号源(可由高速数模转换器形成)或移相器产生相对相位不同的射频 LFM 信号完成,虚框内的移相由设置 DPMZM 参数完成。

输入信号为射频 LFM 信号,即

$$S_{\text{in}} = V_{\text{R}}\text{rect}\left(\frac{t}{T}\right)\cos(2\pi f_i t+\pi k t^2+\varphi) \tag{4.10}$$

设调制系数$m=\pi V_{\text{R}}/V_\pi$,并令$\cos(2\pi f_i t+\pi k t^2+\varphi)=\cos\varphi_i$,则输出信号为

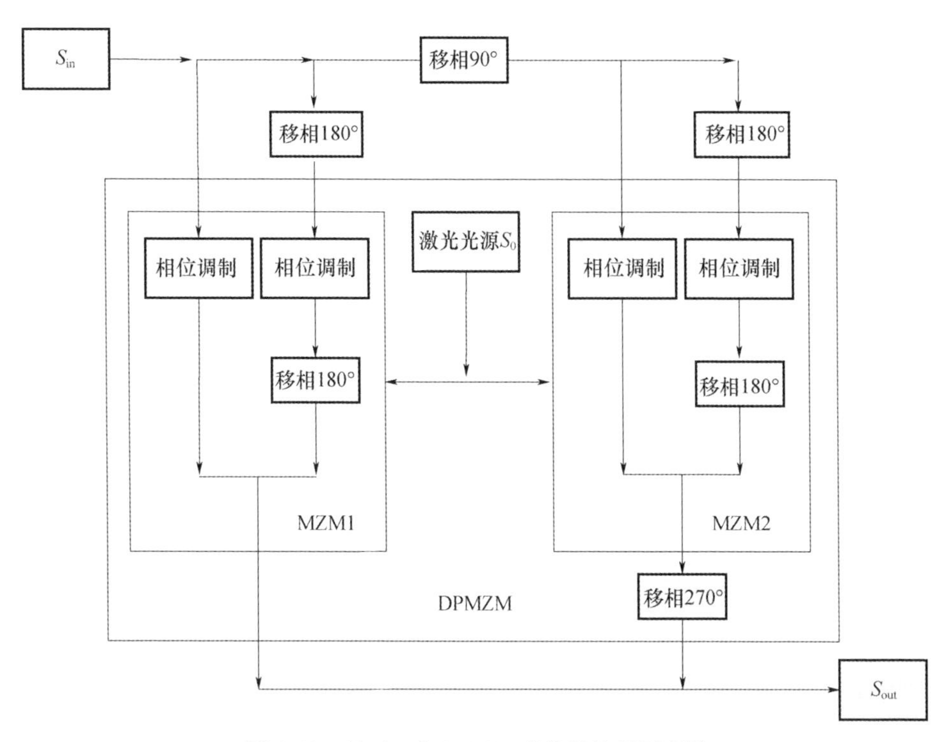

图4.10　基于一个DPMZM的谐波抑制原理图

$$S_{out}=\frac{1}{4}e^{j(2\pi f_0t+\phi_0)}$$

$$\cdot[e^{jm\cos\varphi_i}+e^{jm\cos(\varphi_i+\pi)}e^{j\pi}+e^{jm\cos(\varphi_i+\frac{\pi}{2})}e^{j\frac{3\pi}{2}}+e^{jm\cos(\varphi_i+\frac{3\pi}{2})}e^{j\pi}e^{j\frac{3\pi}{2}}]\tag{4.11}$$

将上式化简后，得

$$S_{out}=\frac{1}{4}e^{j(2\pi f_0t+\phi_0)}\sum_{n=-\infty}^{+\infty}J_n(m)e^{jn\varphi_i}[j^n+(-1)^{n+1}j^n+j+(-1)^{n+1}j]\tag{4.12}$$

根据式(4.12)，可得DPMZM的输出信号含有倍频次数为$n=4z+1$的谐波分量(z为整数)。因此，输出信号主要包含n为-3和1时对应的两个谐波分量(m较小时，其他高次谐波分量的影响较小)。

为获取高纯度激光单倍频LFM信号，需调节调制系数m以抑制三次谐波。图4.11所示为第一类一阶和三阶贝塞尔函数曲线以及两者的比值曲线。根据两谐波分量的幅度落差要求，可得当$m\leqslant0.5$时，两者的幅度落差优于40dB，三次谐波影响较小，输出激光单倍频LFM信号纯度较高。

通过适当设置射频LFM信号的中频，可将现有电子学信号处理方法与激光雷达技术更紧密地结合起来。在激光发射信号产生阶段，使用载频为f_m的微波

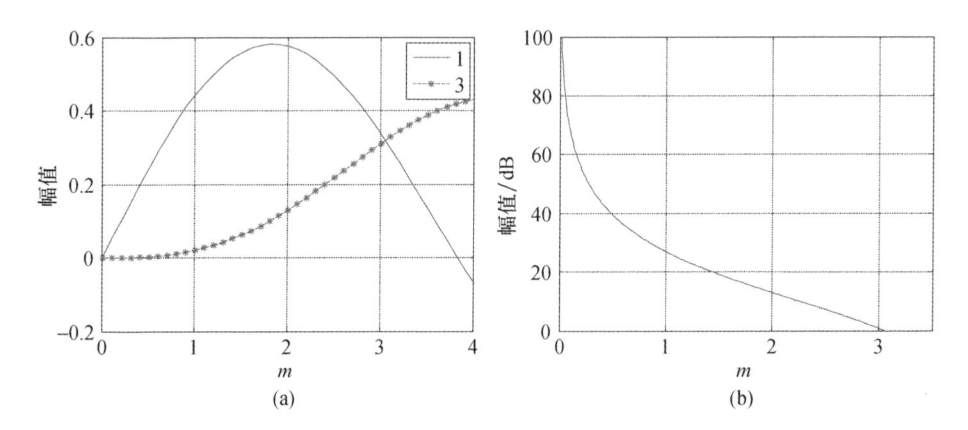

图 4.11　第一类一阶和三阶贝塞尔函数曲线以及两者比值

(a)贝塞尔函数曲线;(b)比值曲线。

LFM 信号作为 DPMZM 输入信号,形成带有附加载频 f_m 的激光单倍频 LFM 信号;在激光回波信号接收阶段,以激光光源信号作为本振,将激光回波信号下变频到载频为 f_m 的微波频段,可以充分利用成熟的微波器件设备进行后续处理。

使用 Ka 波段 LFM 信号(f_m =35GHz)作为 DPMZM 输入信号,设 LFM 信号脉宽为 1μs,带宽为 1GHz,在调制系数 m 取值为 0.5 时,通过使用一个 DPMZM 获得的激光单倍频 LFM 信号频谱,如图 4.12 所示。其中横坐标轴为相对于激光载频的频移。由图 4.12 可见,DPMZM 获得的激光 LFM 信号带宽为 1GHz。由于 f_m 较高,因此三次谐波对输出的激光单倍频 LFM 信号所处频率位置影响可以忽略。

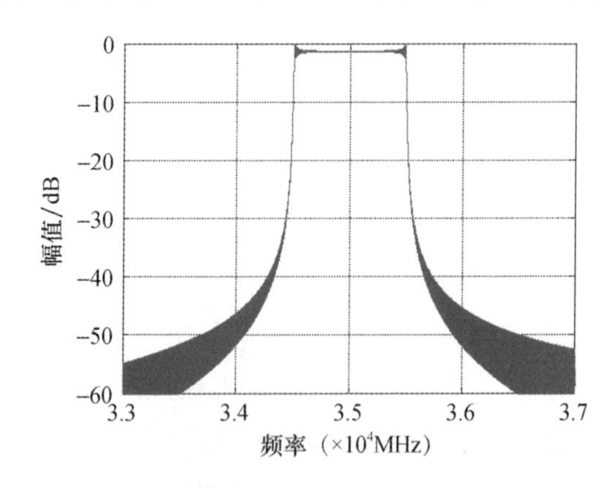

图 4.12　激光单倍频 LFM 信号频谱

2. 基于一个 DPMZM 的激光三倍频 LFM 信号产生存在的问题

基于一个 DPMZM 产生激光单倍频 LFM 信号仍需以同带宽的射频 LFM 信号作为输入，不利于激光 LFM 信号带宽的进一步提升，为此需研究新的激光宽带信号产生方法。由 4.2.1 节的分析结论可知，MZM 非线性调制后输出信号包含多个谐波分量，可以利用这一特性进行 LFM 信号带宽倍频。如果仅从理论上分析，通过设置适当的参数，可以实现利用一个 DPMZM 抑制一次谐波分量，实现激光三倍频 LFM 信号的产生。

根据式(4.12)可得，DPMZM 的输出信号含有倍频次数为 $n=4z+1$ 的谐波分量。因此，输出信号主要包含 n 为 -3 和 1 时对应的两个谐波分量(m 较小时，其他高次谐波分量的影响较小)。理论上可以通过选取调制系数 m，使 $J_1(m)$ 为 0，这样即可获得三倍频 LFM 信号。而实际应用中，这一方法可能存在问题。一方面，以对人眼较为安全的 1550nm 激光波段而言，其 MZM 半波电压 V_π 一般较高，以 6V 为例进行分析。在射频信号峰值功率 1W 的情况下，能实现的射频信号峰值电压约 7V。根据图 4.11 中第一类一阶贝塞尔函数曲线，可知在 $m=3.83$ 时，一阶贝塞尔函数 $J_1(m)$ 为 0，结合 $m=\pi V_R/V_\pi$，得对应的射频峰值电压 V_R 为 7.31V。由此可见，所需射频峰值电压 V_R 已经大于通常能实现的峰值电压值。另一方面需要注意的是，随着 m 增大，残余高次谐波分量的幅度会逐渐升高，其对输出信号的影响不再能全部忽略。因此，如何进一步减少谐波分量，削弱一次和高次谐波对激光三倍频 LFM 信号的影响，需要进一步研究。

4.2.3　基于两个 DPMZM 的激光三倍频 LFM 信号产生

1. 激光三倍频 LFM 信号产生原理

根据上节分析，使用一个 DPMZM 产生激光三倍频 LFM 信号存在 V_R 较大和谐波抑制困难等问题。关于谐波抑制问题，用 DPMZM 结合偏振态旋转滤波器实现多次谐波的滤除是另一个可能的思路[76]。但是该方法额外增加了偏振控制，使得系统实现的复杂度较高。因此，我们提出两个 DPMZM 联合使用的方法实现谐波抑制，获取高纯度的激光三倍频 LFM 信号。

基于两个 DPMZM 获取三倍频 LFM 信号的结构示意图，如图 4.13 所示。其中，S_0 为输入的激光光源信号；S_{out} 为输出的激光宽带 LFM 信号；V_{DC1a}、V_{DC1b}、V_{DC2a}、V_{DC2b} 分别为第一个 DPMZM 各臂的直流偏置电压；U_{DC1a}、U_{DC1b}、U_{DC2a}、U_{DC2b} 分别为第二个 DPMZM 各臂的直流偏置电压；V_{DC3} 和 U_{DC3} 分别为两个 DPMZM 主 MZM 的直流偏置电压；$V_{R1a}(t)$、$V_{R1b}(t)$、$V_{R2a}(t)$、$V_{R2b}(t)$ 分别为第一个 DPMZM

各臂的射频输入信号;$U_{\mathrm{R1a}}(t)$、$U_{\mathrm{R1b}}(t)$、$U_{\mathrm{R2a}}(t)$、$U_{\mathrm{R2b}}(t)$分别为第二个 DPMZM 各臂的射频输入信号。

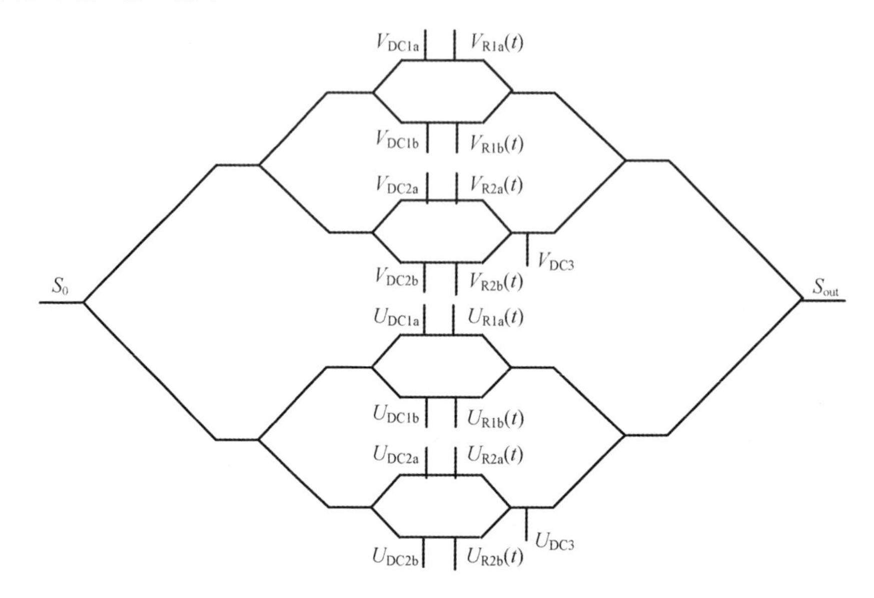

图 4.13 两个 DPMZM 的结构示意图[70]

将两个 DPMZM 联合使用进行滤波,可抑制一次谐波分量,并减少其他高次谐波分量,获取高纯度的激光三倍频 LFM 信号,其原理图,如图 4.14 所示。其中输入信号 S_{in}同式(4.10),下面给出具体分析。

图 4.14 中第一个 DPMZM 参数设置同 4.2.2 节相关内容,其输出信号为

$$S_{\mathrm{out}} = \frac{1}{2}\frac{1}{4}\mathrm{e}^{\mathrm{j}(2\pi f_0 t + \phi_0)} \cdot \left[\mathrm{e}^{\mathrm{j}m\cos\varphi_i} + \mathrm{e}^{\mathrm{j}m\cos(\varphi_i + \pi)}\mathrm{e}^{\mathrm{j}\pi} + \mathrm{e}^{\mathrm{j}m\cos\left(\varphi_i + \frac{\pi}{2}\right)}\mathrm{e}^{\mathrm{j}\frac{3\pi}{2}} + \mathrm{e}^{\mathrm{j}m\cos\left(\varphi_i + \frac{3\pi}{2}\right)}\mathrm{e}^{\mathrm{j}\pi}\mathrm{e}^{\mathrm{j}\frac{3\pi}{2}}\right] \tag{4.13}$$

类似可得第二个 DPMZM 输出信号为

$$S_{\mathrm{out}} = \frac{1}{2}\frac{1}{4}\mathrm{e}^{\mathrm{j}(2\pi f_0 t + \phi_0)} \cdot \left[\mathrm{e}^{\mathrm{j}m\cos\left(\varphi_i + \frac{\pi}{4}\right)}\mathrm{e}^{\mathrm{j}\frac{3\pi}{4}} + \mathrm{e}^{\mathrm{j}m\cos\left(\varphi_i + \frac{\pi}{4} + \pi\right)}\mathrm{e}^{\mathrm{j}\frac{7\pi}{4}} + \mathrm{e}^{\mathrm{j}m\cos\left(\varphi_i + \frac{\pi}{4} + \frac{\pi}{2}\right)}\mathrm{e}^{\mathrm{j}\frac{3\pi}{4}}\mathrm{e}^{\mathrm{j}\frac{3\pi}{2}} + \mathrm{e}^{\mathrm{j}m\cos\left(\varphi_i + \frac{\pi}{4} + \frac{3\pi}{2}\right)}\mathrm{e}^{\mathrm{j}\frac{7\pi}{4}}\mathrm{e}^{\mathrm{j}\frac{3\pi}{2}}\right] \tag{4.14}$$

总输出信号为

$$S_{\mathrm{out}} = S_{\mathrm{out1}} + S_{\mathrm{out2}} \tag{4.15}$$

将式(4.13)和式(4.14)代入式(4.15)并化简,可得

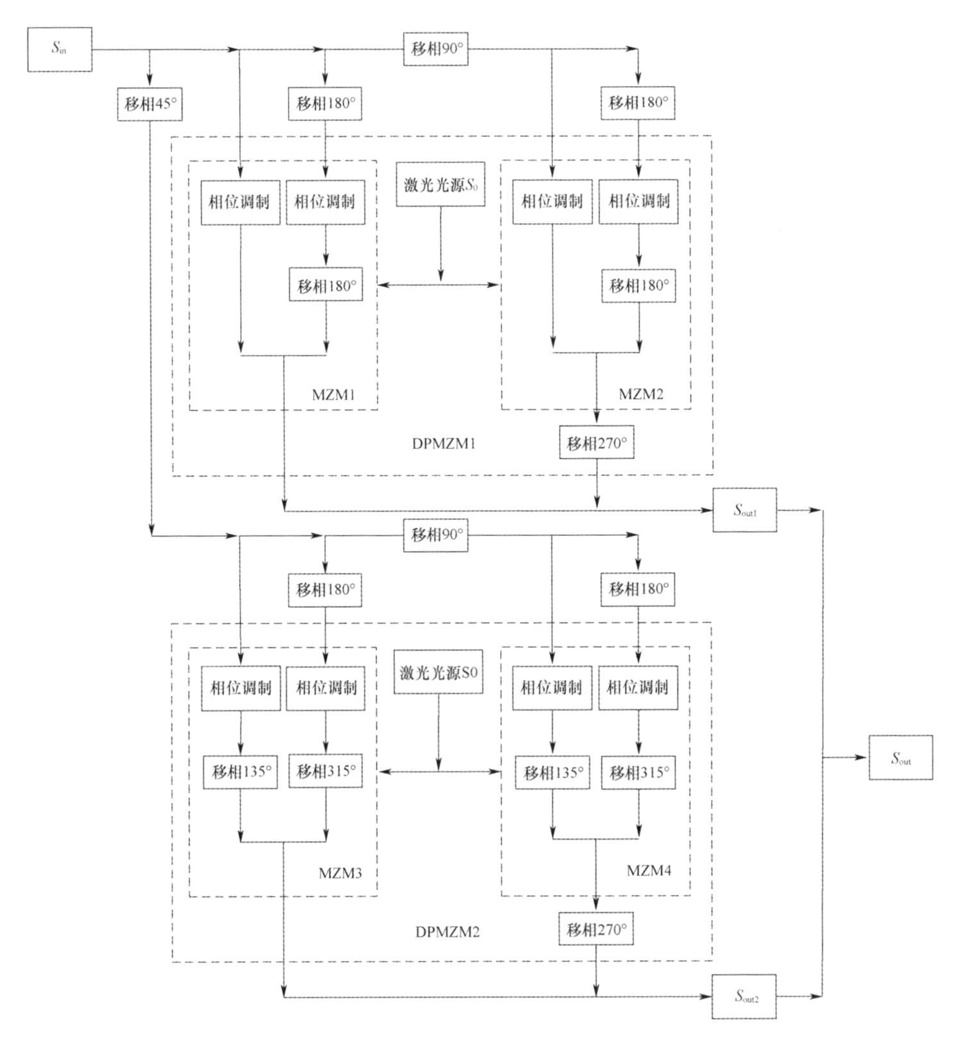

图4.14 基于两个DPMZM的谐波抑制原理图

$$S_{\text{out}} = \frac{1}{4}\mathrm{e}^{\mathrm{j}(2\pi f_0 t + \phi_0)} \sum_{n=-\infty}^{+\infty} J_n(m)\mathrm{e}^{\mathrm{j}n\varphi_i} \cdot [\mathrm{j}^n + (-1)^{n+1}\mathrm{j}^n + \mathrm{j} + (-1)^{n+1}\mathrm{j}][1 + \mathrm{e}^{\mathrm{j}(n+3)\frac{\pi}{4}}] \tag{4.16}$$

由式(4.16)可见,使用两个DPMZM时,输出信号含有倍频次数为$n=8z-3$的谐波分量(z为整数),相对于使用一个DPMZM时的谐波分量减少1/2,输出信号主要包含n为-3和$+5$时对应的两个谐波分量。经分析计算,在m较小时,可以保证这两个谐波分量的幅值落差在20~30dB,即$+5$次谐波分量基本可以忽略,故输出信号为纯度较高的激光三倍频LFM信号。同时,由于两个

DPMZM 调制方式使谐波分量的中频差异增大,有利于实施光域滤波以进一步去除激光三倍频 LFM 信号中高次谐波分量的影响。

另外,假设上述推导过程中输入射频 LFM 信号的中频 f_i 为 0,则可以输出中心频率为激光载频 f_0 的三倍频 LFM 信号。此时输入 DPMZM 的 LFM 信号为基带信号,故可将 D/A 直放产生的基带 LFM 信号直接作用于 DPMZM,从而进一步简化系统,该方法适用于对激光三倍频 LFM 信号杂散电平容许较高的使用场合。

使用基带 LFM 信号作为输入信号,LFM 信号脉宽为 1μs,带宽为 1GHz,在调制系数 m 取值分别为 1、2、3 时,通过两个 DPMZM 获得的激光三倍频 LFM 信号频谱,如图 4.15 所示。其中横坐标轴为相对于激光载频的频移。由图 4.15 可见,获得的激光 LFM 信号带宽为 3GHz,且调制系数 m 越小,信号频谱杂散越少。当 m 小于 3 时,残余的高次谐波分量不超过 -20dB,对输出信号的影响较小。

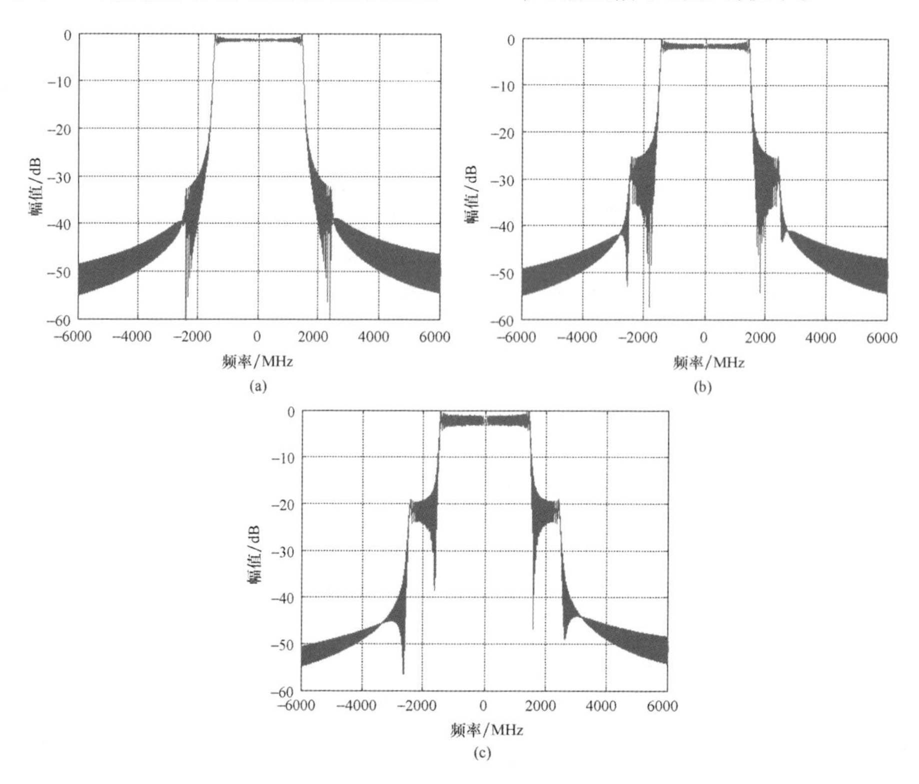

图 4.15 激光三倍频 LFM 信号频谱

(a) $m=1$;(b) $m=2$;(c) $m=3$。

2. 激光三倍频 LFM 信号产生相关问题及解决方法

相比基于一个 DPMZM 的激光单倍频 LFM 信号产生方法而言，两个 DPMZM 联合使用的新方法进一步降低了对输入信号带宽的要求，减弱了对高速射频信号源的依赖。本节将对新方法可能存在的问题作进一步讨论分析，并给出相应的解决思路。

1）激光三倍频 LFM 信号衰减

根据前面的分析，两个 DPMZM 联合使用的方法可用较小带宽的射频 LFM 信号产生出激光三倍频 LFM 信号，但是其存在输出信号衰减较大的问题。为解决该问题，可以从以下两个方面考虑。

第一，调制系数 m 取值应合适。m 值越大，输出的激光三倍频 LFM 信号就越大，但输出信号中残余的五次谐波分量也越强。因此，在保证 n 为 -3 和 $+5$ 时对应两个谐波分量幅值落差的情况下，可以适当将 m 取值增大。图 4.16 所示为第一类三阶和五阶贝塞尔函数曲线以及两者的比值曲线。根据两谐波分量幅度落差约 20dB 的要求，并结合第一类贝塞尔曲线的缓变特性，可得 m 取值在[2,3]范围内较合适。

第二，为获取较强的激光三倍频 LFM 信号，可使用功率较高的激光光源作为 DPMZM 的输入；另外，可考虑利用多级光放大器对产生的激光三倍频 LFM 信号进行放大，以获得高功率的激光雷达发射信号。

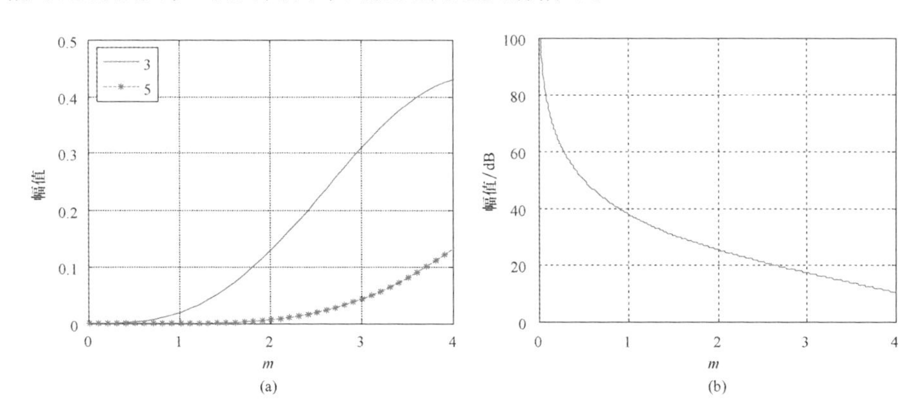

图 4.16　第一类三阶和五阶贝塞尔函数曲线以及两者的比值曲线

（a）贝塞尔函数曲线；（b）比值曲线。

2）DPMZM 相移误差对激光三倍频 LFM 信号的影响

同微波信号调制中存在移相误差一样，DPMZM 内部不可避免地存在光学移相误差。设光学移相误差在正负2°内服从均匀分布，仿真中的8个光学移相误差分别为-0.3°，1.7°，1.2°，1.8°，0.6°，-1.9°，1.4°，1.7°（已验证当移相误差为其他值时的结果类似），仍以带宽为1GHz的基带LFM信号作为输入信号，在调制系数 m 取值分别为1、2、3时，通过两个DPMZM获得的激光三倍频LFM信号频谱，如图4.17所示，其中横坐标轴为相对于激光载频的频移。

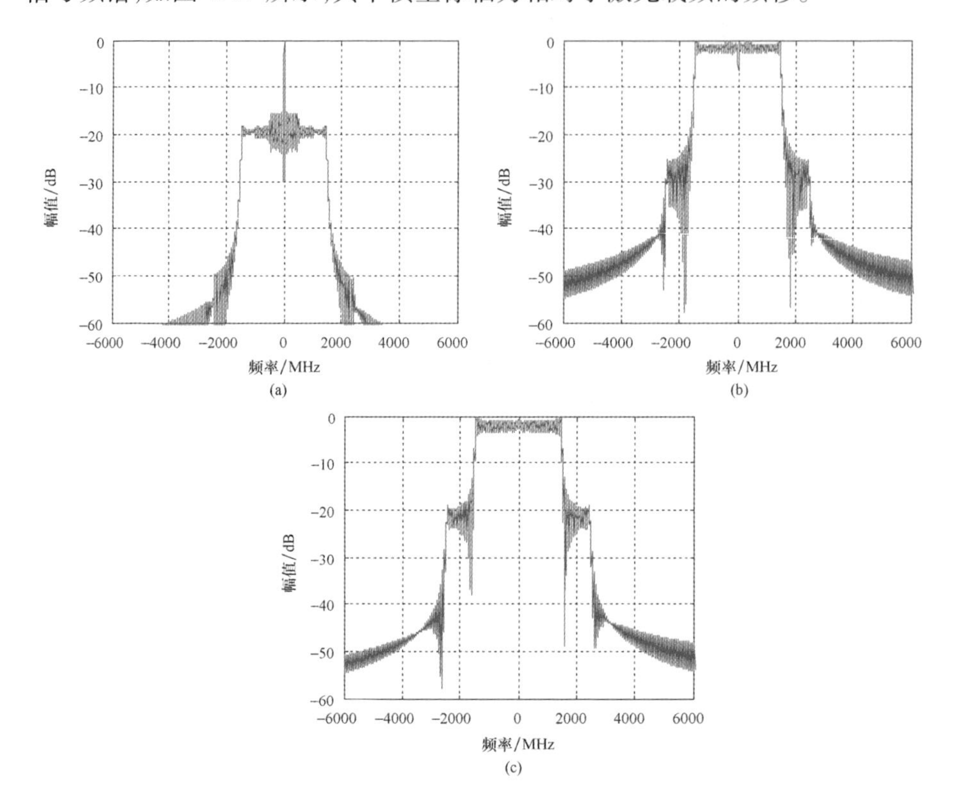

图4.17　DPMZM存在相移误差时激光三倍频LFM信号频谱
(a) $m=1$；(b) $m=2$；(c) $m=3$。

从图4.17中可看出DPMZM内相移有误差时，会引入激光基频干扰和其他杂散干扰，对 $m=1$ 情况下的信号质量影响稍明显。基频干扰的原因是相移误差引入了零次谐波分量，其他杂散干扰主要是残余的一次谐波分量。

通过比较图4.17(a)、(b)、(c)，可以发现引入的基频干扰和其他杂散干扰随着 m 的增大影响变小。其原因为随着 m 值逐渐增大，输出的激光三倍频LFM信号增大，但零次谐波分量和一次谐波分量却减小，使由相移误差导致的激光基频和其他杂散干扰也相应减小。因此当 m 按前面所提取值在[2,3]范围内时，DPMZM 相移误差的影响较小。

从时域来看，DPMZM 内相移误差会对输出的激光三倍频 LFM 信号额外引入相位误差。图4.18(a)所示是在调制系数 $m=3$，DPMZM 内含上述光学移相误差时，输出激光三倍频 LFM 信号的时域展开相位，由图可见其主要为 LFM 信号的二阶相位；额外引入的相位误差为二阶以上高阶相位误差，如图4.18(b)所示。相对二阶相位，该相位误差变化较快，但其幅度很小。DPMZM 内相移误差额外引入的高阶相位，连同高次谐波分量造成的相位误差，需利用信号处理加以校正[77,78]。

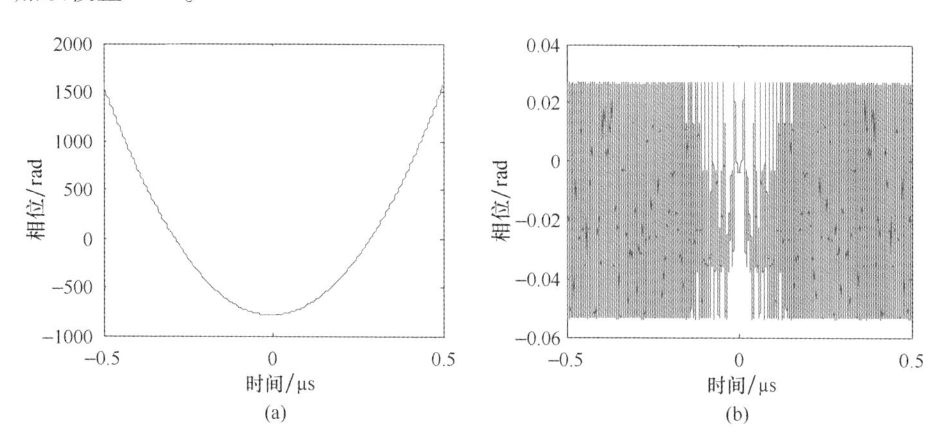

图4.18 DPMZM 存在相移误差时激光三倍频 LFM 信号时域相位及误差
(a)时域相位；(b)由相移误差引入的时域相位误差。

3)两种方法之间的比较

在上述分析的基础上，对基于一个 DPMZM 的激光单倍频 LFM 信号产生方法和基于两个 DPMZM 的激光三倍频 LFM 信号产生方法进行比较。

首先需要指出的是，两种方法的本质都是基于 MZ 的正交调制，故当使用基带 LFM 信号作为调制信号时，信号带宽可以减半[79,80]，从而可以进一步降低对输入信号带宽的要求。

其次，两种方法的主要区别在于是否进行倍频。以产生带宽为3GHz的激光宽带 LFM 信号为例，第一种方法需由射频信号源产生出带宽3GHz的射频 LFM 信号作为 DPMZM 的调制输入；第二种方法由于进行了光上倍频，仅需射频信号源产生带宽1GHz的射频 LFM 信号，因此大幅降低了对射频信号带宽的要求。

综合上述考虑，基于两个 DPMZM 的激光三倍频 LFM 产生信号方法相对复杂,但在形成激光宽带 LFM 信号时更具优势。

4.2.4 激光 LFM 信号非线性校正

由于实际中产生的激光 LFM 信号含有相位误差,不具有严格的二阶相位,故激光 LFM 信号存在频率非线性问题。频率非线性会使回波信号距离向脉冲压缩后的点散布函数散焦,从而导致雷达的成像分辨率降低。

当激光雷达系统采用匹配滤波方式进行脉冲压缩时,可以采用类似激光相位调制信号的相位误差校正方法,通过设置参考通道记录发射的 LFM 信号,再对回波信号进行校正,以提高距离向脉冲压缩性能。匹配滤波方式脉冲压缩需对 LFM 信号进行高速采样和记录,但是其保留了发射信号的完整信息,有利于在后续信号处理中实施相位误差校正。

当激光雷达系统采用去斜接收方式进行脉冲压缩时,可以大幅降低系统的 A/D 采样率。但是相对于匹配滤波,去斜接收方式下的 LFM 信号脉冲压缩性能对频率非线性问题更加敏感,因此需研究去斜接收方式下的 LFM 信号非线性校正。

将激光调制器输出信号耦合延时后作为去斜接收的本振信号 s_{lo},设目标回波信号为 s_{tar},两信号的相对延时为 τ_{tar}。将 s_{tar} 与 s_{lo} 混频,由光电探测器输出目标去斜接收信号 s_{tar_dc}。s_{tar_dc} 除含有表征目标距离信息的线性相位外,还包含相位误差 $\varphi_{tar\varepsilon}$,LFM 信号非线性校正就是要对 $\varphi_{tar\varepsilon}$ 进行估计和补偿。下面将介绍两种去斜接收方式下的 LFM 信号非线性校正方法,并对两者加以分析讨论。

1. 基于参考去斜接收通道的校正

为估计相位误差 $\varphi_{tar\varepsilon}$,需要增加获取参考信号,并增设一路参考去斜接收通道进行接收。参考信号可以通过将发射信号耦合延时后获取,也可以通过设置定标用参考目标获取。记参考信号为 s_{ref},设 s_{ref} 和 s_{lo} 两信号的相对延时为 τ_{ref}。将上述两信号混频,由光电探测器输出参考去斜接收信号 s_{ref_dc}。类似地,s_{ref_dc} 中包含相位误差 $\varphi_{ref\varepsilon}$。

经推导[81],有

$$\varphi_{tar\varepsilon} \approx \varphi_{ref\varepsilon}\tau_{tar}/\tau_{ref} \tag{4.17}$$

由式(4.17)可知,当已知 τ_{tar}/τ_{ref} 时,利用参考去斜接收信号,可以完成对目标去斜接收信号相位误差的估计和校正。在文献[81]的基础上,可设置基于参考去斜接收通道的激光 LFM 信号非线性校正原理示意图,如图 4.19 所示。

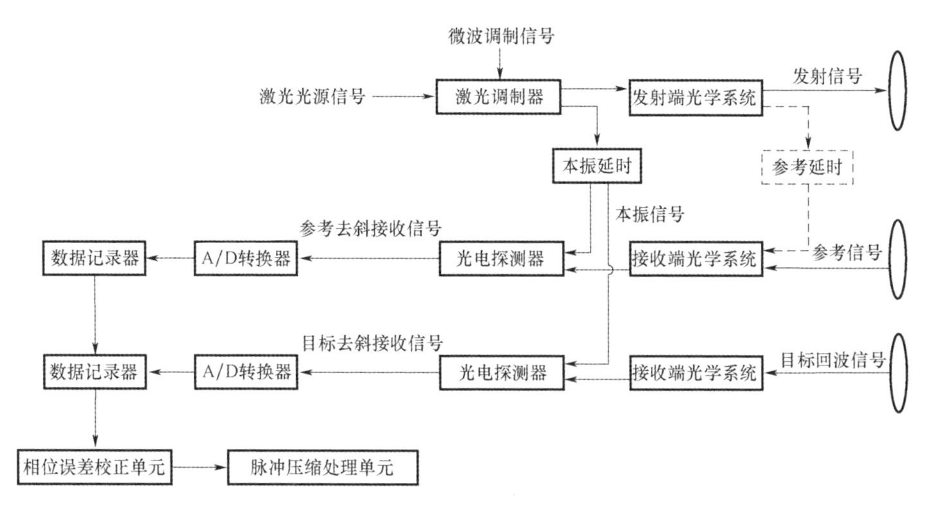

图4.19　去斜接收通道的激光LFM信号非线性校正原理示意图

为验证该方法的有效性,在中国科学院西安光机所进行了室内宽带LFM信号频率非线性校正实验,实验中在延时距离2m处设置一定标用参考点目标,利用其去斜接收信号对延时距离10m处目标的去斜接收信号进行相位误差估计和校正,实验参数设置见表4.3。

表4.3　室内LFM信号频率非线性校正实验参数

参数	数值	参数	数值
激光波长	1.55μm	目标延时距离	10m
信号脉宽	1ms	参考延时距离	2m
信号带宽	约50GHz	A/D采样率	200MHz

图4.20所示为校正前后的距离压缩结果对比。校正前,LFM信号的频率非线性使目标回波信号距离压缩后明显散焦,主瓣严重展宽,其距离向分辨率约为5m,对应有效带宽仅约为30MHz;校正后,目标回波信号的聚焦效果得到有效改善,距离向分辨率约为1.5cm,对应有效带宽约为10GHz。

基于参考去斜接收通道的校正方法实施简单,但由于其存在近似处理,故仅当τ_{ref}与τ_{tar}较为接近时,相位误差估计较为准确。此外,为保证不同距离处多个目标回波信号的脉冲压缩性能,需构建不同延时情况下的非线性补偿函数分别加以校正[82]。因此,当目标偏离场景中心较远或者场景较大时,该方法的相位误差校正能力有限。

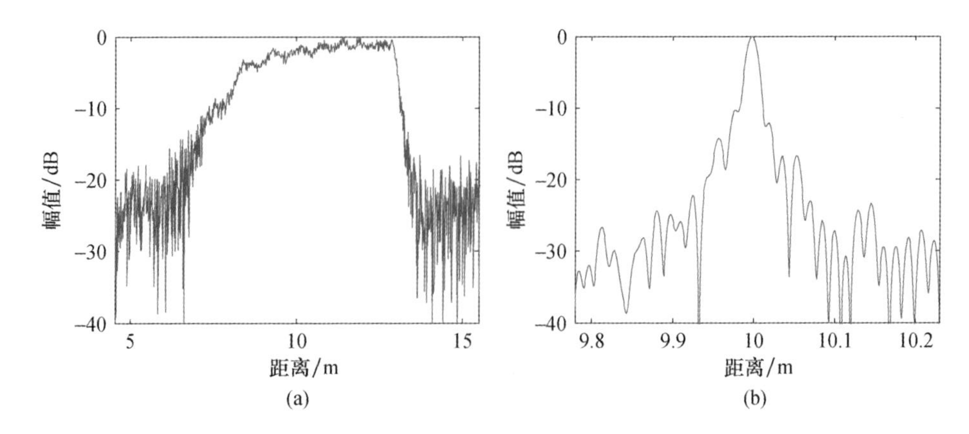

图 4.20　LFM 信号非线性校正前后距离压缩结果对比

(a)校正前;(b)校正后。

2. 基于延时线微分和 RVP 滤波的校正

设 $\varepsilon(t)$ 表示 LFM 信号的非线性相位误差,则目标去斜接收信号 $s_{\text{tar\_dc}}$ 的相位误差为

$$\varphi_{\text{tar}\varepsilon}=\varepsilon(t-\tau_{\text{tar}})-\varepsilon(t) \tag{4.18}$$

$\varepsilon(t)$ 可以考虑通过延时线微分法定标获得。与上一小节中获取参考去斜接收信号类似,延时线微分法也需将发射信号的两路不同延时信号混频,以获取发射信号相位的微分。通过对微分信号进行积分即可获取对 $\varepsilon(t)$ 的估计,并对式(4.18)中 $\varphi_{\text{tar}\varepsilon}$ 的第二项进行补偿。

将估计出的 $\varepsilon(t)$ 补偿后,$\varphi_{\text{tar}\varepsilon}$ 中还剩余 $\varepsilon(t-\tau_{\text{tar}})$ 项,其中 τ_{tar} 表明 $\varphi_{\text{tar}\varepsilon}$ 与目标距离存在相关性。可以先将信号变换到距离频域进行 RVP 滤波去除相位误差的距离相关性,再变换回距离时域,对 $\varepsilon(t-\tau_{\text{tar}})$ 经过 RVP 滤波后的残余项进行补偿即可完成校正[83]。

为验证该方法的有效性,进行了宽带 LFM 信号频率非线性校正仿真,仿真中假设频率误差为正弦形式,仿真参数设置见表 4.4。

表 4.4　LFM 信号频率非线性校正仿真参数

参数	数值	参数	数值
激光波长	1.55μm	频率线性度	0.001
信号脉宽	10μs	目标延时距离	15m
信号带宽	3GHz	A/D 采样率	200MHz

图 4.21 所示为校正前后的结果对比。校正前,LFM 信号非线性使目标回波信号距离压缩后散焦严重,多个副瓣电平高于主瓣,造成虚假目标;校正后,目标回波信号的聚焦效果得到明显改善,其脉冲压缩性能与理想情况接近。

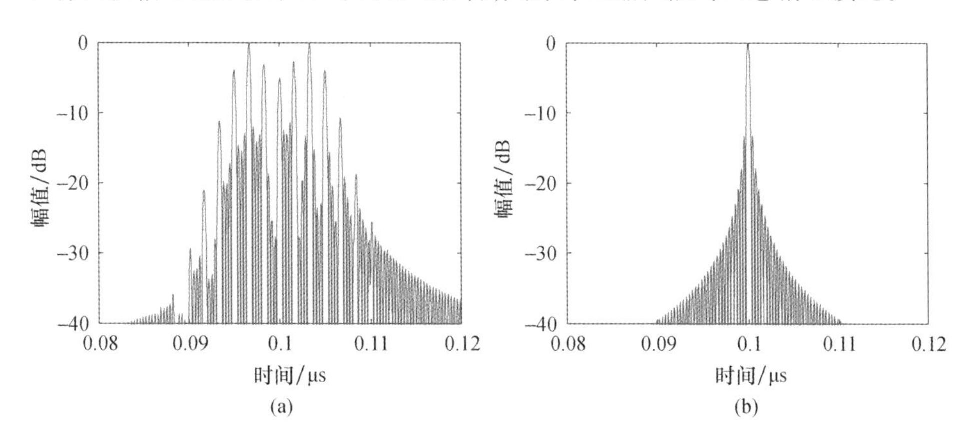

图 4.21　LFM 信号非线性校正前后距离压缩结果对比

(a)校正前;(b)校正后。

由于 RVP 滤波后相位误差的距离相关性被去除,因此该方法可以对不同距离处的多个目标进行统一校正。然而 $\varepsilon(t)$ 估计的精确性是该方法有效的前提条件。为保证 $\varepsilon(t)$ 估计精确,两路不同延时信号的相对延时取值应尽可能小。而当相对延时较小时,使用物理方法对其测量时引入的测量误差会对 $\varepsilon(t)$ 的估计产生较大影响,可以考虑结合信号处理方法提高对相对延时测量的精确性。同时需要注意的是,微波 LFM 信号仅进行一次定标就可以获取 $\varepsilon(t)$ 估计,而激光 LFM 信号的相位误差 $\varepsilon(t)$ 可能还随慢时间变化,这时就需要通过更为复杂的实时定标获取 $\varepsilon(t)$ 估计。

4.3　小结

4.1 节将相位调制信号用于机载 SAL,分析了三种相位调制信号的性能,研究了相位调制信号的收发方式和成像处理方法。研究表明,这三种相位调制信号都可以满足机载 SAL 的使用要求。对宽脉冲 LFM 相位调制信号,采用“去调相”接收方式可以大幅度降低宽带信号的 A/D 采样率和发射峰值功率,并减小系统的工程实现难度。需要说明的是,由于实际机载 SAL 的技术实现环节复杂,产生的激光相位调制信号存在相位误差,因此需设置参考通道对发射信号进行记录,并在数据处理中利用记录的参考通道信号对回波信号进行校正以满足成像要求。美国 Lockheed Martin 公司机载 SAL 飞行试验就对发射信号进行延时记录作为参考通道信号。中国科学院电子学研究所室内 SAL 实际数据处理结果也验证了设置参考通道对激光相位调制信号进行记录和校正的必要性。二相编码信号用于 SAL 成像的有效性已经得到了室内 SAL 成像实验验证,该研究工作对机载 SAL 发射波形选择具有重要的参考价值,也为实际机载 SAL 的研制工作奠定了一定基础。此外,还需注意的是激光信号高功率放大后存在较大的相位失真,难以产生相位连续变化的信号,此时以二相编码信号为代表的相位调制信号具有重要的应用价值。

本章第二节针对目前激光宽带 LFM 信号产生存在的短时间内调制带宽较小问题,提出了一种基于两个 DPMZM 的激光三倍频 LFM 信号产生方法。相对于基于一个 DPMZM 的激光单倍频 LFM 信号产生方法,新方法利用了光上倍频后谐波抑制的原理,可以实现使用较小带宽的射频 LFM 信号产生纯度较高的激光三倍频 LFM 信号,大幅度地降低了输入信号的带宽。与此同时,对两种激光 LFM 信号非线性校正方法做了分析和对比,并通过仿真和实际数据的处理结果验证了两种方法的有效性,研究内容在激光雷达宽带 LFM 信号产生和非线性校正方面具有较强的参考和应用价值。需要说明的是,利用 MZ 非线性调制特性进行光上倍频不只适用于激光 LFM 信号产生,也可以用于激光相位调制信号产生,两者原理相似。4.2 节内容主要以激光 LFM 信号产生为例进行了分析讨论,激光相位调制信号产生也是 MZ 非线性调制特性的一个重要扩展方向。

第 5 章

激光雷达信号相干性分析与保持

SAL 是 SAR 在激光频段的一种应用形式，它通过对宽带激光信号进行脉冲压缩获得距离向的高分辨率，通过合成孔径技术获得横向距离向的高分辨率。作为一种相干体制雷达[12,20]，ISAL 获得高分辨率的前提是信号具备良好的时间相干性，也即不同时刻的信号间应具备确定性的相位关系[84]，主要包括两个方面：发射宽带激光信号的相干性、本振信号的相干性。发射宽带激光信号的相干性主要体现在脉冲内非线性相位误差和脉冲间随机初相，它可以通过在 SAL 系统中设置独立的发射参考通道进行定标校正[81,85,86]，在此基础上，SAL 能实现的最高横向分辨率取决于本振信号的相干性，本章主要围绕 SAL 本振信号的相干性开展研究。

SAL 的本振信号为激光信号。激光频率比微波频率高三个数量级以上，相对微波信号，激光信号的相干性在原理上就较差[73]。在文献[87]中，美国 Grumman 公司对激光合成孔径成像中本振信号相干性的影响进行了定性分析，指出本振信号中的低频相位误差、中频相位误差、高频相位误差，分别影响 SAL 方位向成像分辨率、峰值旁瓣比、积分旁瓣比，在 SAL 中应采用稳定的本振光源。目前激光信号相干性的评价指标远不如微波信号完备，主要为线宽且其数值在千赫量级，远大于微波信号的慢时频率分辨率。在文献[88]中，中科院上海光机所分析了相位误差标准差与本振信号线宽之间的关系，指出仅依靠线宽一个参数选择 SAL 的本振光源是不恰当的。但是本振信号相干性及其对 SAL 成像的影响，目前尚没有文献进行定量分析，这使得 SAL 在方位向的高分辨率成像能力具有不确定性。在文献[89,90]中，美国 Raytheon 公司提出本振光纤延时的方法，以降低本振信号相干性差对激光合成孔径成像的影响。但是在该方法中，延时光纤的长度固定不变，且不能超过激光相干长度,这使得该方法在对远距离运动目标成像的 ISAL 中难以应用。在现有研究成果的基础上,本章进一步研究了激光信号相干性分析与保持问题。

5.1 激光信号模型及相干性分析

5.1.1 模型及参数

理想的激光信号为频率稳定的单频信号,真实激光信号的频率在其标称值附近时变。本章假定激光信号中心频率的时变形式为正弦,此外,激光信号还存在服从零均值高斯分布的随机频率和随机相位,导致时变的瞬时谱展宽。这也是微波信号描述频率稳定度的常用模型[91,92],该模型容易表征中心频率的时变特征,中心频率正弦时变的幅度和频率、随机频率和随机相位的标准差受信号产生机理、激光功率、工作环境等因素的影响[93-95]。

本章对激光信号建立的模型为

$$
\begin{aligned}
s(t) = &\exp\{\mathrm{j}2\pi f_{\mathrm{c}}t\} \\
&\cdot \exp\left\{\mathrm{j}2\pi\int_0^t A_{\mathrm{F}}\sin(2\pi f_{\mathrm{F}}\tau)\mathrm{d}\tau\right\}\exp\left\{\mathrm{j}2\pi\int_0^t f_{\mathrm{r}}(\tau)\mathrm{d}\tau\right\}\exp\{\mathrm{j}\phi_{\mathrm{r}}(t)\}
\end{aligned}
\tag{5.1}
$$

式中:t 为时间;f_{c} 为激光信号中心频率的标称值;$A_{\mathrm{F}}\sin(2\pi f_{\mathrm{F}}t)$ 为激光信号中心频率的正弦时变量;$f_{\mathrm{r}}(t) \sim N(0,\sigma_{\mathrm{fr}}^2)$ 为高斯分布的随机频率;$\phi_{\mathrm{r}}(t) \sim N(0,\sigma_{\phi\mathrm{r}}^2)$ 为高斯分布的随机相位。

在上述激光信号模型中,表征激光信号相干性的参数为:中心频率正弦时变的幅度 A_{F}、中心频率正弦时变的频率 f_{F}、随机频率的标准差 σ_{fr}、随机相位的标准差 $\sigma_{\phi\mathrm{r}}$。

下面对一个时长 250ms 的激光信号进行仿真,假定模型参 $A_{\mathrm{F}}=20\mathrm{kHz}$、$f_{\mathrm{F}}=20\mathrm{Hz}$、$\sigma_{\mathrm{fr}}=25\mathrm{kHz}$、$\sigma_{\phi\mathrm{r}}=0.1\mathrm{rad}$。图 5.1(a)所示为该激光信号的时频分析图;图 5.1(b)所示为时频分析结果在 120ms 的剖面图,瞬时谱宽约 1kHz(时频分析的频率分辨率为 300Hz);图 5.1(c)所示为该激光信号的频谱,频谱宽度约为 40kHz。需要说明的是,为了便于显示,图中的频率数值是相对中心频率标称值的频率偏移。

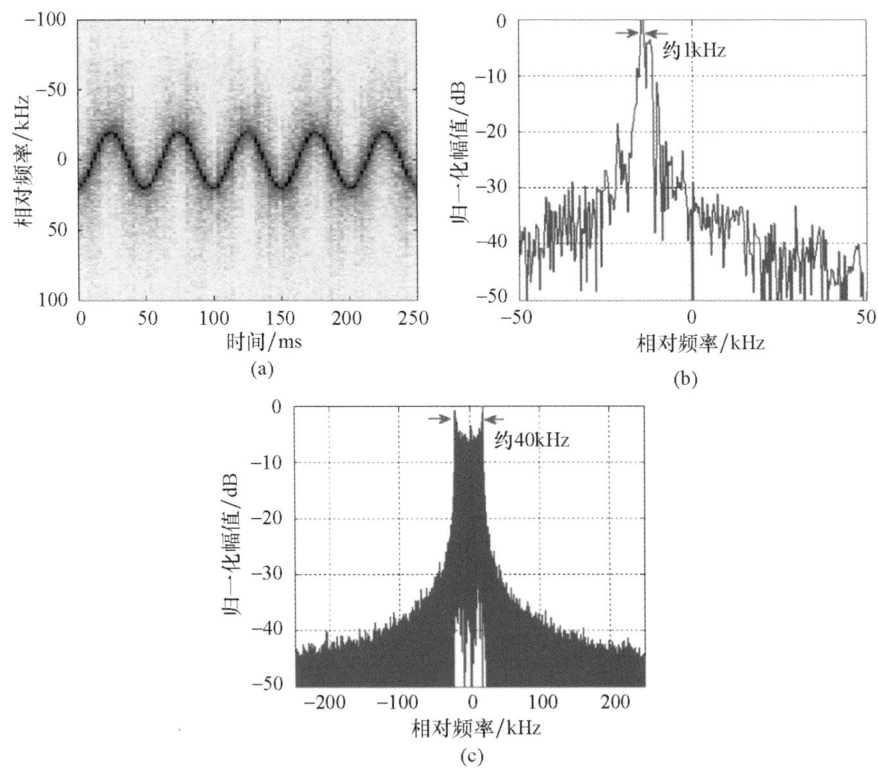

图 5.1　激光信号频谱特性的仿真结果(见彩图)

(a)时频分析图;(b)时频分析剖面图;(c)频谱。

5.1.2　相干性测试方法

目前主要采用自外差实验测试激光信号的相干性[96,97],其实验框图,如图 5.2所示。激光信号经过分束器分成两路信号,其中一路经过延时光纤,另一路经过 AOM 移频器,两路信号被耦合到光电探测器上实现混频,混频后的电信号接入频谱仪获得其频谱。通常 AOM 移频器的频移为 150MHz,移频的目的是使混频后的信号与直流分离,以便于在频谱仪上显示其频谱。

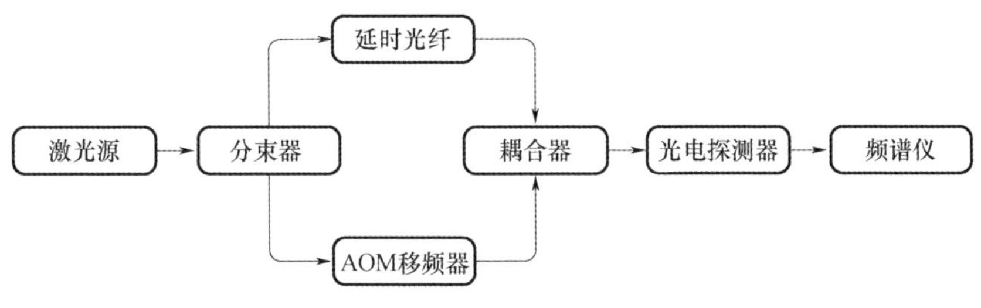

图 5.2　激光信号自外差实验框图

目前评价激光信号相干性的主要参数为线宽 Δf,其定义为激光信号瞬时光谱的 $-3\mathrm{dB}$ 宽度。由于光谱仪的频率分辨率低,不足以对激光信号的线宽进行测量,因此通常通过自外差实验将激光信号转化为电信号,并用电信号的 $-3\mathrm{dB}$ 频谱宽度对激光信号的线宽进行表征,电信号的 $-3\mathrm{dB}$ 频谱宽度可用微波频谱仪测量。自外差实验中的延时光纤长度可以根据激光源的线宽量级进行调整,对于线宽在千赫量级的窄线宽激光器,延时光纤长度通常设置为25km[96]。

与线宽对应的参数为相干长度,它可以表示为

$$R_{\mathrm{coh}}=\frac{c}{\Delta f} \tag{5.2}$$

式中:c 为光速。

假定种子源激光信号的线宽为1kHz,其对应的相干长度为300km。相干长度仅是能够实现激光相干探测的极限长度,由于合成孔径成像分辨率对峰值旁瓣比与积分旁瓣比等参数有严格要求,并不意味着对距离在相干长度内的目标进行激光合成孔径成像都能达到理论分辨率。

根据式所示激光信号模型,经过 AOM 移频器的激光信号可以表示为

$$\begin{aligned} s_1(t) = {} & \exp\{\mathrm{j}2\pi f_c t\}\exp\{\mathrm{j}2\pi f_m t\} \\ & \exp\left\{\mathrm{j}2\pi\int_0^t A_F\sin(2\pi f_F\tau)\mathrm{d}\tau\right\}\exp\left\{\mathrm{j}2\pi\int_0^t f_r(\tau)\mathrm{d}\tau\right\}\exp\{\mathrm{j}\phi_r(t)\} \end{aligned} \tag{5.3}$$

式中:f_m 为 AOM 移频器所引入的频移。

经过延时光纤的激光信号可以表示为

$$\begin{aligned} s_2(t) = {} & \exp\left\{\mathrm{j}2\pi f_c\left(t-\frac{R}{c}\right)\right\}\exp\left\{\mathrm{j}2\pi\int_0^{t-\frac{R}{c}} A_F\sin(2\pi f_F\tau)\mathrm{d}\tau\right\} \\ & \exp\left\{\mathrm{j}2\pi\int_0^{t-\frac{R}{c}} f_r(\tau)\mathrm{d}\tau\right\}\exp\left\{\mathrm{j}\phi_r\left(t-\frac{R}{c}\right)\right\} \end{aligned} \tag{5.4}$$

式中:R 为激光在延时光纤中的传播距离,它与延时光纤的物理长度有确定性的倍数关系,具体的倍数数值与激光在光纤中的折射率有关。

$s_1(t)$ 和 $s_2(t)$ 被耦合到光电探测器上实现混频,光电探测器输出的电信号可以表示为

$$\begin{aligned} s_h(t) = {} & \exp\left\{\mathrm{j}2\pi f_c\frac{R}{c}\right\}\exp\{\mathrm{j}2\pi f_m t\}\exp\left\{\mathrm{j}2\pi\int_{t-\frac{R}{c}}^{t} A_F\sin(2\pi f_F\tau)\mathrm{d}\tau\right\} \\ & \exp\left\{\mathrm{j}2\pi\int_{t-\frac{R}{c}}^{t} f_r(\tau)\mathrm{d}\tau\right\}\exp\left\{\mathrm{j}\left[\phi_r(t)-\phi_r\left(t-\frac{R}{c}\right)\right]\right\} \end{aligned} \tag{5.5}$$

由此,光电探测器输出的电信号的频率为

$$f_{\mathrm{h}}(t)=f_{\mathrm{m}}+f_{\mathrm{r}}(t)-f_{\mathrm{r}}\left(t-\frac{R}{c}\right)+\frac{\mathrm{d}\phi_{\mathrm{r}}(t)}{\mathrm{d}t}\frac{1}{2\pi}-\frac{\mathrm{d}\phi_{\mathrm{r}}\left(t-\frac{R}{c}\right)}{\mathrm{d}t}\frac{1}{2\pi}$$
$$+2A_{\mathrm{F}}\cos\left(2\pi f_{\mathrm{F}}t-\pi f_{\mathrm{F}}\frac{R}{c}\right)\sin\left(\pi f_{\mathrm{F}}\frac{R}{c}\right) \tag{5.6}$$

式(5.6)表明,光电探测器输出的电信号的频率仍然正弦时变,且受随机频率和随机相位的影响,正弦时变的瞬时谱仍然较宽。在式(5.6)所示电信号的频谱中,只有最后一项可被用于相干探测,若信号时长超过频率正弦时变的最小周期,可用于相干探测的期望信号的频谱宽度为

$$\Delta f_{\mathrm{h}}=4A_{\mathrm{F}}\left|\sin\left(\pi f_{\mathrm{F}}\frac{R}{c}\right)\right| \tag{5.7}$$

式(5.7)表明,在$f_{\mathrm{F}}R\leqslant\frac{c}{2}$的情况下,$\Delta f_{\mathrm{h}}$ 正比于 A_{F}、f_{F}、R。这说明在激光相干探测中,激光信号频率变化范围越小,目标距离与本振信号延时距离之差就越小,相干探测的分辨率就越高。

式(5.7)同时表明,随机频率会导致式(5.6)所示电信号的频谱中出现杂散频率分量,随机相位将导致式(5.6)所示电信号的频谱中的远区噪声电平升高,二者都对激光相干探测构成不利影响。

5.1.3 实验结果和仿真结果的比对验证

本节通过激光信号自外差实验结果和仿真结果的比对,对所建立的激光信号模型进行验证,并确定一组典型模型参数作为后文分析的基础,实验和仿真所对应的框图,如图5.2所示。这种验证方法的合理性有两点:①激光信号自外差实验是目前测试激光信号线宽的常用方法,而线宽是目前激光信号相干性的主要评价指标;②本振信号的相干性主要影响SAL的方位向分辨率、峰值旁瓣比、积分旁瓣比[87],而激光信号自外差实验结果可以被看作理想点目标在多普勒域的成像结果,其投影到空间域即为理想点目标的横向距离向成像结果,所以若基于所建模型的激光信号自外差仿真结果和实验结果相一致,就说明所建模型可以被用于SAL本振信号相干性影响分析。

首先进行两组4mW种子源激光信号自外差实验(种子源为普通的nkt窄线宽激光器,并未作特殊处理),激光波长为1.55μm,延时光纤的长度分别为5km和25km。同时也进行两组激光信号自外差的仿真实验,延时光纤的长度

分别为5km和25km，光纤折射率被设置为1.46，仿真基于所建立的激光信号模型，模型参数和图5.1所示激光信号的模型参数相同：$A_F=20\text{kHz}$，$f_F=20\text{Hz}$，$\sigma_{fr}=25\text{kHz}$，$\sigma_{\phi r}=0.1\text{rad}$。

图5.3给出了两组4mW种子源激光信号自外差实验对应的频谱仪截图。纵轴为归一化幅值，纵坐标范围为100dB。横轴为频率，横轴中心对应的频率为AOM移频器对应的频率偏移150MHz，图5.3(a)对应的横坐标范围为300kHz，图5.3(b)对应的横坐标范围为100kHz。为便于实验结果与仿真结果的比对，在将仿真结果的横纵坐标范围与频谱仪截图调整一致后，将仿真结果直接置于频谱仪截图上。实验结果如图5.3中的绿色曲线所示，仿真结果如图5.3中的蓝色曲线所示。

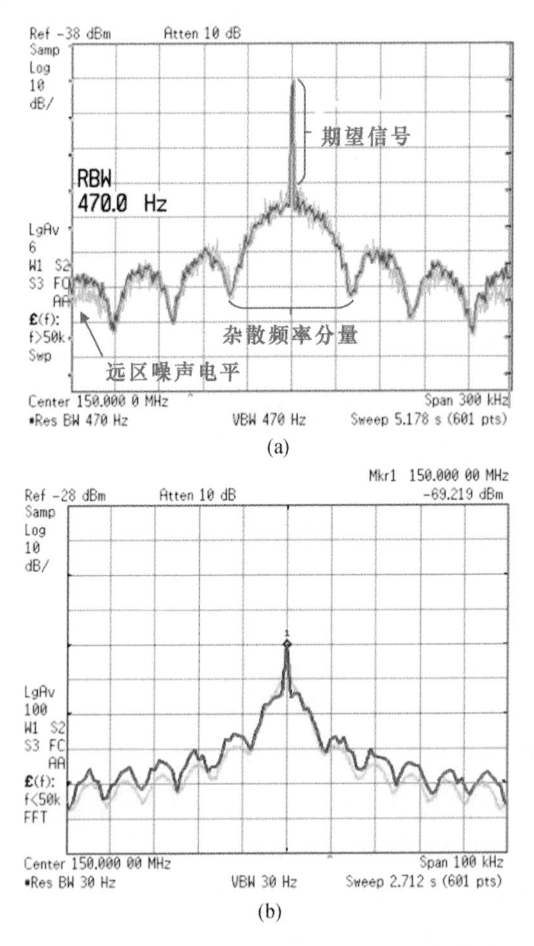

图5.3　4mW种子源激光信号自外差实验结果和仿真结果(见彩图)

(a)5km延时光纤，2ms信号时长；(b)25km延时光纤，33ms信号时长。

实验结果和仿真结果的频谱形态一致,且频谱的基本要素:中心频率、带宽、杂散、噪声电平、频率范围等均基本一致,说明本章建立的激光信号模型可以被用于模拟激光信号自外差的过程,且 4mW 种子源激光信号的模型参数与仿真参数基本一致。实验结果显示,4mW 种子源激光信号的线宽约 1kHz。激光信号自外差实验结果可以反映激光相干探测的效果,主要体现在期望信号相对杂散频率分量的功率,如图 5.3(a)所示。对比图 5.3(a)与图 5.3(b),在信号时长增加约 16 倍的情况下,当延时从 5km 增加到 25km 时,期望信号相对杂散频率分量的功率仍然下降了 20dB,说明对于近距离目标,激光相干探测的效果更好。

在上述两组实验中,激光信号的功率小至毫瓦量级,若对其进行放大,放大器也会在激光信号中进一步引入独立的随机频率与随机相位,所以放大后的激光信号可被建模为

$$s_{\mathrm{a}}(t) = \exp\{\mathrm{j}2\pi f_{\mathrm{c}}t\}\exp\left\{\mathrm{j}2\pi\int_0^t A_{\mathrm{F}}\sin(2\pi f_{\mathrm{F}}\tau)\mathrm{d}\tau\right\}\exp\left\{\mathrm{j}2\pi\int_0^t f_{\mathrm{r}}(\tau)\mathrm{d}\tau\right\}$$

$$\exp\{\mathrm{j}\phi_{\mathrm{r}}(t)\}\exp\{\mathrm{j}2\pi\int_0^t f_{\mathrm{a}}(\tau)\mathrm{d}\tau\}\exp\{\mathrm{j}\phi_{\mathrm{a}}(t)\} \tag{5.8}$$

式中:$f_{\mathrm{a}}(t)\in N(0,\sigma_{\mathrm{fa}}^2)$为放大器引入的高斯分布的随机频率,$\sigma_{\mathrm{fa}}$为放大器引入的随机频率的标准差;$\phi_{\mathrm{a}}(t)\in N(0,\sigma_{\phi\mathrm{a}}^2)$为放大器引入的高斯分布的随机相位,$\sigma_{\phi\mathrm{a}}$为放大器引入的随机相位的标准差。

为进一步验证式(5.8)所示放大后激光信号模型的有效性,在将 4mW 种子源激光信号放大到 20W 后,又进行了两组 20W 激光信号自外差实验,延时光纤的长度分别为 5km 和 25km。同时也进行两组激光信号自外差的仿真实验,延时光纤的长度分别为 5km 和 25km,光纤折射率被设置为 1.46,仿真采用式(5.8)所示的激光信号模型,模型基本参数和图 5.1 所示激光信号的模型参数相同,即 $A_{\mathrm{F}}=20\mathrm{kHz}$,$f_{\mathrm{F}}=20\mathrm{Hz}$,$\sigma_{\mathrm{fr}}=25\mathrm{kHz}$,$\sigma_{\phi\mathrm{r}}=0.1\mathrm{rad}$。此外,假设放大器引入的随机频率的标准差为 $\sigma_{\mathrm{fr}}=1\mathrm{kHz}$,随机相位的标准差为 $\sigma_{\phi\mathrm{a}}=0.15\mathrm{rad}$。

图 5.4 所示给出了两组 20W 激光信号自外差实验对应的频谱仪截图。纵轴为归一化幅值,纵坐标范围为 100dB。横轴为频率,横轴中心对应的频率为 AOM 移频器的频率 150MHz,图 5.4(a)对应的横坐标范围为 500kHz,图 5.4(b)对应的横坐标范围为 100kHz。与图 5.3 相同,为便于实验结果与仿真结果的比对,在将仿真结果的横纵坐标范围与频谱仪截图调整一致后,将仿真结果直接置于频谱仪截图上。实验结果如图 5.4 中的绿色曲线所示,仿真结果如图 5.4

中的蓝色曲线所示。实验结果与仿真结果基本一致,说明可以通过式(5.8)对放大后的激光信号建模,且模型参数与仿真参数基本一致。

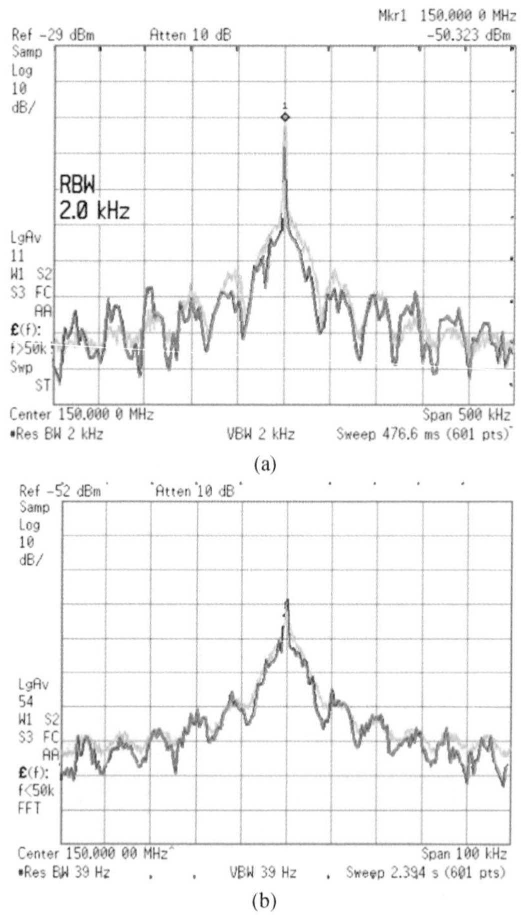

图 5.4　20W 激光信号自外差实验结果和仿真结果(见彩图)

(a)5km 延时光纤,0.5ms 信号时长;(b)25km 延时光纤,26ms 信号时长。

本节实验结果与仿真结果的一致性,说明了所建立的激光信号模型可以被用于本振信号相干性影响分析,本章后续分析与仿真均基于该信号模型。

5.2　本振信号相干性对成像分辨率的影响

5.2.1　理论分析

下面以 ISAL 成像为例,说明本振信号的相干性对 ISAL 成像中横向分辨率的影响,该影响可通过ISAL的慢时频率分辨率体现。在ISAL与理想点目标相对静止的情况下,目标回波信号慢时谱的 -3dB 宽度被定义为ISAL的慢时频率分辨率。该慢时谱可以理解为,在ISAL与理想点目标存在相对运动的情况下,对目标回波信号中的高阶相位进行补偿后理想点目标在多普勒域的成像结果,从多普勒域投影到空间域,可以得到理想点目标在横向距离向的成像结果。根据上述分析,ISAL的横向分辨率与慢时频率分辨率的关系可被表示为

$$\rho_{\mathrm{a}} = \frac{\Delta f_{\mathrm{h}} \lambda R_{\mathrm{B}}}{2 \| v_{\mathrm{T}\alpha} \|} \tag{5.9}$$

式中:ρ_{a} 为ISAL的横向分辨率;Δf_{h} 为ISAL的慢时频率分辨率;λ 为激光信号的波长;$\| \boldsymbol{v}_{\mathrm{T}\alpha} \|$ 为目标横向速度;R_{B} 为观测中心时刻目标到ISAL的距离。

本振信号的相干性同时影响ISAL横向距离向成像结果的峰值旁瓣比和积分旁瓣比,该影响同样可以通过在ISAL与理想点目标相对静止的情况下目标回波信号的慢时谱体现。ISAL横向距离向成像结果的峰值旁瓣比主要受本振信号正弦调频幅度与频率的影响,正弦调频的幅度 A_{F} 越大、频率 f_{F} 越高,ISAL横向距离向成像结果的峰值旁瓣比就越高。ISAL横向距离向成像结果的积分旁瓣比主要受本振信号的随机频率与随机相位的影响,随机频率的标准差 σ_{fr} 与随机相位的标准差 $\sigma_{\phi\mathrm{r}}$ 越大,ISAL横向距离向成像结果的远区噪声电平和积分旁瓣比就越高,这样便等效降低了成像结果的信噪比。

根据式(5.9)的相关分析,对本振信号进行延时处理,并减少延时距离相对双程目标距离的误差(该误差被定义为本振信号延时误差),可以提高ISAL的慢时频率分辨率,进而提高ISAL的横向分辨率,降低本振信号相干性对ISAL横向分辨率的影响。美国Raytheon公司在文献[89,90]所提出的ISAL信号相干性保持的方法即是通过本振光纤延时处理实现的,但是该方法在对远距离运动目标成像的ISAL中难以应用。

5.2.2　仿真验证

为定量显示本振信号相干性对ISAL横向分辨率的影响,本小节对一个用于卫星目标观测的ISAL进行成像仿真,目标距离为100km,目标与雷达间的相对速度为100m/s,雷达观测目标的等效斜视角为0°,合成孔径时间为77.5ms,对应理想情况下的横向分辨率为1cm。

ISAL 系统参数见表 5.1。假定 ISAL 采用上一小节的 4mW 种子源激光信号作为本振信号，发射信号功率为 20W，那么本振信号的模型参数为 A_F = 20kHz、f_F = 20Hz、σ_{fr} = 25kHz、$\sigma_{\phi r}$ = 0.1rad，放大器引入的随机频率和随机相位的模型参数为 σ_{fr} = 1kHz，$\sigma_{\phi a}$ = 0.15rad。

表 5.1 仿真参数

参数	数值	参数	数值
波长	1.55μm	脉冲重复频率	40kHz
等效斜视角	0°	脉冲宽度	10μs
目标距离	100km	LFM 信号的带宽	3GHz
目标速度	100m/s	距离向分辨率	5cm
合成孔径时间	77.5ms	本振光功率	4mW
横向分辨率	1cm	发射信号功率	20W

首先给出不同光纤延时误差情况下 ISAL 的慢时谱，如图 5.5 所示。假定本振信号在光纤中进行延时不存在失真。图 5.5(a)显示，若不对本振信号进行延时处理，ISAL 的慢时频率分辨率在 3kHz 量级，根据式(5.9)，ISAL 能实现的横向分辨率约在 2m 量级。图 5.5(b)显示，若进行本振光纤延时处理，则在本振信号延时误差 5km 的情况下，目标回波信号慢时谱的旁瓣上升较多，ISAL 的慢时频率分辨率下降到 100Hz 左右，已不可能达到 1cm 横向分辨率，且会出现虚假目标。图 5.5(c)显示，若进行本振光纤延时处理，则在本振信号延时误差 1km 的情况下，ISAL 的慢时频率分辨率能够达到 13Hz，但是激光回波信号慢时谱的旁瓣上升了约 4dB，这表明 ISAL 横向距离向成像结果的峰值旁瓣比和积分旁瓣比会有所上升，所以已不能认为达到理想情况下的 1cm 横向分辨率。图 5.5(d)显示，若进行本振光纤延时处理，在本振信号延时误差为 0 的情况下，ISAL 的慢时频率分辨率能够达到 13Hz，横向分辨率能够达到 1cm。

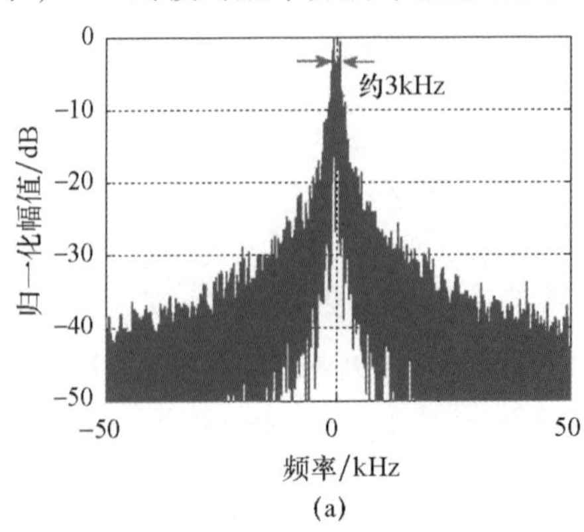

(a)

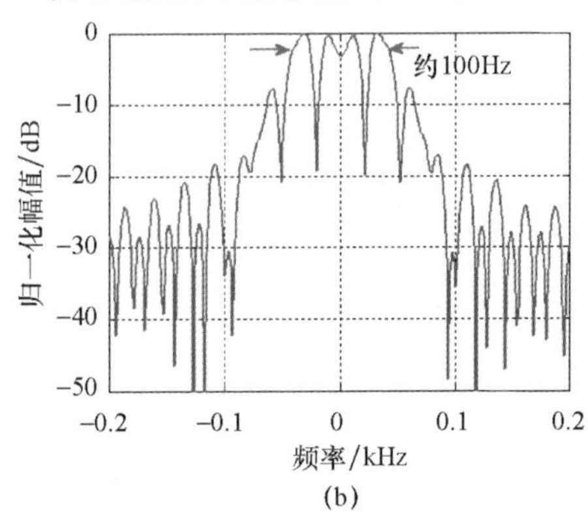

(b)

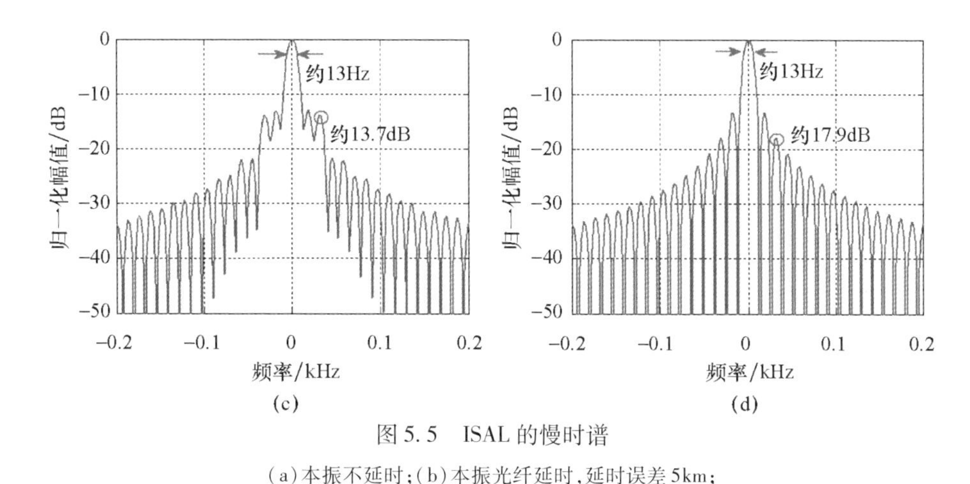

图5.5 ISAL的慢时谱

(a)本振不延时;(b)本振光纤延时,延时误差5km;

(c)本振光纤延时,延时误差1km;(d)本振光纤延时,延时误差0。

图5.5表明,本振信号的相干性严重制约了ISAL对远距离目标的高分辨率成像能力,在此情况下,对本振信号进行延时处理是必要的,且应将本振信号延时误差控制在较小范围内。在本节的仿真参数下,若要使100km距离处目标达到1cm横向分辨率,则本振信号延时误差需要被控制在1km以内。

本节成像仿真所使用的观测目标为卫星,其散射特性,如图5.6所示。假定它由4600个散射点组成。由于在激光波段,任何非镜面目标散射特性都是均匀的,假定目标上不同位置散射点的后向散射系数均服从均值为0.8、标准差为0.2的均匀分布,同时假定目标不同位置的散射点的初相位在0~2π弧度间均匀分布。为计算横向距离向成像结果的峰值旁瓣比和积分旁瓣比,在卫星的右上方设置了单个测试散射点。本小节同时使用图像熵和图像对比度对成像结果的聚焦效果进行定量描述,即

$$\begin{cases} H(\text{image}) = -\sum_{n=1}^{N}\sum_{m=1}^{M} p(n,m)\ \ln^{p(n,m)},\ p(n,m) \\ \qquad = \dfrac{|\text{image}(n,m)|^2}{\sum_{n=1}^{N}\sum_{m=1}^{M}|\text{image}(n,m)|^2} \\ C(\text{image}) = \dfrac{1}{u}\sqrt{\dfrac{1}{NM}\sum_{n=1}^{N}\sum_{m=1}^{M}(|\text{image}(n,m)|-u)^2},\ u \\ \qquad = \dfrac{\sum_{n=1}^{N}\sum_{m=1}^{M}|\text{image}(n,m)|}{NM} \end{cases} \tag{5.10}$$

式中：$H(\text{image})$ 和 $C(\text{image})$ 分别为图像熵和图像对比度；image 为复图像；N 和 M 分别为图像的二维像素点数。图像熵越小，说明图像信息量越大，聚焦效果越好，图像对比度越大，说明图像边缘越清晰，聚焦效果越好。

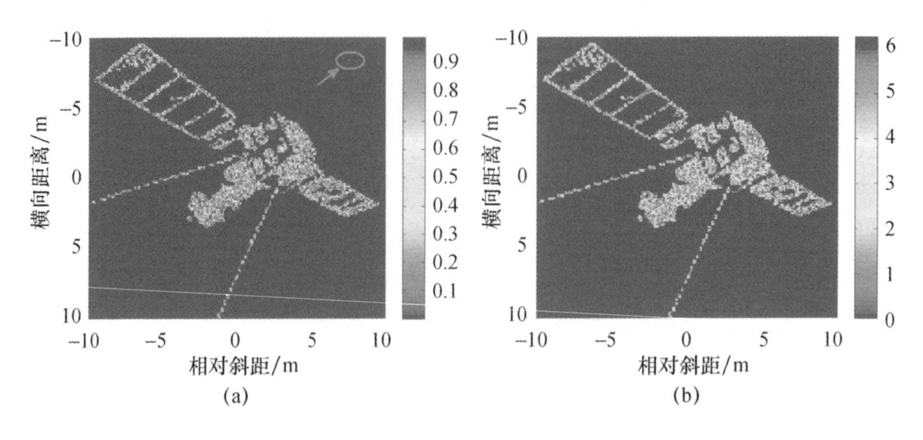

图 5.6　目标散射特性（见彩图）

(a) 后向散射系数；(b) 初相位。

与图 5.5 中仿真条件相对应的 ISAL 成像仿真结果，如图 5.7 所示，其中每个分图的左图为目标成像结果的灰度图、中图为测试散射点成像结果的等高线图、右图为测试散射点成像结果的横向剖面图。成像结果的评价指标见表 5.2。对比图 5.7(a) 与图 5.7(d) 可知，若不对本振信号进行延时处理，则成像结果明显散焦，此时已无法对横向分辨率进行判断。对比图 5.7(c) 与图 5.7(d) 可知，若对本振信号进行延时处理，且将本振延时误差控制在 1km，则本振信号相干性差对 SAL 成像的影响较小，仅使得横向距离向成像结果的峰值旁瓣比和积分旁瓣比有所上升，可以通过横向距离向多视处理对旁瓣进行抑制，假定进行五视处理，最终成像结果的横向分辨率将下降为 5cm 左右。这说明对于本小节仿真的 ISAL，即便本振延时误差被控制在 1km（事实上对于远距离运动目标，很难将延时误差控制在 1km），由于本振信号相干性较差，因此能实现的横向分辨率也难以优于 5cm。对比图 5.7(b) 与图 5.7(d) 可知，若对本振信号进行延时处理，则当本振延时误差为 5km 时，横向距离向成像结果中出现虚假目标（该虚假目标来自于本振信号频率的正弦变化引入的相位误差，正弦变化的频率越高，虚假目标距离真实目标越远，正弦变化的范围就越大，虚假目标的强度也就越大），在此情况下进行横向分辨率的判定失去了意义。图 5.7 所示仿真结果说明 ISAL 能实现的最高横向分辨率决定于本振信号的相干性，同时进一步验证了本振信号延时处理的有效性。

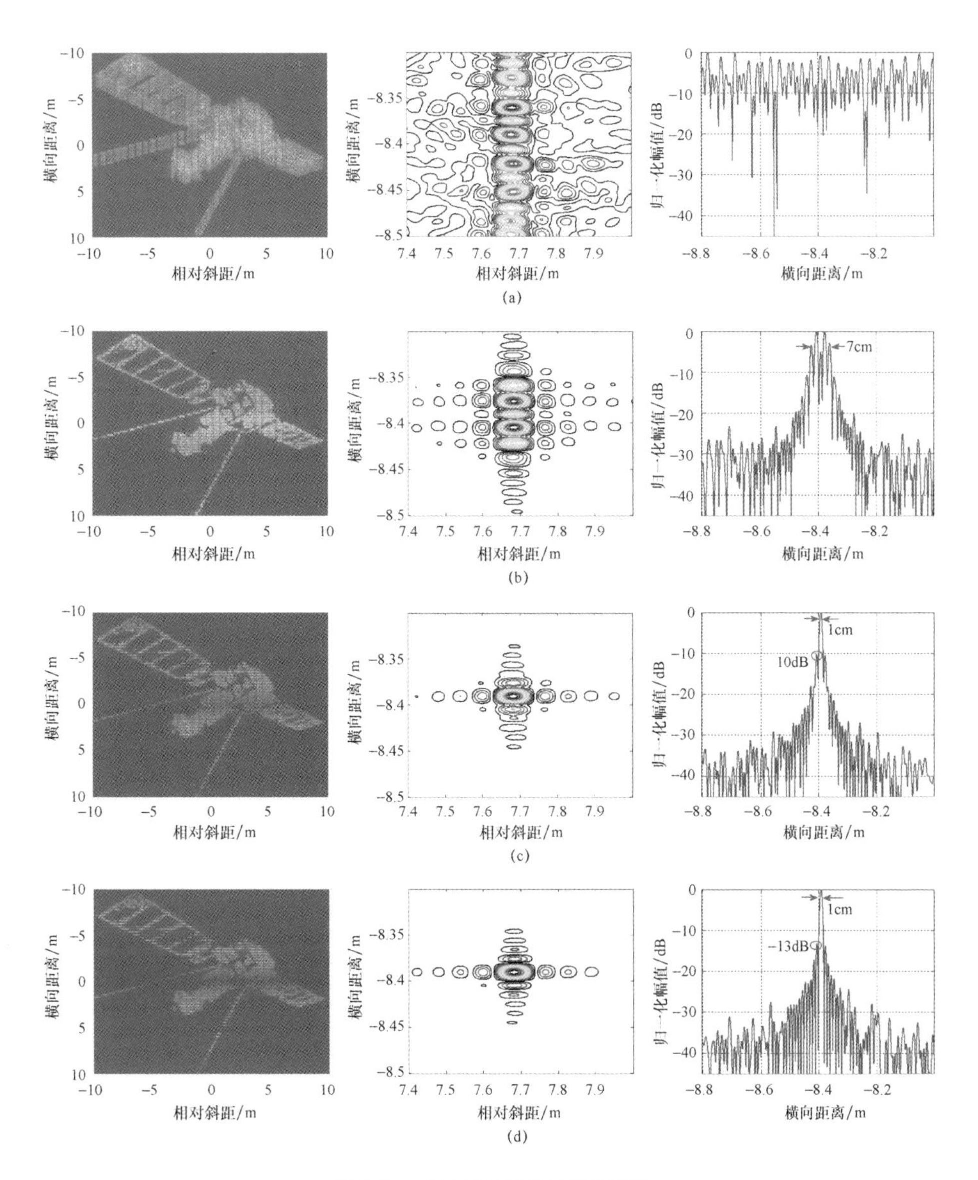

图 5.7　成像仿真结果(见彩图)

(a)本振不延时；(b)本振光纤延时，延时误差 5km；

(c)本振光纤延时，延时误差 1km；(d)本振光纤延时，延时误差 0。

表 5.2　成像仿真结果的评价指标

	横向 PSLR/dB	横向 ISLR/dB	横向分辨率/cm	横向远区噪声电平/dB	图像熵	图像对比度
图 5.7(a)	*	*	*	*	17.15	2.02
图 5.7(b)	*	*	*	-60	16.37	2.75
图 5.7(c)	-10	-8.45	1	-60	15.87	3.12
图 5.7(d)	-13.2	-9.68	1	-64	15.67	3.34

5.3　基于本振数字延时的相干性保持方法

前文理论分析和实验结果均表明,在延时误差较小的情况下,本振光纤延时有助于降低本振信号相干性差对 ISAL 横向分辨率的影响,但是由于延时光纤的长度受激光相干长度限制且难以时变,因此本振光纤延时在远距离运动目标成像的 ISAL 中难以应用,需要研究新的 ISAL 本振信号相干性保持方法。

本节提出基于本振数字延时的 ISAL 本振信号相干性保持方法,其基本思想是将本振信号频率不稳引入的相位误差记录下来,并在数字域延时后对目标回波信号实施相位误差补偿。由于激光信号难以被直接记录,因此可以通过自外差探测的方式间接估计其频率不稳引入的相位误差。相对于本振光纤延时的方法,本振数字延时的方法具备延时长度任意调整的优点,尤其适用于针对远距离运动目标成像的 ISAL。

5.3.1　本振信号相位误差估计

1. 估计原理

我们可在 ISAL 系统中独立设置如图 5.8 所示的本振信号参考通道,通过自外差探测的方式对本振信号频率不稳引入的相位误差进行估计。本振信号被分束器分为四路信号,其中一路信号通过延时光纤,另一路信号通过 AOM 移频器。通过延时光纤的信号和通过 AOM 移频器的信号被耦合到光电探测器以实现混频,对光电探测器输出的电信号实施 A/D 采样。该电信号相位的时变分量为本振信号相位误差的差分值,基于该差分值对本振信号的瞬时频率误差进行估计,再通过对瞬时频率误差的积分处理估计本振信号的相位误差。相位误差估计过程由相位差分估计瞬时频率误差和瞬时频率误差积分估计相位误差两个环节组成,差分间隔为延时光纤的时延,积分间隔为 A/D 采样间隔。

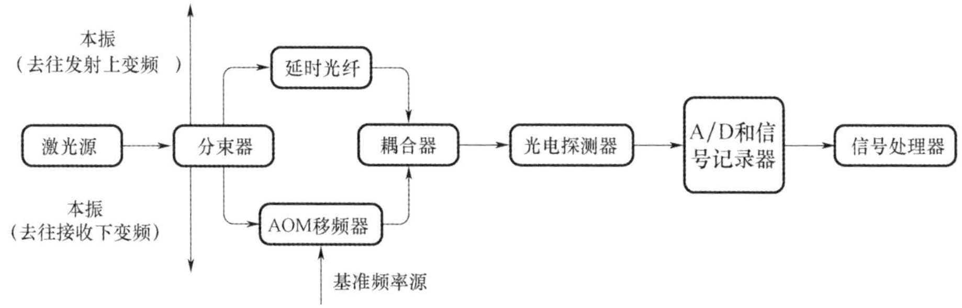

图 5.8　本振参考通道的原理框图

关于本振参考通道,有三点需要明确:①移频器使光电探测器输出的电信号被调制到中频,以避免本振信号相位的差分值被隔直电路滤除;②移频器输入的基准频率信号来自于电子学系统的频率源,以和 A/D 时钟的相位严格同步,由于电子学系统的频率源较为精准,因此它被用来同步 ISAL 系统中的电子学信号相位和激光信号相位;③为避免欠采样,若不对光电探测器输出的电信号进行 IQ 正交解调,则 A/D 采样率须大于移频器的基准频率的两倍,若对光电探测器输出的电信号进行 IQ 正交解调,则 A/D 采样率大于移频器基准频率。

下面基于前文建立的激光信号模型,对本振信号相位误差估计过程进行推导。在式(5.1)中,令

$$\begin{cases}\phi_{\sin}(t) = 2\pi\int_0^t [f_c + A_F\sin(2\pi f_F\tau)]\mathrm{d}\tau \\ \phi_f(t) = 2\pi\int_0^t f_r(\tau)\mathrm{d}\tau\end{cases} \tag{5.11}$$

那么激光信号源频率不稳引入的相位误差可以表示为 $\phi_{\sin}(t)+\phi_f(t)+\phi_r(t)$,由于 $\phi_r(t)$ 瞬时变化,原理上不能通过图 5.8 所示本振参考通道进行估计,能够估计的本振信号相位误差为

$$\phi(t) = \phi_{\sin}(t) + \phi_f(t) \tag{5.12}$$

图 5.8 中的光电探测器输出的电信号可以表示为

$$\begin{aligned} s_3(t) = &\exp\{\mathrm{j}2\pi f_c T\}\exp\{\mathrm{j}[\phi(t)-\phi(t-T)]\} \\ &\exp\{\mathrm{j}[\phi_r(t)-\phi_r(t-T)]\}\exp\{\mathrm{j}2\pi f_m t\} \end{aligned} \tag{5.13}$$

式中:T 为延时光纤的时延;f_m 为移频器对应的频率偏移。

对 $s_3(t)$ 所示电信号 A/D 采样后提取相位,并在数字域实施相位解缠,相位

解缠后的相位可以表示为

$$\varphi_3(t)=2\pi f_c T+[\phi(t)-\phi(t-T)]+[\phi_r(t)-\phi_r(t-T)]+2\pi f_m t \tag{5.14}$$

在数字域消除 $\varphi_3(t)$ 中中心频率标称值对应的相位 $2\pi f_c T$ 和移频器引入的相位 $2\pi f_m t$ 后，可以对 $\phi(t)$ 对应的信号瞬时频率进行估计为，即

$$\begin{aligned} f(t) &= \frac{\varphi_3(t)-2\pi f_c T-2\pi f_m t}{2\pi T} \\ &= \frac{\phi(t)-\phi(t-T)}{2\pi T}+\frac{\phi_r(t)-\phi_r(t-T)}{2\pi T} \end{aligned} \tag{5.15}$$

式中：第一项表征 $\phi(t)$ 对应的是待提取的信号瞬时频率，主要包括正弦变化的频率 $A_F\sin(2\pi f_F t)$ 和随机变化的频率 $f_r(t)$；第二项表明随机相位噪声 $\phi_r(t)$ 将会使 $f(t)$ 的估计出现误差。

假定 A/D 的采样率为 F_s，t_m 为第 m 个采样时刻，通过 $f(t)$ 估计 $\phi(t)$ 在第 m 个采样间隔上的增量为

$$\Delta\hat{\phi}(t_m)=\frac{2\pi f(t_m)}{F_s} \tag{5.16}$$

将各采样间隔上的相位增量后向累加，即可获得离散的本振相位误差的估计值为

$$\hat{\phi}(t_M)=\sum_{m=1}^{M}\Delta\hat{\phi}(t_m) \tag{5.17}$$

式中：$M=F_s T_s$ 为采样点的个数；T_s 为 ISAL 观测时间对应的本振信号的时长。

2. 估计误差分析

本节对本振相位误差的估计误差进行分析。

式(5.15)中，T、f_m、$\varphi_3(t)$ 的误差将分别导致 $f(t)$ 的估计出现下列误差：

$$\begin{cases} \delta_{f1}(t)=-\dfrac{\varphi_3(t)-2\pi f_m t}{2\pi T^2}\delta_T \\ \delta_{f2}(t)=\dfrac{t}{T}\delta_{f_m} \\ \delta_{f3}(t)=\dfrac{\delta_{\varphi_3}}{2\pi T} \end{cases} \tag{5.18}$$

式中：$\delta_T\in N(0,\sigma_T^2)$ 为延时光纤的时延误差，σ_T 为时延误差的标准差，假设 $\sigma_T=10^{-11}$s（对应光纤延时长度误差的标准差 3mm）；$\delta_{f_m}\in N(0,\sigma_{fm}^2)$ 为移频器的基准频率误差，σ_{fm} 为基准频率误差的标准差，一般可假定 $\sigma_{fm}=10^{-4}$Hz；$\varphi_3(t)$ 的误

差主要来自于随机相位噪声的差分值 $\phi_r(t)-\phi_r(t-T)$，由于 $\phi_r(t)\sim N(0,\sigma_{\phi r}^2)$，假定不同时刻的随机相位噪声独立同分布；$\delta_{\varphi_3}\in N(0,\sigma_{\varphi_3}^2)$，且 $\sigma_{\varphi_3}=\sqrt{2}\delta_{\phi r}$。

式(5.15)中，各参量误差共同导致的瞬时频率估计误差为

$$\begin{aligned}\delta_f(t)&=\sqrt{\delta_{f1}(t)^2+\delta_{f2}(t)^2+\delta_{f3}(t)^2}\\&=\sqrt{\left[\frac{\varphi_3(t)-2\pi f_m t}{2\pi T^2}\delta_T\right]^2+\left(\frac{t}{T}\delta_{f_m}\right)^2+\left(\frac{\delta_{\varphi_3}}{2\pi T}\right)^2}\end{aligned}\tag{5.19}$$

假定 $T=20\mu s$、$\delta_T=10^{-11}s$、$\delta_{fm}=10^{-4}Hz$、$t=0.25s$、$\delta_{\varphi_3}=0.14rad$、$\varphi_3(t)-2\pi f_m t=\pi$，由式可计算各参量误差导致的瞬时频率估计误差为

$$\begin{cases}\delta_{f1}(t)\approx-0.013Hz\\\delta_{f2}(t)\approx1.25Hz\\\delta_{f3}(t)\approx1114Hz\end{cases}\tag{5.20}$$

数值计算结果表明，瞬时频率估计误差主要来自 $\varphi_3(t)$ 的误差，即

$$\delta_f(t)\approx\delta_{f3}(t)=\frac{\delta_{\varphi_3}}{2\pi T}\tag{5.21}$$

由于 $\delta_{\varphi_3}\in N(0,\sigma_{\varphi_3}^2)$，$\sigma_{\varphi_3}=\sqrt{2}\delta_{\phi r}$，所以 $\delta_f(t)\in N(0,\sigma_f^2)$，$\sigma_f=\sqrt{2}\delta_{\phi r}/(2\pi T)$。

根据式(5.16)，瞬时频率估计误差和A/D采样率误差分别导致的第 m 个采样间隔上的相位增量的估计误差为

$$\begin{cases}\Delta\delta_1(m)=\dfrac{2\pi}{F_s}\delta_f(t_m)\\[2ex]\Delta\delta_2(m)=-\dfrac{2\pi f(t_m)}{F_s^2}\delta_{F_s}\end{cases}\tag{5.22}$$

式中：$\delta_{F_s}\in N(0,\sigma_{F_s}^2)$ 为A/D采样率误差，可假定 $\sigma_{F_s}=10^{-4}Hz$。

式(5.16)中各参量误差共同导致的第 m 个采样间隔上的相位增量的估计误差为

$$\begin{aligned}\Delta\delta(m)&=\sqrt{\Delta\delta_1(m)^2+\Delta\delta_2(m)^2}\\&=\sqrt{\left[\frac{2\pi}{F_s}\delta_f(t_m)\right]^2+\left[-\frac{2\pi f(t_m)}{F_s^2}\delta_{F_s}(t_m)\right]^2}\end{aligned}\tag{5.23}$$

假定 $F_s=100MHz$，$\delta_{F_s}(t_m)=10^{-4}Hz$，$f(t_m)=20kHz$，$\delta_f(t_m)=1kHz$，由式可计算各参量误差导致的相位增量的估计误差为

$$\begin{cases}\Delta\delta_1(m)\approx 6.3\times10^{-5}\,\text{rad}\\ \Delta\delta_2(m)\approx -1.3\times10^{-15}\,\text{rad}\end{cases} \tag{5.24}$$

数值计算结果表明，相位增量的估计误差主要来自于瞬时频率的估计误差，即

$$\Delta\delta(m)\approx\Delta\delta_1(m)=\frac{2\pi}{F_s}\delta_f(t_m) \tag{5.25}$$

由于 $\delta_f(t)\in N(0,\sigma_f^2)$，$\sigma_f=\dfrac{\sqrt{2}\delta_{\phi r}}{2\pi T}$，所以 $\Delta\delta(m)\in N(0,\sigma_{\Delta\delta}^2)$，$\sigma_{\Delta\delta}=\dfrac{\sqrt{2}\sigma_{\phi r}}{F_s T}$。

由于相位估计误差后向累积，因此相位估计结果中第 M 个采样点的相位估计误差 $\delta(M)$ 为前 M 个采样间隔上的相位估计误差增量之和，即

$$\delta(M)=\sum_{m=1}^{M}\Delta\delta(m) \tag{5.26}$$

假定 $\Delta\delta(m)$ 独立同分布，那么 $\delta(M)\in N(0,\sigma_\delta^2)$，其中 $\sigma_\delta=\sqrt{M}\sigma_{\Delta\delta}=\sqrt{\dfrac{2T_s}{F_s}}\dfrac{\sigma_{\phi r}}{T}$。

根据式(5.26)，相位估计误差的标准差与本振信号时长 T_s、A/D 采样率 F_s、随机相位噪声的标准差 $\sigma_{\phi r}$、延时光纤对应的时延 T 有关。

3. 光纤延时长度的选取原则

前文的理论分析表明，相位估计误差的标准差反比于延时光纤的时延，这说明延时光纤的时延不能太小。若要求相位估计误差的标准差小于 ϕ_0，则

$$\sigma_\delta=\sqrt{\frac{2T_s}{F_s}}\frac{\sigma_{\phi r}}{T}<\phi_0 \tag{5.27}$$

由式(5.27)可以得到延时光纤对应的时延的下限为

$$T>\frac{\sigma_{\phi r}}{\phi_0}\sqrt{\frac{2T_s}{F_s}} \tag{5.28}$$

式(5.28)表明，延时光纤的时延 T 的下限随 A/D 采样率的升高而降低。

估计 $f(t)$ 要求 $\phi(t)-\phi(t-T)$ 不缠绕，根据式(5.28)可得

$$|\phi(t)-\phi(t-T)|<\pi \tag{5.29}$$

将式(5.12)代入式(5.29)可得

$$|\phi_{\text{sin}}(t)-\phi_{\text{sin}}(t-T)+\phi_f(t)-\phi_f(t-T)|<\pi \tag{5.30}$$

根据不等式放缩原理 $|a+b|\leqslant|a|+|b|$，式的充分条件为

$$|\phi_{\text{sin}}(t)-\phi_{\text{sin}}(t-T)|+|\phi_f(t)-\phi_f(t-T)|<\pi \tag{5.31}$$

假定随机频率在单个采样间隔内为恒定值,延时光纤的时延 T 大于单个采样间隔,则有

$$\phi_{\mathrm{f}}(t) - \phi_{\mathrm{f}}(t-T) = \sum_{m=1}^{M'} 2\pi \frac{f_{\mathrm{r}}(t_m)}{F_{\mathrm{s}}} \tag{5.32}$$

式中:$M' = T \cdot F_{\mathrm{s}}$。

由于 $f_{\mathrm{r}}(t) \sim N(0,\sigma_{\mathrm{fr}}^2)$,所以 $[\phi_{\mathrm{f}}(t) - \phi_{\mathrm{f}}(t-T)] \sim N\left(0, T\frac{(2\pi\sigma_{\mathrm{fr}})^2}{F_{\mathrm{s}}}\right)$,在大概率下 $|\phi_{\mathrm{f}}(t) - \phi_{\mathrm{f}}(t-T)| < 5\sqrt{\frac{T}{F_{\mathrm{s}}}}2\pi\sigma_{\mathrm{fr}}$,因此式(5.30)的充分条件可进一步表示为

$$|\phi_{\sin}(t) - \phi_{\sin}(t-T)| + 5\sqrt{\frac{T}{F_{\mathrm{s}}}}2\pi\sigma_{\mathrm{fr}} < \pi \tag{5.33}$$

由式(5.33)解得延时光纤的时延 T 的上限为

$$T < \frac{A_{\mathrm{F}}F_{\mathrm{s}} + 25\delta_{\mathrm{fr}}^2 - 5\delta_{\mathrm{fr}}\sqrt{2A_{\mathrm{F}}F_{\mathrm{s}} + 25\delta_{\mathrm{fr}}^2}}{2A_{\mathrm{F}}^2F_{\mathrm{s}}} \tag{5.34}$$

综合式(5.28)和式(5.34),延时光纤对应的延时长度应满足

$$c\frac{\sigma_{\phi\mathrm{r}}}{\phi_0}\sqrt{\frac{T_{\mathrm{s}}2}{F_{\mathrm{s}}}} < R < c\frac{A_{\mathrm{F}}F_{\mathrm{s}} + 25\delta_{\mathrm{fr}}^2 - 5\delta_{\mathrm{fr}}\sqrt{2A_{\mathrm{F}}F_{\mathrm{s}} + 25\delta_{\mathrm{fr}}^2}}{2A_{\mathrm{F}}^2F_{\mathrm{s}}} \tag{5.35}$$

以前文的 4mW 种子源激光信号的参数 $A_{\mathrm{F}} = 20\mathrm{kHz}$、$f_{\mathrm{F}} = 20\mathrm{Hz}$、$\sigma_{\mathrm{fr}} = 25\mathrm{kHz}$、$\sigma_{\phi\mathrm{r}} = 0.1\mathrm{rad}$ 为例,假定 $T_{\mathrm{s}} = 0.25\mathrm{s}$,$F_{\mathrm{s}} = 100\mathrm{MHz}$,为基本满足合成孔径成像的要求,$\phi_0$ 的上限为$\frac{\pi}{2}$,根据式(5.35),光纤的延时长度应满足 $1400\mathrm{m} < R < 6600\mathrm{m}$。

5.3.2　本振数字延时处理

下面以单个散射点为例,对本振数字延时处理的过程进行阐述。根据前文建立的激光信号模型,单个散射点的回波信号可以表示为

$$\begin{aligned} s_{\mathrm{e}}(\hat{t},t_k) = {} & \exp\left\{\mathrm{j}2\pi f_{\mathrm{c}}\left[t_k + \hat{t} - 2\frac{R(t_k+\hat{t})}{c}\right]\right\} \\ & \exp\left\{\mathrm{j}\phi_{\mathrm{fast}}\left(\hat{t} - 2\frac{R(t_k+\hat{t})}{c}\right)\right\}\exp\left\{\mathrm{j}\varphi_{\sin}\left(t_k + \hat{t} - 2\frac{R(t_k+\hat{t})}{c}\right)\right\} \\ & \exp\left\{\mathrm{j}\varphi_{\mathrm{f}}\left(t_k + \hat{t} - 2\frac{R(t_k+\hat{t})}{c}\right)\right\}\exp\left\{\mathrm{j}\varphi_{\mathrm{r}}\left(t_k + \hat{t} - 2\frac{R(t_k+\hat{t})}{c}\right)\right\} \end{aligned} \tag{5.36}$$

式中：$\hat{t}$ 和 t_k 分别为快时间和慢时间；$R(t_k+\hat{t})$ 为散射点到雷达的距离；$\phi_{\text{fast}}(\hat{t})$ 为 ISAL 使用的宽带调制信号的相位。

与本振信号混频后的目标回波信号可以表示为

$$
\begin{aligned}
s_{\text{h}}(\hat{t},t_k) &= s_{\text{e}}(\hat{t},t_k)s\,(t_k+\hat{t})^* \\
&= \exp\left\{-\text{j}4\pi\frac{R(t_k+\hat{t})}{\lambda}\right\}\exp\left\{\text{j}\phi_{\text{fast}}\left(\hat{t}-2\frac{R(t_k+\hat{t})}{c}\right)\right\} \\
&\quad \exp\{\text{j}\Delta\phi_{\sin}(\hat{t},t_k)\}\exp\{\text{j}\Delta\phi_{\text{f}}(\hat{t},t_k)\}\exp\{\text{j}\Delta\phi_{\text{r}}(\hat{t},t_k)\}
\end{aligned}
\tag{5.37}
$$

其中

$$
\begin{cases}
\Delta\phi_{\sin}(\hat{t},t_k) = \phi_{\sin}\left(t_k+\hat{t}-2\dfrac{R(t_k+\hat{t})}{c}\right) - \phi_{\sin}(t_k+\hat{t}) \\
\Delta\phi_{\text{f}}(\hat{t},t_k) = \phi_{\text{f}}\left(t_k+\hat{t}-2\dfrac{R(t_k+\hat{t})}{c}\right) - \phi_{\text{f}}(t_k+\hat{t}) \\
\Delta\phi_{\text{r}}(\hat{t},t_k) = \phi_{\text{r}}\left(t_k+\hat{t}-2\dfrac{R(t_k+\hat{t})}{c}\right) - \phi_{\text{r}}(t_k+\hat{t})
\end{cases}
\tag{5.38}
$$

用估计出的本振相位误差对式(5.37)进行补偿有

$$
s_{\text{c}}(\hat{t},t_k) = s_{\text{h}}(\hat{t},t_k)\exp\left\{-\text{j}\hat{\phi}\left(t_k+\hat{t}-2\frac{R\,(t_k+\hat{t})'}{c}\right)\right\}\exp\{\text{j}\hat{\phi}(t_k+\hat{t})\}
\tag{5.39}
$$

式中：$R(t_{\text{k}}+\hat{t})$ 为目标距离的估计值，它可以根据目标的距离初值和目标的径向速度计算得到，通常目标径向速度可以通过对目标回波信号进行多普勒中心估计得到，所以 $R\,(t_k+\hat{t})'\approx R(t_k+\hat{t})$，此时式(5.39)可化简为

$$
\begin{aligned}
s_{\text{c}}(\hat{t},t_k) \approx{}& \exp\left\{\text{j}\phi_{\text{fast}}\left(t_k+\hat{t}-2\frac{R(t_k+\hat{t})}{c}\right)\right\} \\
& \exp\left\{-\text{j}4\pi\frac{R(t_k+\hat{t})}{\lambda}\right\} \\
& \exp\left\{\text{j}\left[\varphi_{\text{r}}\left(t_k+\hat{t}-2\frac{R(t_k+\hat{t})}{c}\right)-\phi_{\text{r}}(t_k+\hat{t})\right]\right\}
\end{aligned}
\tag{5.40}
$$

式(5.40)表明，经过本振数字延时处理，目标回波信号中因本振信号相干性差引入的相位误差中的主要分量(频率正弦变化和随机变化引入的相位误差)得到了补偿，从而大幅度提高了 ISAL 信号的相干性。需要说明的是，式(5.40)中右边的第三个指数项由本振信号相位噪声导致，前文分析表明本振信号相位噪声的标准差约为 0.1rad，此量级的相位噪声原理上会使横向距离向

成像结果的远区副瓣有所上升，影响积分旁瓣比，但是不会对信号的相干累积产生大的影响。

5.3.3 仿真验证

本小节以针对 GEO 目标成像的地基 ISAL 为例，通过仿真验证本振数字延时方法的有效性。使用地基 ISAL 观测 GEO 目标时，目标最大横向速度为 800m/s。在此条件下，若 ISAL 所使用的激光信号中心波长为 1.55μm，理论上 0.25s 的合成孔径时间可以获得约 0.15m 的横向分辨率。

假定地基 ISAL 使用前文中的 4mW 种子源激光信号作为本振信号，那么前文所建立的激光信号模型和确定的模型参数即可在仿真中使用，本振信号的模型参数见表 5.3 的第一列。

表 5.3 仿真参数

参数	数值	参数	数值
正弦调频的幅度	20kHz	A/D 采样率	100MHz
正弦调频的频率	20Hz	采样率误差的标准差	10^{-4}Hz
随机频率的标准差	25kHz	光纤延时时间的标准差	10^{-11}s
随机相位的标准差	0.1rad	移频器的参考频率	10MHz
信号时长	0.25s	移频器频率的标准差	10^{-4}Hz

本振信号的相位误差特性，如图 5.9 所示。由频率正弦变化引入的低频相位误差为相位误差的主要分量，其幅度约为 1000rad。

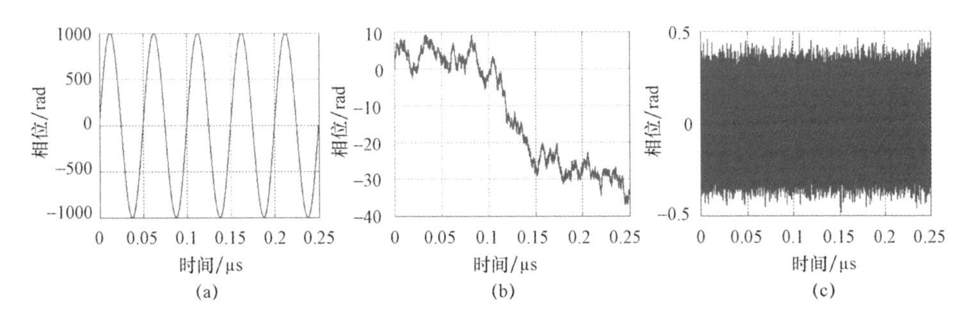

图 5.9 4mW 种子源激光信号的相位误差特性

(a) 频率正弦变化引入的相位误差；(b) 频率随机变化引入的相位误差；(c) 随机相位噪声。

若不对本振信号进行延时处理，则雷达与目标均静止时的目标回波信号的慢时谱，如图 5.10 所示。其对应的慢时频率分辨率约 80kHz，根据上面介绍，

ISAL 能实现的横向分辨率约 2790m。可以看出,若不针对本振信号相干性差的问题进行特殊处理,则地基 ISAL 已不能实现对 GEO 目标成像。

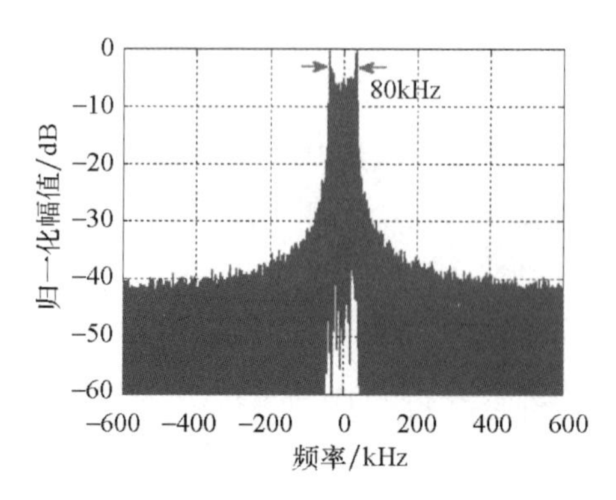

图 5.10　目标回波信号的慢时谱

采用本振数字延时的方法保持 ISAL 本振信号的相干性,首先应基于图 5.8 所示本振参考通道对本振相位误差进行估计。根据式(5.35)给出的本振参考通道中光纤延时长度的选取原则,在表 5.3 所示参数下,光纤延时长度的下限为 1400m,上限为 6600m。

为对式(5.35)进行验证,在 30 ~ 7500m 区间内的 40 个不同光纤延时长度下,分别对本振相位误差进行估计并求估计结果的均方根误差(RMSE)为

$$\text{RMSE} = \sqrt{\frac{\sum_{m=1}^{M}(\phi(t_m) - \hat{\phi}(t_m))^2}{M}} \tag{5.41}$$

为避免随机性的影响,在每个光纤延时长度下,均进行了 30 次仿真,并取 30 次仿真所得到的均方根误差的均值作为本振相位误差估计精度的评价指标。

同时存在光纤延时误差、移频器基准频率误差、采样率误差情况下的仿真结果如图 5.11 中黑色曲线所示。当光纤延时长度在 1400 ~ 6600m 时,本振相位误差估计结果的 RMSE 最小,小于 1rad,说明式(5.35)能够指导光纤延时长度的选取。图 5.11 中蓝色曲线给出了不存在参数误差情况下的仿真结果,红色曲线和蓝色曲线几乎重合,表明光纤延时误差、移频器基准频率误差、采样率误差对本章所述相位估计方法的影响较小,这也与前文的理论分析相一致。

在不同光纤延时长度下,影响本振相位误差估计精度的因素不同。当光纤延时长度小于 1400m 时,随着延时长度的减小,本振相位误差估计精度逐步降

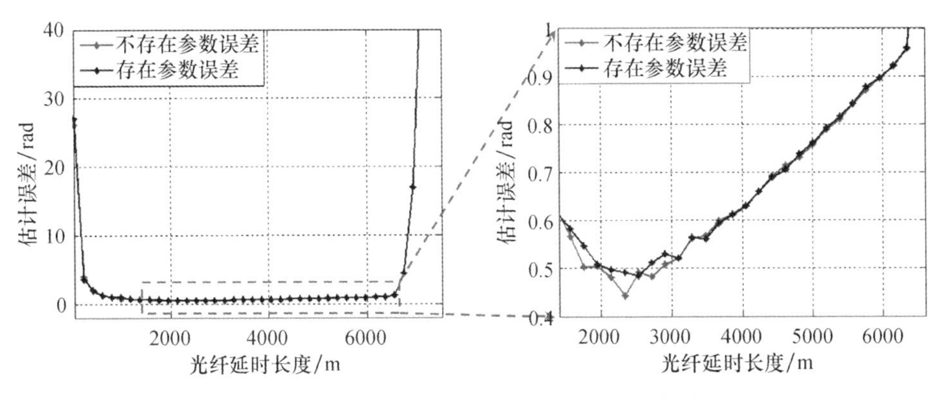

图5.11 相位估计结果的均方根误差(见彩图)

低,因为在此过程中,本振相位误差差分值逐渐减小,随机相位噪声的相对影响逐步增大。当光纤延时长度大于6600m时,本振相位误差估计精度较低,其原因在于本振相位误差的差分值较大,容易导致相位解缠失效。当光纤延时长度在1400~6600m时,本振相位误差估计精度较高,此时,估计误差主要来自估计方法中光纤延时对应的时间段内本振相位误差近似线性的假定,为估计方法的固有误差。

为直观体现不同因素对本振相位误差估计精度的影响,图5.12所示分别给出了光纤延时长度700m、5000m、7000m时的本振相位误差的估计误差。

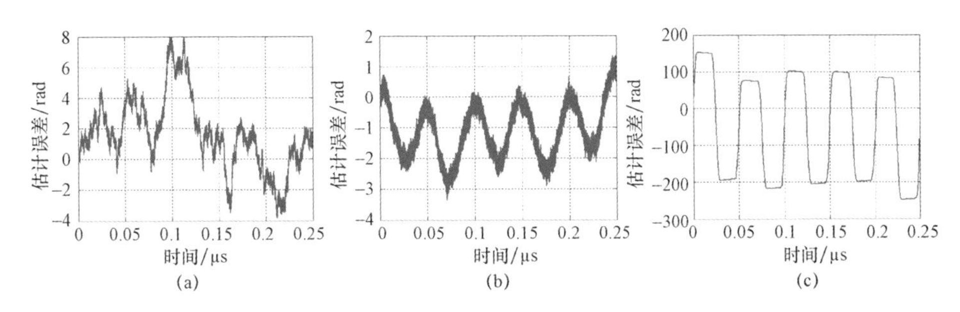

图5.12 不同光纤延时长度对应的估计误差

(a)光纤延时长度700m;(b)光纤延时长度5000m;(c)光纤延时长度7000m。

假定本振参考通道中的光纤延时长度选为5000m,经过本振数字延时处理后雷达与目标均静止时的回波信号慢时谱,如图5.13所示。对比图5.10和图5.13可知,经过本振数字延时处理,ISAL的慢时频率分辨率由80kHz提高到了40Hz(其中40Hz为两个−10dB副瓣对应的频率范围),对应横向分辨率从

2790m 提高到了约 1.4m,从而说明了本振数字延时方法的有效性。

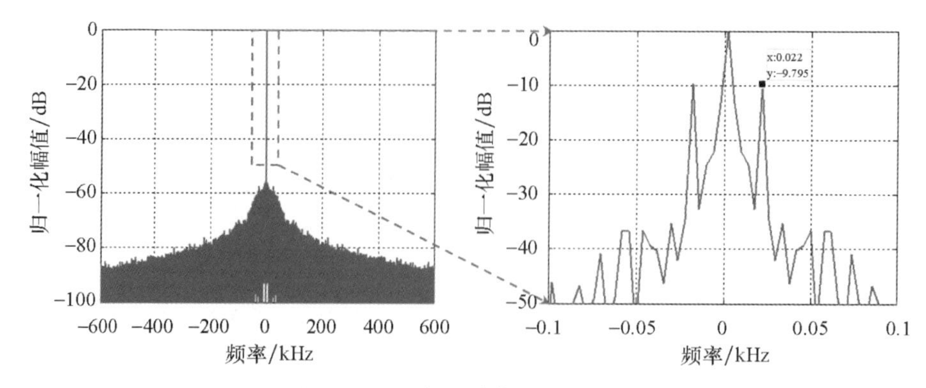

图 5.13　目标回波信号的慢时谱

需要说明的是,虽然本振数字延时大幅度提高了 SAL 的慢时频率分辨率,但是并没有将慢时频率分辨率提高到理想情况下的 4Hz,其原因在于本振信号的相位估计存在误差,导致回波信号的慢时谱在 20Hz 处出现约 -10dB 的副瓣。该问题的解决:一方面可以通过选用更高频率稳定度的本振信号源[98,99]以降低相位估计误差;另一方面也可在成像后采用相位梯度自聚焦算法[100](Phase Gradient Autofocus, PGA)对相位估计误差进行校正。在此基础上,对 GEO 目标地基 ISAL 成像的横向分辨率有可能达到理论分辨率。

5.4　激光 LFM 信号非线性失真和随机初相的定标校正

5.4.1　理论分析

无论通过何种方式实现,激光 LFM 信号的频率调制都存在非线性失真,本章以非线性度[96,97]定义激光 LFM 信号的频率调制的非线性失真程度,即有

$$\delta = \frac{\Delta f_B}{B} \tag{5.42}$$

式中:Δf_B 为激光 LFM 信号的频率调制的最大偏移范围;B 为激光 LFM 信号的带宽。

激光 LFM 信号的非线性失真主要影响 SAL 的距离向成像结果。当激光信号线宽在千赫兹量级时,激光信号频率稳定度差主要影响 SAL/ISAL 的方位向/横向距离向成像结果,对 SAL 距离向成像结果的影响基本可以忽略。为简化分

析，本节假设激光信号为频率稳定的单频信号，激光 LFM 信号可表示为

$$s_{\varepsilon}(\hat{t}) = \mathrm{rect}\left(\frac{\hat{t}}{T_{\mathrm{r}}}\right)\exp\{\mathrm{j}2\pi f_{\mathrm{c}}\hat{t} + \mathrm{j}\pi\gamma\hat{t}^{2} + \mathrm{j}\varepsilon(\hat{t})\} \tag{5.43}$$

式中：γ 为快时间调频率；$\varepsilon(\hat{t})$ 为频率调制的非线性失真引入的相位误差。

不失一般性，本节以去斜接收为例进行分析，去斜接收的信号为

$$s_{\varepsilon}(\hat{t}) = \mathrm{rect}\left(\frac{\hat{t}-\hat{t}_{0}}{T_{\mathrm{r}}}\right)\exp\{-\mathrm{j}2\pi f_{\mathrm{c}}\hat{t}_{0} - \mathrm{j}\pi\gamma(2\hat{t}-\hat{t}_{0})\hat{t}_{0} + \mathrm{j}\varepsilon(\hat{t}-\hat{t}_{0})\} \tag{5.44}$$

式中：$\hat{t}_{0}$为目标距离对应的延时；T_{r} 为脉冲宽度。式(5.44)所示信号的频谱即为 SAL 的距离向脉冲压缩结果，频谱的 −3dB 宽度表征 SAL 的距离向分辨率。式(5.43)所示信号的频谱为

$$\begin{aligned} S_{\varepsilon}(f_{\mathrm{r}}) = &[\exp\{-\mathrm{j}2\pi f_{\mathrm{c}}\hat{t}_{0} + \mathrm{j}\pi\gamma\hat{t}_{0}^{2}\}\,\mathrm{sinc}\{T_{\mathrm{r}}(f_{\mathrm{r}}+\gamma\hat{t}_{0})\}] \\ &\otimes \mathrm{FT}[\exp\{\mathrm{j}\varepsilon(\hat{t}-\hat{t}_{0})\}] \end{aligned} \tag{5.45}$$

式(5.45)表明，SAL 的距离向分辨率决定于信号 $\exp\{\mathrm{j}\varepsilon(\hat{t}-\hat{t}_{0})\}$ 的 −3dB 谱宽，该 −3dB 谱宽等于激光 LFM 信号的频率调制的最大偏移范围 Δf_{B}，若 Δf_{B} 对应的距离向分辨率大于信号带宽对应的距离向分辨率，即需要对 LFM 信号的非线性失真进行校正，有

$$\frac{\Delta f_{\mathrm{B}}}{\gamma}\frac{c}{2} > \frac{c}{2B} \tag{5.46}$$

联解式(5.42)与式(5.46)，需要对 LFM 信号的非线性失真进行校正的边界条件为

$$\delta > \frac{1}{BT_{\mathrm{r}}} \tag{5.47}$$

根据式(5.47)，若 $B = 4\mathrm{GHz}$，$T_{\mathrm{r}} = 10\mu\mathrm{s}$，当激光 LFM 信号的非线性度大于 1/40000 时，就需要对 LFM 信号的非线性失真进行校正。激光 LFM 信号的产生需要微波 LFM 信号和激光信号共同作用于光电调制器件，目前微波 LFM 信号的非线性度难以达到 1/10000，考虑到光电调制器件会进一步引入非线性失真，激光 LFM 信号的非线性度必然大于 1/10000，所以对于 SAL 而言，对激光 LFM 信号的频率调制的非线性失真进行校正是必要的。

激光信号对温度等环境因素较为敏感，在信号调制放大过程中可能引入非线性失真相位和脉冲间随机初相，且非线性失真可能时变，为此需设置发射参考通道[98]，实现非线性失真相位与随机初相的定标校正。图 5.14 所示显示了发射参考通道的框图，激光种子源信号与发射信号被耦合到光电探测器上实现混频，对混频后的信号 A/D 采样，再由数字信号处理提取发射信号的非线性失

真相位和随机初相。

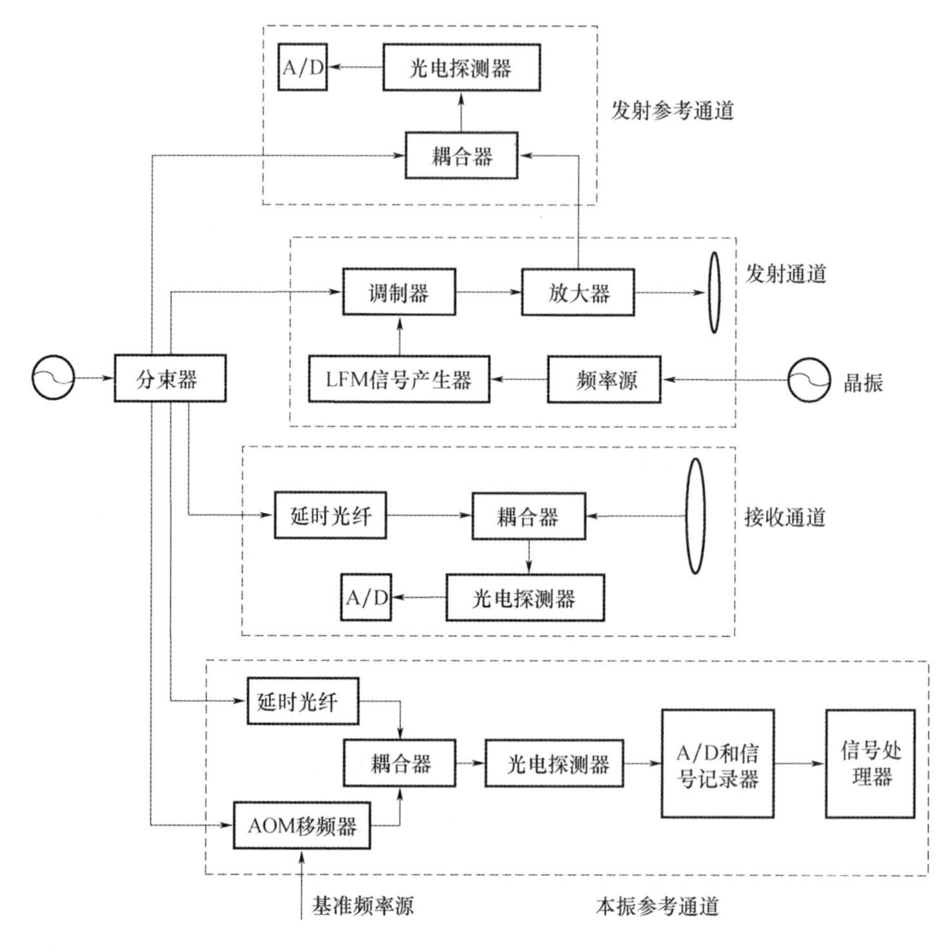

图 5.14　SAL 原理框图

SAL 的发射信号可表示为

$$
\begin{aligned}
& s_3(\hat{t},t_k) \\
= & \exp\left\{\mathrm{j}\left[2\pi\int_0^{t_k+\hat{t}}[f_c+A_F\sin(2\pi f_F\tau)]\mathrm{d}\tau+2\pi\int_0^{t_k+\hat{t}}[f_r(\tau)+f_a(\tau)]\mathrm{d}\tau+\phi_r(t_k+\hat{t})+\phi_a(t_k+\hat{t})\right]\right\} \\
& \exp\{\mathrm{j}\pi\gamma\,(\hat{t})^2+\mathrm{j}\varepsilon(\hat{t},t_k)+\mathrm{j}\theta(t_k)\}
\end{aligned}
\tag{5.48}
$$

式中：$\theta(t_k)\in N(0,\sigma_\theta^2)$为发射信号的随机初相，其在 LFM 信号调制放大过程中引入，这里假设其服从高斯分布；$\varepsilon(\hat{t},t_k)$为非线性失真相位。

种子源激光信号为

$$s_3(\hat{t},t_k)=$$
$$\exp\left\{\mathrm{j}\left[2\pi\int_0^{t_k+\hat{t}}[f_c+A_F\sin(2\pi f_F\tau)]\mathrm{d}\tau+2\pi\int_0^{t_k+\hat{t}}f_r(\tau)\mathrm{d}\tau+\phi_r(t_k+\hat{t})\right]\right\} \tag{5.49}$$

混频后的信号为

$$\begin{aligned}s(t_k,\hat{t})&=s_3(t_k,\hat{t})s_4^*(t_k,\hat{t})\\&=\exp\left\{\mathrm{j}2\pi\int_0^{t_k+\hat{t}}f_a(\tau)\mathrm{d}\tau+\mathrm{j}\phi_a(t_k+\hat{t})\right\}\exp\{\mathrm{j}\pi\gamma(\hat{t})^2+\mathrm{j}\varepsilon(\hat{t},t_k)+\mathrm{j}\theta(t_k)\}\end{aligned} \tag{5.50}$$

忽略放大器引入的随机频率与随机相位，在数字域去除已知相位项 $\pi\gamma\hat{t}^2$，即可得到 $\theta(t_k)$ 和 $\varepsilon(\hat{t},t_k)$，在目标回波信号中去除 $\theta(t_k)$ 后，由 $\varepsilon(\hat{t},t_k)$ 构造校正函数[98]对回波信号进行校正即可消除激光 LFM 信号非线性失真对 SAL 成像的影响。

对随机初相和非线性失真相位进行校正后的单散射点回波信号为

$$\begin{aligned}s'(t_k,\hat{t})=&\exp\left\{\mathrm{j}2\pi\int_0^{t_k+\hat{t}}\begin{bmatrix}A_F\sin\left(2\pi f_F\left(\tau-\frac{2R'}{c}\right)\right)-\\A_F\sin\left(2\pi f_F\left(\tau-\frac{2R(t_k)}{c}\right)\right)\end{bmatrix}\mathrm{d}\tau\right\}\\&\exp\left\{\mathrm{j}2\pi\int_0^{t_k+\hat{t}}\left[f_r\left(t_k+\hat{t}-\frac{2R'}{c}\right)-f_r\left(t_k+\hat{t}-\frac{2R(t_k)}{c}\right)\right]\mathrm{d}\tau\right\}\\&\exp\left\{\mathrm{j}\phi_r\left(t_k+\hat{t}-\frac{2R'}{c}\right)-\mathrm{j}\phi_r\left(t_k+\hat{t}-\frac{2R(t_k)}{c}\right)\right\}\\&\exp\left\{\mathrm{j}2\pi\int_0^{t_k+\hat{t}}f_a\left(t_k+\hat{t}-\frac{2R(t_k)}{c}\right)\mathrm{d}\tau+\mathrm{j}\phi_a\left(t_k+\hat{t}-\frac{2R(t_k)}{c}\right)\right\}\\&\exp\left\{\mathrm{j}\pi\gamma\left(\hat{t}-\frac{2R(t_k)}{c}\right)^2\right\}\exp\left\{-\mathrm{j}\frac{4\pi R(t_k)}{\lambda}\right\}\end{aligned} \tag{5.51}$$

式中：R' 为本振信号延时距离；$R(t_k)$ 为散射点到 SAL 相位中心的距离。

式(5.51)表明，对 LFM 信号非线性失真和随机初相进行校正后，SAL 的成像分辨率主要受制于本振信号的相干性，其主要体现在式(5.51)前两个指数项，第一个指数项是本振信号相干性差造成的，它会降低 SAL 方位向分辨率并提高峰值旁瓣比和积分旁瓣比，为主要影响，可以通过缩短本振信号延时长度 R' 与目标距离 $R(t_k)$ 的误差降低该影响；第二个指数项来源于放大器引入的随机频率与随机相位，它会使 SAL 方位向成像的积分旁瓣比上升。

5.4.2 仿真验证

本小节通过成像仿真对5.4.1小节的理论分析进行了验证,仿真条件与5.2.2节相同,SAL系统参数见表5.1。目标如图5.4所示。假定激光LFM信号的非线性度为1/40000,脉冲间随机初相的标准差为1rad。为避免本振信号相干性对仿真结果产生影响,在本节仿真中,假定对本振信号进行光纤延时处理,且延时误差为0。

根据图5.15(a)显示,在不对激光LFM信号非线性失真和脉冲间随机初相进行定标校正的情况下,斜距维成像结果的副瓣上升约7dB,容易产生虚假目标,方位向成像结果的远区噪声电平上升至-15dB,降低图像信噪比较多,此时无法判定距离向达到4.5cm的分辨率,方位向达到1cm的分辨率。对比图5.15(a)和图5.15(b)可知,若采用参考通道对激光LFM信号非线性失真进行定标校正,则距离向成像结果的副瓣降低到正常水平,距离向分辨率约为4.5cm。对比图5.15(a)和图5.15(c),若采用参考通道对激光LFM信号的随机初相进行定标校正,则方位向成像结果的远区噪声电平下降到-40dB,此时可以判定方位向达到了1cm的分辨率。图5.15(d)给出了采用参考通道对激光LFM信号非线性失真和随机初相均进行定标校正后的成像结果。

图5.15所示仿真结果验证了参考通道的有效性与必要性。

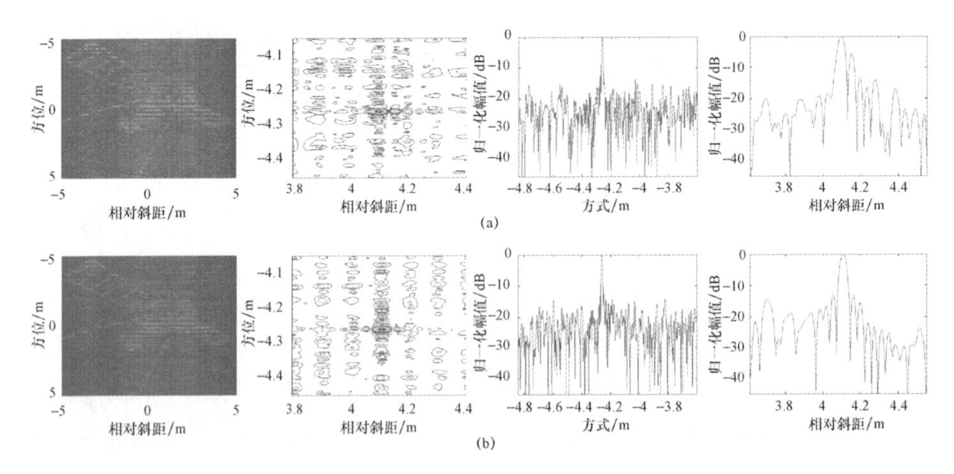

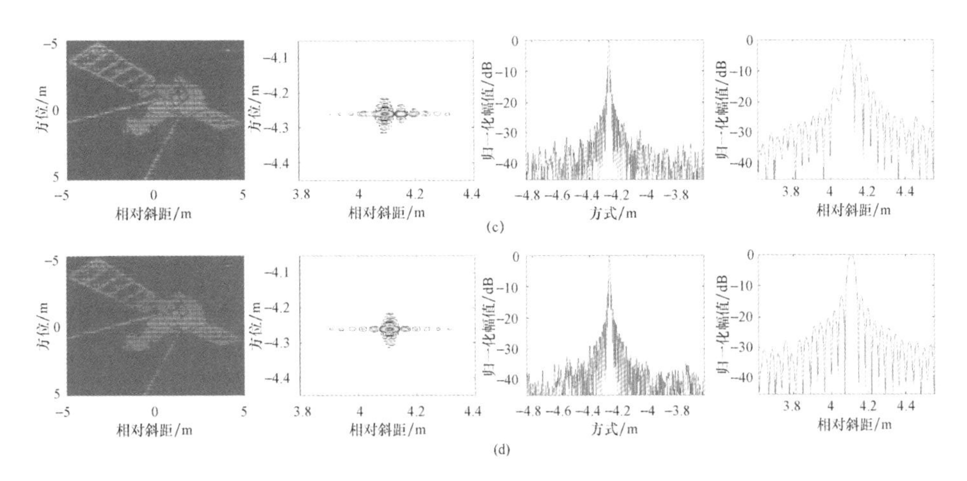

图5.15　卫星目标的成像结果、单散射点成像结果的等高线图和剖面图

(a)不对发射信号非线性失真和随机初相进行校正;(b)仅对发射信号非线性失真进行校正;

(c)仅随发射信号随机初相进行校正;(d)对发射信号非线性失真和随机初相均进行校正。

5.5　小结

本章内容分析了合成孔径激光雷达信号相干性对成像的影响,从分析结果看,要在激光波段对远距离目标实现高分辨率合成孔径成像还有相当的难度,其核心是要解决好本振信号的相干性和发射大功率激光信号的相位误差校正问题。发射大功率激光信号的相位误差可通过设置参考通道进行定标校正,在此基础上,SAL/ISAL能实现的最高方位向/横向距离向分辨率取决于本振信号的相干性。

针对本振光纤延时存在的问题,本章提出了本振数字延时的方法以保持SAL/ISAL信号的相干性并实现对远距离目标的高分辨率成像。

第 6 章 平台振动误差估计和处理

SAL 为激光雷达实现远距离高分率成像提供了可能,在军事侦察与空间探测方面具有重要的应用潜力。目前,国内外关于 SAL 的相关理论研究与试验工作已广泛展开[4,7,12,41],其中以 2011 年美国洛克希德·马丁公司的机载 SAL 飞行试验最具代表性[4]。该次试验对距离 1.6km 的地面目标实现了幅宽 1m、分辨率优于 3.3cm 的成像。

机载 SAL 工作在光学频段,相比微波 SAR 波长较短,使其具有短时间获得高分辨率图像的可能性,但与之相对应的是,载机平台的微小振动都会引起信号相位的显著变化,这给机载 SAL 成像处理带来了许多困难,因此,机载 SAL 的平台振动误差估计和处理尤其重要。

6.1 振动影响与顺轨干涉相位误差估计和成像处理

为抑制载机平台振动带来的影响,国内外开展了广泛的研究。文献[101,102]主要分析了振动对成像的影响,文献[103,104]提出了对振动估计与抑制的方法。值得注意的是,洛克希德·马丁公司在飞行样机的设计中特别明确了减震器的作用,同时在成像处理过程中采用了微波 SAR 常用的相位梯度自聚焦(Phase Gradient Autofocus,PGA)方法来进一步抑制振动的影响。受其启发,文献[20]分析了机载 SAL 关键技术和实现方案,提出了使用稳定平台(包括磁悬浮稳定平台)来初步抑制载机振动的思路。

本节主要内容包括:从方位频谱角度分析平台振动对回波信号的影响;在单探测器情况下,为解决子孔径 PGA 处理后无法获得长条带图像的问题,借鉴了条带相位梯度自聚焦(Stripmap Phase Gradient Autofocus,SPGA)方法,并研究了基于多普勒中心频率估计的图像拼接方法;针对单探测器的不足,研究顺轨双探测器情况下利用干涉相位对振动引起的相位误差进行估计与补偿的方法;并通过仿真,对以上方法进行验证。

6.1.1　振动对回波信号的影响

为抑制载机振动对成像的影响,首先需考虑将机载SAL安装在稳定平台上。目前的机载稳定平台能够将振动限制在幅度小于20m、频率低于50Hz的范围内。在此条件下,由振动产生的激光信号多普勒频率范围可以控制在10kHz以内,故使用稳定平台对机载SAL高分辨率成像具有重要意义。即便如此,对于波长在1m数量级的激光而言,由平台振动造成的相位误差能达到100rad数量级,使图像在方位向严重散焦[102]。下面以正侧视工作模式为例,对平台振动的影响进行分析。正侧视工作模式的成像几何模型,如图6.1所示。其中,t_k代表慢时间,P为地面目标散射点,飞机平台速度为V,α为激光入射角,H_0为平台飞行高度,x_0为零多普勒位置时斜距在X轴的投影。

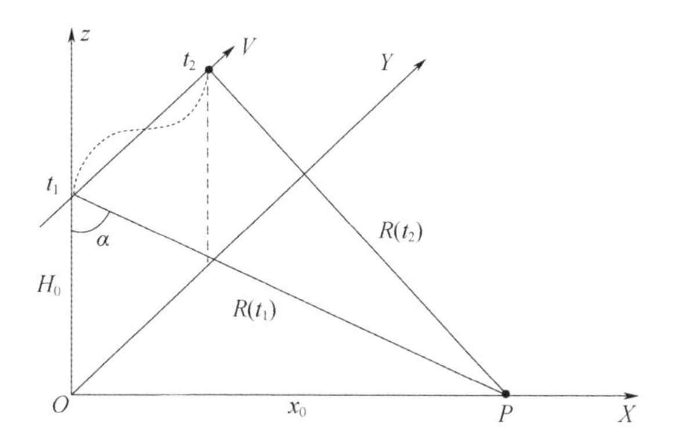

图6.1　正侧视工作模式的成像几何模型

由于激光以光速传播,因此可以认为在信号发射与接收过程中平台振动保持不变,即振动仅随慢时间变化。将振动在三维坐标系下进行分解:$X(t_k)$,$Y(t_k)$,$Z(t_k)$。则飞机平台相对于目标点P的斜距历程为

$$\begin{aligned}R(t_k) &= \sqrt{[x_0 + X(t_k)]^2 + [Vt_k + Y(t_k)]^2 + [H_0 + Z(t_k)]^2}\\ &= \sqrt{x_0^2 + H_0^2 + (Vt_k)^2 + X^2(t_k) + Y^2(t_k) + Z^2(t_k) + 2x_0X(t_k) + 2Vt_kY(t_k) + 2H_0Z(t_k)}\end{aligned}$$

$$= \sqrt{R_0^2 + (Vt_k)^2 + R_V(t_k)} \tag{6.1}$$

式中：R_0 为零多普勒位置处的斜距；$R_V(t_k)$ 为由于振动引起的斜距。有

$$\begin{cases} R_0 = \sqrt{x_0^2 + H_0^2} \\ R_V(t_k) = X^2(t_k) + Y^2(t_k) + Z^2(t_k) \\ \qquad + 2x_0X(t_k) + 2Vt_kY(t_k) + 2H_0Z(t_k) \end{cases} \tag{6.2}$$

根据泰勒级数展开可得

$$R(t_k) = R_0\sqrt{\left[1 + \frac{(Vt_k)^2 + R_V(t_k)}{R_0^2}\right]}$$

$$\approx R_0 + \frac{(Vt_k)^2}{2R_0} + \frac{R_V(t_k)}{2R_0} \tag{6.3}$$

观察式(6.3)，发现前两项与传统的 SAR 的斜距相同，而式(6.3)右边第三项是由振动引起的，对其进行分析。假设各个分量的振动均为正弦振动，且在稳定平台的限制下其振幅小于 20m。对式(6.3)右边第三项进行近似处理，只保留能够引起回波相位显著变化的项(与激光波长 λ 能够比拟的项)，可得到

$$\frac{R_V(t_k)}{2R_0} \approx \frac{x_0X(t_k) + Vt_kY(t_k) + H_0Z(t_k)}{R_0} \tag{6.4}$$

对于 SAL，由于束散角较小，通常在毫弧度量级，全孔径长度远小于零多普勒位置处斜距，因此可忽略上式分子中的第二项，得到斜距的表达式为

$$R(t_k) \approx R_0 + \frac{(Vt_k)^2}{2R_0} + \frac{x_0X(t_k) + H_0Z(t_k)}{R_0} \tag{6.5}$$

可见，实际对信号相位产生影响的主要是 X 轴和 Z 轴方向上的振动。现令 $\Delta R(t_k) = [x_0X(t_k) + H_0Z(t_k)]/R_0$，则式(6.5)可进一步简化可得

$$R(t_k) = R_0 + \frac{(Vt_k)^2}{2R_0} + \Delta R(t_k) \tag{6.6}$$

值得注意的是，由于束散角较小，同一时刻对于波束覆盖区域内的所有目标散射点，可认为斜距上振动带来的影响是相同的[53]；而且由振动引起的距离向位置变化远小于距离向采样间隔，因此不会产生距离走动。根据斜距表达式，可以计算出回波信号的多普勒相位为

$$\varphi(t_k) = -\frac{4\pi}{\lambda}\left[R_0 + \frac{(Vt_k)^2}{2R_0} + \Delta R(t_k)\right]$$
$$= \varphi_r(t_k) + \varphi_e(t_k) \tag{6.7}$$

式中:$\varphi_r(t_k)$ 和 $\varphi_e(t_k)$ 分别为 SAL 平台匀速直线运动产生的多普勒相位和由振动产生的多普勒相位且

$$\begin{cases} \varphi_r(t_k) = -\dfrac{4\pi}{\lambda}\left[R_0 + \dfrac{(Vt_k)^2}{2R_0}\right] \\ \varphi_e(t_k) = -\dfrac{4\pi}{\lambda}\Delta R(t_k) \end{cases} \tag{6.8}$$

由此获得方位向的信号模型(不考虑距离向)为

$$s_r(t_k) = A_0 \exp[j\varphi_r(t_k)]\exp[j\varphi_e(t_k)] \tag{6.9}$$

A_0 是与慢时间无关的幅度值。则回波信号的方位向频谱为

$$S_r(f_d) = A_0 H_r(f_d) H_e(f_d) \tag{6.10}$$

式中:$H_r(f_d)$ 和 $H_e(f_d)$ 分别对应式(6.9)中两个指数项的傅里叶变换。

从式(6.10)可以看到,实际回波的频谱为理想回波频谱与振动信号频谱的卷积。由于激光波长短的特点,振动信号的微小变化都会显著提高其频谱带宽,对回波信号的方位谱进行调制,增加成像难度。因此,限制振动信号的频谱带宽对成像尤为重要。

由于 SAL 合成孔径时间较短,可以对振动作进一步假设,认为其在短成像时间内为单频正弦振动,且频率稳定,因此可认为振动产生的斜距变化具有单频正弦信号的形式,设其为

$$\Delta R(t_k) = A\sin(2\pi f_V t_k + \varphi_V) \tag{6.11}$$

式中:A 为振动幅度;f_V 为振动频率;φ_V 为振动的初相位。则由振动引起的相位误差为

$$\varphi_e(t_k) = -\frac{4\pi}{\lambda}\Delta R(t_k)$$
$$= -\frac{4\pi}{\lambda}A\sin(2\pi f_V t_k + \varphi_V) \tag{6.12}$$

根据式(6.12)可计算出振动引起的瞬时多普勒频率为

$$\Delta f_d(t_k) = \frac{1}{2\pi}\frac{d\varphi_e}{dt_k}$$

$$= -\frac{4\pi}{\lambda} f_V A\cos(2\pi f_V t_k + \varphi_V) \tag{6.13}$$

这与振动的瞬时速度 $\Delta V_r(t_k) = 2\pi f_V A\cos(2\pi f_V t_k + \varphi_V)$ 成正比。可见，决定振动信号方谱带宽的因素是成像时间内振动瞬时速度的变化范围。所以，在实际成像中，应考虑限制振动瞬时速度变化范围，以减小其带宽。

6.1.2 单探测器机载 SAL 成像处理

根据第 6.1.1 节的分析，限制成像时间内振动信号的频谱带宽是减少振动对 SAL 成像影响的关键。文献[20]中提到，由于激光波长较短，SAL 系统在短合成孔径时间内即可获得足够大的方位带宽，以满足高分辨率的系统设计。这使得 SAL 在慢时间域的子孔径成像成为可能。同时，受到稳定平台的限制，平台振动的频率有限，在子孔径时间内振动的瞬时速度变化较小，振动信号产生的方位带宽相比全孔径时间被大大削减。因此，对于单探测器 SAL 系统，可采用子孔径结合 PGA 的方法进行成像处理，以减少成像时间来限制振动信号带宽。

PGA 算法最早由文献[105]提出，广泛应用于微波 SAR 自聚焦中。该方法不基于模型，可依靠图像中的强点进行相位误差估计，其主要分为圆周移位、加窗、相位估计和相位补偿迭代四个步骤。其中的圆周移位操作是为了补偿强点的线性相位，然而在实际处理中，由于目标点散焦严重，圆周移位后仍残余有线性相位，因此该项会对相位估计产生影响，使 PGA 无法准确估计线性相位误差。

由于 PGA 无法准确估计线性相位，甚至会引入新的线性相位误差，子孔径成像结果在方位向会存在位置偏移，这会给获得长条带图像带来困难。这里，考虑使用 SPGA 来解决该问题。文献[106]给出了一种基于相位梯度拼接的 SPGA 方法，该方法利用图像中的强点估计出该点所在合成孔径的相位误差梯度，然后使用相邻强点间合成孔径重复区域的相位梯度信息进行相位梯度的拼接，从而得到整个方位向的相位梯度，进而估计出全方位向相位误差。该方法相当于每次迭代都对整个方位向的数据进行相位补偿，由于补偿相位连续，因此保证了图像相对几何位置的准确性。

借鉴上述方法，可对 SAL 信号在慢时间域划分子孔径，对各个子孔径进行 PGA 处理，估计相位误差梯度。为实现子孔径相位梯度的拼接，相邻子孔径间应设有一定的重复数据。使用该方法可以获得全孔径成像结果，但由于PGA无法完全准确估计相位误差，且激光频段下由目标几何形状引起的相干斑严重，因此使得图像实际分辨率无法达到全孔径成像的理论值。为抑制振动和相干斑的影响，可以在多普勒域重新划分频域子孔径，进行多视处理。整个成像方法的流程图，如图6.2(a)所示。

当成像场景中无明显强点的时候，经PGA处理后的图像仍残存有较大的相位误差，此时采用上述的成像方法，在进行多视处理时得到的频域子孔径图像在方位向仍有几何位置错位，这使得非相干叠加后的图像分辨率进一步降低。而且，上述成像方法在时域和频域都划分子孔径，步骤较为烦琐，成像效率不高。本节研究了基于多普勒中心频率估计的图像拼接方法来获得方位向长条带图像。

对于时域子孔径PGA处理后的图像，在高阶(二阶及以上)相位误差完全补偿的假设下，可认为图像仅残存有一阶线性误差，该相位误差在方位频谱上表现为频谱搬移。因此，对子孔径进行多普勒中心频率估计，并将其频谱搬移到零频位置即相当于补偿了残存的线性相位误差。对频谱搬移后的各个子孔径进行成像，然后根据子孔径中心时刻对应的几何位置可以对图像进行多视拼接，这与频谱分析(SPECtral ANalysis，SPECAN)成像算法[61]后期的图像多视拼接类似。同样，该方法需要对子孔径图像进行有效成像区域的选取。需要注意的是，经过PGA处理后的数据相位信息发生了改变，无法使用基于相位的多普勒中心估计方法。该成像方法的流程图，如图6.2(b)所示。

比较上述两种方法，二者的主要区别体现在对PGA无法估计线性相位的解决方法不同：SPGA法利用子孔径间的重叠数据，进行相位梯度拼接，实际上是将各个子孔径间的线性相位误差一致化；而图像拼接法则假设PGA对各个子孔径的高阶相位误差补偿效果一致，利用多普勒中心频率搬移补偿残余的线性相位误差。在成像效率方面，图像拼接法多视成像效率较高，若使用非迭代的优质PGA(Quality Phase Gradient Autofocus，QPGA)[100]则有望进行快视处理，充分发挥SAL短时成像的优点。然而，SPGA法能够得到相位连续的全孔径图像，而图像拼接法获得相位连续的全孔径图像较为复杂[61]。因此，在实际应用中应综合考虑场景条件和应用需求，在二者中选择合适的方法进行成像处理。

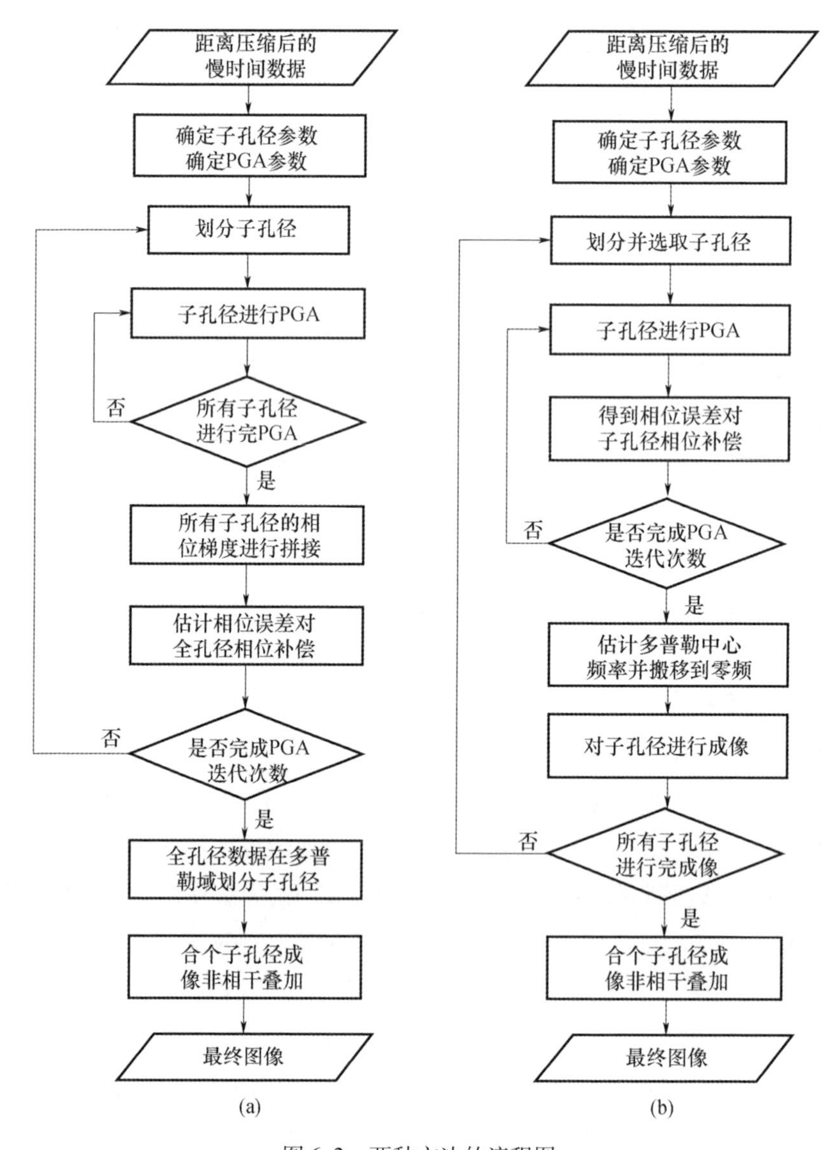

图 6.2　两种方法的流程图

(a)基于相们梯度拼接的 SPGA 方法;(b)基于多普勒中心频率估计的图像拼接方法。

6.1.3　顺轨双探测器机载 SAL 成像处理

单探测器下的成像方法主要依赖 PGA 对振动相位误差进行估计与补偿,当场景中缺少孤立强点时,PGA 效果会受到限制,影响相位误差估计的准确性。针对这一问题,本节考虑将微波 SAR 中顺轨干涉对运动目标的测速技术引入到机载 SAL 系统中，利用顺轨干涉相位对振动引起的相位误差进行估计，在补偿相位误差后采用 PGA 进一步提高图像质量。

1. 顺轨干涉测速原理

微波 SAR 中的顺轨干涉技术主要是通过在顺轨方向设置两个或多个探测器来实现对场景中运动目标径向速度的测量。典型的一发两收顺轨干涉测速原理图，如图 6.3 所示。

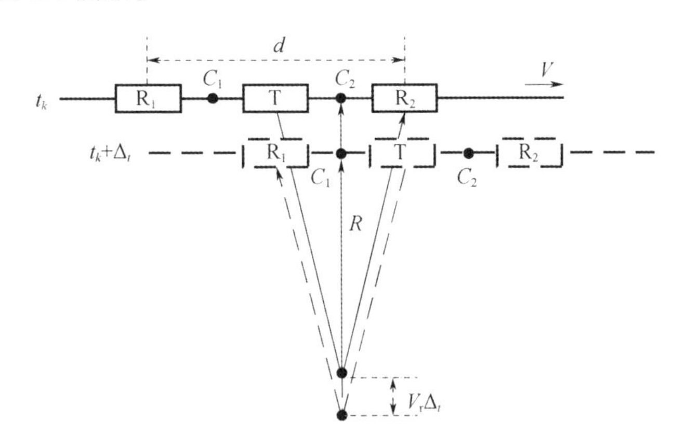

图 6.3　顺轨干涉测速原理图

在顺轨方向依次安置信号接收单元 R_1、发射单元 T 和接收单元 R_2。由 T 发射信号，R_1 和 R_2 同时接收信号，这样可以在 C_1 与 C_2 处形成两个等效相位中心。两个接收单元的间隔即为基线长度 d。这样的观测结构，可以实现同一时刻在不同空间位置对同一场景进行观测；也可以等效看作延时 Δt 后（$t_k+\Delta t$ 时刻 C_1 到达 t_k 时刻时 C_2 的位置），在同一空间位置对同一场景进行了两次观测。由于在 Δt 时间内运动目标位置发生改变，导致回波信号相位变化，对两路接收单元信号的成像结果进行干涉处理，即可对目标的径向速度 V_{r} 进行估计。目标径向速度的估计方程[107]为

$$V_{\mathrm{r}} = -\frac{\lambda\Delta\varphi}{4\pi\Delta t} = -\frac{\lambda V\Delta\varphi}{2\pi d} \tag{6.14}$$

式中：$\Delta\varphi$ 为干涉相位；λ 为载波波长；V 为平台速度。

在实际飞行中，难以保证延时 Δt 为脉冲重复时间的整数倍，通常作法是在多普勒域对某个接收单元的接收信号进行相位补偿，以达到时域延时目的[108]。在基线长度较短，由视差引起的多普勒频率差较小的情况下，可以近似认为多普勒域相位补偿后的信号即为实际延时信号。

受到相位以 2π 为周期的影响,可以检测的最大不模糊径向速度为

$$V_{\text{rmax}} = \pm \frac{\lambda V}{2d} \tag{6.15}$$

因此,在设计基线时应考虑目标的最大径向速度。

2. 振动相位误差估计与补偿

对于机载 SAL 系统,上述的双探测器结构可以利用光纤阵列实现。2012 年,美国学者 Crouch 进行了交轨双探测器桌面 SAL 系统的干涉测高试验,成功获得了目标的干涉相位图并得到了一枚硬币的高程信息[5,6]。其中文献[5]提到了使用光纤阵列进行单航过干涉试验,其实验结果表明了机载 SAL 系统利用光纤阵列实现顺轨双探测器提取干涉相位具有可行性。

机载 SAL 系统中的平台振动,可以等效为平台稳定飞行而目标处于振动状态。利用稳定平台把振动频率限制在一定范围内,此时进行慢时间域子孔径划分,可以把子孔径时间内的振动近似为匀速直线运动。对各个子孔径进行成像,提取干涉相位信息估计出振动速度。由振动速度和慢时间可以计算出振动产生的斜距为

$$\Delta R_n(t_k) = V_{\text{r}n} t_k + \sum_{i=1}^{n-1} V_{\text{r}i} T_{\text{sub}} \tag{6.16}$$

式中:$\Delta R_n(t_k)$为第 n 个子孔径振动产生的斜距;$V_{\text{r}n}$为第 n 个子孔径估计的振动速度;T_{sub}为子孔径时间长度。这里将初始斜距设为 0,不会影响相位误差补偿。得到振动产生的斜距后即可由式(6.12)对回波数据进行相位补偿。由于子孔径成像结果受到振动影响,会使提取的干涉相位不准确,因此在处理过程中可选取相干系数高的区域提取相位信息。

利用该方法估计振动速度相当于是对振动瞬时速度进行时域采样,采样间隔为子孔径时间 T_{sub}。为满足 Nyquist 采样定理,选择的 T_{sub} 应满足 $1/T_{\text{sub}} \geqslant 2f_{\text{Vmax}}$,$f_{\text{Vmax}}$为振动可达到的最高频率。而实际中,为得到更为精确的振动相位误差,T_{sub}可以尽量选取较小的值,这样也可以减少振动对子孔径成像的影响,得到更为准确的干涉相位。受到最大不模糊速度的限制,基线长度应能够满足对振动最大瞬时速度的测量。

由于无法提取准确的干涉相位和对振动在子孔径内做匀速直线运动的近似,因此利用干涉测速估计的相位误差仍不精确,因此在相位误差粗补偿后,可使用 PGA 进一步对残余的相位误差进行估计补偿。此时,大部分相位误差已被粗补偿掉,故可以直接对全孔径数据进行 PGA 处理。

6.1.4 仿真分析

文献[20]中提及,因为机载 SAL 系统束散角较小,在斜距为 1.5km 时,成像幅宽仅有 1m 左右,距离徙动对成像影响较小,因此可采用距离多普勒(Range Doppler,RD)算法进行成像。对振动条件下正侧视机载 SAL 进行成像仿真,仿真参数见表 6.1。

表 6.1 振动条件下正侧视机载 SAL 仿真参数

SAL 系统参数		成像处理参数	
激光波长	1.55μm	全孔径时间 T_{syn}	23ms
平台飞行高度 H	1km	时域子孔径时间 T_{sub}	0.9ms
平台飞行速度 V	50m/s	全孔径带宽 B_d	52kHz
束散角 b	0.8mrad	频域子孔径带宽 B_{sub}	2kHz
入射角 a	45°	平台振动参数	
场景中心斜距 R_0	1.4km	振动幅度 A	20μm
距离向带宽 B	3GHz	振动频率 f_V	50Hz
信号采样率 F_S	3.6GHz	振动初相位 j_v	0
脉冲重复频率 PRF	90kHz		
顺轨双探测器基线长度 d	2mm		

1. 振动影响仿真分析

在振动条件下检查回波信号全孔径时间与子孔径时间内的方位频谱,结果如图 6.4 与图 6.5 所示。在全孔径时间内,由于振动引起的相位误差变化较大,其带宽较宽,与原始发射信号方位频谱卷积后,使得接收信号的方位频谱明显展宽;反之,对于子孔径时间回波信号,由于在子孔径短时间内,振动引起的相位误差变化不大,接近于线性相位,其与原始发射信号方位频谱卷积后,主要影响体现为频谱搬移。

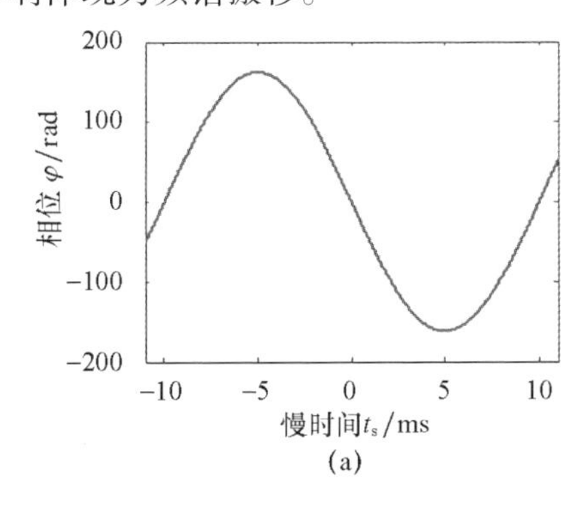

(a)

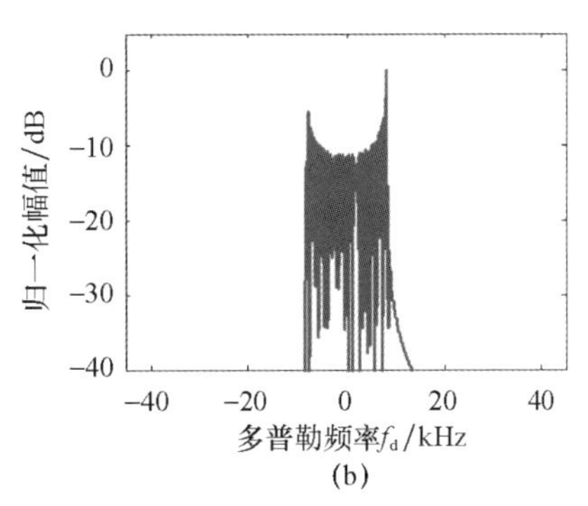

(b)

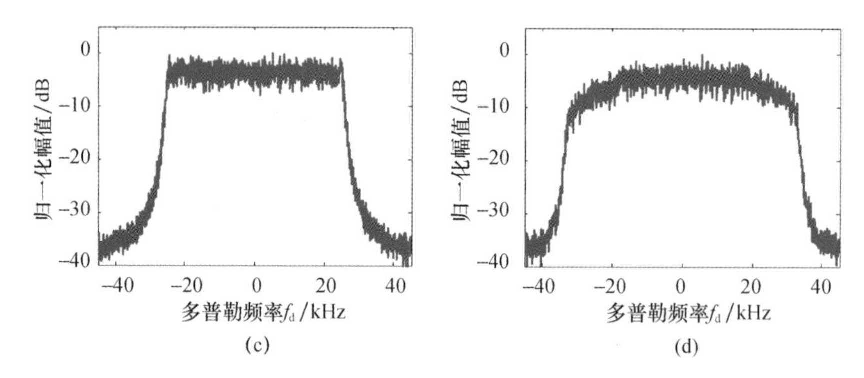

图 6.4 全孔径成像振动对信号方位频谱影响

(a)振动引起的相位误差;(b)振动引起相位误差的频谱;

(c)无振动时回波信号的方位频谱;(d)有振动时回波信号的方位频谱。

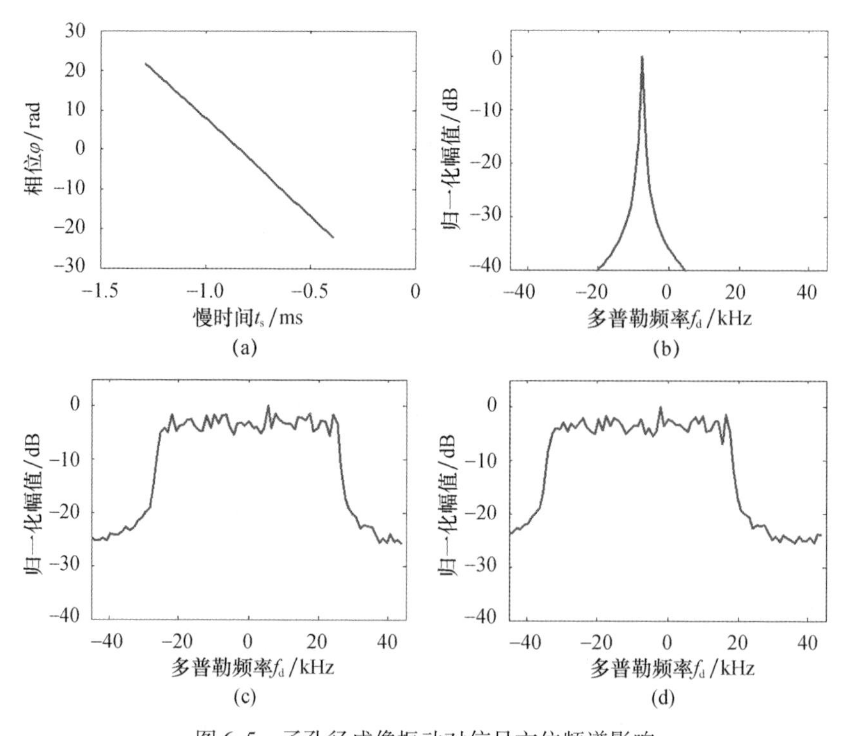

图 6.5 子孔径成像振动对信号方位频谱影响

(a)振动引起的相位误差;(b)振动引起相位误差的频谱;

(c)无振动时回波信号的方位频谱;(d)有振动时回波信号的方位频谱。

对五点十字目标场景(目标点距离向间距 10cm,方位向间距 5cm)分别进行全孔径与子孔径成像,成像结果如图 6.6 与图 6.7 所示。可以看到,全孔径成像时，目标在方位向散焦严重；而子孔径成像时，目标方位向轻微散焦，但几何位置发生明显错位，且不同子孔径位置偏离不同，无法直接进行多视处理。

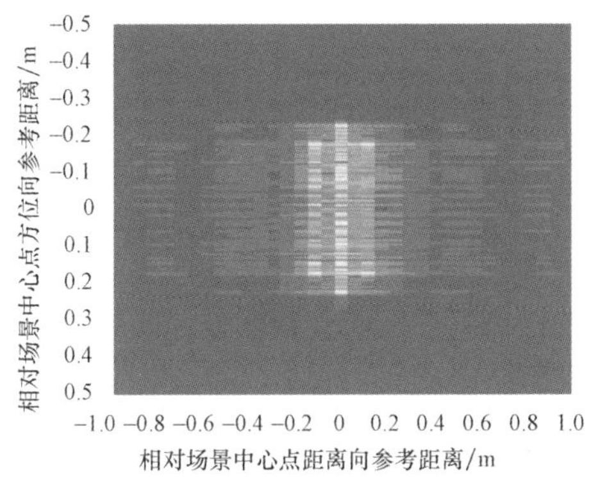

图 6.6　全孔径 RD 成像结果(见彩图)

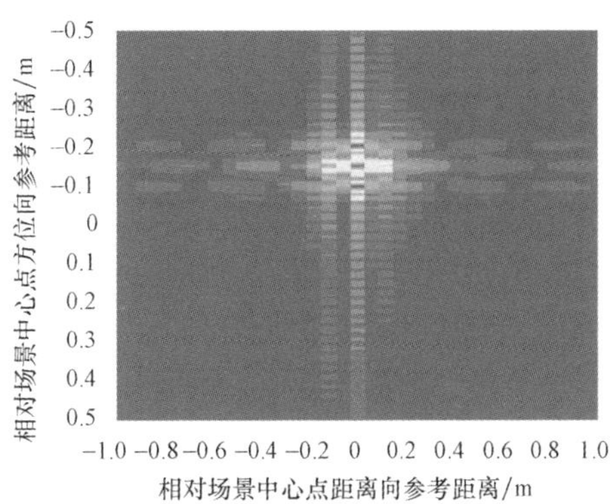

图 6.7　单个子孔径 RD 成像结果(见彩图)

2. 单探测器仿真分析

使用文献[106]中的 SPGA 方法进行成像，全孔径成像结果和相位补偿后残余的相位误差分别，如图 6.8 和图 6.10 所示。可以看到，残余相位误差接近一阶线性误差，这造成图 6.8 中目标点方位位置发生偏移。对目标中心点进行放大，中心点细节，如图 6.9 所示。发现在全孔径成像时，由于 PGA 估计的相位误差不够准确，无法达到理论分辨率(全孔径理论分辨率优于 1mm)。分别对原始回波数据与相位补偿后的数据进行多普勒域 26 视处理，非相干叠加后的图像，如图 6.11 和图 6.12 所示。经 SPGA 处理后的多视图像聚焦较好，能够达到方位向 5cm 分辨率的系统设计要求(考虑到 SPGA 相位补偿不准确，将多视处理理论分辨率选为 2.5cm)。

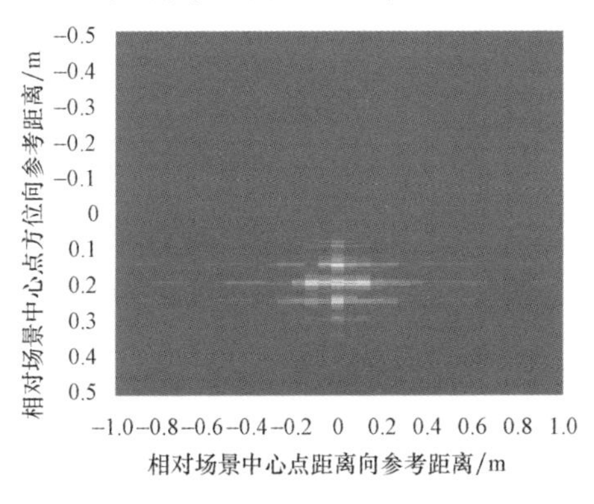

图 6.8　SPGA 处理后全孔径成像结果(见彩图)

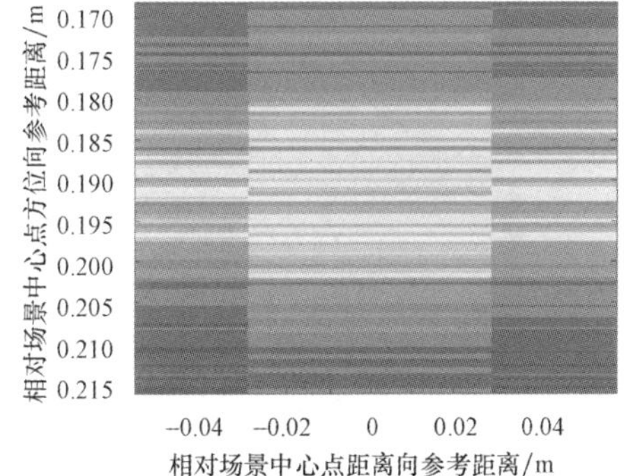

图 6.9　对全孔径成像结果中心点放大(见彩图)

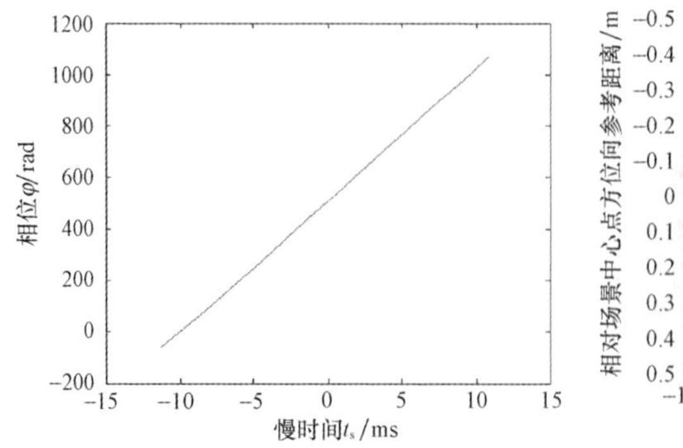

图 6.10 SPGA 处理后残余的相位误差

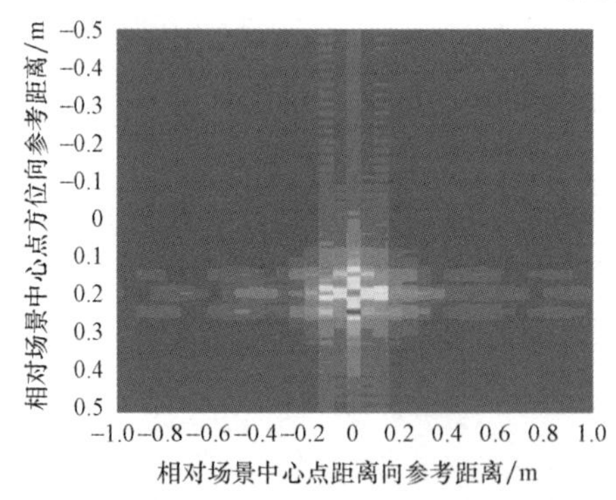

图 6.11 不进行 SPGA 处理的多视结果(见彩图)

图 6.12 SPGA 处理后的多视结果(见彩图)

采用图像拼接法进行成像处理,得到的多视非相干叠加图像,如图 6.14 所示。作为比较,对各个慢时间子孔径不进行 PGA 处理和频谱搬移操作得到的多视结果,如图 6.13 所示。可以看到,使用该方法得到的图像在方位向聚焦良好,且方位向位置准确。

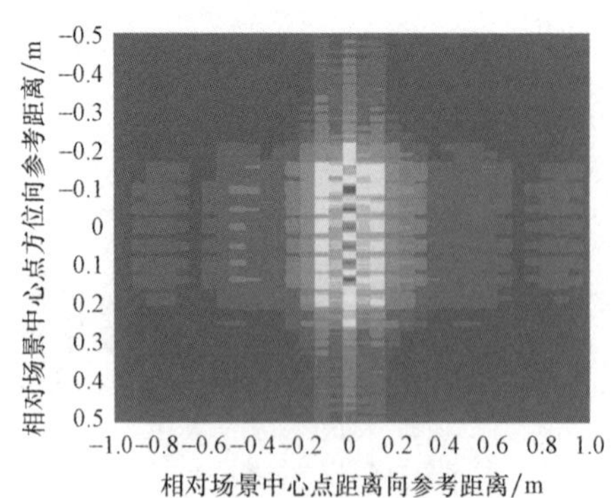

图 6.13 各子孔径不进行 PGA 处理多视结果(见彩图)

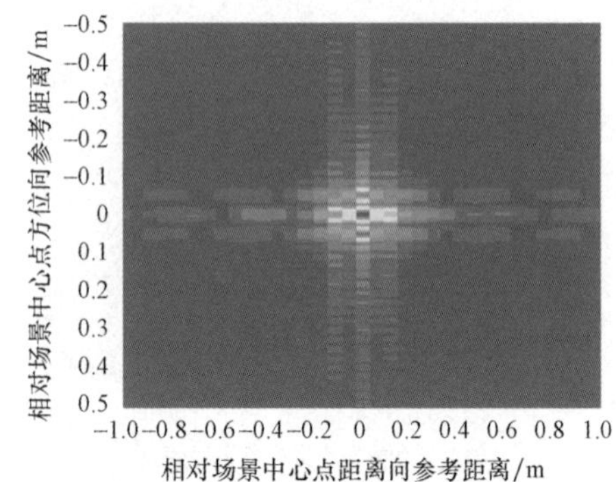

图 6.14 各子孔径 PGA 处理后频谱搬移多视结果(见彩图)

为进一步验证单探测器情况下的两种成像方法的有效性，对全孔径方位向分辨率约为0.1m（距离向分辨率0.5m，方位向进行16视处理后分辨率约为1.6m）的毫米波SAR数据添加振幅为20mm、频率为1Hz的等效振动相位误差，分别采用单探测器的两种方法进行成像处理。添加振动相位误差前后的多视成像结果分别如图6.15与图6.16所示。比较发现，添加振动相位误差后图像散焦严重，地物边缘十分模糊。使用两种方法进行多视成像，结果分别如图6.17与图6.18所示。使用这两种方法得到的图像聚焦情况得到了明显好转，且采用图像拼接方法得到的图像效果较好，接近于添加振动相位误差前的图像，这验证了图像拼接法更适用于场景中缺少强点的情况。

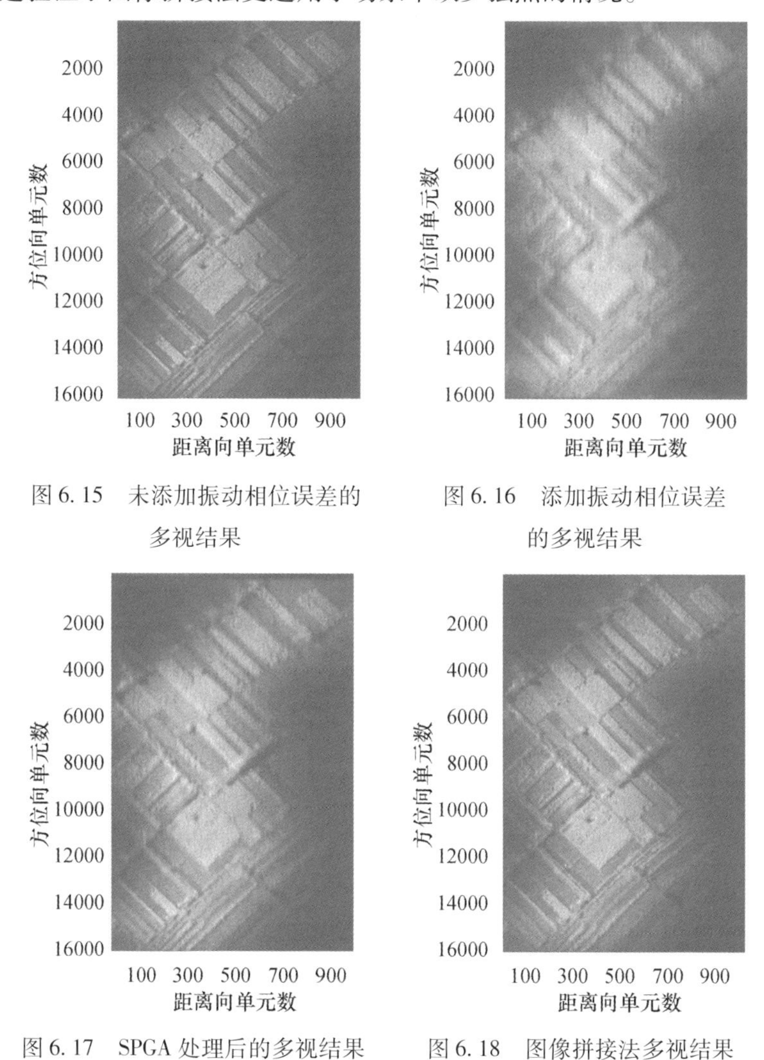

图6.15　未添加振动相位误差的多视结果

图6.16　添加振动相位误差的多视结果

图6.17　SPGA处理后的多视结果

图6.18　图像拼接法多视结果

3. 顺轨双探测器仿真分析

下面对顺轨双探测器情况进行仿真，根据干涉测速结果估计振动相位误差，得到的结果如图 6.19 所示。可以看到，此时估计值与实际值十分接近，只是在数据边缘及相位误差大的地方有较大差异。补偿估计相位误差后，对全孔径进行 PGA 处理，得到的残余相位误差如图 6.20 所示。这样除数据边缘处，全方位向相位误差可控制在 0.4rad 以内。采用干涉测速进行相位误差估计，减轻了全孔径进行 PGA 处理的压力，补偿相位误差后的数据可以选择更小的窗口，这样提取的强点信息受到邻近目标的干扰更小，PGA 估计的相位误差更为准确。下面选择同样的初始窗口进行全孔径 PGA 处理。图 6.21 与图 6.23 所示分别为直接进行全孔径 PGA 处理的全孔径成像结果与频域多视结果；图 6.22 与图 6.24 所示分别为补偿干涉估计的相位误差后进行全孔径 PGA 处理的全孔径成像结果与频域多视结果。比较发现，补偿干涉估计的相位误差后进行 PGA 处理，无论是全孔径成像还是频域多视处理都会得到聚焦良好的厘米级分辨率图像。

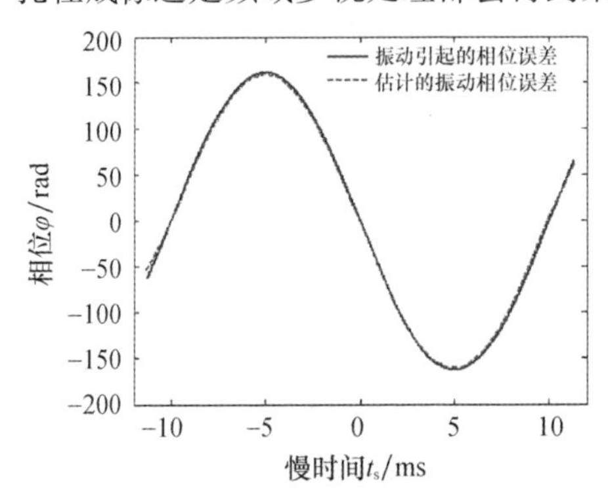

图 6.19　由干涉相位估计的振动相位误差

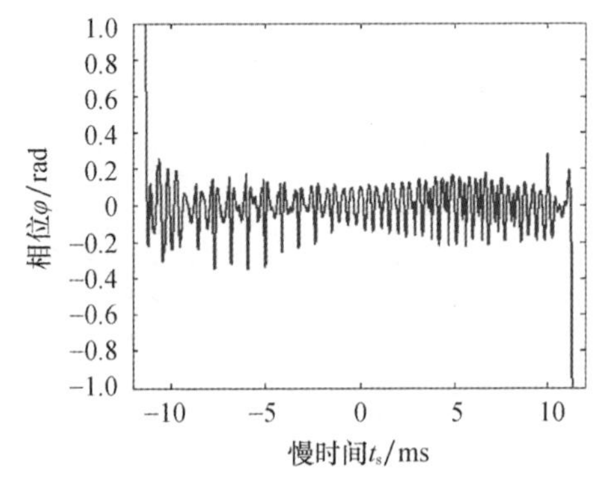

图 6.20　相位补偿与 PGA 处理后的残余相位误差

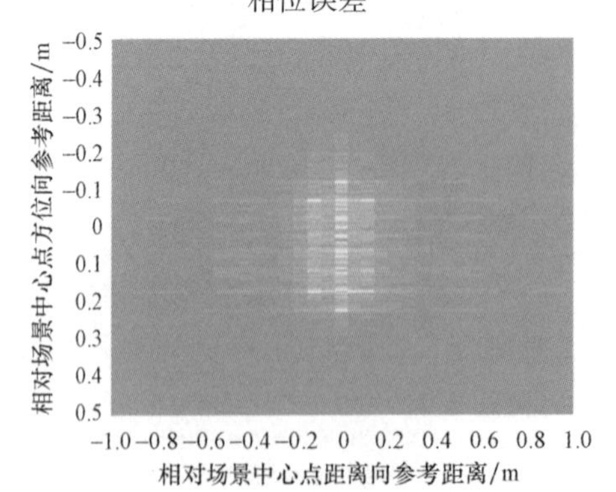

图 6.21　仅使用 PGA 处理的全孔径成像（见彩图）

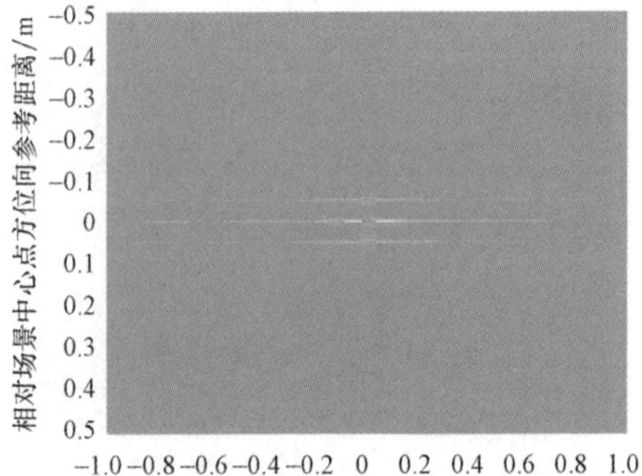

图 6.22　相位补偿与 PGA 处理后全孔径成像（见彩图）

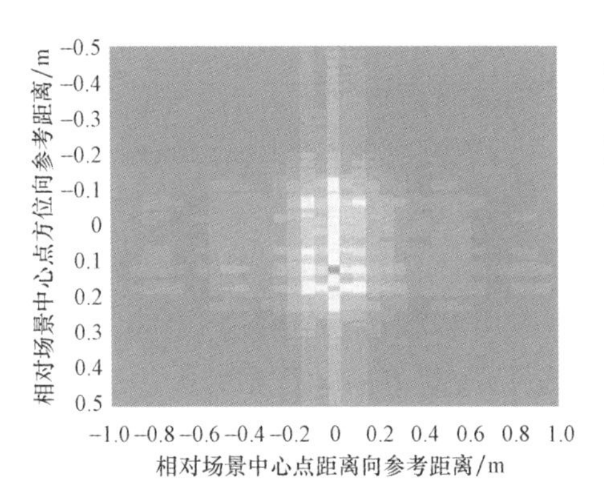

图6.23 仅使用PGA处理的多视结果(见彩图)

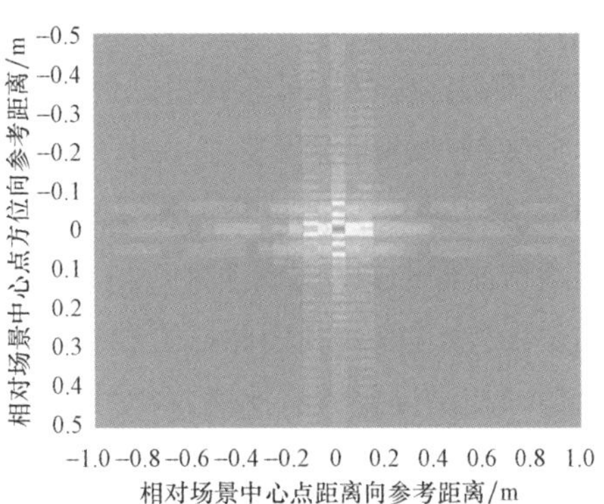

图6.24 相位补偿与PGA处理后的多视结果(见彩图)

6.2 基于正交干涉处理的机载SAL振动估计和成像处理

机载SAL可以在短时间内实现远距离高分辨率成像,在军事侦察方面具有重要的应用潜力[3,4,36]。但由于激光波长较短,回波信号相位对雷达平台的振动非常敏感,这给机载SAL成像处理造成很大困难。为此,需对振动相位误差进行估计并实施补偿。文献[4,6]提出将经典的PGA方法用于SAL振动相位误差估计,但是由于PGA不能估计线性相位误差,因此条带成像时图像拼接困难[106]。此外,通常PGA处理需场景中有孤立强点,而激光波段地面粗糙度的存在使SAL成像场景很难满足这一条件。文献[109]提出将空间相关算法(Spatial Correlation Algorithm,SCA)用于SAL振动相位误差估计,但该方法对脉冲间信号的相关性要求较高,当成像场景不均匀时,对振动相位误差的估计效果不好。

除对振动相位误差进行估计补偿外,文献[110]提出了基于差分处理的SAL(Differential Synthetic Aperture Ladar,DSAL)振动抑制方法,在顺轨向设置两探测单元,利用同一时刻两探测单元回波信号具有近似相同振动误差的原理,通过两信号相位差分处理对消振动误差相位。在此基础上,文献[111]针对实际中镜头间距较大的问题,提出将两个接收镜头在距离向上交错放置的差分处理实现方法。该方法由于存在交轨基线分量,因此不适宜对高程起伏地形精确成像,且使用双接收镜头增加了光学系统的体积和重量。文献[41]提出了一种直视SAL的振动抑制方法,利用同一时刻两路同轴偏振正交回波信号具有近似相同振动误差的原理对消振动误差。该方法构思巧妙,但需要发射两路同轴偏振正交且具有空间抛物相位差的信号,系统实现较为复杂。

文献[20]分析了机载 SAL 的关键技术和系统实现方案,提出使用磁悬浮稳定平台,以隔离载机高频振动的影响。以此为基础,文献[22]提出了基于顺轨双探测器的振动误差估计和补偿方法,与文献[110]中 DSAL 方法消除振动相位误差不同,其利用两探测器在同一空间位置回波信号的顺轨干涉相位计算出振动相位误差的估计值,再对回波信号进行振动相位误差补偿和方位成像。相比其他方法,顺轨干涉方法不依赖于场景,精度较高;而且估计出的相位误差可以直接用于条带连续长时间的相位补偿和成像处理。

本节针对实际飞行过程中载机俯仰角和偏航角的存在使振动条件下对高程起伏地形难以精确成像的问题,提出了基于三个振动估计探测器和正交基线干涉处理的振动相位误差估计和成像处理方法。由于干涉处理需要重叠视场,因此本节研究了内视场多探测器的视场重叠问题,提出了一个成像探测器和振动估计探测器分置的光学系统实现方案。

6.2.1 SAL 光学系统和探测器布局

对一个传统光学接收系统,相邻探测器的接收视场是不同的,其对应的接收波束和地面场景光斑均是不重叠的。三探测器信号干涉处理要求各个探测器的接收视场重叠(顺轨向两探测器间距较小,视场平行也近似视场重叠),所以需要配置多个接收镜头,增加了系统的成本和体积。然而,SAL 的距离和方位目标信息由信号处理提取,其可以使用“非成像光学系统”的特点使内视场多探测器工作在重叠视场的条件下。文献[19]给出了基于 DSAL 振动对消原理的桌面实验成像处理结果,使用四像元探测器接收回波,其中顺轨向两个探测器就工作在重叠视场下。本节讨论的 SAL 光学接收系统包含振动估计探测器和成像探测器,其中振动估计探测器需要重叠接收视场。

1. SAL 光学系统

图 6.25 所示为机载 SAL 成像几何模型。其中,全局坐标系为大地坐标系 $Oxyz$。探测器阵列位于高度 H 处,其所在的局部坐标系定义为 $x'y'z'$,x'轴为接收望远镜中心视线方向,其与大地坐标系中 x 轴的夹角为 θ_0(顺时针为正),θ_0等于雷达入射角的余角;y'轴平行于 y 轴,为雷达平台运动方向,定义为顺轨方向;z'轴垂直于 x'轴和 y'轴(满足右手螺旋定则)。雷达平台运动速度为 V。

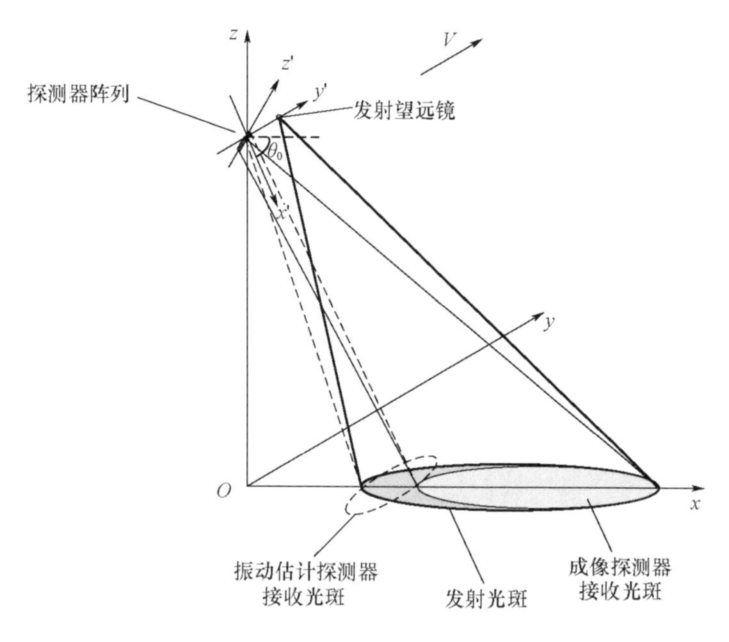

图6.25　机载SAL几何模型

SAL发射望远镜位于y'轴上，发射波束和地面发射光斑在图6.25中用粗实线标注。地面场景回波经接收望远镜接收后，由探测器阵列实现光电转换。

SAL探测器阵列由成像探测器和三个振动估计探测器T_{1raw}、T_{2raw}、T_{3raw}组成，如图6.26所示。三个振动估计探测器的几何中心位于局部坐标系$x'y'z'$原点。成像探测器为一个长线状探测器，覆盖接收绝大部分信号光，以扩大SAL对地成像幅宽。三个振动估计探测器接收一小部分信号光，用于干涉处理估计振动相位误差。成像探测器和三个振动估计探测器的接收波束和地面接收光斑在图6.25中分别用细实线和细虚线标注。

SAL工作在一发多收模式，各探测器的等效相位中心位于其与发射望远镜连线的中心位置，等效基线长度为各探测器间隔的1/2。设振动估计探测器T_{1raw}、T_{2raw}、T_{3raw}的等效相位中心分别为T_1、T_2、T_3，如图6.27所示。若三个振动估计探测器的整体尺寸为2mm×0.4mm(顺轨向×交轨向)，则等效的顺轨基线和交轨基线长度分别0.5mm和0.1mm。

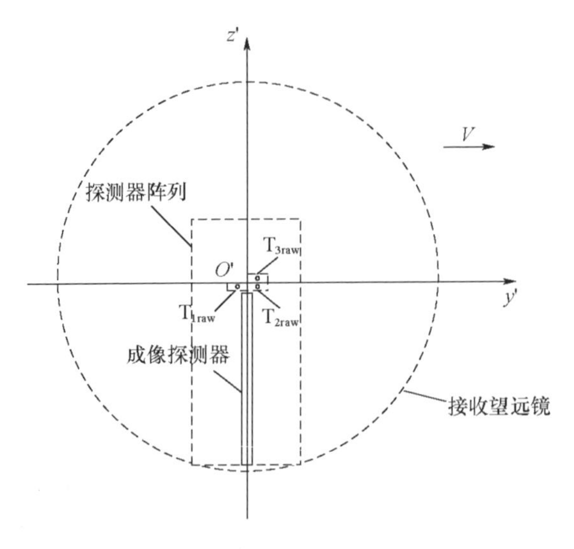

图 6.26　探测器阵列

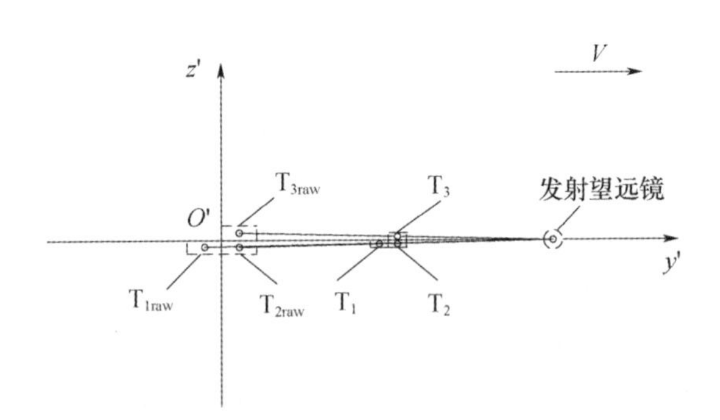

图 6.27　三个振动估计探测器等效相位中心

2. 振动估计探测器布局

为使三个振动估计探测器具有重叠视场,将其整体前移于焦平面前方,如图 6.28(a)~(c)所示。此时信号光不完全聚焦可以获取较大的接收光斑,能同时覆盖各子探测器以实现重叠视场。以口径 200mm、焦距 500mm 为例,根据几何光学[112],可以计算出当前移距离为 $L=4.95$mm 时,半视场角为 2mrad 的接收光恰好完全被探测器 T_{1raw} 和 T_{3raw} 接收,半视场角小于 2mrad 的接收光能同时被探测器 T_{1raw}、T_{2raw}、T_{3raw} 接收。因此,可以设置前移距离大于等于 $2L=9.90$mm,以保证三个振动估计探测器均能被接收光完全覆盖,如图 6.28(c)所示。考虑到探测器光敏面应尽量覆盖接收光,设前移距离为 9.90mm。探测器前移后,顺轨向视场由4mrad增加为4.08mrad,交轨向视场由0.8mrad增加为0.816mrad,视场变化较小可以忽略,如图6.28(d)所示。探测器尺寸与接收视场关系见表6.2。

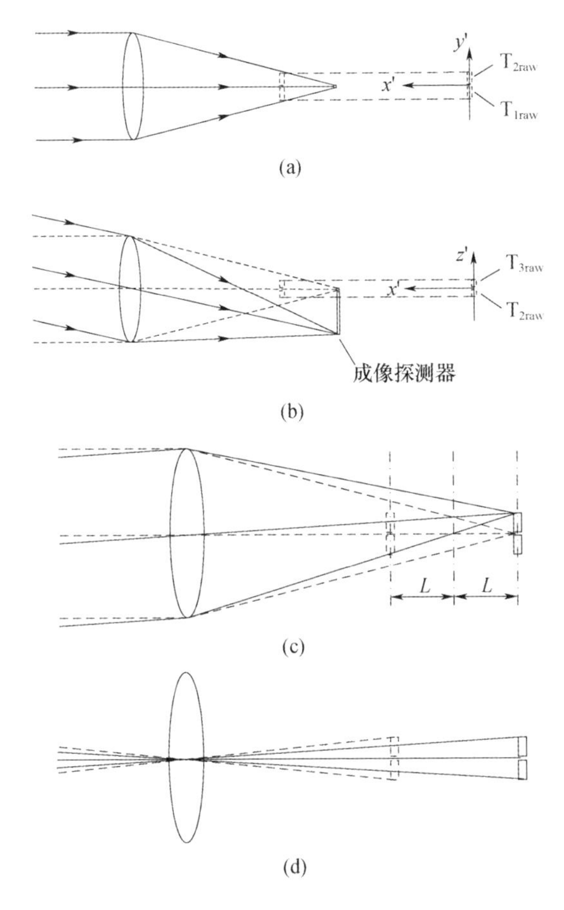

图6.28　振动估计探测器布局示意图

(a)$x'y'$平面接收光路图;(b)$x'z'$平面接收光路图;

(c)振动估计探测器前移距离确定;(d)振动估计探测器前移前后视场。

表6.2　探测器尺寸与接收视场

	成像探测器	振动估计探测器(焦平面处)	振动估计探测器(焦平面前方)
顺轨基线长度/mm	0.15	2	2
顺轨向视场/mrad	0.3	4	4.08
交轨基线长度/mm	10	0.4	0.4
交轨向视场/mrad	20	0.8	0.816

需要注意的是，表6.2中三个振动估计探测器接收视场的取值为探测器尺寸决定的最大值。对于激光雷达，其接收视场还受限于发射波束宽度。若发射波束宽度较窄，则接收视场的有效值可能小于表6.2中的取值。以发射波束宽度0.3mrad×21mrad（顺轨向×交轨向）为例，在顺轨向，三个振动估计探测器接收光斑覆盖发射光斑，对应接收视场（顺轨向）的有效值为0.3mrad。此时，设置前移距离为5.37mm，即可保证三个振动估计探测器均能被接收光完全覆盖。

6.2.2 基于正交基线干涉处理的振动估计

1. 信号模型

当SAL不存在俯仰角和偏航角时，顺轨基线完全水平，成像几何模型，如图6.29所示。P为地面目标散射点，其位置坐标为(x_p, y_p, z_p)。飞机平台速度平行于y轴，平台飞行高度为H。等效相位中心T_1、T_2、T_3形成正交基线，其中T_1、T_2形成顺轨基线，等效基线长度为d_1；T_3位于T_2所在的xoz平面上，T_2、T_3形成交轨基线，等效基线长度为d_2，d_2与x轴的夹角为α_0（逆时针为正）。由第6.2.1节的分析可知，接收望远镜中心视线方向与x轴的夹角为θ_0。因为三个振动估计探测器所在平面垂直于接收望远镜中心视线方向，故有$\alpha_0 = \dfrac{\pi}{2} - \theta_0$。

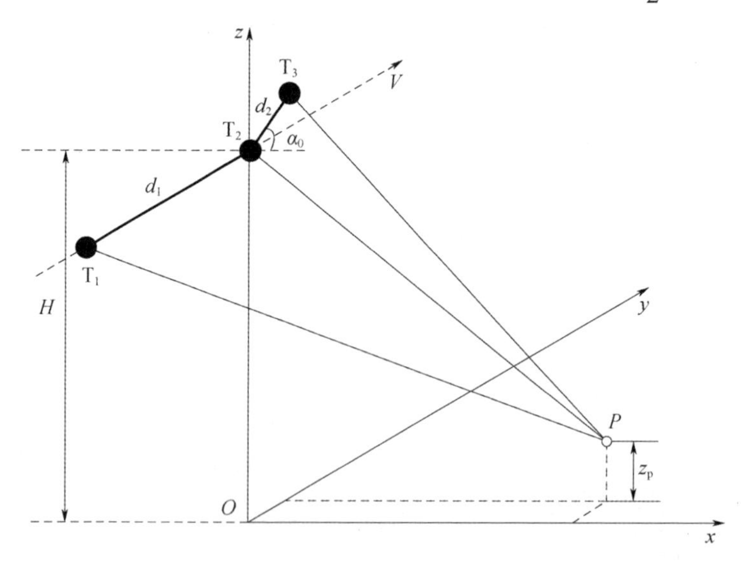

图6.29　成像几何模型

当 SAL 存在俯仰角和偏航角时，可视为 T_1 和 T_3 以 T_2 为中心旋转，顺轨和交轨基线偏离原位置。设俯仰角为 θ_p，偏航角为 θ_y，慢时间为 t_k。设 T_2 的坐标为 $[0, Vt_k, H]$，T_1 和 T_3 的坐标分别为 $[d_{1x}, Vt_k + d_{1y}, H + d_{1z}]$，$[d_{2x}, Vt_k + d_{2y}, H + d_{2z}]$，有

$$\begin{cases} d_{1x} = d_1 \cos(\theta_p) \sin(\theta_y) \\ d_{1y} = -d_1 \cos(\theta_p) \cos(\theta_y) \\ d_{1z} = -d_1 \sin(\theta_p) \\ d_{2x} = d_2 \cos(\alpha_0) \cos(\theta_y) + d_2 \sin(\alpha_0) \sin(\theta_p) \sin(\theta_y) \\ d_{2x} = d_2 \cos(\alpha_0) \sin(\theta_y) - d_2 \sin(\alpha_0) \sin(\theta_p) \cos(\theta_y) \\ d_{2z} = d_2 \sin(\alpha_0) \cos(\theta_p) \end{cases} \tag{6.17}$$

将各等效相位中心沿慢时间对齐到 T_2，相当于将 T_1 和 T_3 投影到 T_2 所在的 xoz 平面上，形成等效的交轨干涉模型，如图 6.30 所示。设 T_1 和 T_3 在上述 xoz 平面上的投影点分别为 T_{1xz} 和 T_{3xz}。T_{1xz} 与 T_2 以及 T_{3xz} 与 T_2 间的长度分别为 T_1、T_3 的交轨基线长度，记为 d_{1xz}、d_{2xz}，根据几何关系得

$$\begin{cases} d_{1xz} = \sqrt{d_{1x}^2 + d_{1z}^2} \\ d_{2xz} = \sqrt{d_{2x}^2 + d_{2z}^2} \end{cases} \tag{6.18}$$

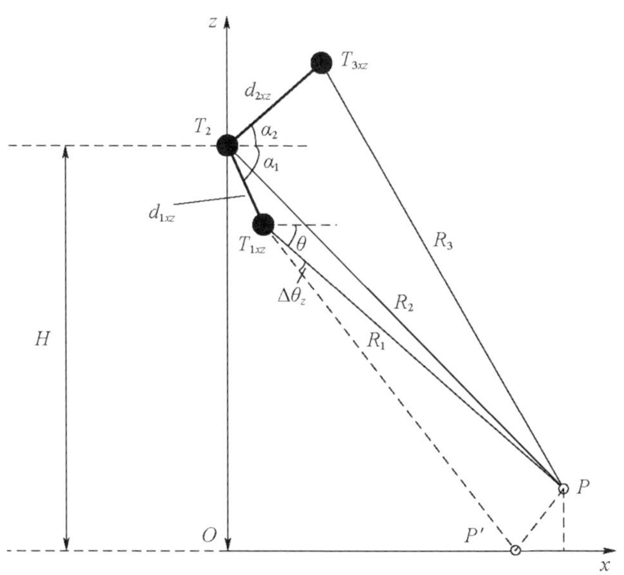

图 6.30　载机俯仰角和偏航角存在时交轨干涉模型

2. 干涉处理和振动估计

当存在振动误差时，在三维坐标系下将振动误差分解表示为$[X(t_k),Y(t_k),Z(t_k)]$。由于需要将T_1和T_2沿慢时间对齐，因此设将T_1沿慢时间前移Δt_k，则T_1相对于目标点P的斜距历程为

$$r_1(t_k+\Delta t_k)=\left\{\begin{array}{l}[d_{1x}+X(t_k+\Delta t_k)-x_p]^2+[V(t_k+\Delta t_k)+d_{1y}+Y(t_k+\Delta t_k)-y_p]^2+\\ [H+d_{1z}+Z(t_k+\Delta t_k)-z_p]^2\end{array}\right\}^{\frac{1}{2}} \tag{6.19}$$

根据T_1和T_2的几何位置关系，有

$$\Delta t_k=-\frac{d_{1y}}{V} \tag{6.20}$$

故有

$$\begin{aligned}r_1(t_k+\Delta t_k)&=\left\{\begin{array}{l}[d_{1x}+X(t_k+\Delta t_k)-x_p]^2+[Vt_k+Y(t_k+\Delta t_k)-y_p]^2+\\ [H+d_{1z}+Z(t_k+\Delta t_k)-z_p]^2\end{array}\right\}^{\frac{1}{2}}\\ &\approx R_1+\frac{(Vt_k-y_p)^2}{2R_1}+\Delta r(t_k+\Delta t_k)\end{aligned} \tag{6.21}$$

其中

$$\begin{cases}R_1=\sqrt{(d_{1x}-x_p)^2+(H+d_{1z}-z_p)^2}\\ \Delta r(t_k+\Delta t_k)=\dfrac{1}{2R_1}[2(d_{1x}-x_p)X(t_k+\Delta t_k)+X(t_k+\Delta t_k)^2+2(Vt_k-y_p)\\ Y(t_k+\Delta t_k)+Y(t_k+\Delta t_k)^2+2(H+d_{1z}-z_p)Z(t_k+\Delta t_k)+Z(t_k+\Delta t_k)^2]\end{cases}$$

同理可得T_2相对于目标点P的斜距历程为

$$\begin{aligned}r_2(t_k)&=\sqrt{[X(t_k)-x_p]^2+[Vt_k+Y(t_k)-y_p]^2+[H+Z(t_k)-z_p]^2}\\ &\approx R_2+\frac{(Vt_k-y_p)^2}{2R_2}+\Delta r(t_k)\end{aligned} \tag{6.22}$$

其中

$$\begin{cases}R_2=\sqrt{x_p^2+(H-z_p)^2}\\ \Delta r(t_k)=\dfrac{1}{2R_2}[2(-x_p)X(t_k)+X(t_k)^2+2(Vt_k-y_p)Y(t_k)+Y(t_k)^2+\\ \qquad 2(H-z_p)Z(t_k)+Z(t_k)^2]\end{cases}$$

因此，T_1、T_2 关于目标点 P 的斜距差为

$$
\begin{aligned}
r_1(t_k+\Delta t_k)-r_2(t_k) &= R_1+\frac{(Vt_k-y_p)^2}{2R_1}+\Delta r(t_k+\Delta t_k)- \\
&\quad \left[R_2+\frac{(Vt_k-y_p)^2}{2R_2}+\Delta r(t_k)\right] \\
&= R_1-R_2+\Delta r(t_k+\Delta t_k)-\Delta r(t_k)
\end{aligned} \tag{6.23}
$$

将 R_1 泰勒展开，并设雷达—目标射线方向与 x 轴的夹角为 θ（逆时针为正），得

$$
\begin{aligned}
R_1 &\approx R_2+\frac{-d_{1x}x_p+d_{1z}(H-z_p)}{R_2} \\
&= R_2+(-d_{1x}\cos\theta-d_{1z}\sin\theta)
\end{aligned} \tag{6.24}
$$

式(6.24)中的括号项表示基线 d_{1xz} 在雷达—目标射线方向的投影。设基线 d_{1xz} 与 x 轴的夹角为 α_1（逆时针为正），式(6.24)可进一步化解为

$$
R_1=R_2-d_{1xz}\cos(\theta-\alpha_1) \tag{6.25}
$$

故

$$
r_1(t_k+\Delta t_k)-r_2(t_k)=-d_{1xz}\cos(\theta-\alpha_1)+\Delta r(t_k+\Delta t_k)-\Delta r(t_k) \tag{6.26}
$$

设 λ 为激光波长，T_1 和 T_2 关于目标点 P 的干涉相位为

$$
\varphi_{12}(t_k)=\frac{4\pi d_{1xz}\cos(\theta-\alpha_1)}{\lambda}-\frac{4\pi}{\lambda}[\Delta r(t_k+\Delta t_k)-\Delta r(t_k)] \tag{6.27}
$$

式(6.27)中，等号右边第一项表示由俯仰角和偏航角引入的交轨干涉相位分量；第二项表示由振动误差引起的顺轨干涉相位。由此可见，T_1、T_2 的干涉相位为两者的耦合。若直接将 T_1、T_2 的干涉相位用于顺轨干涉估计，则不能准确地估计出振动相位误差。因此，需要对 T_1、T_2 的干涉相位进行交轨干涉相位补偿。

由式(6.27)第一项可看出，交轨干涉相位与雷达—目标视线方向 θ 角有关。由于雷达—目标视线方向 θ 角与场景目标的斜距和高度有关，故交轨干涉相位可分为平地相位和地面高程相位两部分[113]。设图 6.30 中地面上 P' 点高度为 0，其斜距与 P 点相同，P' 点与 P 点的雷达—目标视线方向夹角为 $\Delta\theta_z$，则 P 点去除平地相位后的干涉相位如下：

$$
\begin{aligned}
\Delta\varphi_{12}(t_k) &= \frac{4\pi d_{1xz}[\cos(\theta-\alpha_1)-\cos(\theta-\Delta\theta_z-\alpha_1)]}{\lambda}- \\
&\quad \frac{4\pi}{\lambda}[\Delta r(t_k+\Delta t_k)-\Delta r(t_k)]
\end{aligned}
$$

$$\approx -\frac{4\pi d_{1xz}\sin(\theta-\alpha_1)\Delta\theta_z}{\lambda}-\frac{4\pi}{\lambda}$$

$$[\Delta r(t_k+\Delta t_k)-\Delta r(t_k)] \tag{6.28}$$

由几何关系可得

$$\Delta\theta_z=\frac{z_p/\cos\theta}{R_1} \tag{6.29}$$

故

$$\Delta\varphi_{12}(t_k)=-\frac{4\pi d_{1xz}\sin(\theta-\alpha_1)z_p}{\lambda R_1\cos\theta}-\frac{4\pi}{\lambda}[\Delta r(t_k+\Delta t_k)-\Delta r(t_k)] \tag{6.30}$$

上述推导表明，若地面场景高程不变（$z_p=0$），地面高程相位为0，则在已知俯仰角 θ_p 和偏航角 θ_y 的情况下，可以根据式（6.24）和式（6.27）计算出平地相位后进行补偿；若地面场景高程变化，则由于缺乏场景目标具体的高程信息，无法根据式（6.30）直接计算出地面高程相位用于补偿。且交轨基线分量越大，或斜距越短，地面高程相位变化越大。为此，需利用正交基线结构，将 T_3、T_2 的地面高程相位用于对 T_1、T_2 的地面高程相位补偿，从而获取振动引起的顺轨干涉相位。

类似上述推导，可得 T_2、T_3 关于目标点 P 的干涉相位为

$$\varphi_{32}(t_k)=\frac{4\pi d_{2xz}\cos(\theta-\alpha_2)}{\lambda}-\frac{4\pi}{\lambda}[\Delta r(t_k+\Delta t_{k2})-\Delta r(t_k)] \tag{6.31}$$

式中：α_2 为基线 d_{2xz} 与 x 轴的夹角（逆时针为正）。

由于 T_2、T_3 间的顺轨基线分量较小，Δt_{k2} 较小，因此可认为 T_2、T_3 之间振动误差的近似相等，即式（6.31）中第二项近似为0，有

$$\varphi_{32}(t_k)\approx\frac{4\pi d_{2xz}\cos(\theta-\alpha_2)}{\lambda} \tag{6.32}$$

故可进一步推导出 T_2、T_3 关于目标点 P 的地面高程相位为

$$\Delta\varphi_{32}(t_k)=-\frac{4\pi d_{2xz}\sin(\theta-\alpha_2)z_p}{\lambda R_3\cos\theta}$$

$$\approx -\frac{4\pi d_{2xz}\sin(\theta-\alpha_2)z_p}{\lambda R_1\cos\theta} \tag{6.33}$$

将 T_2、T_3 的地面高程相位对 T_1、T_2 去除平地相位后的干涉相位进行补偿，得顺轨干涉相位估计为

$$\Delta\varphi(t_k)=\Delta\varphi_{12}(t_k)-\Delta\varphi_{32}(t_k)\frac{d_{1xz}\sin(\theta-\alpha_1)}{d_{2xz}\sin(\theta-\alpha_2)}$$

$$= -\frac{4\pi}{\lambda}[\Delta r(t_k+\Delta t_k)-\Delta r(t_k)] \tag{6.34}$$

至此,对于 T_1、T_2 而言,俯仰角和偏航角引入的交轨干涉相位分量,即平地相位和地面高程相位已分别被去除和补偿,获得的顺轨干涉相位可以用于振动相位误差估计。

根据式(6.34),顺轨干涉相位反映了在慢时间间隔为 Δt_k 内振动引起的斜距误差变化量,因为 Δt_k 一般很小(数个脉冲重复周期量级),可以认为振动在该慢时间内线性变化,即认为顺轨干涉相位等效估计出了振动产生的径向速度 $V_r(t_k)$(简称"振动径向速度"),有

$$V_r(t_k) = -\frac{\lambda\Delta\varphi(t_k)}{4\pi\Delta t_k} = \frac{\lambda V\Delta\varphi(t_k)}{4\pi d_{1y}} \tag{6.35}$$

3. 处理流程

顺轨干涉估计振动既可以在不进行方位成像的条件下进行,也可以将慢时域划分为多个子孔径,在多普勒域或慢时域成像后进行。若不进行方位成像估计振动,则可以对距离压缩后的回波以每个脉冲重复周期重复一次上述估计过程,即在三探测器干涉处理时,通过计算复相关系数提取干涉相位,有

$$\varphi_{ij}(m) = \text{angle}\left\{\sum_{n=1}^{N} s_i(m,n)s_j^*(m,n)\right\} \tag{6.36}$$

式中:$s_i(m,n)$ $(i=1,2,3)$ 表示慢时间对齐后,等效相位中心 T_k 在第 m 个脉冲时刻、第 n 个距离单元处的距离压缩信号;$\varphi_{ij}(m)$ 表示 T_i、T_j 在第 m 个脉冲时刻的干涉相位。根据上节分析,可由 $\varphi_{ij}(m)$ 获取对应的顺轨干涉相位和振动径向速度。

将各脉冲重复周期估计出的振动径向速度沿慢时间积分得到整个条带时间内的斜距误差和相位误差,最后对回波数据进行相位误差补偿和成像。振动估计和成像流程,如图 6.31 所示。

若慢时间划分为多个子孔径方位成像后估计振动,则可以每个子孔径重复一次上述过程并进行相位误差补偿,如图 6.31 中虚线部分所示。由于子孔径方位成像后估计振动时,需认为振动在子孔径时间内也满足线性变化,可能会使补偿后的残余相位误差增大。而不进行方位成像估计振动时,一方面可以避免划分子孔径带来残余相位误差增大的问题,另一方面不需方位成像使振动估计效率较高,可在使用时优先考虑。

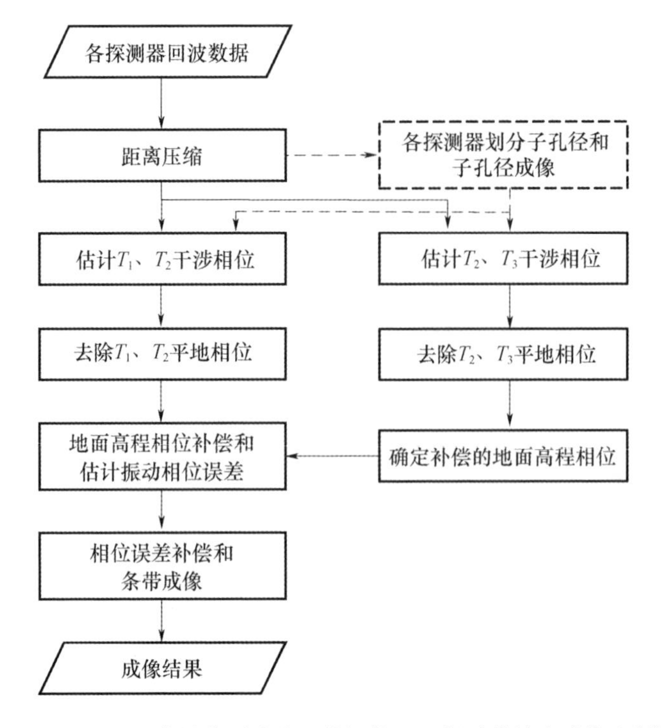

图 6.31　基于正交基线干涉处理的机载 SAL 振动估计和成像流程图

6.2.3　仿真分析

1. 参数设置

1）顺轨基线长度

通常，T_1、T_2 间的等效基线长度 d_1 对应的慢时间间隔 Δt_k 应不小于一个脉冲重复周期（Pulse Repetition Period，PRP）。当 $d_1=0.5\text{mm}$，$V=50\text{m/s}$，脉冲重复频率（Pulse Repetition Frequency，PRF）为 100kHz 时，$\Delta t_k=0.01\text{ms}$，恰好为一个 PRP。实际飞行过程中载机俯仰角和偏航角的存在，会导致慢时间间隔 Δt_k 发生变化，可以通过多普勒域相位补偿的方式进行近似延时。若俯仰角、偏航角和基线均较小，则 Δt_k 变化的影响也可以适当忽略。

从式（6.35）可以看出，振动径向速度与顺轨基线长度 d_{1y} 及顺轨干涉相位 $\Delta\varphi(t_k)$ 有关，因此在设计顺轨基线长度时也应考虑顺轨干涉估计时是否存在速度模糊问题。根据式（6.35），考虑顺轨干涉相位以 2π 为周期变化，可得最大不模糊径向速度为

$$V_{\mathrm{rmax}} = \pm \frac{\lambda V}{4d_{1y}} \tag{6.37}$$

最大不模糊径向速度对应的振动相位误差信号多普勒频率为

$$f_{\mathrm{dmax}} = \frac{2V_{\mathrm{rmax}}}{\lambda} = \pm \frac{V}{2d_{1y}} \approx \pm \frac{V}{2d_1} \tag{6.38}$$

当 V 为 50m/s，d_1 为 0.5mm 时，最大不模糊径向速度对应的振动相位误差信号多普勒频率范围为 100kHz。因为使用磁悬浮稳定平台后，振动误差可被限制在 15μm、20Hz 范围内，振动相位误差信号多普勒频率范围约为 5kHz，故顺轨基线长度满足顺轨干涉相位不模糊的要求。

2）交轨基线长度

由于激光波长短，SAL 的地面光斑较小，对应的观测场景范围有限，场景中的地面高程起伏不会太大。由式（6.33）可知，通过合理设置等效基线长度 d_2，可使 T_3、T_2 间的交轨干涉相位变化不模糊。另外，根据式（6.31）可知，d_2越大，Δt_{k2}越大，T_3、T_2间原本忽略的顺轨干涉相位分量造成的误差越大，不利于交轨干涉相位补偿。综上所述，考虑设置 d_2 =0.1mm，经计算可以满足上述两方面要求。

机载 SAL 的主要系统参数设置见表 6.3。

表 6.3　机载 SAL 的主要系统参数设置

参数	数值	参数	数值
激光波长 λ	1.55μm	全孔径成像时间	18ms
信号带宽 B	3GHz	全孔径方位向分辨率	2.6mm
脉冲重复频率 PRF	100kHz	顺轨向等效基线长度 d_1	0.5mm
场景中心斜距 R	3km	交轨向等效基线长度 d_2	0.1mm
入射角余角 θ_0	45°	俯仰角 θ_{p}	3°
雷达平台高度 H	2121m	偏航角 θ_{y}	1°
雷达平台速度 V	50m/s	振动幅度 A_z	15μm
发射波束宽度（顺轨向 × 交轨向）	0.3mrad × 21mrad	振动频率f_z	20Hz

2. 振动相位误差信号的估计精度

从式（6.35）可以看出，顺轨干涉估计出的振动径向速度与顺轨基线长度、地速和顺轨干涉相位有关。顺轨基线越短，测速精度越差。由于探测器结构是刚性的，顺轨基线长度被认为是真值（若其存在误差，则属于系统误差可补偿），在此不再考虑其误差。故顺轨干涉估计出的振动径向速度精度为

$$\delta_{V_{\mathrm{r}}} = \sqrt{\left(\left| \frac{\partial V_{\mathrm{r}}}{\partial V} \right| \delta_{\mathrm{V}} \right)^2 + \left(\left| \frac{\partial V_{\mathrm{r}}}{\partial \Delta\varphi} \right| \delta_{\Delta\varphi} \right)^2} \tag{6.39}$$

式中

$$\begin{cases}\dfrac{\partial V_{\mathrm{r}}}{\partial V}=\dfrac{\lambda\Delta\varphi}{4\pi \mathrm{d}_{1y}}\approx\dfrac{\lambda\Delta\varphi}{4\pi \mathrm{d}_{1}}\\[2ex]\dfrac{\partial V_{\mathrm{r}}}{\partial\Delta\varphi}=\dfrac{\lambda V}{4\pi \mathrm{d}_{1y}}\approx\dfrac{\lambda V}{4\pi \mathrm{d}_{1}}\end{cases}$$

设 λ 为 1.55μm，d_1 为 0.5mm，$\Delta\varphi$ 为 0.15rad（平台振动误差 15μm，20Hz），地速精度 δ_{V} 为 0.001m/s，则式（6.39）中第一项对应的振动径向速度精度为 0.037μm/s，可忽略不计。设地速 V 为 50m/s，本书参数下的仿真表明，当没有噪声影响时由信号模型误差产生的顺轨干涉相位误差估计精度 $\delta_{\Delta\varphi}$ 优于 1.5mrad，则振动径向速度的估计精度 $\delta_{\mathrm{V_r}}$ 优于 0.018mm/s。一个脉冲重复周期（10μs）对应的斜距误差估计精度优于 0.18nm，对应的双程振动相位误差估计精度优于 1.5mrad。

对于条带成像，一个合成孔径时间内的斜距误差由各脉冲重复周期的振动径向速度沿慢时间积分得到，故残余的相位误差会在慢时间积累。若积累产生的残余相位误差具有较大的非线性分量（通常认为在一个合成孔径时间内大于 π/4，工程上认为大于 π/2），则它对成像造成的影响不可忽略。

若振动径向速度的估计精度 $\delta_{\mathrm{V_r}}$ 为 0.018mm/s 不变，一个合成孔径时间 T_{a} 为 18ms，则积累产生的线性斜距误差为 $\delta_{\mathrm{V_r}}\times T_{\mathrm{a}}=0.32\mu\mathrm{m}$，对应的线性相位误差为 2.6rad。若假设各脉冲重复周期的残余相位误差在 −1.5mrad ~ +1.5mrad 随机均匀分布，仿真表明残余相位误差的非线性分量绝对值比上述线性相位误差约小一个量级，即优于 0.26rad。残余相位误差的非线性分量大小将在仿真结果中具体给出。

3. 仿真结果

依据表 6.4 中的目标场景参数设置，对由多个点目标排列成的“IECAS”字母场景进行了仿真分析。成像探测器的交轨向视场较大（20mrad，对应 60m 幅宽），为降低运算量，场景地距向尺寸（幅宽）依据振动估计探测器的交轨向视场大小设置。字母场景，如图 6.32（a）所示，其高程在方位向呈正弦变化，如图 6.32（b）所示。场景对应的整个条带成像时间为 200ms，约 11 个合成孔径时间。

表 6.4　目标场景参数

参数	数值	参数	数值
点目标间隔（方位向 × 地距向）	0.05m × 0.2m	字母间方位向间隔	0.2m
字母场景尺寸（方位向 × 地距向）	10.5m × 1.8m	高程起伏范围	−1m ~ 1m

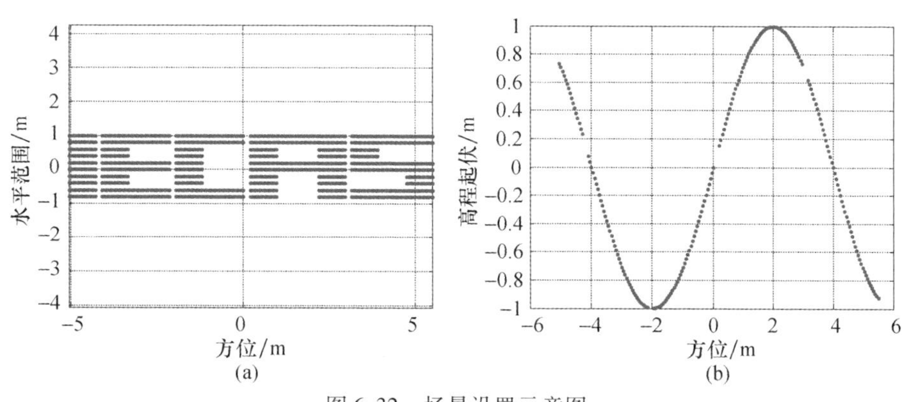

图6.32　场景设置示意图

(a)字母场景;(b)高程起伏。

图6.33(a)、(b)、(c)所示分别为加入的振动相位误差,顺轨双探测器补偿后残余的相位误差和正交基线三探测器补偿后残余的相位误差。可以看出,由于实际飞行过程中载机俯仰角和偏航角的存在,顺轨双探测器估计的振动相位误差不正确,残余相位误差较大。利用三个振动估计探测器的交轨基线补偿俯仰角和偏航角的影响后,残余相位误差很小,可以用于精确成像。

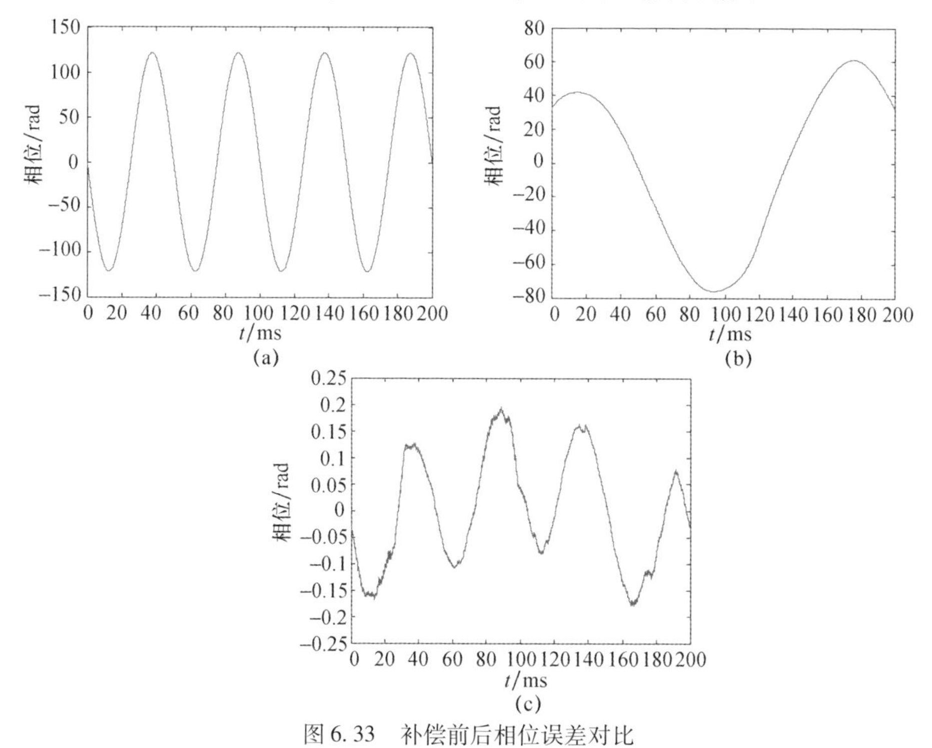

图6.33　补偿前后相位误差对比

(a)加入的振动相位误差;(b)顺轨双探测器补偿后残余的相位误差;

(c)正交基线三探测器补偿后残余的相位误差。

图 6.34(a)、(b)、(c)、(d)所示分别为补偿前、顺轨双探测器补偿后、正交基线三探测器补偿后及理想补偿后的成像结果。其中各子图(从左至右)分别为场景成像结果、点阵(字母 E 前三列)成像结果和点目标(字母 E 左上角)成像结果。可以看出,补偿前,振动误差使成像结果在方位向散焦严重,字母弯曲变形,点目标间难以分辨;顺轨双探测器补偿后,点目标间可以分辨,但点目标的副瓣很高,且存在方位位置偏移,成像结果有较大散焦;正交基线三探测器补偿后,点目标在方位向清晰可辨,成像结果聚焦良好,与理想补偿后的成像结果接近。

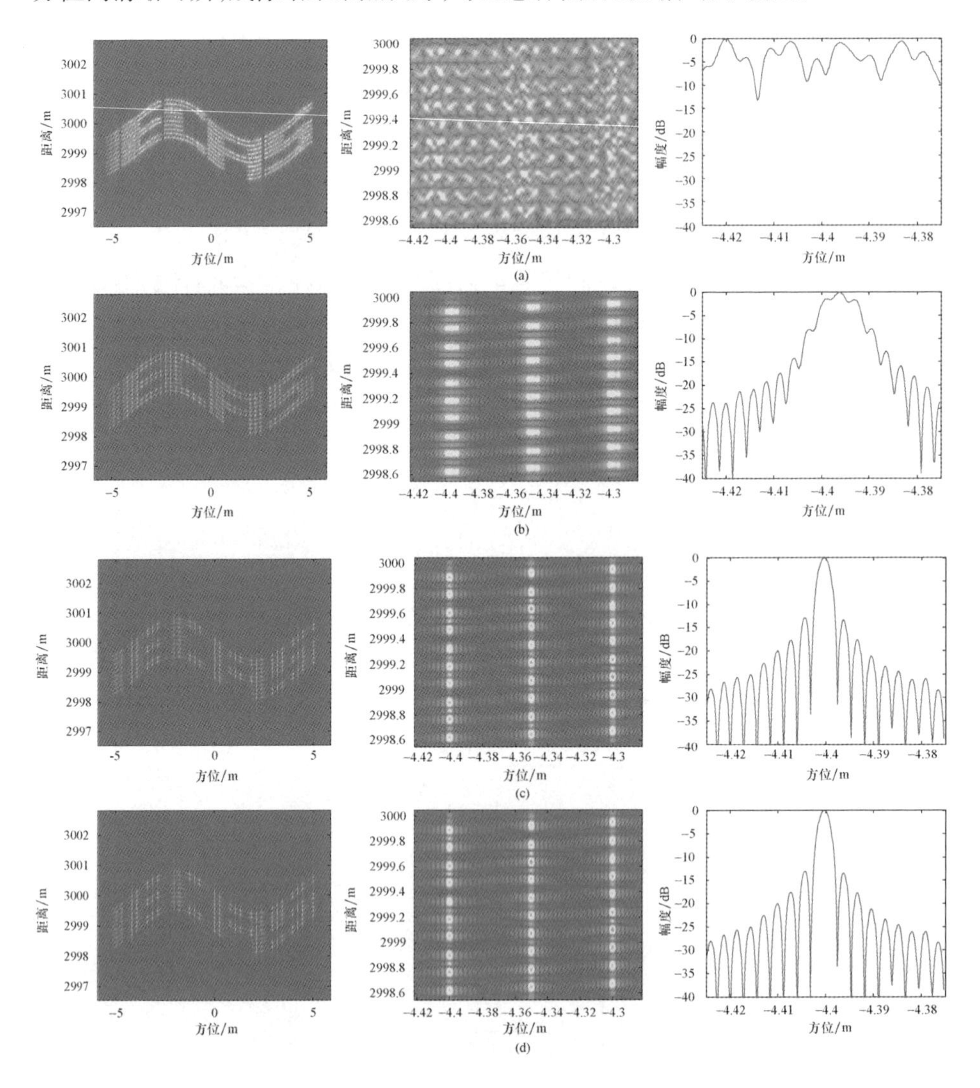

图 6.34　补偿前后成像结果对比(见彩图)

(a)补偿前;(b)顺轨双探测器补偿后;(c)正交基线三探测器补偿后;(d)理想补偿后。

6.2.4　讨论

1. 振动估计探测器接收视场重叠度的影响

上述仿真验证了顺轨向两个探测器的接收视场完全重叠时的顺轨干涉估计方法。根据 6.2.1 节中的结论，在一个光学接收系统的条件下，为保证接收视场完全重叠，需设置探测器前移距离满足一定的取值范围。但实际中探测器前移位置受安装条件约束，可能较难实现两个探测器在顺轨向具有完全重叠的接收视场。若两个探测器的接收视场部分重叠，则由于波束指向不完全一致，两探测器回波信号的多普勒中心频率不同，信号间的相干性会变差[113,114]。设 Δf_{dc}、B_{d} 分别为两信号多普勒中心频率差和多普勒带宽，则两探测器回波信号的相干性为

$$\rho_{\mathrm{rotation}} = 1 - \frac{\Delta f_{\mathrm{dc}}}{B_{\mathrm{d}}} \tag{6.40}$$

图 6.35(a)所示为接收视场完全重叠、部分重叠（如接收视场重叠部分占发射视场的 50%）及完全不重叠三种情况的示意图，其中实线表示两个探测器的接收视场，虚线表示发射视场。图 6.35(b)所示为回波信号的多普勒频谱，其中 f_{dtmin}，f_{dtmax} 分别为由发射波束宽度限定的多普勒最小值和最大值。上述三种情况下，两探测器信号的相干系数分别为 1、0.67 和 0。

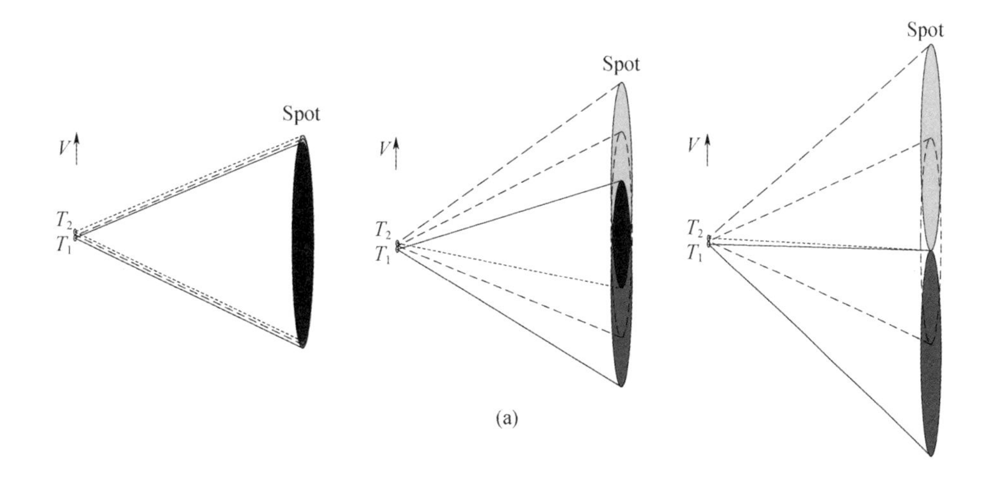

(a)

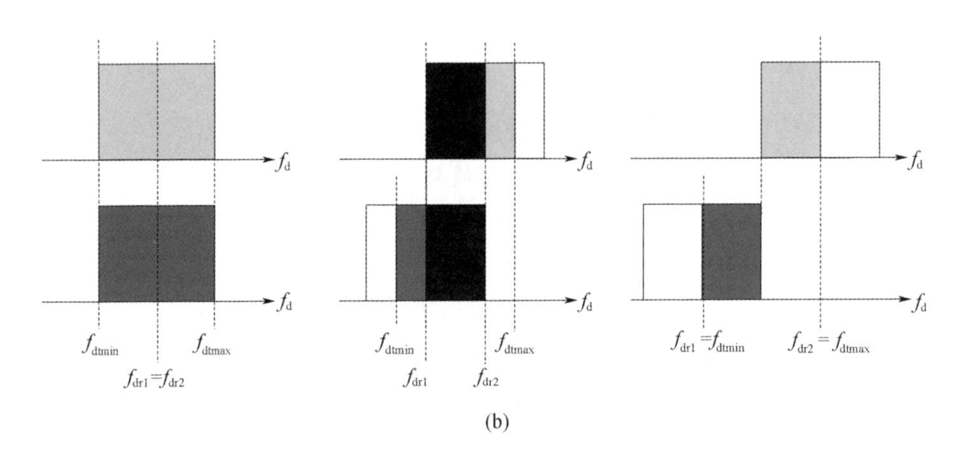

图 6.35　探测器视场重叠度示意图(见彩图)
(a)探测器视场;(b)方位谱。

当接收视场部分重叠时,在信号处理前需要预先滤除两信号方位谱不重合的部分,以提高两探测器信号的相干性。需要说明的是,若方位波束过窄,则由于两信号方位谱重合部分的边缘的影响,滤波处理后两探测器信号仍可能含有不同的振动信息,此时估计出的顺轨干涉相位含有较多的高频分量,使振动相位误差补偿后的残余相位误差较大。在利用复相关系数提取干涉相位时,使用方位向多脉冲滑窗处理或者对顺轨干涉相位进行拟合,可以减小顺轨干涉相位高频分量的影响,减小估计后的残余相位误差。注意,为能描述振动误差,多脉冲滑窗处理时窗宽不应过长,可设为振动周期的数十分之一。

设置仿真参数与第 6.2.3 节相同,接收视场部分重叠(接收视场重叠部分占发射视场的 50%)时的顺轨干涉估计仿真结果,如图 6.36(a)所示。仿真中方位波束宽度为 0.3mrad,多普勒域滤波处理后两探测器信号含有的振动信息不完全相同,经滑窗处理(窗宽 1ms,对应 100 个脉冲重复周期)和拟合处理后,整个成像时间内的残余相位误差约为 5rad。若增大方位波束宽度,则可以使残余相位误差进一步减小。以方位波束宽度增加至 0.6mrad 为例,此时整个成像时间内的残余相位误差约为 1.5rad,如图 6.36(b)所示。

2. 振动估计探测器的布局

为实现重叠视场,除 6.2.1 节中介绍的将振动估计探测器前移于焦平面前方的方法外,也可以将其置于焦平面后方,两者本质相同。此外,也可以将振动估计探测器放在焦平面上,通过在其前面设置微透镜实现重叠视场。

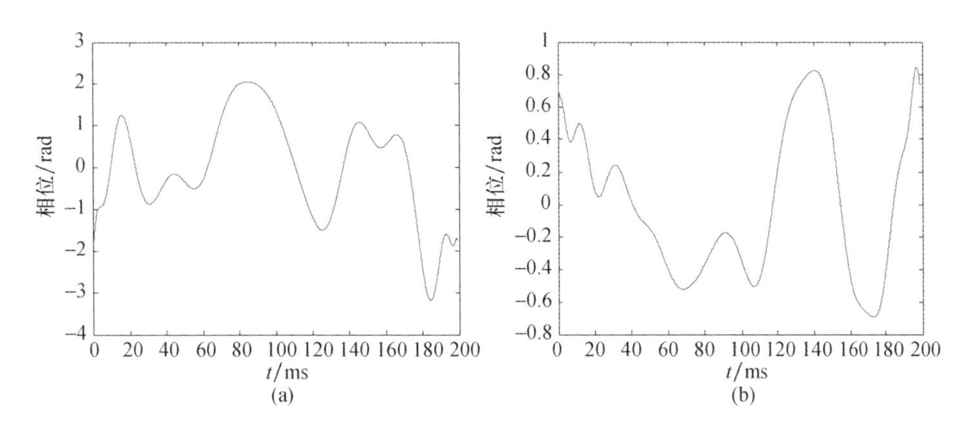

图6.36　探测器接收视场部分重叠时的残余相位误差

(a)方位波束宽度为0.3mrad;(b)方位波束宽度为0.6mrad。

3. 信噪比的影响

基于干涉处理的振动相位误差估计对信号的信噪比SNR要求较高,因此在系统参数设计时应使SAL具有大功率孔径积以保证足够的SNR。在信号处理中,为减少噪声对振动估计的影响,可采用方位谱滤波和滑窗处理的方法。通过信号方位谱滤波可以滤除带外噪声;通过滑窗处理可增加每次振动估计时用于统计的方位脉冲数,两者均能提高SNR,改善顺轨干涉相位估计精度。在此基础上,通过对顺轨干涉相位的拟合处理,也可以减小残余相位误差。

在本书仿真参数下,当单脉冲SNR为10dB时,经信号方位谱滤波和方位向多脉冲滑窗处理后(窗宽1ms),顺轨干涉相位精度$\delta_{\Delta\varphi}$优于0.03rad,根据式(6.39)可得振动径向速度的估计精度δ_{V_r}优于0.37mm/s,一个脉冲重复周期对应的相位误差估计精度优于0.03rad。在一个合成孔径时间内,若残余相位误差在$-0.03\sim+0.03$rad随机均匀分布,则残余相位误差非线性分量绝对值优于5.4rad。单脉冲SNR为10dB时整个成像时间内的残余相位误差,如图6.37所示。

上述结果对应的干涉处理SNR约30dB,相对于无噪声条件下残余相位误差较大,但需要说明的是,上述残余相位误差是对整个条带成像时间而言的,对应的方位向分辨率较高(约2.6mm)。采用子孔径成像时,5cm方位向分辨率仅需要1ms的子孔径成像时间,子孔径成像时间内的残余相位误差非线性分量不超过$\pi/4$,对子孔径成像的影响较小。由于振动相位误差补偿精度在波长量级,根据图6.37可计算出由残余相位误差引起的子孔径图像方位偏移不超过3mm,对子孔径成像后通过方位拼接获取的条带成像结果影响较小,可以忽略不计。

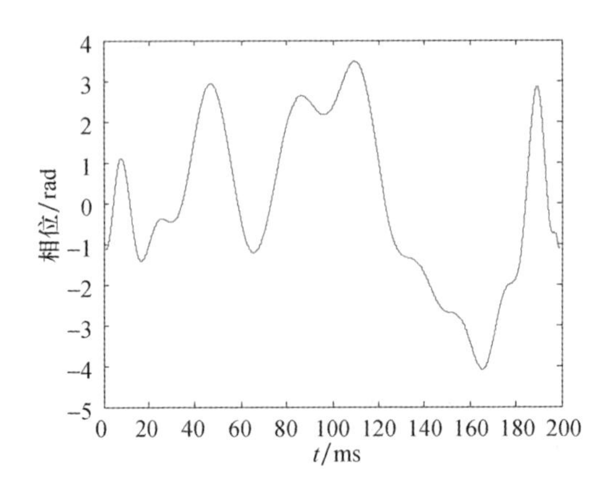

图 6.37 噪声情况下的残余相位误差

6.3 小结

本章首先分析了平台振动对机载 SAL 成像的影响,研究了振动条件下单探测器与顺轨双探测器的成像处理方法,仿真结果验证了该成像方法的有效性。在振动条件下,首先考虑将机载 SAL 安装在稳定平台上,目前磁悬浮稳定平台有望将振动限制在更小的范围内,这将进一步减少振动对成像的影响,磁悬浮稳定平台的研究进展和应用很值得关注。

本章提出了一种基于正交基线干涉处理的机载 SAL 振动估计和成像方法,建立了信号模型并进行了精度分析。干涉处理需要重叠视场,本章研究了内视场多探测器的视场重叠问题,设计了与之对应的一种对地宽幅成像探测器和三个振动估计探测器分置的光学系统实现方案,同时讨论了探测器视场重叠度和信噪比对振动估计性能的影响。振动条件下对高程起伏地形的仿真成像结果验证了所提出方法的有效性。第二节的分析主要是在空间光路中进行的,当把探测器换成光纤准直器/光纤阵列时,通过在光纤准直器/光纤阵列的前方设置微透镜阵列,可使激光信号收入光纤,以形成全光纤相干激光雷达系统,易于实现相干探测。需要说明的是,由于顺轨向两振动估计探测器的间隔很小,两探测器的回波具有近似相同的大气相位误差,所以本节方法在对机载 SAL 平台振动进行估计的同时,可以对大气相位误差一并进行估计,并在相位误差补偿中同时消除两者的影响。

第7章

天基合成孔径激光雷达系统

天基 SAR 能够实现全天时、全天候、大范围对地观测,在国土资源管理、灾害监测、敏感区域监视侦查等领域具有重要应用价值。同时,天基 ISAR 在空间目标成像探测等领域也发挥着重要作用。但是由于目标距离较远,微波波段的天基 SAR/ISAR 高分辨率成像的数据率通常较低,这是其应用的主要限制因素之一。

SAL/ISAL 是 SAR/ISAR 在激光频段的一种应用形式,由于激光波长比微波波长短三个数量级以上,因此将 SAL/ISAL 应用于天基平台,原理上可能突破天基 SAR/ISAR 数据率低的限制,同时实现高分辨率高数据率成像。

激光信号相干性的提高,已使 SAL/ISAL 的技术实现成为可能。目前,国内外关于 SAL/ISAL 成像的研究工作主要还停留在桌面实验和地面/飞行试验阶段[4,28,115],基于天基平台的 SAL 对地成像观测和 ISAL 运动目标成像探测还停留在概念研究阶段,因此现阶段对天基 SAL/ISAL 系统进行分析研究具有重要意义。

由于天基平台功率有限,所以天基 SAL/ISAL 需要具备较大口径的接收望远镜,才能获得足够的功率口径积和成像信噪比。以天基 SAL 为例,若天基平台的轨道高度为 400km,所需的接收望远镜口径在 10m 量级。受限于面形精度、体积、重量,基于传统光学系统实现 10m 接收口径并非易事,也难以装载于天基平台。近年来膜基衍射光学系统得到了快速发展[35],其通过衍射器件引入较大的移相量以实现波前控制,减小焦距并实现系统的轻量化。与此同时,膜基衍射光学系统对面形精度要求不高,相对大口径传统光学系统,大口径膜基衍射光学系统的加工难度较小。天基 SAL/ISAL 具有使用“非成像光学系统”“单色”且波长较可见光长等特点[116],特别适合使用膜基衍射光学系统来形成大的接收口径。

本章首先对一个 10m 衍射口径天基 SAL 系统进行指标分析,并针对大口径衍射光学系统存在的孔径渡越问题,提出基于数字信号处理的高距离向分辨率信号补偿聚焦方法。其次,阐述天基 ISAL 系统的技术体制、工作模式、光学系统特点,在此基础上,对一个天基 ISAL 的系统指标进行分析。

7.1 天基 SAL 系统指标分析

一个可能具有应用价值的天基 SAL 主要指标见表 7.1。

表 7.1 天基 SAL 主要指标

参数	数值	参数	数值
轨道高度	400km	距离幅宽	5km
下视角	30°	条带模式分辨率	0.1m
作用距离	460km	成像信噪比	优于 10dB

7.1.1 成像分辨率和数据率

天基 SAL 的斜距分辨率可表示为

$$\rho_r = \frac{c}{2B_r} \tag{7.1}$$

式中:ρ_r 为斜距分辨率;c 为光速;B_r 为发射信号带宽。若斜距分辨率 ρ_r = 10cm,根据式(7.1),发射信号带宽 $B_r \approx 1.5$GHz。

天基 SAL 的方位向分辨率可表示为

$$\rho_a \approx \frac{\lambda R}{2V_a T_s (\cos\theta_s)^2} \tag{7.2}$$

式中:ρ_a 为方位向分辨率;λ 为信号波长;V_a 为雷达的运动速度;T_S 为合成孔径时间;θ_s 为斜视角。若 $\rho_a = 10\text{cm}$, $\lambda = 10.6\mu\text{m}$, $V_a = 7000\text{m/s}$, $\theta_s = 0°$,根据式(7.2),$T_s \approx 3.3$s(对应方位向波束宽度 $\Delta\theta_\alpha \approx V_\alpha T_s / R \approx 50\mu\text{rad}$),成像数据率 $1/T_s \approx 300$Hz。

若采用 Ka 波段天基 SAR 对地观测,假设波长为 8.6mm,根据式(7.2),要达到 10cm 方位向分辨率,所需成像时间约 15s,成像数据率约 0.06Hz。由此可见,相对于天基 SAR,天基 SAL 在对地成像图像数据率上具备明显优势。这使得在远距离条件下对特定目标进行高分辨率成像且高数据率跟踪成为可能。

本章天基 SAL 接收口径选为 10m,10m 口径对应的衍射极限角分辨率约为 1.06μrad,传统光学系统在实际大气条件下一般能达到 4 倍衍射极限角分辨率,在460km处能实现的空间分辨率为1.95m。显然,和传统激光雷达相比,本章天基SAL在分辨率上具有明显优势。

7.1.2　多普勒带宽和脉冲重复频率

天基SAL的多普勒带宽可表示为

$$B_\alpha \approx \frac{2V_\alpha \Delta\theta_\alpha}{\lambda} \tag{7.3}$$

式中:B_α 为多普勒带宽。

根据式(7.3),若 $\Delta\theta_\alpha = 50\mu\text{rad}$,则 $B_\alpha \approx 66\text{kHz}$。

脉冲重复频率(PRF)需要大于多普勒带宽,因此,可设置等效PRF为100kHz。

高功率激光器难以高PRF工作,且高PRF会导致不模糊测距范围减小。本章天基SAL拟在顺轨向设置5个接收通道以提高等效PRF[117],使实际发射脉冲重复频率降至20kHz。此时,不模糊测距范围 $c/2\text{PRF} = 7.5\text{km}$,$c$ 为光速。为此,可在顺轨布设5个单元的探测器或光纤准直器阵列形成5个接收通道,其间隔由卫星速度和脉冲重复频率决定,在上述参数下,需要在35cm的范围内等间隔布设5个探测器或光纤准直器形成顺轨阵列。

7.1.3　作用距离和成像信噪比

参照微波雷达方程[50],SAL的接收机输出单脉冲信噪比可表示为

$$\text{SNR} = \frac{\eta_{\text{sys}}\eta_{\text{ato}}P_t G_t \sigma A_r T_p}{4\pi \Omega F_n h f_c R^4} \tag{7.4}$$

式中:P_t 为发射信号峰值功率;$G_t = 4\pi/(\Delta\theta\Delta\theta_\alpha)$ 为发射增益,$\Delta\theta$ 为俯仰向波束宽度,$\Delta\theta_\alpha$ 为方位向波束宽度;σ 为分辨单元对应的目标散射截面积(为目标散射系数 σ_0、距离向分辨率 ρ_r、横向分辨率 ρ_α 三者之积);$A_r = \pi D^2/4$ 为接收望远镜的有效接收面积,D 为接收望远镜口径;F_n 为电子学噪声系数;T_p 为脉冲宽度;h 为普朗克常数;f_c 为激光频率;Ω 为目标后向散射立体角。

SAL系统损耗主要包括光学系统损耗与电子学系统损耗,$\eta_{\text{sys}} = \eta_{\text{ele}}\eta_{\text{opt}}$;$\eta_{\text{opt}} = \eta_t\eta_r\eta_m\eta_D\eta_{\text{oth}}$ 为光学系统损耗,η_t 为发射光学系统损耗、η_r 为接收光学系统损耗、η_m 外差探测时视场失配导致的光学系统损耗、η_D 为光电探测器的量子效率导致的光学系统损耗、η_{oth} 为其他光学系统损耗;η_{ele} 为电子学系统损耗;η_{ato} 为大气损耗。

本次介绍的天基 SALR 系统参数见表 7.2。

表 7.2 天基 SALR 系统参数

参数	数值	参数	数值
波长 λ	10.6μm	双程大气损耗 η_{ato}	0.25
发射峰值功率 P_t	80kW	接收望远镜口径 D	10m
脉冲宽度 T_p	5μs	发射光学系统损耗 η_t	0.9
占空比	10%	接收光学系统损耗 η_r	0.8
发射信号带宽 B_r	1.5GHz	视场匹配损耗 η_m	0.5
俯仰向和方位向波束宽度 $\Delta\theta,\Delta\theta_a$	10mrad50μrad	其他光学系统损耗 η_{oth}	0.5
后向散射立体角 Ω	π	子效率 η_D	0.5
后向散射系数 σ_0	0.1	电子学系统损耗 η_{ele}	0.75
距离向分辨率 ρ_r	0.1m	电子学噪声系数 F_n	3dB
方位向分辨率 ρ_a	0.1m	单脉冲信噪比(SNR)	-7.3dB

基于表 7.2 所示系统参数,接收机输出单脉冲信噪比为 -7.3dB。根据 2.1 节的分析,10cm 方位向分辨率对应的合成孔径时间约为 3.3ms,对应相参积累脉冲数 70,所能获得的图像 SNR 约为 11.4dB,可以满足对地观测要求。

本章天基 SAL 可考虑设置小口径激光发射望远镜,使激光发射波束宽度与接收波束宽度相对应。文献[118]的研究表明,激光信号相干性差严重制约了 SAL 对远距离目标的高分辨率成像能力,本章可以考虑采用文献[119]所述本振数字延时的方式保持信号的相干性。平台振动和大气湍流均会在天基 SAL 回波信号中引入相位误差,导致成像结果散焦,本章可以考虑采用文献[23]所述正交基线干涉处理的方法,对振动相位误差和大气相位误差进行估计与补偿。

7.2 天基 SAL 大口径衍射光学系统分析

7.2.1 器件参数对衍射光学系统波束方向图的影响

本节基于相控阵模型对 10m 口径膜基衍射光学系统进行理论分析。膜基衍射光学系统的衍射器件可以看作二元光学器件[34,120],其相当于微波相控阵天线的移相器,其台阶数对应移相器的量化位数,其台阶间距对应辐射单元的间隔。下面分析器件参数对衍射光学系统波束方向图的影响。

远场聚焦状态下衍射主镜和焦距的几何关系,如图 7.1 所示。衍射主镜通过在不同位置引入不同的移相量，将接收信号转为同相球面波在焦点处实现聚焦，所引入的移相量由直角三角形斜边和直角边距离之差决定，即

$$\Delta\varphi(nd) = 2\pi \frac{R_F(n) - F}{\lambda} \tag{7.5}$$

式中：$R_F(n) = \sqrt{F^2 + (nd)^2} \approx F + \frac{(nd)^2}{2F}$ 为主镜上距离中心 nd 的 P 点到焦点的距离；d 为衍射器件的台阶间距；F 为衍射主镜的焦距。

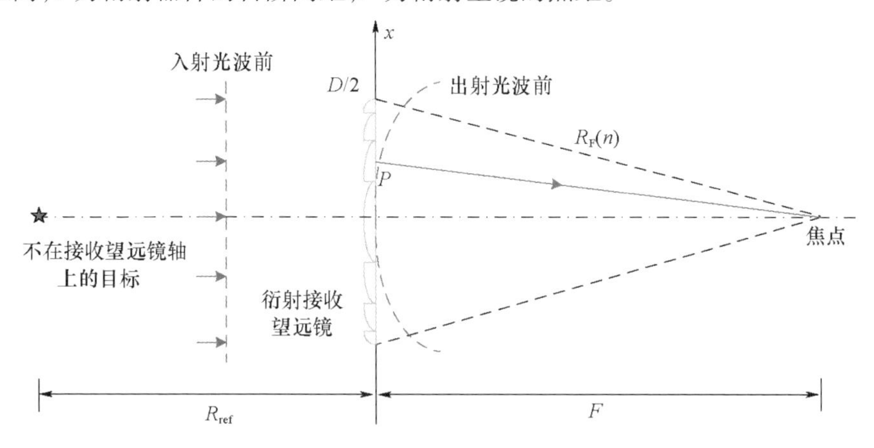

图7.1　聚焦状态下衍射主镜和焦距的几何关系

下面对衍射主镜需要引入的移相量进行分析。衍射主镜口径10m，在激光信号的中心波长10.6μm的情况下，辐射单元间距可以设置为10.6μm，辐射单元数约100万。图7.2所示为20m焦距时衍射主镜需形成的相位变化曲线。它主要为二阶相位，最大移相量约为350000rad(55700个波长，对应波程差0.6m)。

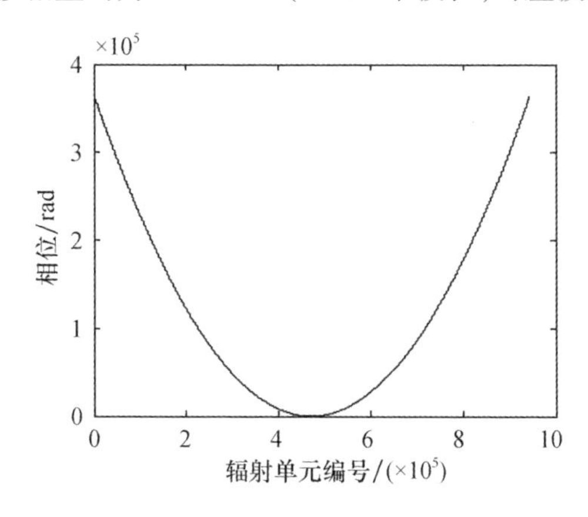

图7.2　20m焦距时衍射主镜需形成的相位变化曲线

根据相控阵原理，衍射主镜引入的相位变化量可以2π为模折叠，图7.3(a)所示给出了折叠后的连续的主镜移相量，图7.3(b)所示给出了460km近场情况下该移相量对应的波束方向图及其主瓣放大图，波束宽度约为1/1000°，图7.3(c)所示给出了远场情况下该移相量对应的波束方向图及其主瓣放大图，波束宽度约为6/100000°。在近场条件下产生的波束宽度展宽有利于扩大幅宽，不影响SAL的成像分辨率，但会使回波信噪比有所降低，实际系统设计中应考虑其影响。此外，即使在460km近场，波束宽度也远小于表7.2中的方位/俯仰向波束宽度，所以还需要考虑文献[116]所述的馈源波束展宽技术，以扩大波束宽度。

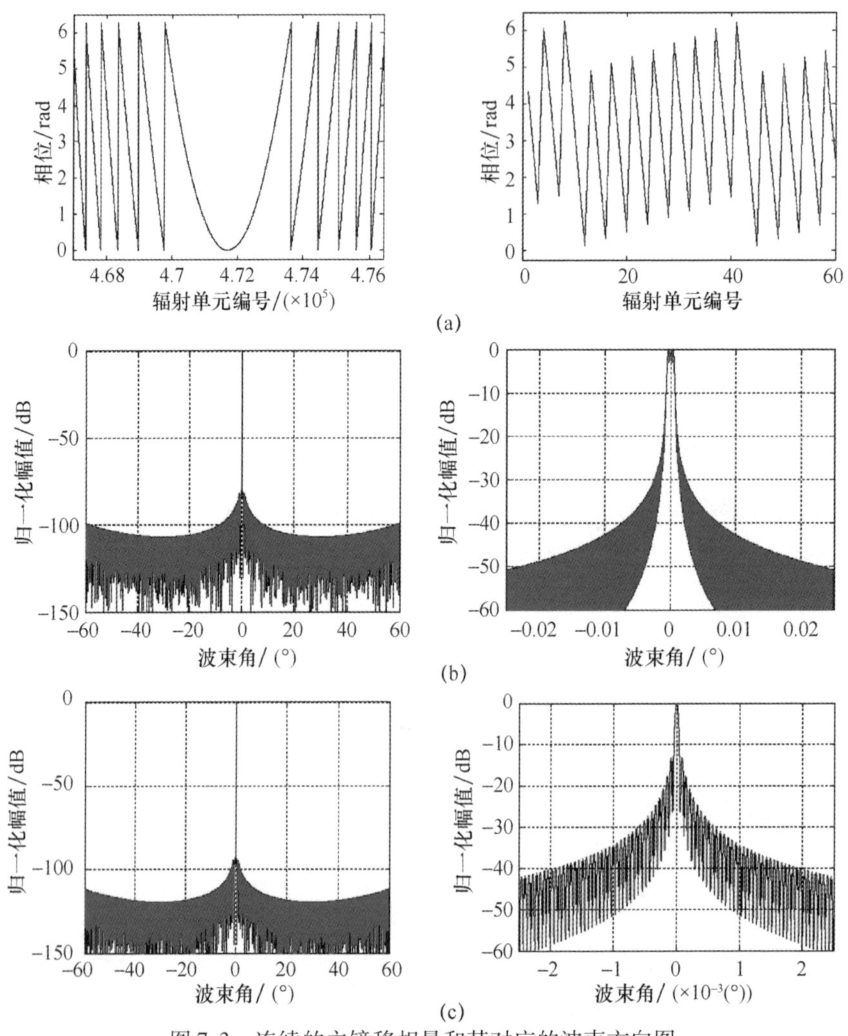

图7.3　连续的主镜移相量和其对应的波束方向图

(a)连续的主镜移相量，左图为主镜中心处的移相量，右图为主镜边缘处的移相量；(b)460km近场对应的波束方向图及其主瓣放大图；(c)远场对应的波束方向图及其主瓣放大图。

移相器的量化位数将直接影响波束方向图的远区副瓣和积分旁瓣比，从而影响衍射光学系统的衍射效率。

图7.4(a)所示给出了折叠并4值化后的主镜移相量；图7.4(b)所示给出了460km近场情况下该移相量对应的波束方向图及其主瓣放大图，图7.4(c)所示给出了远场情况下该移相量对应的波束方向图及其主瓣放大图。

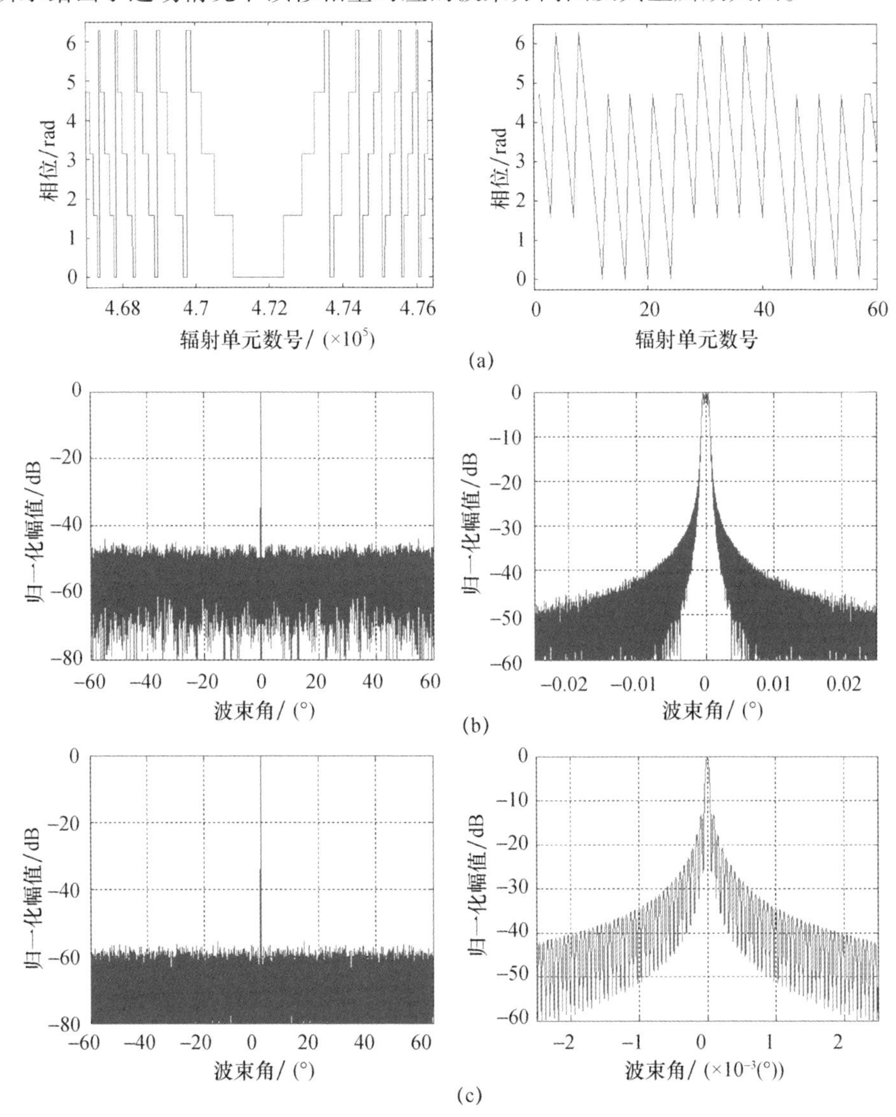

图7.4　4值化的主镜移相量和其对应的波束方向图

(a)4值化的主镜移相量，左图为主镜中心处的移相量，右图为主镜边缘处的移相量；(b)460km近场对应的波束方向图及其主瓣放大图；(c)远场对应的波束方向图及其主瓣放大图。

对比图7.3和图7.4可以看出，对主镜移相量进行4值化处理后，虽然波束方向图远区副瓣有所升高，但是主瓣和近区副瓣均与连续主镜移相量对应的波束方向图一致，说明衍射器件台阶数为4时，即有可能满足SAL使用要求。

7.2.2 孔径渡越现象分析

根据前面的相关分析，衍射器件对入射到衍射主镜不同位置的光信号进行了不同的相移，但未对包络进行不同的时移。这将导致入射到衍射主镜不同位置的光信号在焦点处同相相加时包络难以对齐，当包络错位大于半个距离向分辨单元时，即会导致距离向成像结果散焦，该现象与微波相控阵的孔径渡越现象类似[121]。下面对衍射主镜的孔径渡越现象进行理论推导和仿真分析。

假定天基SAL发射线性调频信号为

$$s_0(\hat{t}) = \mathrm{rect}\left\{\frac{\hat{t}}{T_\mathrm{p}}\right\}\exp\{\mathrm{j}2\pi f_\mathrm{c}\hat{t}\}\exp\{\mathrm{j}\pi K_\mathrm{r}(\hat{t})^2\} \tag{7.6}$$

式中：$\hat{t}$为快时间；T_p为脉冲宽度；f_c为发射信号的中心频率；K_r为发射信号的调频率。

如图7.1所示，假定在衍射主镜轴线上有一个参考散射点，它位于衍射主镜的远场且到衍射主镜的距离为R_ref，那么到达衍射主镜端面上P点的回波信号可以表示为

$$s_1(\hat{t},n) = \mathrm{rect}\left\{\frac{\hat{t}-\dfrac{2R_\mathrm{ref}}{C}}{T_\mathrm{p}}\right\}\exp\left\{\mathrm{j}2\pi f_\mathrm{c}\left(\hat{t}-\frac{2R_\mathrm{ref}}{C}\right)\right\}\exp\left\{\mathrm{j}\pi K_\mathrm{r}\left(\hat{t}-\frac{2R_\mathrm{ref}}{C}\right)^2\right\} \tag{7.7}$$

在式(7.7)中，假定目标到发射望远镜相位中心的距离也为R_ref。

衍射主镜端面上P点的二元光学器件会以移相器方式对回波信号等效插入相移量，即

$$H_1(n) = \exp\left\{\mathrm{j}2\pi f_\mathrm{c}\,\frac{R_\mathrm{F}(n)-F}{C}\right\} \tag{7.8}$$

经P点穿过主镜后的回波信号为

$$\begin{aligned} s_2(\hat{t},n) &= s_1(\hat{t},n)H_1(n) \\ &= \mathrm{rect}\left\{\frac{\hat{t}-\dfrac{2R_\mathrm{ref}}{C}}{T_\mathrm{p}}\right\}\exp\left\{\mathrm{j}2\pi f_\mathrm{c}\left(\hat{t}-\frac{2R_\mathrm{ref}}{C}+\frac{R_\mathrm{F}(n)-F}{C}\right)\right\} \\ &\quad \exp\left\{\mathrm{j}\pi K_\mathrm{r}\left(\hat{t}-\frac{2R_\mathrm{ref}}{C}\right)^2\right\} \end{aligned} \tag{7.9}$$

经 P 点到达主镜焦点的回波信号为

$$
\begin{aligned}
s_3(\hat{t},n) &= s_2\left(\hat{t}-\frac{R_{\mathrm{F}}(n)}{C},n\right) \\
&= \mathrm{rect}\left\{\frac{\hat{t}-\frac{2R_{\mathrm{ref}}}{C}-\frac{R_{\mathrm{F}}(n)}{C}}{T_{\mathrm{p}}}\right\}\exp\left\{\mathrm{j}2\pi f_{\mathrm{c}}\left(\hat{t}-\frac{2R_{\mathrm{ref}}}{C}-\frac{F}{C}\right)\right\} \\
&\quad \exp\left\{\mathrm{j}\pi K_{\mathrm{r}}\left(\hat{t}-\frac{2R_{\mathrm{ref}}}{C}-\frac{R_{\mathrm{F}}(n)}{C}\right)^2\right\}
\end{aligned}
\tag{7.10}
$$

在焦点处相干累积后的回波信号可以表示为

$$
\begin{aligned}
s_4(\hat{t}) &= \sum_{n=-N/2}^{N/2} s_3(\hat{t},n) \\
&= \exp\left\{\mathrm{j}2\pi f_{\mathrm{c}}\left(\hat{t}-\frac{2R_{\mathrm{ref}}}{C}-\frac{F}{C}\right)\right\}\sum_{n=-N/2}^{N/2}\mathrm{rect}\left\{\frac{\hat{t}-\frac{2R_{\mathrm{ref}}}{C}-\frac{R_{\mathrm{F}}(n)}{C}}{T_{\mathrm{p}}}\right\} \\
&\quad \exp\left\{\mathrm{j}\pi K_{\mathrm{r}}\left(\hat{t}-\frac{2R_{\mathrm{ref}}}{C}-\frac{R_{\mathrm{F}}(n)}{C}\right)^2\right\}
\end{aligned}
\tag{7.11}
$$

式中:N 为衍射主镜上的辐射单元数。

与本振信号混频并经光电转换后的电信号可以表示为

$$
\begin{aligned}
s_5(\hat{t}) &= s_4(\hat{t})\exp\{-\mathrm{j}2\pi f_{\mathrm{c}}\hat{t}\} \\
&= \exp\left\{-\mathrm{j}2\pi f_{\mathrm{c}}\left(\frac{2R_{\mathrm{ref}}}{C}+\frac{F}{C}\right)\right\}\sum_{n=-N/2}^{N/2}\mathrm{rect}\left\{\frac{\hat{t}-\frac{2R_{\mathrm{ref}}}{C}-\frac{R_{\mathrm{F}}(n)}{C}}{T_{\mathrm{p}}}\right\} \\
&\quad \exp\left\{\mathrm{j}\pi K_{\mathrm{r}}\left(\hat{t}-\frac{2R_{\mathrm{ref}}}{C}-\frac{R_{\mathrm{F}}(n)}{C}\right)^2\right\}
\end{aligned}
\tag{7.12}
$$

从式(7.12)可以看出,同一散射点的回波信号,经主镜不同位置辐射单元入射到焦点后,虽然相位相同,但是包络错位,定义 $R_{\mathrm{F}}(n)$ 的变化范围 $D^2/(8F)$ 为孔径渡越长度。当孔径渡越长度大于距离向分辨率 $C/(2K_{\mathrm{r}}T_{\mathrm{p}})$ 时,孔径渡越将导致距离向成像结果散焦。

针对口径 10m、焦距 20m 的衍射主镜,本章对孔径渡越现象进行了仿真分析。为便于分析,假定可以对从主镜不同位置入射到焦点的回波信号进行采样,并基于发射信号构造滤波器进行脉冲压缩。图 7.5 所示给出了从衍射主镜不同位置入射到焦点的回波信号的脉压结果。图 7.6 所示给出了在焦点处相干累加之后回波信号的脉压结果。显然,孔径渡越导致不同位置的回波信号间存在 0.6m 的错位,并使得距离向成像结果严重散焦。

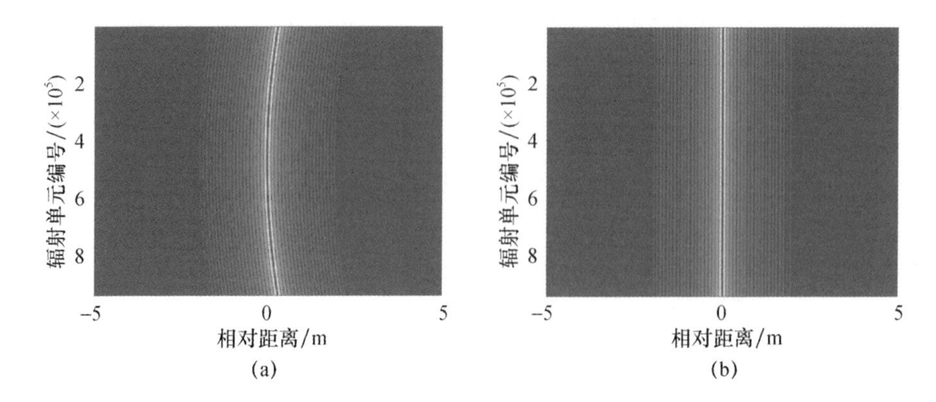

图 7.5　从衍射主镜不同位置入射到焦点的回波信号的脉压结果(见彩图)

(a)存在孔径渡越;(b)不存在孔径渡越。

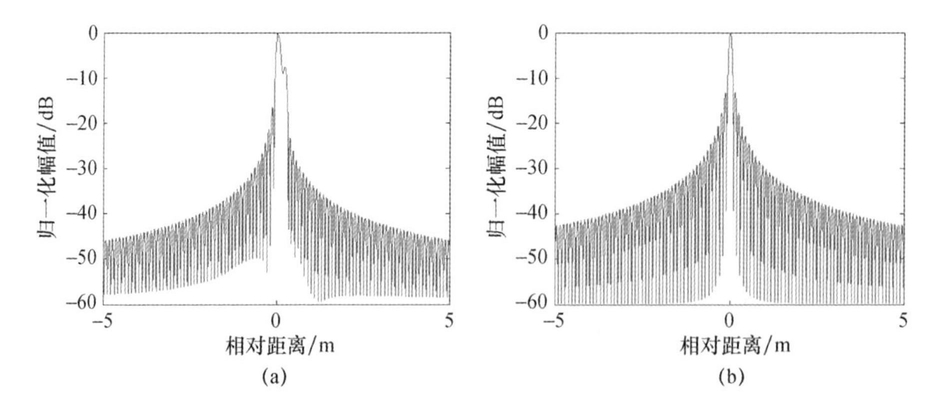

图 7.6　在焦点处相干累加后的回波信号的脉压结果(见彩图)

(a)存在孔径渡越;(b)不存在孔径渡越。

7.2.3　孔径渡越补偿

前面的分析表明,当存在孔径渡越时,基于发射信号构造的滤波器与回波信号并不匹配。由于衍射主镜上的辐射单元到焦点的距离恒定且已知,所以可以依据式(7.12)构造匹配滤波器,对回波信号进行脉冲压缩,匹配滤波器的频率响应为

$$H_5(f) = \mathrm{FT}\{s_5(\hat{t})\}^* \tag{7.13}$$

式中:FT{}表示傅里叶变换。

经过匹配滤波后的时域信号为

$$s_6(\hat{t}) = \mathrm{IFT}\{\mathrm{FT}[s_5(\hat{t})]H_5(f)\} \tag{7.14}$$

式中:IFT{ }表示逆傅里叶变换。

回波信号的幅频特性和相频特性,如图7.7所示。匹配滤波器的幅频特性和相频特性,如图7.8所示。经过匹配滤波后的信号的幅频特性、相频特性以及时域波形,如图7.9所示。可以看出,经过匹配滤波,回波信号频谱的高阶相位被消除,但是由于幅频特性仍然存在一定的调制,所以脉冲压缩结果并不是理想的sinc波形。

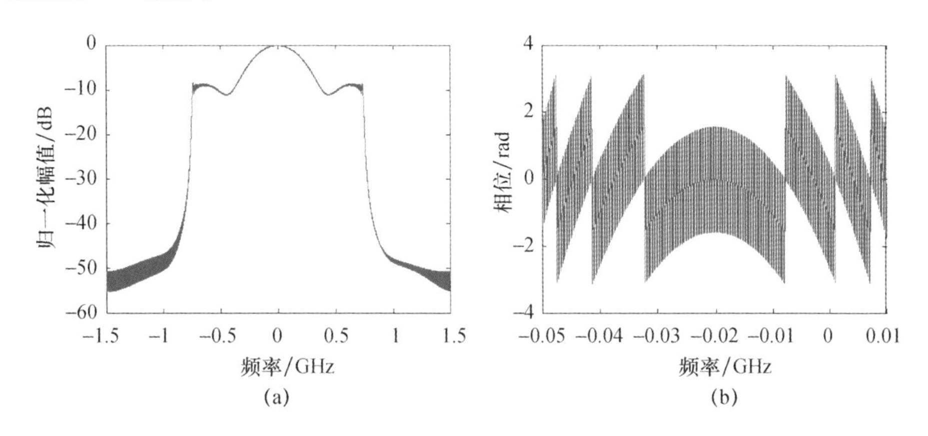

图7.7　回波信号的幅频特性和相频特性

(a)幅频特性;(b)相频特性。

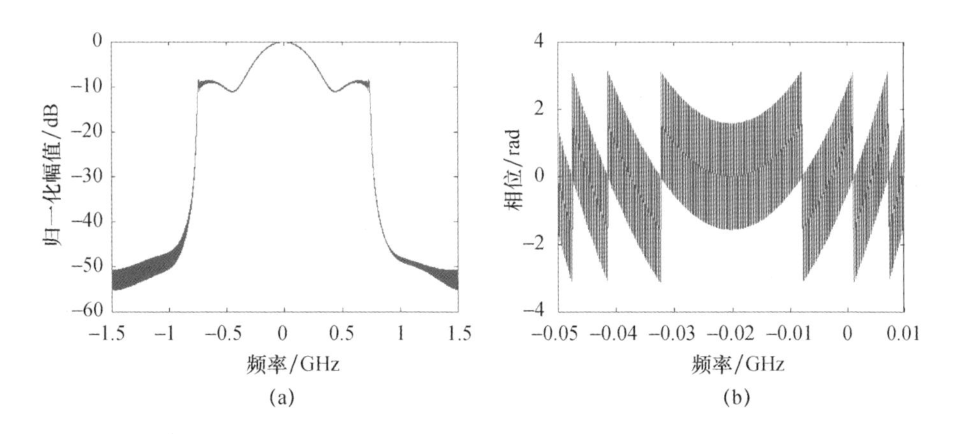

图7.8　匹配滤波器的幅频特性和相频特性

(a)幅频特性;(b)相频特性。

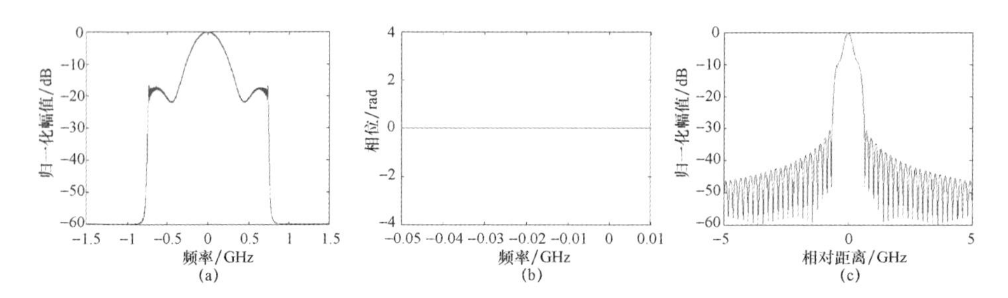

图 7.9　匹配滤波后的回波信号特性

(a)幅频特性;(b)相频特性;(c)时域信号。

可以基于 $H_5(f)$ 对匹配滤波后的信号的幅频特性进行校正,有

$$s_7(f)=\frac{\mathrm{rect}\left\{\dfrac{f}{K_\mathrm{r}T_\mathrm{p}}\right\}\mathrm{FT}\{s_6(\hat{t})\}}{|H_5(f)|^2} \tag{7.15}$$

先进行匹配滤波的目的在于先消除高阶相位的影响,后续主要为幅频特性校正。

结合式(7.13)、式(7.14)和式(7.15)可以看出,经过校正后,在发射信号带宽对应的频带内,信号幅频特性的调制被消除。校正后回波信号的幅频特性、相频特性以及时域波形,如图 7.10 所示。对比图 7.6(b)与图 7.10(c)可以看出,经过幅频特性补偿,脉冲压缩结果已接近理想的 sinc 波形,与不存在孔径渡越时回波信号的脉冲压缩结果一致。

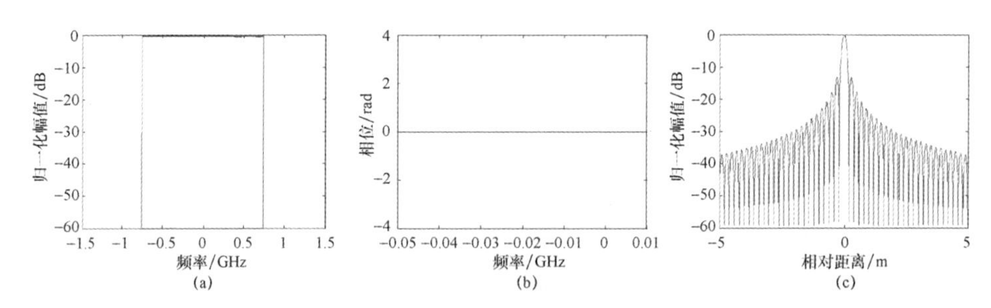

图 7.10　幅频特性校正后的回波信号

(a)幅频特性;(b)相频特性;(c)时域信号。

7.2.4　距离向分段补偿处理

前面的相关分析均假定目标位于波束中心线上,在此条件下,到达镜面不

同位置的目标回波信号经过的距离近似相等,所以在孔径渡越补偿时仅需要考虑镜面不同位置到焦点的距离差即可。

若目标不在波束中心线上,则到达镜面不同位置的目标回波信号经过的距离不同,位于波束边缘的目标的回波信号到达镜面两端的距离差可表示为

$$\Delta R \approx D\sin\left(\frac{\Delta\theta}{2}\right) \tag{7.16}$$

式中:D 为接收望远镜直径;$\Delta\theta$ 为俯仰向波束宽度。

根据第7.2.2节相关分析,天基SAL的方位向波束宽度远小于俯仰向波束宽度,所以此处仅考虑俯仰向。

若 $\Delta R \geqslant \frac{\rho_{\mathrm{r}}}{2}$,就不能采用位于波束中心线上的参考点构造函数对波束内所有目标的回波信号进行统一的孔径渡越补偿,而应将波束分为若干子波束,用各子波束中心线上的参考点分别构造参考函数进行孔径渡越补偿,各子波束的波束宽度 $\Delta\theta_k$ 应满足

$$D\sin\left(\frac{\Delta\theta_k}{2}\right) < \frac{\rho_{\mathrm{r}}}{2} \tag{7.17}$$

各子波束对应的孔径渡越补偿函数推导过程与前面相同,仅需在公式推导过程中变更公式(7.7)。在推导第 k 个子波束的孔径渡越补偿函数时,式(7.7)应变更为

$$\begin{aligned} s_1(\hat{t},n) = \mathrm{rect}&\left\{\frac{\hat{t}-\dfrac{\dfrac{2h}{\cos(\theta+\theta_k)}+nd\sin\theta_k}{C}}{T_{\mathrm{p}}}\right\} \\ &\exp\left\{\mathrm{j}2\pi f_{\mathrm{c}}\left(\hat{t}-\frac{\dfrac{2h}{\cos(\theta+\theta_k)}+nd\sin\theta_k}{C}\right)\right\} \\ &\exp\left\{\mathrm{j}\pi K_{\mathrm{r}}\left(\hat{t}-\frac{\dfrac{2h}{\cos(\theta+\theta_k)}+nd\sin\theta_k}{C}\right)^2\right\} \end{aligned} \tag{7.18}$$

式中:θ 为SAL的下视角;θ_k 为第 k 个子波束的波束中心线与原波束中心线的夹角,如图7.11所示。

实际信号处理中不具备直接划分子波束的条件,而是通过距离向分段聚焦间接达到子波束分别聚焦的目的,第 k 个子波束对应的距离区间为 $[h/\cos(\theta+\theta_k-\Delta\theta_k/2), h/\cos(\theta+\theta_k+\Delta\theta_k/2)]$。

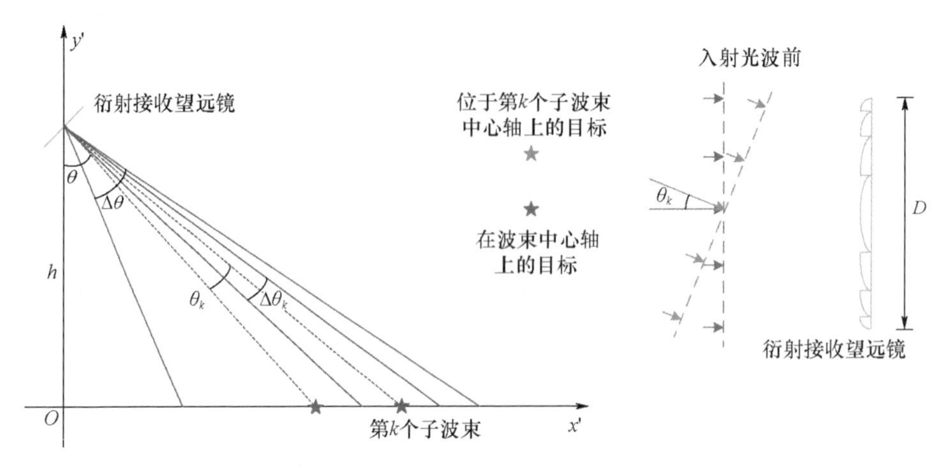

图 7.11　地距向几何观测模型(见彩图)

在本章天基 SAL 系统参数下,俯仰向波束宽度为 10mrad,划分为 3 个子波束后,各子波束的波束宽度满足式(7.17)。分别在波束下沿、中心和上沿设置三个目标,用位于波束中心的目标构造参考函数进行孔径渡越补偿时,补偿后的时域波形,如图 7.12 所示。由此可以看出,位于波束下沿和波束上沿的目标旁瓣上升较多。图 7.13 所示给出了距离向分段进行孔径渡越补偿的结果。由图 7.13 可以看出,三个点目标均得到了良好的聚焦。

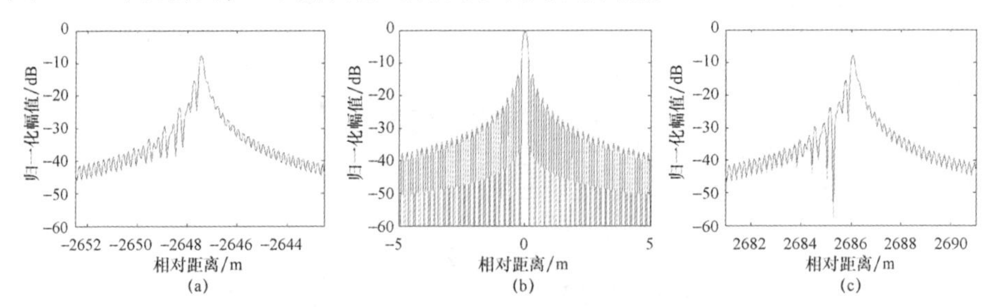

图 7.12　孔径渡越补偿后的时域回波信号(不进行分段补偿)

(a)位于波束下沿的目标;(b)位于波束中心的目标;(c)位于波束上沿的目标。

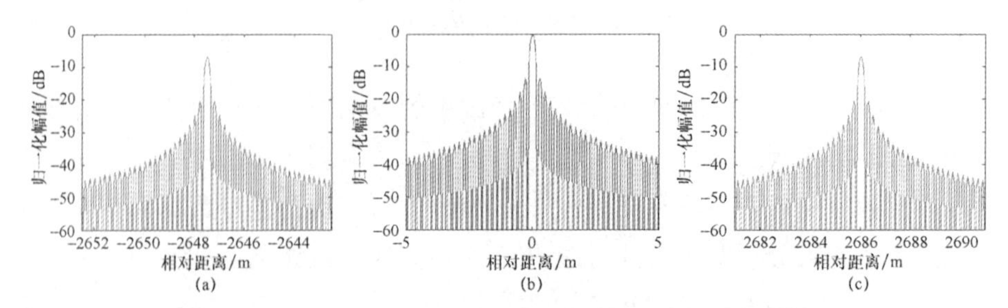

图 7.13　孔径渡越补偿后的时域回波信号(进行分段补偿)

(a)位于波束下沿的目标;(b)位于波束中心的目标;(c)位于波束上沿的目标。

这里有两点需要说明。

(1)本章在理论分析过程中,依据观测几何和孔径模型构造孔径渡越补偿函数。在实际应用中,考虑到系统误差,要实施孔径渡越补偿,需要在大信噪比下进行定标处理(在地距方向设置多个定标体)以获得孔径渡越补偿函数。

(2)上述分析均假定目标位于接收望远镜的远场,目标回波信号以平面波的形式到达接收望远镜。事实上,对于本章天基 SAL,即使目标位于接收望远镜的近场,由于近场效应导致的目标到望远镜上各处的距离差也远小于距离向分辨率(以 460km 近场目标为例,其到 10m 衍射口径望远镜中心和边缘的距离差仅约 27μm,远小于距离向分辨率),所以 7. 2. 3 节所述方法也同样适用于近场目标的孔径渡越补偿。

7. 2. 5　光学合成孔径

上述 10m 衍射口径光学系统可以考虑采用两级压缩光路实现,第一级压缩光路约 30 倍,光学口径从 10m 压缩到 300mm,第二级压缩光路约 20 倍,光学口径从 300mm 压缩到 15mm,系统接收探测性能主要由主镜尺寸决定。由于天基 SAL 工作在红外波段,10m 口径膜基衍射光学系统对面形精度要求不高,焦距可短于 20m,因此其技术实现具有一定的可行性,大口径薄膜望远镜的折叠/展开可以借鉴我国已有的大型折叠/展开微波天线的研制基础。

制造大口径膜基透镜难度较高,受制于加工条件的限制,通常会将大口径分为若干小口径加工,再采用光学合成孔径技术通过多个小口径拼接组装成大口径[132]。图 7. 14 所示为基于 4 个小口径的光学合成孔径衍射光学系统示意图。图 7. 14(a)中间为用于激光发射的小口径,4 个较大的接收口径对称布局。光学合成孔径的实现对小口径间光学加工、装调和校准的一致性要求很高,其误差要控制在 1/10 波长量级,星载口径较大时需使用折叠展开机构,其实现难度将更大。由若干小口径合成大口径,其拼接“小缝隙”造成的稀疏采样问题会使图像副瓣有所增加,因此需引入图像处理方法保证图像质量。

形成足够的激光回波接收口径对保证激光雷达作用距离和成像分辨率都很重要,当图 7. 14(a)中 4 个小口径的直径为 5m,可等效实现一个直径为 10m 的大口径接收能力。

与上述以提高空间角分辨率为目标的光学合成孔径不同,使用非成像光学系统的 SAL 获取的图像在斜距 - 多普勒频率两维,需要宽的接收视场,但不要求具有高的空间角分辨率，其采用较大口径光学系统主要是为了提高激光回波接收能量，保证成像信噪比，在此基础上，可以降低对小口径间一致性要求。

目前微波合成孔径成像技术已由二维向三维扩展，文献[133]给出了基于交轨稀疏阵列的三维成像微波 SAR 结构，采用稀疏阵列结构，可以大幅减少设备的体积和重量，尤其适用于对空间分辨率要求高、体积重量要求小的场合，可供未来三维成像激光 SAR 参考使用。

图 7.14(b)所示给出了一个基于光学合成孔径的三维成像 SAL 衍射光学系统示意图，在交轨基于 7 位巴克码[1110010]稀疏布局[133] 4 个接收口径（激光发射的小口径可布设在阵列任一端）。三维成像 SAL 获取的图像在斜距 - 多普勒频率 - 交轨空间角三维，其斜距分辨率由激光信号发射带宽决定，顺轨实现基于运动的合成孔径成像，其顺轨分辨率可以远优于小口径成像分辨率；交轨实现阵列成像（即光学合成孔径成像），在原理上经稀疏采样图像重构，其交轨分辨率可比小口径成像分辨率高 6 倍。

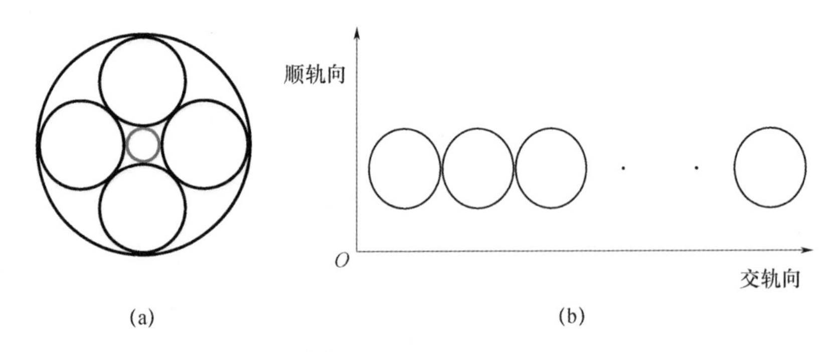

图 7.14　基于光学合成孔径的衍射光学系统

(a)对称布局示意图；(b)交轨稀疏布局示意图。

显然，该三维成像 SAL 要实现交轨向光学合成孔径，其小口径间光学加工、装调和校准误差要控制在 1/10 波长量级。与此同时，针对稀疏口径带来的稀疏采样图像重构问题也需深入研究。

与传统满采样成像方法相比，目前在微波成像领域提出的基于干涉处理变换域（主要是频域）稀疏雷达成像方法，在约 50% 的稀疏采样条件下，仍可以获得接近满采样的成像效果[134]，相关概念可供交轨稀疏口径 SAL 三维成像参考。

上述 SAL 成像技术与光学合成孔径成像技术的结合方式，为大口径星载 SAL 的技术实现提供了一种选择。

7.3　天基 ISAL 技术体制和工作模式

7.3.1　技术体制

关于 SAL/ISAL,国内外研究工作主要是基于光学和电子学技术结合方案的。一方面,在激光宽带信号产生时,可以利用电子学中的微波调制信号实现激光宽带调制;另一方面,对激光回波信号成像处理时,一般通过光电转换,用电子学方法实施两维脉冲压缩成像。

但值得注意的是,基于全光学成像处理的研究工作一直在进行。文献[17,18]介绍了 SAL 光学成像处理技术的研究进展,文献[17,123]同时介绍了光学成像处理技术在微波 SAR 成像处理中的应用情况。

和基于数字信号处理的电子学成像技术相比,全光学成像处理具有速度快、实时性好、便于天基应用的特点,但其成像处理精度较低,对实际系统中存在的各种相位误差补偿能力较弱。现阶段 SAL/ISAL 技术实现还是应立足于电子学成像处理技术。

7.3.2　工作模式

对运动目标进行观测时,ISAL 采用相干信号体制,通过发射宽带信号获取高的斜距向分辨率,通过雷达和目标间相对运动形成的合成孔径获取高的横向分辨率,最终获取目标的斜距 - 横向两维图像。ISAL 横向分辨率由目标相对雷达的成像转角决定,与目标距离无关,这是 ISAL 的重要优点。

为扩大目标观测范围,ISAL 激光波束需能在 4π 立体角范围内二维扫描并可以工作在多普勒波束锐化(Doppler Beam Sharpening,DBS)状态。ISAL 选用较大的激光波束宽度和宽接收视场,有利于搜索捕获目标并降低波束扫描频率,同时可以实现近距离较大尺寸目标的波束覆盖。另一方面,为获取目标的运动参数,ISAL 还需具备一定的目标跟踪能力,选用较窄的激光波束宽度和窄视场,有利于提高角跟踪精度,并在功率一定的条件下提升雷达的作用距离。为兼顾目标搜索捕获和跟踪成像功能,通过分档变焦实现宽窄视场转换的光学系统应是一个合理的选择。

7.4 天基 ISAL 光学系统特点

激光雷达通过扩束处理容易形成宽的发射波束。为保证激光雷达具有较远的作用距离，接收望远镜需要足够的尺寸，以获得较多的回波信号能量，但在大接收孔径下形成宽接收视场并非易事。激光雷达的接收视场，主要由接收望远镜孔径、探测器光敏面尺寸、接收孔径与焦距比决定。孔径焦距比越大，光学系统的设计难度就越大。假设接收望远镜孔径一定，则光学系统的焦距范围也基本确定。在此基础上，激光雷达的接收视场，就转化为由接收望远镜孔径和探测器光敏面尺寸决定，接收视场与光敏面尺寸成正比，与接收孔径成反比。

由于激光回波信号收入光纤后，激光信号传输和 SAL/ISAL 相干探测中的混频处理等在实现结构上较为简单，利用光纤收取回波信号在 SAL/ISAL 实验中应用较多。SAL/ISAL 需使用单模保偏光纤[124]，但单模保偏光纤的纤芯直径只有 8μm ~ 10μm，因此其等效光敏面尺寸很小，使得 SAL/ISAL 的有效接收视场较小。

为扩大接收视场，可以考虑使用空间光路接收回波信号，并增大光敏面尺寸。但光敏面尺寸越大，其暗电流也越大，带宽就越小。目前常用的单探测器光敏面尺寸较小，一般在百微米量级。与之相对应的激光雷达接收视场也较小，通常小于 1mrad。

为解决激光信号宽视场接收问题，可采用线阵或面阵探测器的接收方式扩大接收视场。这种接收方式具备高的空间角分辨率，但由于需使用光电探测器阵列和多个通道信号处理，因此对具有高距离向分辨率的 SAL/ISAL 来讲数据量大，技术实现复杂，成本较高。

与传统光学图像概念不同，ISAL 获取的图像在斜距 - 横向两维。ISAL 需要宽视场接收覆盖能力，其斜距和横向目标信息由信号处理提取，但不需要探测器阵列形成的高空间角分辨率，故 ISAL 在原理上可使用“非成像光学系统”。为此，可以考虑使用光纤准直器或光纤阵列等接收回波信号，利用其形成的大等效光敏面扩大 ISAL 接收视场，并采用一个或少量光电探测器进行光电转换，以降低系统的成本和复杂度。

7.5　天基ISAL系统分析

空间目标观测是ISAL天基应用的一个主要方向。当激光雷达在天基平台上对空间运动目标进行观测时，在目标探测和跟踪的基础上，可以使用ISAL成像技术对目标进行高分辨率成像识别。

与毫米波雷达相比[125]，由于激光雷达波长较短，目标横向运动和自转形成的非常小的角度就可以使ISAL以高数据率获得高的横向分辨率图像。与此同时，激光波长较短的特点也可以使小尺寸目标具有较大的散射截面积，因此激光雷达更易于观测尺寸较小的空间目标（如小尺寸空间碎片等）。

ISAL利用脉冲压缩实现对远距离目标的高距离向分辨率成像，以平衡激光雷达作用距离和距离向分辨率的矛盾。以下对天基空间目标观测ISAL系统进行分析。

7.5.1　系统参数

初步设定天基空间目标观测ISAL系统工作在搜索/跟踪成像两种模式下，其主要性能参数见表7.3。

表7.3　天基ISAL系统参数

参数	数值	参数	数值
激光波长	0.5～10.6μm	作用距离（窄视场）	100km
成像分辨率	0.1m	作用距离（宽视场）	40km
波束宽度（宽）	2mrad	数据率	20Hz
波束宽度（窄）	0.3mrad	最大前斜视角	80°

7.5.2　系统方案

1. 系统组成

ISAL主要由激光光源、定时器、宽带调制信号产生器、激光信号调制器、功率放大器、发射端光学系统、接收端光学系统、在像面2×2排列的四组相干探测器、四通道信号处理器、和差探测信号处理器、成像处理器、稳定平台、位置和姿态测量系统（Position and Orientation System，POS）等组成，系统组成，如图7.15所示。

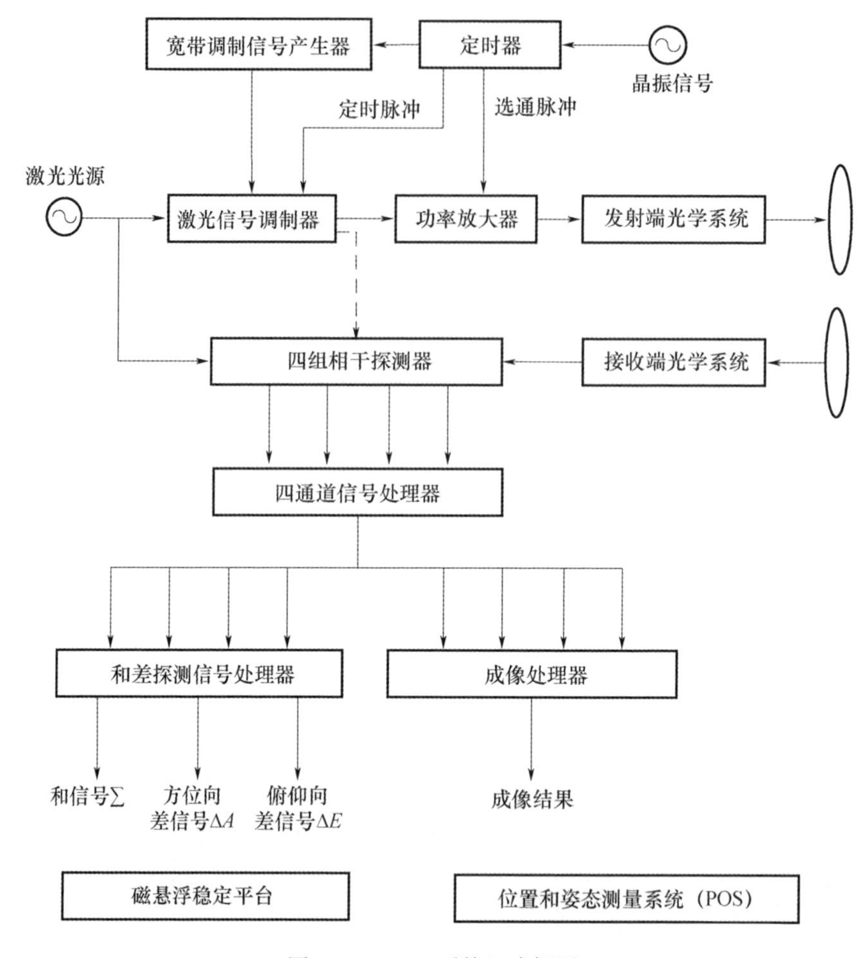

图 7.15　ISAL 系统组成框图

采用接收和发射端光学系统分置方案，有利于提高系统的收发隔离度。其中宽带调制信号产生器主要由高速 D/A 形成，激光信号调制器主要由激光相位调制器或 MZ 干涉仪形成，POS 用于提供激光雷达的位置、姿态和速度信息，稳定平台用于完成目标搜索与跟踪过程中的激光波束指向控制，并有效隔离平台振动对 ISAL 成像的影响，稳定平台可选为磁悬浮稳定平台[126]。

2. 波形选择

ISAL 通过对宽带信号进行脉冲压缩获取高的斜距向分辨率，所需的宽带信号可选择为激光频率调制或相位调制信号，由高速 D/A 输出信号经激光信号调制器调制后产生。波形选择为宽脉冲模式时可以降低系统发射信号的峰值功率。由于激光信号具有收发隔离度高的特点,因此系统也适于工作在连续波状态,而且使用连续波发射信号可以避免激光信号脉冲调制引入的频率调制问题。

由于ISAL观测幅宽较窄,当发射信号选择为LFM信号或第1章中的LFM相位调制信号时,可采用"去调频"或"去调相"接收方式,以大幅度降低A/D的采样速率。与此同时,也可考虑直接采用数字去斜接收技术[64]简化系统光路。

要特别说明的是,使用以二相编码信号为代表的相位调制信号虽不能采用去斜接收技术降低A/D的采样速率,但它不要求信号相位连续变化的特点,使其适用于激光信号高功率放大后存在较大相位失真的场合。

3. 信号接收和处理

ISAL采用单望远镜发射和四探测器相干接收体制。激光雷达发射经过高功率放大宽带信号,目标回波信号经接收端光学系统进入四组探测器(每组探测器都可以实现激光信号的相干外差探测解调功能)。四组探测器可借鉴6.2.1节SAL光学系统和探测器布局方式,使各探测器具备一定的重叠视场。对四组探测器的信号求和处理实现目标探测,获取目标的距离信息;求差比幅/比相处理获取目标的方位和俯仰角信息,实现对目标的测角和跟踪;最后通过成像处理获取目标的二维成像和三维重建。

4. 目标搜索和跟踪

ISAL波束较窄,在一定的观测范围内机械扫描搜索目标,通过DBS处理实现目标探测。雷达捕获目标后,立即进行跟踪成像,同时根据目标距离、尺寸等信息判断是否需要宽窄视场转换。ISAL的信号接收和高分辨率成像处理过程与目前的ISAR类似。

为综合解决目标搜索和跟踪成像处理中数据量大的问题,可以考虑在目标搜索时采用窄带信号,目标检测建立跟踪后再发射宽带信号,实现高分辨率成像和目标识别。在宽带信号条件下,可以考虑对四组探测器信号进行简单的数字包络检波,形成跟踪所需的和差信号。

5. 探测和成像处理

ISAL工作在DBS状态下进行目标搜索时,每个探测器均可以获得目标的较低分辨率距离-多普勒域图像,在距离-多普勒域实施门限检测和求差比幅处理后即可确定目标位置,通过边扫描边跟踪(Track While Scan,TWS)处理还可以实现同时多目标跟踪。

为缓解目标和雷达相对运动产生的多普勒散焦信噪比下降问题,可以对数字包络检波后的信号实施非相干积累,再实施门限检测。

ISAL 捕获目标并转入连续跟踪状态后,在运动参数估计后可以进行高分辨率距离-多普勒域或二维空间域成像,大前斜视角合成孔径成像处理也可以采用基于聚束模式的波数域 ωK 算法,同时可以使用子孔径成像处理以提高图像数据率。由于 ISAL 四组探测器中任意三个探测器构成正交基线,因此可以通过对目标二维成像结果进行干涉测角处理,获取目标的三维位置信息。

7.5.3 关键技术

1. 大口径宽视场变焦光学系统技术

为保证对目标进行搜索和跟踪成像,经初步分析,ISAL 光学系统设计应满足下列条件:孔径尺寸约为 300mm,0.3mrad ~ 2mrad 可变视场,具有波束二维扫描能力,并能实现高精度目标测角跟踪。

2. 宽带激光信号形成和高功率放大技术

为实现远距离相干探测和高分辨率成像,ISAL 应能在大功率窄线宽条件下发射宽带信号。当雷达作用距离为 100km 左右时,激光功率应在千瓦量级,相干探测所需的激光信号线宽应优于 1.5kHz;为保证 0.1m 距离向成像分辨率,发射信号带宽应为吉赫量级。

3. 天基信号和数据处理技术

除采用去斜技术缓解 ISAL 宽带信号带来的大数据量压力外,ISAL 还需建立高效的天基 DSP + GPU + FPGA 架构平台,以进行实时信号和数据处理。即使不在天基平台上进行实时目标成像处理,天基平台也需要具有一定的信号处理能力,以保证雷达对目标的搜索捕获和连续跟踪。

4. 运动目标高分辨率成像探测技术

高分辨率成像处理有助于低信噪比运动目标探测,但其核心是高精度运动参数估计和相位误差补偿的实施。由于激光波长较短,目标和雷达存在的相对运动,容易产生多普勒模糊和频谱展宽,与此同时,平台及目标本身的微小振动也会很容易超过波长量级,从而引起信号相位的显著变化,给目标运动参数估计和成像处理带来很大困难。

考虑通过双频共轭处理[128]解除多普勒模糊,实现目标运动参数估计。在激光波段,由于目标粗糙度的存在,很难产生孤立强点,仅使用传统的自聚焦成像方法难以估计出准确的相位误差,因此可考虑结合使用空间相关相位差[129]处理实施高精度相位误差补偿。

7.5.4　参数分析

1. 成像分辨率

传统激光雷达的空间分辨率受限于衍射极限，设 λ 为激光波长，D 为光学望远镜孔径，R 为雷达与目标的斜距，则其衍射极限分辨率为

$$\rho_{\mathrm{diff}} = \frac{\lambda R}{D} \tag{7.19}$$

若激光波长为 10.6μm，望远镜孔径为 300mm，斜距为 100km，则其衍射极限分辨率约为 3.5m。如果激光波长为 0.5μm，则衍射极限分辨率约为 0.2m。

ISAL 发射信号为宽带信号，设 B 为发射信号带宽，c 为光速，k 为加窗展宽系数，斜距向分辨率为

$$\rho_{\mathrm{r}} = \frac{kc}{2B} \tag{7.20}$$

若发射信号带宽为 2GHz，加窗展宽系数为 1.3，则其斜距向分辨率约为 0.1m。

利用合成孔径成像技术，当目标横向运动和自转使其和激光雷达之间产生的成像转角为 θ 时，则相对于雷达视线方向的横向分辨率为

$$\rho_{\mathrm{a}} = \frac{k\lambda}{2\theta} \tag{7.21}$$

当激光波长为 10.6μm 时，若要求的成像横向分辨率为 0.1m，则所需成像转角为 0.07mrad（约千分之四度）。由此可见，只要空间目标横向运动和自转使其和雷达之间存在微小的转角，通过合成孔径成像处理即可获得横向分辨率优于 0.1m 的图像，且其分辨率优于衍射极限分辨率。

由横向分辨率公式可知，ISAL 横向分辨率与目标和雷达之间的相对转角有关，相对转角越大，横向分辨率越高。但相对转角越大，所需目标驻留时间也越长，长时间相干积累对应的运动目标参数估计和相位误差补偿难度也越大。在确定横向分辨率的条件下，利用子孔径成像处理可以在一定程度上减小运动目标的参数估计难度，并且较容易获取目标良好聚焦的图像，同时提高成像数据率。但需注意的是，高精度的相位误差补偿仍然非常重要，否则子孔径成像处理后，难以有效进行图像拼接，同时影响多视处理提高图像 SNR 效果。换而言之，相位误差补偿精度不仅影响成像分辨率，还对图像拼接和图像 SNR 有重要影响。

2. 前斜视角

当激光雷达对目标进行跟踪时，雷达与运动目标间的相对速度矢量具有不确定性。当两者相对速度方向与波束指向夹角较小时，激光雷达工作在前斜视成像状态下，故需对其前斜视成像能力进行分析。定义前斜视角为激光雷达相对目标运动速度方向与波束指向夹角的余角，设前斜视成像时可成像的最大前斜视角 θ_{smax}，则

$$\theta_{\mathrm{smax}} = \arcsin\left(\frac{1-\Delta}{1+\Delta}\right) \tag{7.22}$$

式中：$\Delta = 0.5\lambda B/c$ 为相对带宽因子。

显然，信号波长越小，越有利于大前斜视角高分辨成像。若激光波长为10.6μm，当雷达发射信号带宽为2GHz时，$\Delta = 3.5\times10^{-5}$，最大前斜视角约为89.3°。激光的最大前斜视角接近90°，因此激光雷达具备准前视成像能力。

3. 数据率

由前述分析可知，ISAL只要很小的成像转角即可获取高分辨率图像，故可以进行短时间子孔径成像处理，从而对目标进行高数据率成像。设 V 为雷达和目标的相对速度大小，θ_{s} 为激光雷达的前斜视角，根据横向分辨率公式，可得所需的子孔径成像时间 T_{s} 为

$$T_{\mathrm{s}} \approx \frac{k\lambda R}{2\rho_{\mathrm{a}} V\cos\theta_{\mathrm{s}}} \tag{7.23}$$

若雷达和目标的相对速度大小一定，当ISAL在前斜视成像状态工作时，目标的横向速度分量 $V\cos\theta_{\mathrm{s}}$ 较小，子孔径成像时间较长，对应的目标成像数据率较低。若要求雷达子孔径成像处理的横向分辨率为0.1m，激光波长为10.6μm，斜距为100km，加窗展宽系数为1.3，雷达和目标的相对运动速度为1000m/s，则当前斜视角为0°时，子孔径成像时间为6.9ms；当前斜视角为80°时，子孔径成像时间为39.7ms，故激光雷达对目标可实现数据率优于25Hz的"快视"成像。

上述分析表明ISAL可以在大前斜视角条件下，以高数据率对目标实现远距离高分辨率成像。

4. 作用距离

与微波雷达类似，激光雷达的发射增益与发射波束宽度成反比。设激光雷达的俯仰向和方位向发射波束宽度分别为 θ_{r} 和 θ_{a}，则发射增益 G_{t} 为

$$G_{\mathrm{t}} = \frac{4\pi}{\theta_{\mathrm{r}}\theta_{\mathrm{a}}} \tag{7.24}$$

激光雷达的光学系统较为复杂,影响光学系统传输效率的因素较多。设激光雷达的发射光学系统传输效率为 η_t,接收光学系统传输效率为 η_r,外差探测时视场匹配效率为 η_m[130],并设光学系统的其他损耗为 η_{oth},则光学系统传输效率 η_{sys} 为

$$\eta_{sys} = \eta_t \eta_r \eta_m \eta_{oth} \tag{7.25}$$

需要注意的是,与微波雷达中主要考虑接收机热噪声影响不同,ISAL 中需注意考虑激光本振信号引起的散弹噪声影响[16],两者相差约 1 ~ 2 个数量级。与此同时,ISAL 成像涉及光学处理和电子学处理两部分,因此需在雷达方程中加入电子学噪声系数,以表征电子学处理引入的噪声等对 ISAL 作用距离的影响。

设激光雷达的发射峰值功率为 P_t,发射信号脉冲宽度为 T_p,接收望远镜面积为 S_r,合成孔径成像后单个分辨单元对应的目标散射截面积为 σ(为目标散射系数、距离向分辨率、横向分辨率三者之积),光电探测器的量子效率为 η_D,h 为普朗克常数,v 为激光频率,电子学噪声系数为 F_n,单脉冲信噪比为 SNR_{min}。令激光雷达的最大作用距离为 R_{max}[16,62],则有

$$R_{max} = \sqrt[4]{\frac{\frac{P_t G_t}{4\pi}\sigma \frac{S_r}{\pi}\eta_{sys}\eta_D T_p}{hvF_n SNR_{min}}} \tag{7.26}$$

综合上述分析,一个天基 ISAL 的主要系统参数见表 7.4。

表 7.4　天基 ISAL 的主要系统参数

参数	数值	参数	数值
激光波长	10.6μm	接收望远镜孔径	300mm
发射峰值功率	3000W	发射光学系统传输效率	0.9
脉冲宽度	30μs	接收光学系统传输效率	0.8
信号带宽	2GHz	匹配效率	0.5
脉冲重复频率	10kHz	其他损耗	0.5
波束宽度(宽)	2mrad	光学系统传输效率	0.18
波束宽度(窄)	0.3mrad	量子效率	0.5
目标散射系数	0.2	电子学噪声系数	3dB
距离向分辨率	0.1m	单脉冲信噪比	0dB
横向分辨率	0.1m	最小成像信噪比	15dB

在上述参数条件下,采用多脉冲(如 100 个)相干处理,当激光发射波束宽

度为 0.3mrad 时，在约 102km 处可使目标的成像信噪比优于 15dB，并获得 100Hz 的成像数据率。当激光发射波束宽度为 2mrad 时，激光雷达的最大作用距离可达到约 39.5km。

5. 多普勒带宽和脉冲重复频率

当激光雷达对目标建立跟踪后，ISAL 近似工作在聚束成像模式下，对应的多普勒带宽和目标相对雷达的成像转角与目标尺寸有关。对目标回波信号作横向去斜处理和距离－多普勒域成像后，对应的多普勒带宽大小仅由目标尺寸决定。当目标尺寸为 L 时，目标回波的多普勒带宽为

$$B_a = \frac{2LV\cos\theta_s}{\lambda R} \tag{7.27}$$

在雷达和目标的相对运动速度一定的条件下，前斜视角越小，则目标横向速度越大，对应的多普勒带宽也越大。当目标尺寸为 1m，斜距为 10km，激光波长为 10.6μm，雷达和目标的相对运动速度为 300m/s，前斜视角为 0°（正侧视）时，目标横向速度为 300m/s，对应的多普勒带宽为 5.66kHz；如果目标速度更高，则多普勒带宽也相应增大。为保证横向成像不模糊，脉冲重复频率（PRF）应不低于信号多普勒带宽。当系统 PRF 设置为 10kHz 时，可得上述条件下目标最大横向速度为 530m/s。对于更远距离或更小尺寸目标，去斜处理后多普勒带宽较小，目标最大横向速度相应增大。若其他参数不变，假定斜距增大为 100km，则上述条件下目标最大横向速度可达 5.3km/s。

随着双频激光技术的发展，具有数十吉赫兹甚至更大频差的双频激光器成为可能。利用双频激光器输出信号作激光雷达发射信号，并结合双频共轭处理可以解除大尺寸高速运动目标的多普勒带宽模糊问题。假定双频激光器输出激光信号的中心频率分别为 28.30THz 和 28.32THz（对应的波长分别为 10.60μm 和 10.59μm），则双频共轭处理后等效中心频率为 27GHz（对应的波长约 1.1cm）。当目标尺寸为 20m，斜距为 10km，激光波长为 10.6μm，雷达和目标的相对运动速度为 10km/s，前斜视角为 0°（正侧视）时，双频共轭处理前后的多普勒带宽分别为 3.77MHz 和 3.57kHz，因此采用双频激光器技术可以大幅降低对高速运动目标观测时系统的 PRF 要求。

假定斜视角不为 0，目标运动产生的径向速度会产生较大的多普勒中心频率，因此在激光波段多普勒中心模糊问题也较为严重。为去除多普勒中心频率模糊，考虑对接收的宽带回波信号进行子带双频共轭处理。当信号带宽为 2GHz 时，若选取两子带信号的频差为 150MHz，则双频共轭处理后信号等效波

长约2m,PRF为10kHz时对应的目标不模糊径向速度最大值为5km/s;若选取两子带信号的频差为75MHz,则对应的目标不模糊径向速度最大值可扩大为10km/s。

综合上述分析,当ISAL进行目标跟踪成像时,需先对目标距离压缩信号进行子带双频共轭处理,以去除多普勒中心模糊。利用Keystone变换校正距离徙动,根据多普勒信息获取目标径向速度。然后,对大尺寸高速运动目标利用激光发射信号双频共轭处理解除多普勒带宽模糊,并通过搜索调频率获取目标横向速度。对径向速度补偿后的信号作横向去斜处理,获得目标的距离-多普勒域成像结果。对四组探测器的距离-多普勒域成像结果进行干涉处理,可以获取目标各散射点的俯仰和方位角度信息,再结合斜距信息即可对目标的三维位置进行重建。当激光波长为10.6μm,四组探测器尺寸为2mm,目标位于基线法线方向时,ISAL有效基线长度为0.5mm,测角不模糊范围[131]为-0.0106rad~+0.0106rad,满足ISAL接收视场要求。

6. 长时频率分辨率

激光频率比微波频率高三个数量级以上,相对于微波信号,激光信号的相干性从原理上就较差。ISAL是一种相干体制成像雷达,激光信号的相干性对其成像横向分辨率具有重要影响。定义慢时频率分辨率Δf为激光静止目标回波信号和本振信号外差所得频谱宽度,则ISAL能实现的最高横向分辨率为

$$\rho_{\mathrm{am}}=\frac{\Delta f\lambda R}{2V\cos\theta_{\mathrm{s}}} \tag{7.28}$$

假定雷达和目标的相对速度为1000m/s,前斜视角为0°(正侧视),激光波长为10.6μm,斜距为100km,若要求目标的横向分辨率为0.1m,根据式(7.28),可得其慢时频率分辨率需优于189Hz(对应的成像时间应不少于5.3ms),对发射峰值功率3000W的激光器而言具有相当难度。

慢时频率分辨率反映了激光信号相干性和系统的相位噪声水平,它决定了ISAL成像横向分辨率的理论极限,需要严格控制。

7.6 小结

本章首先分析了10m衍射口径天基SAL系统指标,研究了器件参数对衍射光学系统波束方向图的影响,并提出了基于数字信号处理的孔径渡越补偿方法,研究结果表明,天基SAL具备高分辨率高数据率对地成像观测的优势。

10m 衍射口径光学系统可以考虑采用两级压缩光路实现:第一级压缩光路约 30 倍,光学口径从 10m 压缩到 300mm;第二级压缩光路约 20 倍,光学口径从 300mm 压缩到 15mm,系统接收探测性能主要由主镜尺寸决定。由于天基 SAL 工作在红外波段,10m 口径膜基衍射光学系统对面形精度要求不高,焦距可短于 20m,因此其技术实现具有一定的可行性,大口径薄膜望远镜的折叠/展开可借鉴我国已有的大型折叠/展开微波天线的研制基础。

天基 SAL 为主动成像系统,在未来实际系统设计中,可将系统设计成主动与被动结合的系统,通过增设被动红外成像通道,利用大口径薄膜望远镜实现主动与被动结合的高分辨率对地成像,持续开展相关研究工作具有重要意义。

由于 ISAL 可以在大前斜视角条件下,以高数据率对远距离目标实现高分辨率成像,因此它是相干激光雷达的重要发展方向。本章给出了一个用于空间目标观测的天基 ISAL 系统方案,对我国空间目标天基观测激光雷达技术的发展具有重要的参考价值。

第 8 章 地基逆合成孔径激光雷达成像处理

本章研究低轨空间目标地基 ISAL 成像问题。首先,给出 ISAL 的收发通道布局;在此基础上,针对目标速度矢量与 ISAL 基线平行的情况,提出一种基于顺轨多通道干涉处理的 ISAL 振动相位误差估计方法,并通过仿真数据和 79GHz 毫米波 InISAR 实际数据验证该方法的有效性;最后针对目标速度矢量与 ISAL 基线不平行的情况,对顺轨干涉方法进行扩展,提出了一种基于正交基线干涉处理的 ISAL 振动相位误差估计方法,并通过仿真数据验证该方法的有效性。

8.1 收发通道布局

本章方法所使用的 ISAL 收发通道布局,如图 8.1 所示。ISAL 采用收发分置的方案,使用小口径望远镜发射宽带激光信号,使用大口径望远镜接收目标回波信号以保证足够的功率口径积和成像信噪比。

为形成 $M+1$ 个接收通道,在接收望远镜内视场的某个平面上设置 $M+1$ 个光电探测器以形成“L”型正交观测结构,这 $M+1$ 个探测器被标记为 D_0、D_1、…、D_m、…、D_M。以这 $M+1$ 个光电探测器所在的平面为 $x-y$ 平面建立笛卡儿坐标系 O_{xyz},其中,D_0、D_1、…、D_m、…、D_{M-1} 共线且所在直线与 y 轴平行,D_0、D_M 所在直线与 x 轴平行。目标距离通常远大于 ISAL 发射望远镜和接收望远镜的间隔,在这种情况下,各探测器对应的等效相位中心近似位于各探测器与发射望远镜等效相位中心连线的中点,其标记为 E_0、E_1、…、E_m、…、E_M。显然,E_0、E_1、…、E_m、…、E_{M-1} 共线且所在直线与 y 轴平行,E_0、E_M 所在直线与 x 轴平行。为便于理解,本章仅使用等效相位中心对所提出的方法进行解释和说明。

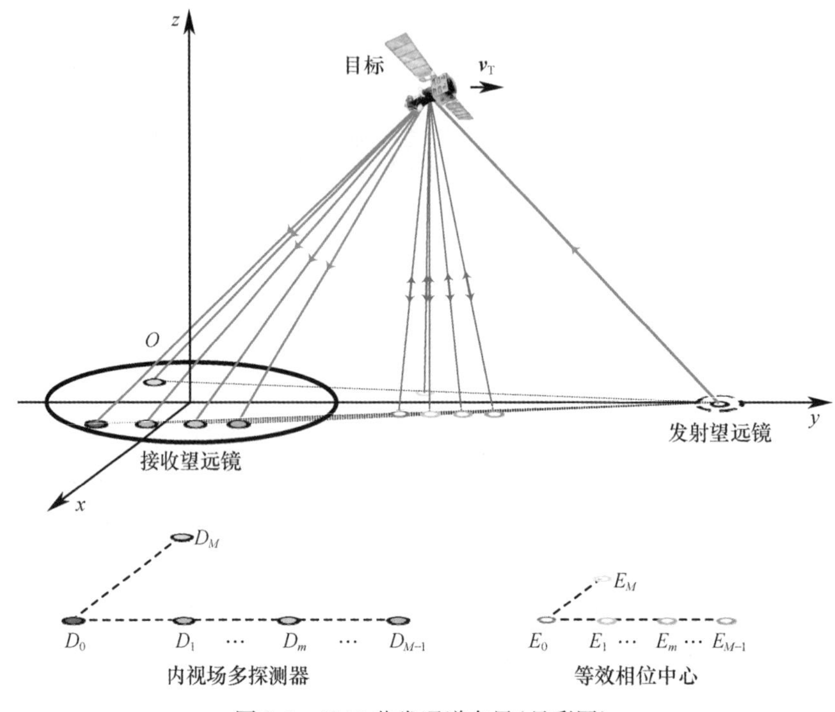

图 8.1 ISAL 收发通道布局(见彩图)

需要明确的是,图 8.1 采用内视场多探测器来形成多个接收通道,主要是为了形成较短的基线,在这种情况下,不同探测器需要具备重叠视场[19],这可以通过将探测器所在平面偏离接收望远镜焦面来实现[23],由于 ISAL 成像在距离－多普勒域,所以其具备使用“非成像光学系统”的条件[116]。实际上,本章方法并不局限于此,在需要长基线的情况下也可以使用多个接收望远镜形成多个接收通道,ISAL 基线长度的选取原则将在后文中进行分析,它主要与目标速度、目标振动的幅度、目标振动的频率有关。

8.2 基于顺轨多通道干涉处理的 ISAL 振动相位误差估计方法

8.2.1 理论分析

针对目标速度矢量与 ISAL 基线平行的情况,本节提出基于顺轨多通道干涉处理的 ISAL 振动相位误差估计方法(后文简称 MCATI 方法),下面简述该方法的基本思想。

如图8.2所示，ISAL等效具备M个共线的自发自收通道，其等效相位中心分别为E_0、E_1、…、E_m、…、E_{M-1}，这M个通道形成$M-1$条基线，目标速度矢量$\boldsymbol{v}_{\mathrm{T}}$与这$M-1$条基线平行。在此情况下，这$M$个通道将分别在$t_k$、$t_k+\Delta t_1$、…、$t_k+\Delta t_m$、$t_k+\Delta t_{M-1}$时刻以相同视角，在相同距离上，对目标进行$M$次观测。若目标不振动，则$M$次观测所获得的目标回波信号原理上应相同。若目标振动，则每两次观测所获得的目标回波信号的干涉相位即为振动相位误差的差分值。因此，在t_k到$t_k+\Delta t_{M-1}$时间段内，可以获得$M-1$个独立的振动相位误差的差分值，从而可以用$M-1$阶多项式对t_k到$t_k+\Delta t_{M-1}$时间段内的振动相位误差建模并估计多项式系数。对各时间段内的振动相位误差估计结果进行拼接，即可获得完整的成像观测时间内的振动相位误差估计结果。

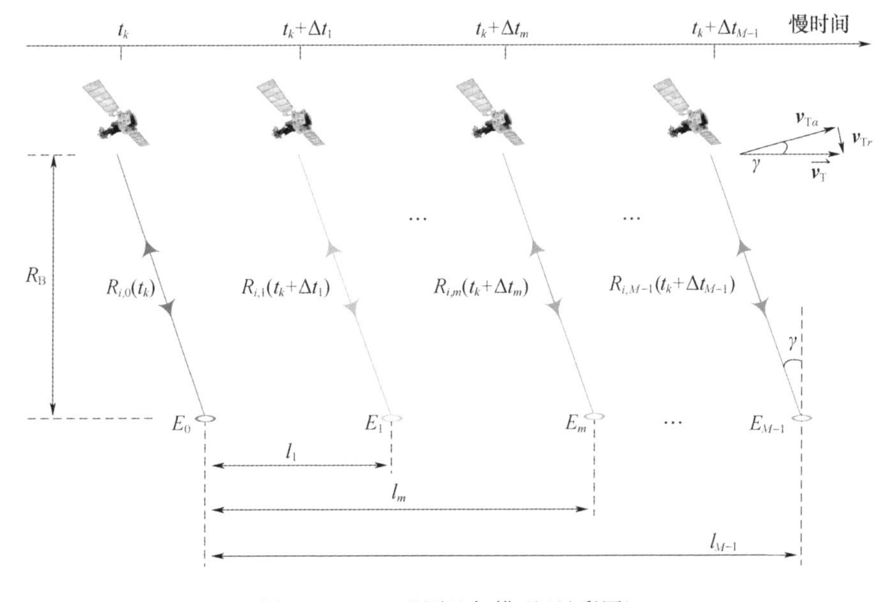

图8.2　ISAL观测几何模型（见彩图）

下面对MCATI方法进行具体说明。

如图8.2所示，对等效相位中心E_m在慢时间$t_k+\Delta t_m$时刻接收到的目标回波信号进行斜距向脉冲压缩，脉压后的信号可以表示为

$$s_m(\hat{t},t_k+\Delta t_m)=s_m(\hat{t},t_k+\Delta t_m)'\exp\{\mathrm{j}\varphi_{\mathrm{v}}(t_k+\Delta t_m)\} \tag{8.1}$$

式中：$\hat{t}$为快时间；$\varphi_{\mathrm{v}}(t_k+\Delta t_m)$为$t_k+\Delta t_m$时刻的振动相位误差；$s_m(\hat{t},t_k+\Delta t_m)'$为不含振动相位误差的目标回波信号，其可以表示为

$$s_m(\hat{t},t_k+\Delta t_m)' = \sum_{i=1}^{I}\sigma_i \exp(j\varepsilon_i)\operatorname{sinc}\left\{B_r\left[\hat{t}-2\frac{R_{i,m}(t_k+\Delta t_m)}{c}\right]\right\}$$
$$\exp\left[-j\frac{4\pi R_{i,m}(t_k+\Delta t_m)}{\lambda}\right] \tag{8.2}$$

式中：i 为散射点的序号；I 为散射点的个数；σ_i 为第 i 个散射点的后向散射系数；ε_i 为第 i 个散射点的初相位；$R_{i,m}(t_k+\Delta t_m)$ 为 $t_k+\Delta t_m$ 时刻第 i 个散射点到第 m 个等效相位中心的距离；c 为光速；B_r 为发射信号带宽；λ 为发射信号的中心波长。

式(8.2)最后一个指数项的相位被用于合成孔径成像，然而，振动相位误差 $\varphi_v(t_k+\Delta t_m)$ 将扰乱该相位并导致横向距离向成像结果散焦。式(8.2)假定在各等效相位中心对应的目标回波信号中，振动相位误差均相同且不随散射点空变。通常情况下，目标尺寸和ISAL的基线长度均远小于目标距离，该假定是成立的。

由于目标速度矢量与基线平行，若 $\Delta t_m = l_m/\|\boldsymbol{v}_T\|$，$R_0(t_k)$ 与 $R_m(t_k+\Delta t_m)$ 相等。在此情况下，将 $s_m(\hat{t},t_k+\Delta t_m)$ 与 $s_0(\hat{t},t_k)$ 进行干涉处理，干涉后的信号可以表示为

$$s_m(\hat{t},t_k+\Delta t_m)s_0(\hat{t},t_k)^* = s_m(\hat{t},t_k+\Delta t_m)'\{s_0(\hat{t},t_k)'\}^*$$
$$\exp\{j[\varphi_v(t_k+\Delta t_m)-\varphi_v(t_k)]\} \tag{8.3}$$

式中：* 表示复共轭，等号右侧前两项共轭相乘后的相位为0。

提取式(8.3)所示干涉后的信号的相位，可以获得 $M-1$ 个独立的振动相位误差的差分值为

$$\varphi_v(t_k+\Delta t_m)-\varphi_v(t_k) = \arg\{s_m(\hat{t},t_k+\Delta t_m)s_0(\hat{t},t_k)^*\} \tag{8.4}$$

用 $M-1$ 阶多项式对 t_k 到 $t_k+\Delta t_{M-1}$ 时间段内的振动相位进行误差建模，有

$$\varphi_v(\tau)' = a_{M-1}\tau^{M-1} + a_{M-2}\tau^{M-2} + \cdots + a_1\tau \tag{8.5}$$

式中：$\tau \in (t_k, t_k+\Delta t_{M-1})$；$a_1$、$a_2$、$\cdots$、$a_{M-1}$ 为待估的多项式系数。在式(8.4)中，并未考虑常数项，因为常数相位误差并不影响各时间段内的振动相位误差的拼接以及合成孔径成像。

结合式(8.4)和式(8.5)可得如下 $M-1$ 元一次方程组

$$\begin{bmatrix}
(t_k+\Delta t_{M-1})^{M-1}-(t_k)^{M-1} & \cdots & (t_k+\Delta t_{M-1})^m-(t_k)^m & \cdots & (t_k+\Delta t_{M-1})^1-(t_k)^1 \\
\vdots & & \vdots & & \vdots \\
(t_k+\Delta t_m)^{M-1}-(t_k)^{M-1} & \cdots & (t_k+\Delta t_m)^m-(t_k)^m & \cdots & (t_k+\Delta t_m)^1-(t_k)^1 \\
\vdots & & \vdots & & \vdots \\
(t_k+\Delta t_1)^{M-1}-(t_k)^{M-1} & \cdots & (t_k+\Delta t_1)^m-(t_k)^m & \cdots & (t_k+\Delta t_1)^1-(t_k)^1
\end{bmatrix}$$

$$\begin{bmatrix} a_{M-1} \\ \vdots \\ a_m \\ \vdots \\ a_1 \end{bmatrix} = \begin{bmatrix} \varphi_{\mathrm{v}}(t_k + \Delta t_{M-1}) - \varphi_{\mathrm{v}}(t_k) \\ \vdots \\ \varphi_{\mathrm{v}}(t_k + \Delta t_m) - \varphi_{\mathrm{v}}(t_k) \\ \vdots \\ \varphi_{\mathrm{v}}(t_k + \Delta t_1) - \varphi_{\mathrm{v}}(t_k) \end{bmatrix} \tag{8.6}$$

根据式(8.6)可计算得到式中的多项式系数 $a_1, a_2, \cdots, a_{M-1}$,进而计算出时间段$(t_k, t_k + \Delta t_{M-1})$的振动相位误差 $\varphi_{\mathrm{v}}(\tau)'$。同理可得到以 Δt_{M-1} 为间隔的各时间段$(t_k + n\Delta t_{M-1}, t_k + n\Delta t_{M-1} + \Delta t_{M-1})$内的振动相位误差估计结果,在进行拼接处理后即可获得完整的成像观测时间内的振动相位误差估计结果。

关于 MCATI 方法,有以下几点需要说明。

1. 基线长度的选择

首先,基线长度应使式(8.6)中的系数矩阵可逆。在此基础上,基线长度应保证干涉相位不缠绕,有

$$\max\left\{ \left| \varphi_{\mathrm{v}}\left(t_k + \frac{l_{M-1}}{\| \overrightarrow{\boldsymbol{v}_{\mathrm{T}}} \|} \right) - \varphi_{\mathrm{v}}(t_k) \right| \right\} < \pi \tag{8.7}$$

一般而言,振动相位误差中的主要分量可被建模为正弦函数的形式,即

$$\varphi_{\mathrm{v}}(t_k) = A_{\mathrm{v}} \sin(2\pi F_{\mathrm{v}} t_k) \tag{8.8}$$

式中:A_{v} 为正弦函数的幅度;F_{v} 为正弦函数的频率。

结合式(8.7)与式(8.8)可得基线长度的上限为

$$l_{M-1} < \frac{\| \boldsymbol{v}_{\mathrm{T}} \|}{2A_{\mathrm{v}}F_{\mathrm{v}}} \tag{8.9}$$

式中:A_{v} 的数值对应的单位为 rad,因为代入计算的过程中,A_{v} 的单位和 π 的单位 rad 进行了对消。

式(8.9)表明,振动相位误差的幅度越大、频率越高,基线长度的上限越小。但是考虑到干涉相位存在一定的测量误差,因此基线长度也不宜过小,以免干涉相位过小,导致干涉相位测量误差的影响增大。

2. 目标速度的估计

MCATI 方法需要估计目标速度的大小 $\| \boldsymbol{v}_{\mathrm{T}} \|$。如图 8.2 右上角所示,$\boldsymbol{v}_{\mathrm{T}}$ 可被分解为横向速度 $\boldsymbol{v}_{\mathrm{T\alpha}}$ 和径向速度 $\boldsymbol{v}_{\mathrm{Tr}}$,横向速度的大小可以通过文献[135]所述最优化方法搜索得到,径向速度的大小可以通过目标回波信号的多普勒中心计算得到。对于 ISAL,目标回波信号的多普勒中心通常大于系统的脉冲重复频率,难以直接从多普勒谱中对多普勒中心进行估计。在此情况下,可以通过对

顺轨多通道的目标回波信号进行组合处理以提高等效脉冲重复频率[136]。

3. ISAL 通道数的选择

上述理论分析表明，MCATI 方法的估计精度随 ISAL 通道数的增加而提高，但是该结论仅仅是原理上的。若目标回波信号信噪比较低，则在计算多项式系数 a_1、a_2、…、a_{M-1} 时，估计误差可能会随着 ISAL 通道数的增加而增大，进而影响振动相位误差的估计精度，在这种情况下，信号沿斜距向累积可降低噪声的影响。因此，MCATI 方法中 ISAL 通道数的选取应综合考虑目标回波信号的信噪比和距离门数。

4. MCATI 方法和 SCA 算法的精度比较

MCATI 方法和 SCA 算法均基于振动相位误差的差分值对振动相位误差进行估计。在 MCATI 方法中，ISAL 具备对目标多次重复观测的条件，并从两次重复观测获得的目标回波信号的干涉相位中提取振动相位误差的差分值，这一过程不存在近似。在 SCA 算法中，ISAL 不具备对目标多次重复观测的条件，只能近似从相邻脉冲或脉冲串对应目标回波信号复相关系数的相位中提取振动相位误差的差分值，所以 MCATI 方法原理上比 SCA 算法更加精确。

8.2.2 仿真验证

本小节对 MCATI 方法进行仿真验证。仿真基于图 8.2 所示的 ISAL 观测几何模型，仿真参数见表 8.1。

表 8.1 仿真参数

参数	数值	参数	数值
波长	10.6μm	目标速度大小	7000m/s
发射信号带宽	3GHz	目标距离	500km
快时间采样率	5GHz	合成孔径时间	10ms
斜距向分辨率	5cm	横向分辨率	5cm
脉冲重复频率	75kHz	通道数	4
等效斜视角	100μrad	基线长度	18cm/28cm/37cm

假定 ISAL 具备 4 个等效的自发自收通道，其等效相位中心分别为 E_0、E_1、E_2、E_3，这四个等效相位中心形成三条共线的基线，基线长度分别为 $l_1=0.18\text{m}$，$l_2=0.28\text{m}$，$l_3=0.37\text{m}$。观测目标为低轨卫星，目标速度矢量与 ISAL 的基线平行，速度大小 $\|\boldsymbol{v}_\text{T}\|=7000\text{m/s}$。ISAL 观测目标的等效斜视角 $\gamma=100\mu\text{rad}$，ISAL 到目标轨迹的垂直距离 $R_\text{B}=500\text{km}$。

在当前技术条件下，卫星振动尚不能被控制到微米量级。假定卫星振动是一个高频振动和一个低频振动的叠加，其中，高频振动的幅度和频率分别为1μm、1kHz，低频振动的幅度和频率分别为10μm、100Hz，在此条件下，目标回波信号中的振动相位误差，如图8.3所示。

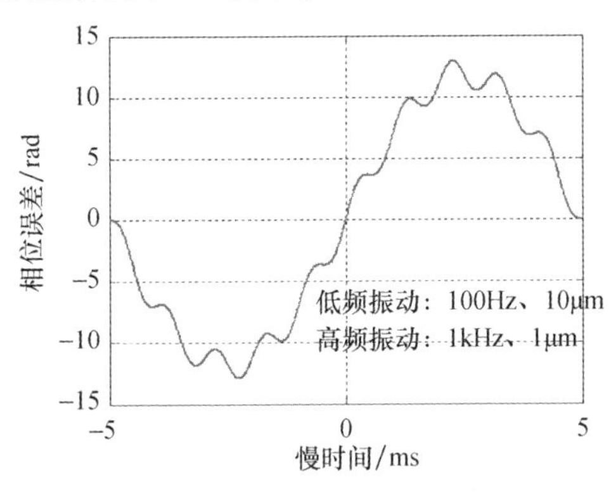

图8.3　振动相位误差

目标回波信号的斜距向脉冲压缩结果，如图8.4所示。单脉冲信噪比约10dB，目标在斜距向跨度约600个距离门。

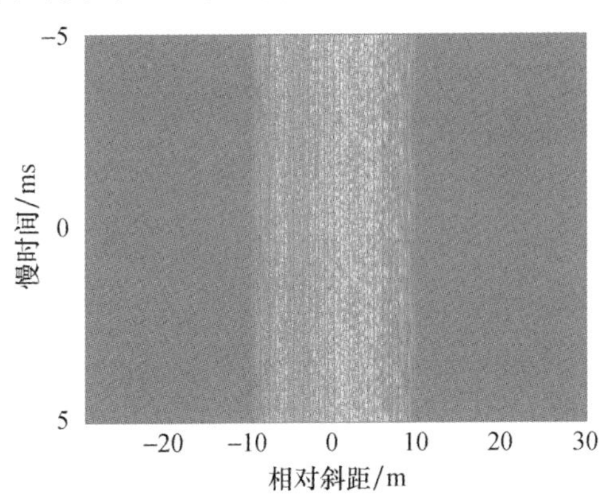

图8.4　斜距向脉冲压缩结果(见彩图)

为给后续成像仿真结果提供参照，首先采用振动相位误差真值对目标回波信号进行补偿，补偿后的成像结果，如图8.5(a)所示。其聚焦效果良好，目标轮廓清晰。若不对振动相位误差进行补偿，则成像结果，如图8.5(b)所示。对比图8.5(a)与图8.5(b)可知，振动相位误差导致成像结果明显散焦，目标轮廓模糊。

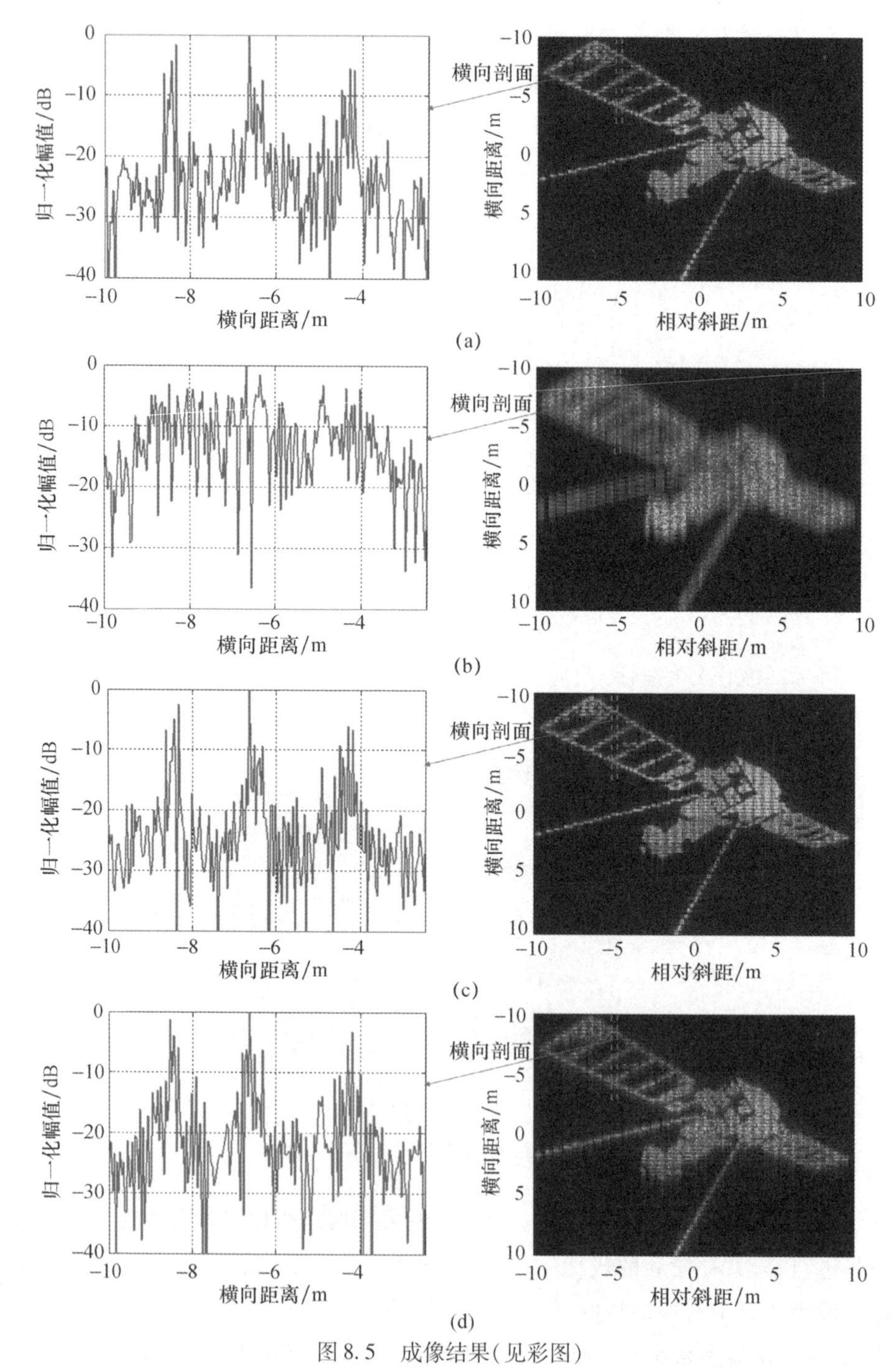

图 8.5　成像结果(见彩图)

(a)用真值进行振动相位误差补偿;(b)不进行振动相位误差补偿;(c)用 MCATI 方法估计结果进行振动相位误差补偿;(d)用 SCA 算法估计结果进行振动相位误差补偿。

分别采用双通道 MCATI 方法(E_0 和 E_3)、四通道 MCATI 方法、SCA 算法进行振动相位误差估计,估计结果分别如图 8.6(a)中的蓝色曲线、绿色曲线、黑色曲线所示,估计误差分别如图 8.6(b)中的蓝色曲线、绿色曲线、黑色曲线所示。

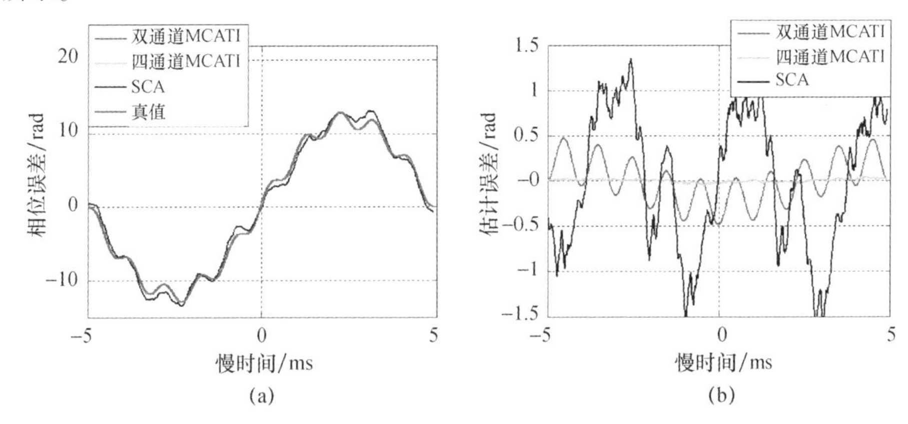

图 8.6　振动相位误差估计结果(见彩图)

(a)估计值和真值;(b)估计误差。

显然,在单脉冲信噪比 10dB 的情况下,从估计精度分析,四通道 MCATI 方法优于双通道 MCATI 方法,双通道 MCATI 方法优于 SCA 算法,这也与前文的理论分析相一致。分别用四通道 MCATI 方法的估计结果、SCA 算法的估计结果对目标回波信号进行振动相位误差补偿,补偿后的成像结果分别,如图 8.5(c)和图 8.5(d)所示。

成像结果的评价指标见表 8.2。从图像聚焦效果的角度分析,四通道 MCATI 方法对应成像结果的聚焦效果已接近理想情况,SCA 算法对应成像结果的聚焦效果相对于不补偿的情况已有较大改善,但是仍然存在一定的程度的散焦。这也进一步说明 SCA 算法只能用于振动相位误差的初步估计。

表 8.2　成像结果的评价指标

	图 8.5(a)	图 8.5(b)	图 8.5(c)	图 8.5(d)
熵	10.52	11.22	10.53	10.6
对比度	2.29	1.97	2.29	2.2

E_0通道和 E_3通道对应成像结果的相干系数图和干涉相位图,如图 8.7 和图 8.8所示。在目标区域,大部分相干系数大于 0.85,且经过基线补偿后干涉相位稳定。

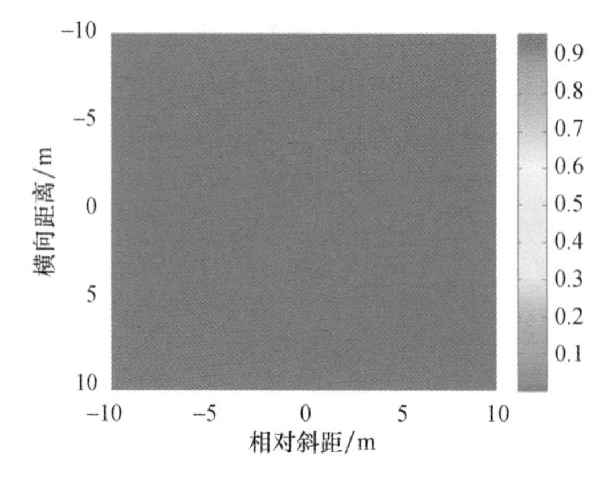

图 8.7　E_0通道和 E_3通道对应的相干系数图(见彩图)

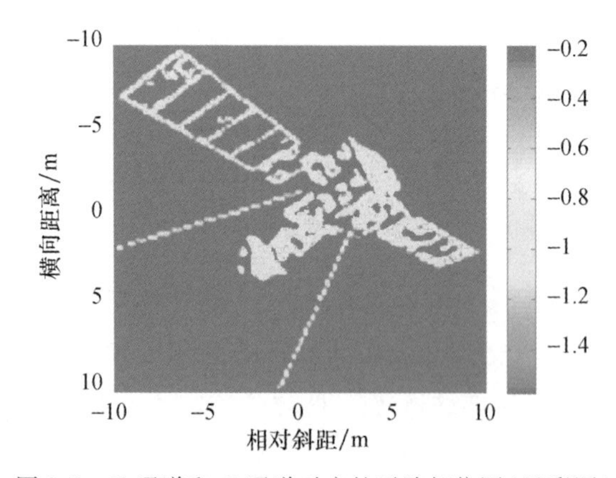

图 8.8　E_0通道和 E_3通道对应的干涉相位图(见彩图)

前文的理论分析表明,目标回波信号的信噪比、距离门累积数、通道数均会影响 MCATI 方法的估计精度。图 8.9(a)所示为不同单脉冲回波信噪比、距离门累积数、通道数条件下 MCATI 方法的振动相位误差估计结果的均方根误差。为避免随机性的影响,每组条件下均进行了 120 次 Monte - Carlo 实验,给出的是 120 次实验结果的均值。从图 8.9(a)中可以得出下列结论:①MCATI 方法的估计精度随着信噪比的下降而下降;②仅在高信噪比条件下,增加通道数有助于提高 MCATI 方法的估计精度;③在低信噪比条件下,多距离门累积有助于提高 MCATI 方法的估计精度。

图 8.9(b)所示为距离门累积数 600、单脉冲信噪比 -5dB 的条件下,双通道和四通道 MCATI 方法的估计误差,四通道 MCATI 方法的估计误差小于 0.4rad,基本满足合成孔径成像的要求,说明在距离门累积数较多的情况下,

MCATI 方法能够在低信噪比条件下使用。

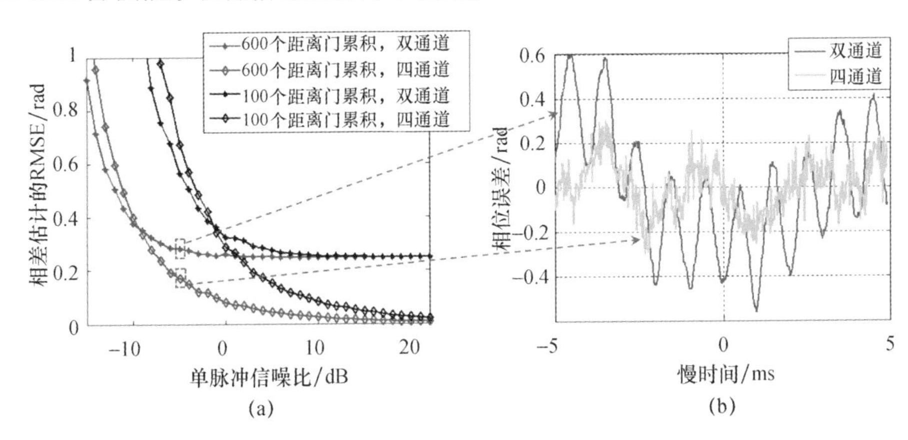

图8.9　不同条件下估计结果的均方根误差(见彩图)

8.2.3　79GHz 毫米波 InISAR 实际数据验证

本节采用79GHz 毫米波 InISAR 实际数据对 MCATI 方法的有效性进行验证。由于 MCATI 方法的本质是以波长为尺度,对目标波长量级的振动进行量测和估计,其应用范围包括 ISAL 和毫米波 ISAR,所以用毫米波 InISAR 数据对该方法进行验证是合理的。

如图8.10 所示,毫米波 InISAR 采用一发四收的工作模式,形成四个自发自收的等效相位中心 E_0、E_1、E_2、E_3,这四个等效相位中心共线,且相邻间隔均为1mm。目标为小型卡车,其运动方向与基线方向平行。InISAR 到目标轨迹的垂直距离约为10m,InISAR 观测目标的等效斜视角约为30°。

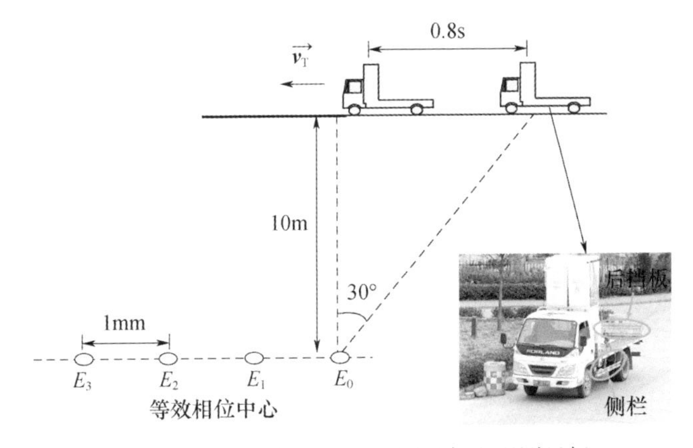

图8.10　毫米波 InISAR 观测几何和观测目标

InISAR 系统参数见表 8.3。雷达发射 4GHz 带宽的 LFM 信号并去斜接收，快时间采样率为 10MHz。

表 8.3　79GHz 毫米波 InISAR 实验参数

参数	数值	参数	数值
波长	3.8mm	目标速度大小	约 1.5m/s
发射信号带宽	4GHz	目标距离	约 12m
快时间采样率	10MHz	合成孔径时间	0.8s
斜距向分辨率	5cm	相干积累脉冲数	4096
脉冲重复频率	5kHz	通道数	4
等效斜视角	约 30°	基线长度	1mm/2mm/3mm

目标回波信号的斜距向脉压结果，如图 8.11(a)所示，显然，它存在最大约 1m 量级的距离徙动。对运动目标逆合成孔径成像时，距离徙动量可以近似表示为

$$\Delta R \approx \| \boldsymbol{v}_{\mathrm{T}} \| \sin(\gamma) T_{\mathrm{ca}} + \frac{(\| \boldsymbol{v}_{\mathrm{T}} \| T_{\mathrm{ca}})^2 \cos(\gamma)}{8R_{\mathrm{B}}} \tag{8.10}$$

式中：$\| \boldsymbol{v}_{\mathrm{T}} \|$ 为目标速度大小；T_{ca} 为合成孔径时间；R_{B} 为雷达到目标轨迹的垂直距离；γ 为雷达观测目标的等效斜视角。

当距离徙动量大于距离向分辨率时，就需要对距离徙动进行校正。在本次实验中，由于目标距离较近且尺寸较大，距离徙动远大于距离向分辨率且存在空变性，需要采用 keystone 变换[137,138]对距离走动进行校正，再通过最优化方法搜索目标横向速度以对残余距离弯曲进行校正，校正后的斜距向脉压结果，如图 8.11(b)所示，显然，距离徙动校正是有效的。

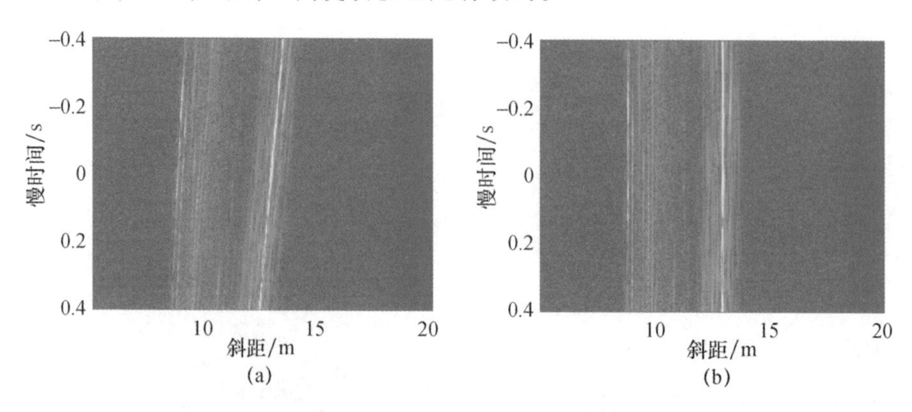

图 8.11　斜距向脉压结果(见彩图)

(a)距离徙动校正前；(b)距离徙动校正后。

目标在运动过程中存在毫米量级的振动，不进行振动相位误差补偿情况下的成像结果，如图8.12所示。由此可见，成像结果明显散焦。

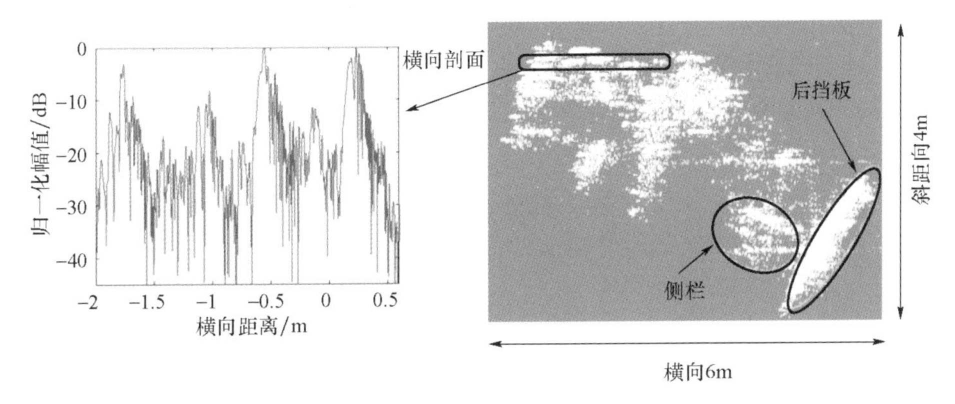

图8.12　不进行振动相位误差补偿情况下的成像结果

由于无法对目标振动进行测量，而PGA算法对于毫米波ISAR成像是适用的，所以本节将通过PGA算法[139]对振动相位误差进行估计，并将其估计结果当作振动相位误差的真值，估计结果，如图8.13(a)中的红色曲线所示。

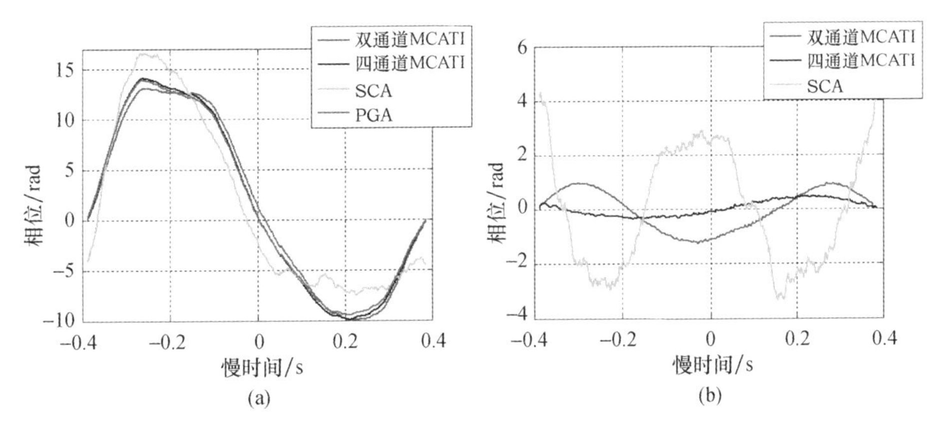

图8.13　振动相位误差估计结果(见彩图)

(a)估计值;(b)估计误差。

双通道MCATI方法和四通道MCATI方法的振动相位误差估计结果分别，如图8.13(a)中的蓝色和黑色曲线所示。估计误差分别，如图8.13(b)中的蓝色和黑色曲线所示。为了对SCA算法和MCATI方法的振动相位误差估计精度进行对比，同时用SCA算法对振动相位误差进行估计，估计结果和估计误差分别，如图8.13(a)和图8.13(b)中的绿色曲线所示。显然，从振动相位误差估计

精度分析，四通道 MCATI 方法优于双通道 MCATI 方法，双通道 MCATI 方法优于 SCA 算法。

振动相位误差补偿后的成像结果，如图 8.14 所示。成像结果的评价指标见表 8.4。从成像结果的聚焦效果分析，四通道 MCATI 方法获得的图像聚焦效果已接近 PGA 算法获得的图像聚焦效果。

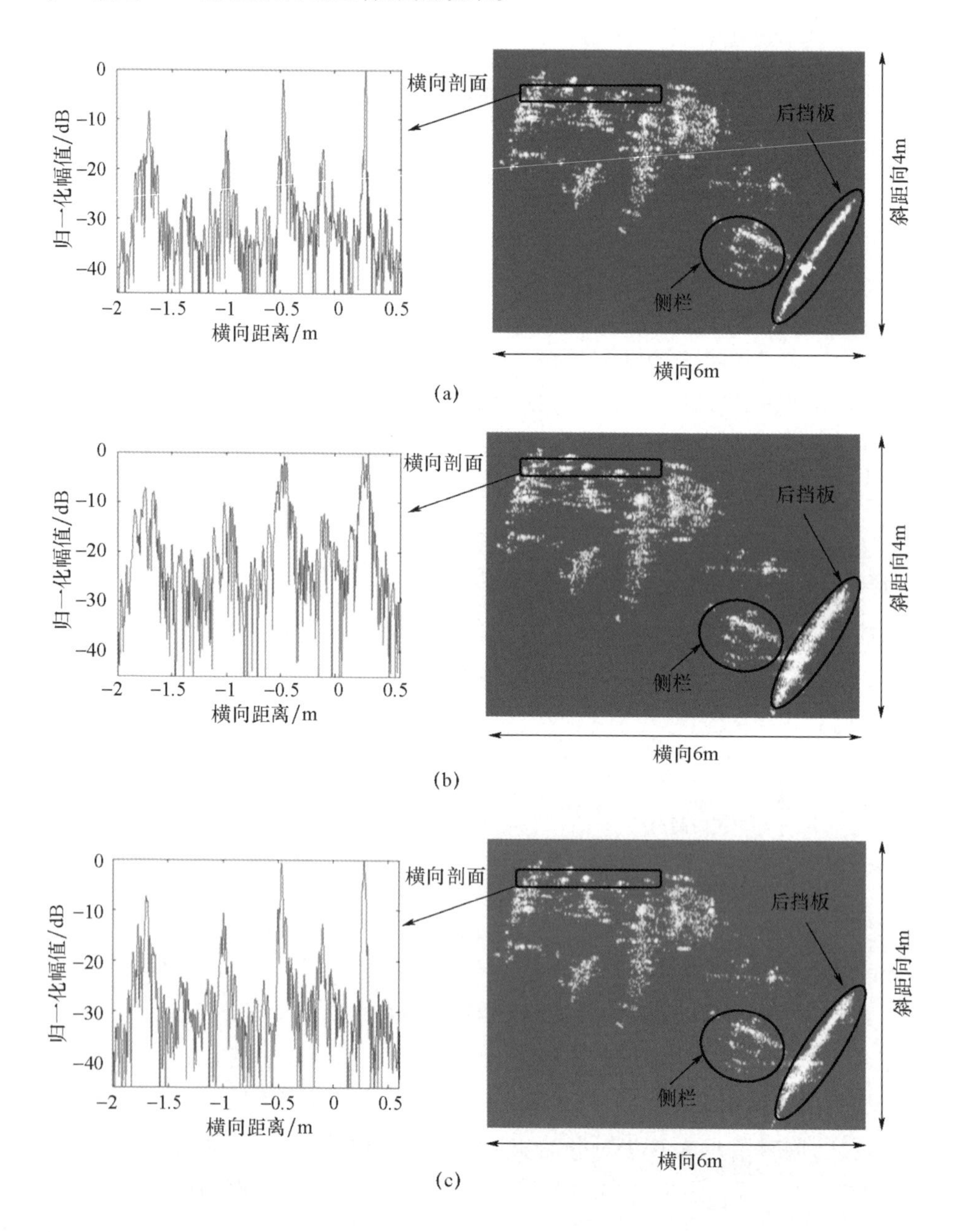

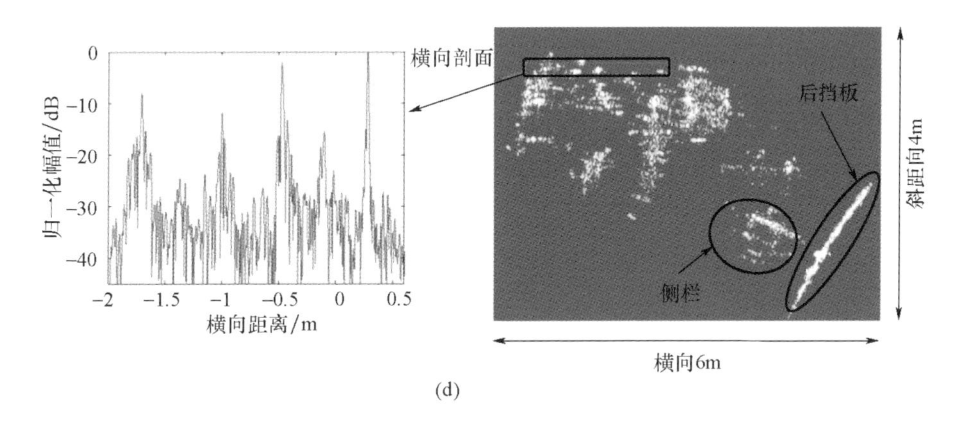

(d)

图 8.14　振动相位误差补偿后的成像结果

(a) PGA 补偿;(b) SCA 补偿;(c) 双通道 MCATI 补偿;(d) 四通道 MCATI 补偿。

表 8.4　79GHz 毫米波 InISAR 成像结果的评价指标

	图 8.12	图 8.14(a)	图 8.14(b)	图 8.14(c)	图 8.14(d)
熵	7.23	6.66	7.20	6.76	6.68
对比度	2.99	3.40	2.96	3.34	3.38

图 8.15 和图 8.16 所示分别为 E_0 通道和 E_3 通道对应的相干系数图和干涉相位图,在目标区域,大部分相干系数大于 0.75,且经过基线补偿后干涉相位稳定。

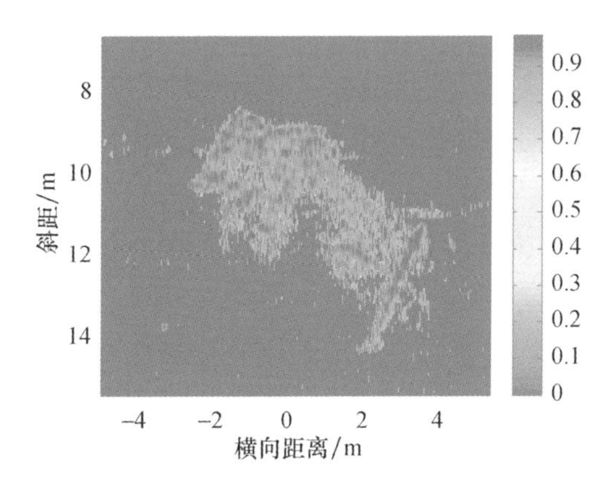

图 8.15　E_0通道和 E_3通道对应的相干系数图(见彩图)

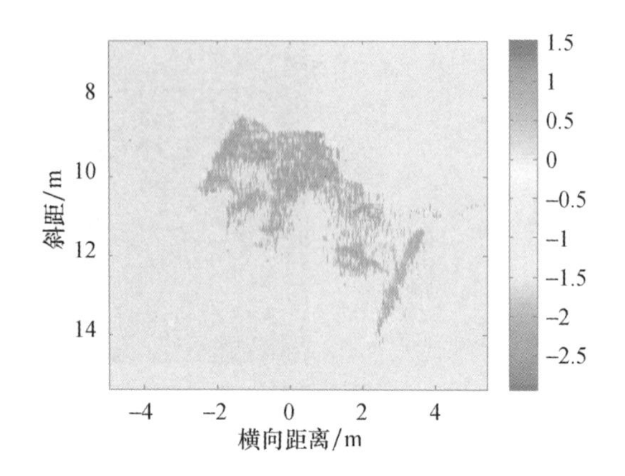

图 8.16　E_0通道和 E_3通道对应的干涉相位图(见彩图)

8.3　基于正交基线干涉处理的 ISAL 振动相位误差估计方法

8.3.1　理论分析

在 MCATI 方法中,目标速度矢量与 ISAL 基线平行,所以 ISAL 具备对目标多次重复观测的条件,每两次重复观测获得的目标回波信号的干涉相位即为振动相位误差的差分值,也即顺轨分量,根据顺轨分量可以对振动相位误差进行估计。

若目标速度矢量与 ISAL 基线不平行,则 ISAL 不具备对目标多次重复观测的条件,每两次非重复观测获得的目标回波信号的干涉相位中不仅包含顺轨分量,也同时包含由目标距离变化导致的相位差,也即交轨分量,交轨分量的存在导致顺轨分量提取困难。

针对这种情况,本节提出基于正交基线干涉处理的 ISAL 振动相位误差估计方法(简称 OI 方法),其基本思想是:ISAL 具备两条相互正交的基线,在这两条基线的干涉相位中,均含有各自对应的顺轨分量和交轨分量,根据目标速度矢量与 ISAL 基线的几何关系,对消两条基线干涉相位中的交轨分量,提取顺轨分量计算振动相位误差的梯度,再对梯度积分获得振动相位误差估计结果,即

$$\varphi_{\mathrm{v}}(t_k)' = \int_0^{t_k} \nabla\varphi_{\mathrm{v}}(\kappa)\mathrm{d}\kappa \approx \varphi_{\mathrm{v}}(t_k) - \varphi_{\mathrm{v}}(0) \tag{8.11}$$

式中:$\nabla\varphi_{\mathrm{v}}(t_k)$为慢时间 t_k 时刻的振动相位误差梯度。

下面详细阐述根据目标速度矢量与 ISAL 基线的几何关系估计 $\nabla\varphi_{\mathrm{v}}(t_k)$ 的过程。

如图 8.17 所示，ISAL 具备三个等效相位中心 E_0、E_1、E_M，这三个等效相位中心形成两条相互正交的基线 E_0E_1、E_0E_M，E_0E_1 的长度为 l_1，E_0E_M 的长度为 l_M。以 E_0 为原点建立直角坐标系 $x-y-z$，其中，E_1 在 x 轴上，E_M 在 y 轴上。

目标速度矢量 $\boldsymbol{v}_{\mathrm{T}}$ 可被分解为平行于 z 轴的速度矢量 $\boldsymbol{v}_z$ 和垂直于 z 轴的速度矢量 $\boldsymbol{v}_{xy}$，E_1、E_M 在过 E_0 且平行于 $\boldsymbol{v}_{xy}$ 的直线上的垂足点分别为 E'_1、E'_M。若 $\|\boldsymbol{v}_z\|\neq 0$，目标在慢时间 $t_k-E'_1E_0/\|\boldsymbol{v}_{xy}\|$、$t_k$、$t_k+E'_ME_0/\|\boldsymbol{v}_{xy}\|$ 时刻的位置分别为 P'_1、P'_0、P'_M，则目标轨迹如图 8.17 上方红色虚线所示。若 $\|\boldsymbol{v}_z\|=0$，目标在慢时间 $t_k-E'_1E_0/\|\boldsymbol{v}_{xy}\|$、$t_k$、$t_k+E'_ME_0/\|\boldsymbol{v}_{xy}\|$ 时刻的位置分别为 P_1、P_0、P_M，目标轨迹如图 8.17 上方蓝色虚线所示。

显然，$P_1P_0E_0E'_1$ 和 $P_MP_0E_0E'_M$ 均为平行四边形，所以有如下关系，即

$$E'_1P_1=E_0P_0=E'_MP_M \tag{8.12}$$

等效相位中心 E_1、E_0、E_M 分别在慢时间 $t_k-E'_1E_0/\|\boldsymbol{v}_{xy}\|$、$t_k$、$t_k+E'_ME_0/\|\boldsymbol{v}_{xy}\|$ 时刻接收到的目标回波信号可被表示为：

$$\begin{cases}
s_1\left(\hat{t},t_k-\dfrac{E'_1E_0}{\|\boldsymbol{v}_{xy}\|}\right)=\sigma\operatorname{sinc}\left(\dfrac{\hat{t}-2P'_1E_1/C}{B}\right)\exp\left(-\mathrm{j}\dfrac{4\pi P'_1E_1}{\lambda}\right)\\
\qquad\exp\left\{\mathrm{j}\varphi_v\left(t_k-\dfrac{E'_1E_0}{\|\boldsymbol{v}_{xy}\|}\right)\right\}\\
s_0(\hat{t},t_k)=\sigma\operatorname{sinc}\left(\dfrac{\hat{t}-2P'_0E_0/C}{B}\right)\exp\left(-\mathrm{j}\dfrac{4\pi P'_0E_0}{\lambda}\right)\\
\qquad\exp\{\mathrm{j}\varphi_{\mathrm{v}}(t_k)\}\\
s_M\left(\hat{t},t_k+\dfrac{E'_ME_0}{\|\boldsymbol{v}_{xy}\|}\right)=\sigma\operatorname{sinc}\left(\dfrac{\hat{t}-2P'_ME_M/C}{B}\right)\\
\qquad\exp\left(-\mathrm{j}\dfrac{4\pi P'_ME_M}{\lambda}\right)\exp\left\{\mathrm{j}\varphi_{\mathrm{v}}\left(t_k+\dfrac{E'_ME_0}{\|\boldsymbol{v}_{xy}\|}\right)\right\}
\end{cases} \tag{8.13}$$

分别用 $s_1(\hat{t},t_k-E'_1E_0/\|\boldsymbol{v}_{xy}\|)$、$s_M(\hat{t},t_k+E'_ME_0/\|\boldsymbol{v}_{xy}\|)$ 与 $s_0(\hat{t},t_k)$ 进行干涉处理，干涉相位可分别表示为

$$\begin{cases}
\Delta\varphi_{10}(t_k)=-\dfrac{4\pi}{\lambda}(E_1P'_1-E_0P_0)+\varphi_{\mathrm{v}}\left(t_k-\dfrac{E'_1E_0}{\|\boldsymbol{v}_{xy}\|}\right)-\varphi_{\mathrm{v}}(t_k)\\
\Delta\varphi_{M0}(t_k)=-\dfrac{4\pi}{\lambda}(E_MP'_M-E_0P_0)+\varphi_{\mathrm{v}}\left(t_k+\dfrac{E'_ME_0}{\|\boldsymbol{v}_{xy}\|}\right)-\varphi_{\mathrm{v}}(t_k)
\end{cases} \tag{8.14}$$

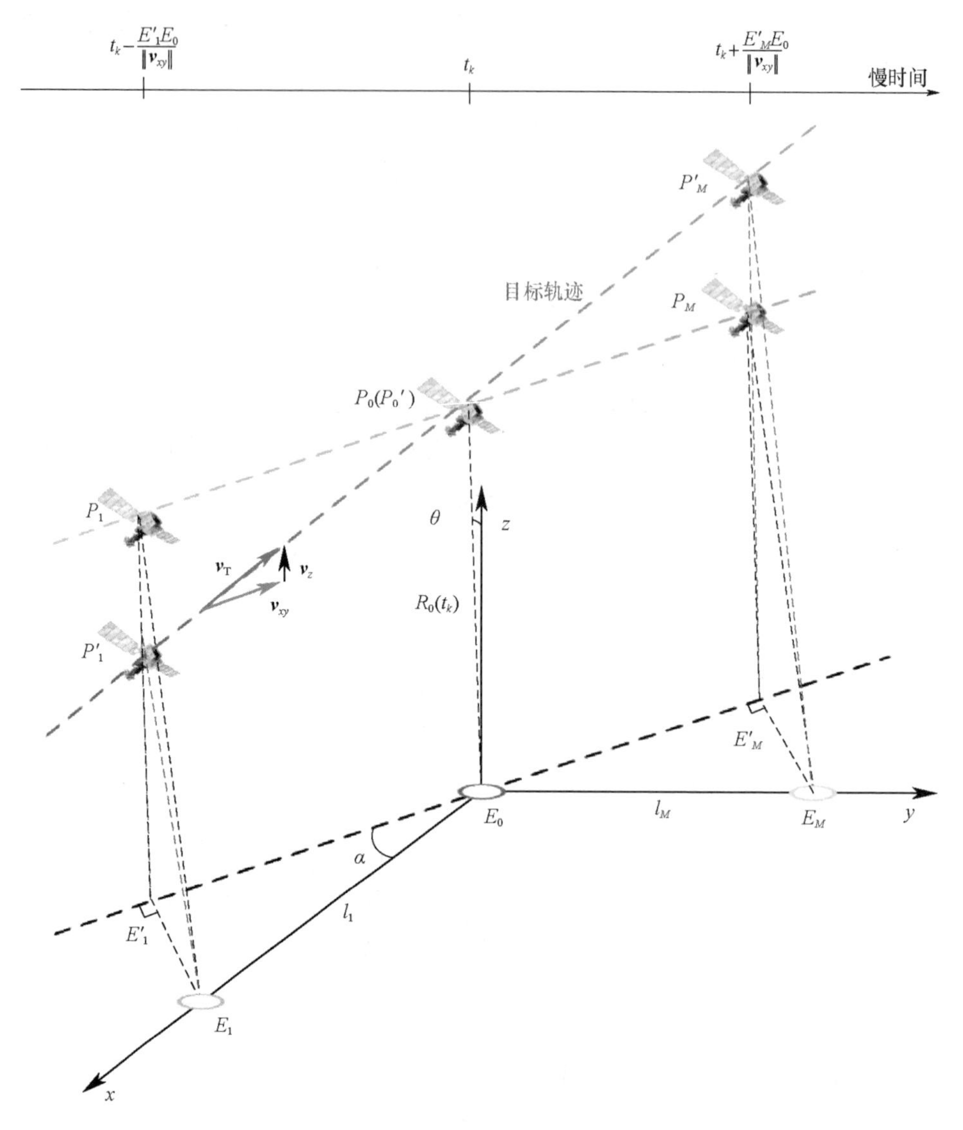

图 8.17　ISAL 观测几何模型(见彩图)

式中:$\phi_1(t_k - E'_1E_0/\|\boldsymbol{v}_{xy}\|)$、$\phi_M(t_k + E'_ME_0/\|\boldsymbol{v}_{xy}\|)$、$\phi_0(t_k)$分别是$s_1(\hat{t}, t_k - E'_1E_0/\|\boldsymbol{v}_{xy}\|)$、$s_M(\hat{t}, t_k + E'_ME_0/\|\boldsymbol{v}_{xy}\|)$、$s_0(\hat{t}, t_k)$的相位。

在式中,$\varphi_{\mathrm{v}}(t_k + E'_ME_0/\|\boldsymbol{v}_{xy}\|) - \varphi_{\mathrm{v}}(t_k)$、$\varphi_{\mathrm{v}}(t_k - E'_1E_0/\|\boldsymbol{v}_{xy}\|) - \varphi_{\mathrm{v}}(t_k)$为顺轨分量,$-4\pi(E_MP'_M - E_0P_0)/\lambda$、$-4\pi(E_1P'_1 - E_0P_0)/\lambda$ 为交轨分量。需要根据目标速度矢量与基线的几何关系对交轨分量进行对消,进而提取顺轨分量用于振动相位误差估计,下面具体推导对消过程。

基于余弦定理,下面等式可从 $\Delta P'_1E_1E'_1$ 和 $\Delta P'_ME_ME'_M$ 中得到

$$\begin{cases}E_1P'_1=\sqrt{(E'_1P'_1)^2+(E'_1E_1)^2-2(E'_1P'_1)(E'_1E_1)\cos(\angle P'_1E'_1E_1)}\\E_MP'_M=\sqrt{(E'_MP'_M)^2+(E'_ME_M)^2-2(E'_MP'_M)(E'_ME_M)\cos(\angle P'_ME'_ME_M)}\end{cases}\tag{8.15}$$

由于目标距离通常远大于 ISAL 的基线长度,所以 $E'_1P'_1\gg E'_1E_1$,$E'_MP'_M\gg E'_ME_M$。同时由于时间间隔 $E'_1E_0/\|\boldsymbol{v}_{xy}\|$、$E'_ME_0/\|\boldsymbol{v}_{xy}\|$ 通常短至数个脉冲重复间隔,可假定 $\angle P'_1E'_1E_1\approx\angle P'_ME'_ME_M\approx(\theta+90°)$,其中,$\theta$ 是 $E_0P'_0$ 和 z 轴的夹角。在此条件下,上式可被简化为

$$\begin{cases}E_1P'_1\approx E'_1P'_1+\dfrac{(E'_1E_1)^2+2(E'_1P'_1)\cdot(E'_1E_1)\cdot\sin\theta}{2\cdot(E'_1P'_1)}\\E_MP'_M\approx E'_MP'_M+\dfrac{(E'_ME_M)^2+2(E'_MP'_M)(E'_ME_M)\sin\theta}{2(E'_MP'_M)}\end{cases}\tag{8.16}$$

在 $\Delta P_1E'_1P'_1$ 和 $\Delta P_ME'_MP'_M$ 中,$\angle P'_1P_1E'_1=\theta$,$\angle P'_MP_ME'_M=(180°-\theta)$,基于余弦定理可得

$$\begin{cases}E'_1P'_1=\sqrt{(E'_1P_1)^2+(P_1P'_1)^2-2(E'_1P_1)(P_1P'_1)\cos\theta}\\E'_MP'_M=\sqrt{(E'_MP_M)^2+(P_MP'_M)^2-2(E'_MP_M)(P_MP'_M)\cos(\pi-\theta)}\end{cases}\tag{8.17}$$

同理,由于 $E'_1P_1\gg P'_1P_1$,$E'_MP_M\gg P'_MP_M$,式(8.17)可被简化为

$$\begin{cases}E'_1P'_1\approx E'_1P_1+\dfrac{(P_1P'_1)^2-2(E'_1P_1)(P_1P'_1)\cos\theta}{2(E'_1P_1)}\\E'_MP'_M\approx E'_MP_M+\dfrac{(P_MP'_M)^2-2(E'_MP_M)(P_MP'_M)\cos(\pi-\theta)}{2(E'_MP_M)}\end{cases}\tag{8.18}$$

将式(8.18)代入式(8.16)可得

$$\begin{cases}E_1P'_1\approx E'_1P_1+\dfrac{(P_1P'_1)^2}{2(E'_1P_1)}-P_1P'_1\\\qquad\cos\theta+\dfrac{(E'_1E_1)^2+2(E'_1P'_1)(E'_1E_1)\sin\theta}{2(E'_1P'_1)}\\E_MP'_M\approx E'_MP_M+\dfrac{(P_MP'_M)^2}{2(E'_MP_M)}+P_MP'_M\\\qquad\cos\theta+\dfrac{(E'_ME_M)^2+2(E'_MP'_M)(E'_ME_M)\sin\theta}{2(E'_MP'_M)}\end{cases}\tag{8.19}$$

将式(8.19)和式(8.14)代入式可得

$$\begin{cases}\Delta\varphi_{M0}(t_k) = -\dfrac{4\pi}{\lambda}\left[\dfrac{(P_M P'_M)^2}{2E'_M P_M} + P_M P'_M + \dfrac{(E'_M E_M)^2}{2E'_M P_M} + (E'_M E_M)\sin\theta\right] + \\ \qquad \dfrac{P_M P_0}{\|\boldsymbol{v}_{xy}\|}\nabla\varphi_{\mathrm{v}}(t_k) \\ \Delta\varphi_{10}(t_k) = -\dfrac{4\pi}{\lambda}\left[\dfrac{(P_1 P'_1)^2}{2E'_1 P_1} - P_1 P'_1 + \dfrac{(E'_1 E_1)^2}{2E'_1 P_1} + (E'_1 E_1)\sin\theta\right] - \\ \qquad \dfrac{P_1 P_0}{\|\boldsymbol{v}_{xy}\|}\nabla\varphi_{\mathrm{v}}(t_k)\end{cases} \tag{8.20}$$

式中：$\nabla\varphi_v(t_k)$为慢时间 t_k 时刻的振动相位误差梯度。

式中的长度可被表示为

$$\begin{cases}E'_1 E_1 = l_1\sin\alpha \\ E'_M E_M = l_M\cos\alpha \\ P_1 P_0 = l_1\cos\alpha \\ P_M P_0 = l_M\sin\alpha \\ P_M P'_M = \dfrac{(l_M\sin\alpha)}{\|\boldsymbol{v}_{xy}\|}\|\boldsymbol{v}_z\| \\ P_1 P'_1 = \dfrac{(l_1\cos\alpha)}{\|\boldsymbol{v}_{xy}\|}\|\boldsymbol{v}_z\| \\ E'_1 P_1 = E'_M P_M = R_0(t_k)\end{cases} \tag{8.21}$$

式中：α 为$\boldsymbol{v}_{xy}$和 x 轴的夹角，$R_0(t_k)$为 t_k 时刻目标到等效相位中心 E_0 的距离。

将式(8.21)代入式(8.20)可计算得到 $\nabla\varphi_v(t_k)$：

$$\begin{aligned}\nabla\varphi_v(t_k) = {} & \|\boldsymbol{v}_{xy}\|\frac{\Delta\varphi_{M0}(t_k)(l_1\sin\alpha) - \Delta\varphi_{10}(t_k)(l_M\cos\alpha)}{l_M l_1} \\ & + \frac{\|\boldsymbol{v}_{xy}\|}{l_M l_1}\frac{4\pi}{\lambda}\frac{(l_1\sin\alpha)(l_M\cos\alpha)^2 - (l_M\cos\alpha)(l_1\sin\alpha)^2}{2R_0(t_k)} \\ & + \frac{4\pi}{\lambda}\|\boldsymbol{v}_z\|\cos\theta + \frac{\|\boldsymbol{v}_{xy}\|}{l_M l_1}\frac{4\pi}{\lambda} \\ & \frac{(l_1\sin\alpha)\left(\dfrac{(l_M\sin\alpha)\|\boldsymbol{v}_z\|}{\|\boldsymbol{v}_{xy}\|}\right)^2 - (l_M\cos\alpha)\left(\dfrac{(l_1\cos\alpha)\|\boldsymbol{v}_z\|}{\|\boldsymbol{v}_{xy}\|}\right)^2}{2R_0(t_k)}\end{aligned} \tag{8.22}$$

将式(8.22)代入式(8.11)即可得到振动相位误差的估计结果。

需要说明的是，在估计振动相位误差梯度的过程中需要目标速度信息，对于某些目标（如 GEO 卫星），其速度信息可依据轨道信息进行计算，若目标速度信息未知，则可基于文献[140]提出的正交基线毫米波 InISAR 运动目标三维速度估计方法对其进行估计。

8.3.2　仿真验证

本节对 OI 方法进行了仿真验证。仿真基于图 8.17 所示 ISAL 观测几何模型，其参数分别为 $l_1=0.18\mathrm{m}$，$l_M=0.21\mathrm{m}$，$\|\boldsymbol{v}_{xy}\|=7000\mathrm{m/s}$，$\|\boldsymbol{v}_z\|=500\mathrm{m/s}$，$\alpha=60°$，$\theta=10°$，其他仿真参数与前文的仿真相一致，目标振动导致的振动相位误差，如图 8.3 所示。

为给后续成像仿真结果提供参照，图 8.18(a)所示为用真值进行振动相位误差补偿后的成像结果；图 8.18(b)所示为不进行振动相位误差补偿对应的成像结果。显然，振动相位误差导致成像结果明显散焦，目标轮廓模糊。

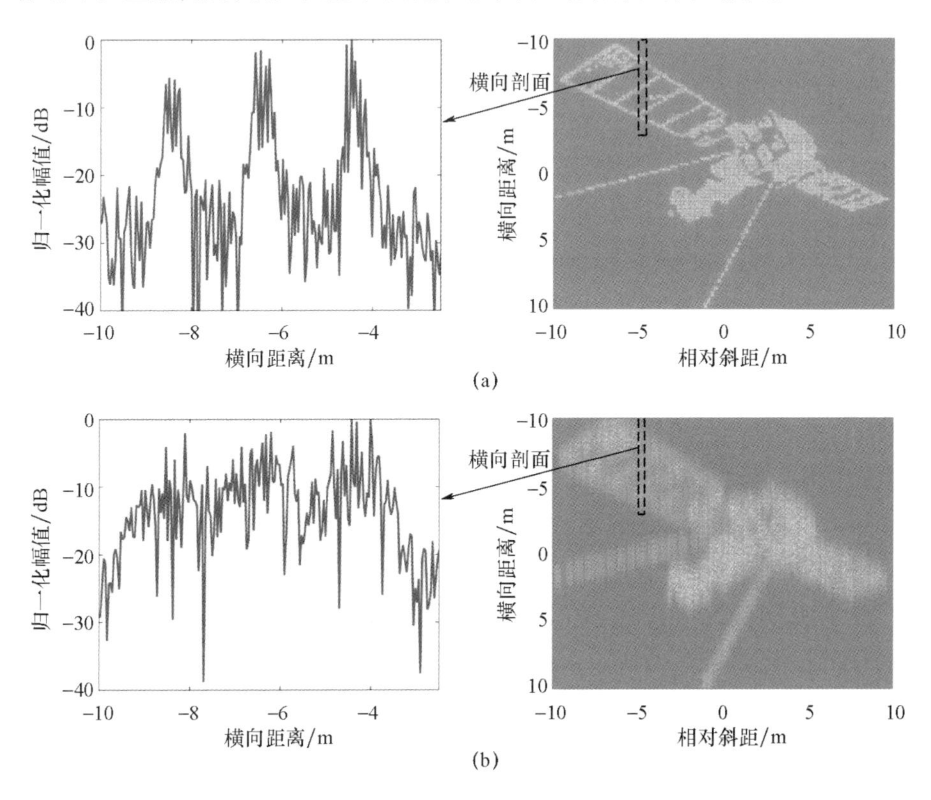

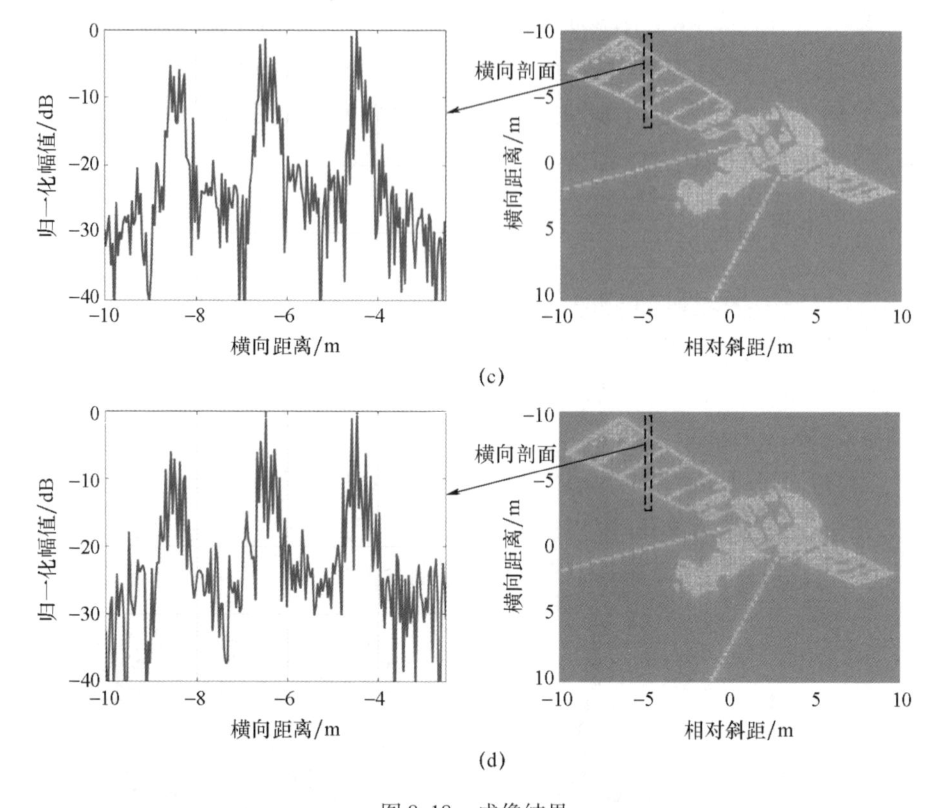

图 8.18　成像结果

(a)用真值进行振动相位误差补偿;(b)不进行振动相位误差补偿;
(c)用 OI 方法估计结果进行振动相位误差补偿;(d)用 SCA 算法估计结果进行振动相位误差补偿。

分别用 OI 方法和 SCA 算法进行振动相位误差估计,估计结果分别如图 8.19(a)中的蓝色和黑色曲线所示,估计误差分别如图 8.19(b)中的蓝色和黑色曲线所示。显然,在目标速度矢量与 ISAL 基线不平行的情况下,OI 方法的估计误差小于 0.5rad,基本满足合成孔径成像的要求,OI 方法的估计精度优于 SCA 算法。

分别用 OI 方法和 SCA 算法的振动相位误差估计结果对目标回波信号进行相位误差补偿,补偿后的成像结果分别,如图 8.18(c)和图 8.18(d)所示。表 8.5 给出了成像结果的评价指标,从图像聚焦效果的角度分析,OI 方法对应成像结果的聚焦效果已接近理想情况,进一步说明了在目标速度矢量和 ISAL 基线不平行的情况下,OI 方法可以被用于 ISAL 振动相位误差估计。

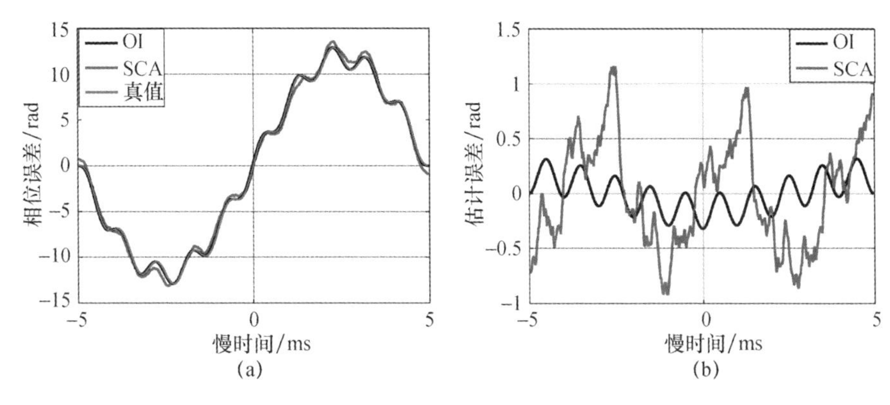

图8.19 振动相位误差估计结果(见彩图)

(a)估计值和真值;(b)估计误差。

表8.5 成像仿真结果的评价指标

	图8.18(a)	图8.18(b)	图8.18(c)	图8.18(d)
熵	10.52	11.21	11.57	11.56
对比度	2.29	1.98	2.27	2.23

8.4 讨论

在对本章提出的两种基于多通道干涉处理的ISAL振动相位误差估计方法进行理论分析的过程中,均采用单脉冲干涉的方式提取振动相位误差的差分值,进而对振动相位误差进行估计。单脉冲干涉的精度依赖于目标回波信号的距离门数和单脉冲信噪比,在距离门较少的情况下,单脉冲干涉要求目标回波信号具有较高的单脉冲信噪比。

在实际应用中,若目标回波信号的单脉冲信噪比较低,则也可以采用时域子孔径成像结果干涉的方式提取振动相位误差的差分值,其优点在于可通过多脉冲相干累积提高信噪比,进而降低噪声对干涉相位的影响,使振动相位误差估计更加精确,且在振动相位误差具有空变性的情况下,采用时域子孔径成像结果干涉,可以分别估计各散射点对应的振动相位误差。

需要明确的是,在本章方法中,若采用时域子孔径成像结果干涉的方式提取振动相位误差的差分值,子孔径成像时间的选取尤为重要,其原则是在子孔径成像时间内振动相位误差近似于线性变化,这样子孔径成像结果不散焦,且其干涉相位近似等于子孔径中心时刻单脉冲回波信号的干涉相位,所以可以估计的振动相位误差主要分量的频率应远小于子孔径成像时间对应的频率分辨率。

8.5 小结

振动相位误差估计与补偿是 ISAL 成像的关键问题之一,本章针对目标速度矢量与 ISAL 基线平行/不平行两种情况,分别提出了基于顺轨多通道干涉处理的 ISAL 振动相位误差估计方法和基于正交基线干涉处理的 ISAL 振动相位误差估计方法,仿真数据/79GHz 毫米波 InISAR 实际数据处理结果验证了本章方法的有效性。

第9章 GEO 目标合成孔径激光成像系统

地基 ISAL 是实现空间目标高分辨率高数据率成像观测的重要手段。本章研究地基 ISAL 对 GEO 目标的成像观测问题，首先对用于 GEO 目标成像观测的地基 ISAL 系统指标和系统方案进行分析，论证其可行性，在此基础上，针对 GEO 目标地基 ISAL 成像特有的目标三维自转问题，介绍相应的成像处理方法。

9.1 GEO 目标观测地基 ISAL 系统分析

9.1.1 目标运动特性和观测几何模型

本节基于 ISAL 观测几何模型对 GEO 目标运动特性进行分析，以作为后文系统指标分析和方案设计的基础。由于 ISAL 成像既可以基于目标横向运动进行，也可以基于目标自转进行，下面主要给出 GEO 目标的横向运动特性和自转特性。

1. 目标横向运动特性

若基于目标横向运动进行 ISAL 成像，需要明确 ISAL 观测目标等效斜视角和目标横向速度的范围。

如图 9.1 所示，以地心为原点，以地球静止轨道（轨道倾角为 0°的 GEO 轨道）平面为 $x-y$ 平面建立笛卡儿 O_{xyz}。本章地基 ISAL 波束指向地球静止轨道，光斑的速度矢量 $\boldsymbol{v}_{T1}=(0, v_{geo}, 0)$，其中 $v_{geo}\approx 3\text{km/s}$ 为 GEO 目标的速度[141]。假定目标位于 P 处，其速度矢量 $\boldsymbol{v}_{T2}=(0, v_{geo}\cos\theta_o, v_{geo}\sin\theta_o)$，其中，$\theta_o$ 为目标所在 GEO 轨道的轨道倾角。

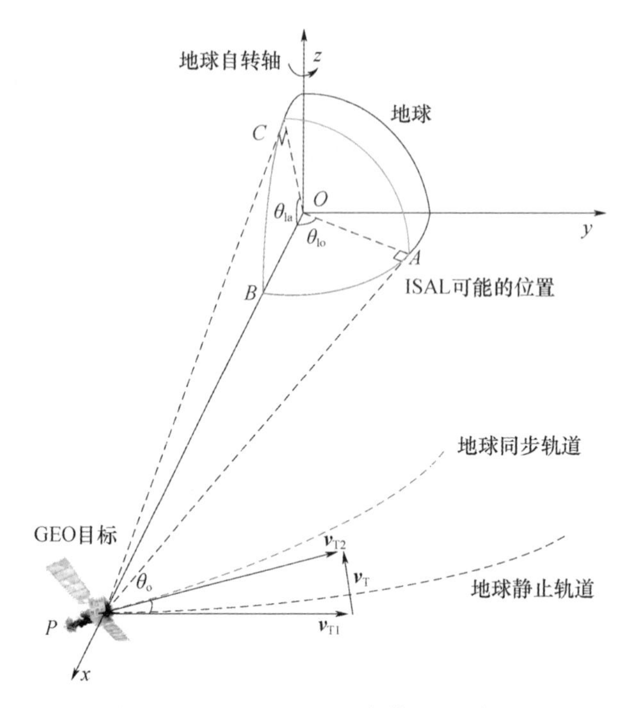

图 9.1　地基 ISAL 观测几何模型(见彩图)

目标与 ISAL 的相对速度矢量和相对速度分别为

$$\begin{aligned} \boldsymbol{v}_{\mathrm{T}} &= \boldsymbol{v}_{\mathrm{T2}} - \boldsymbol{v}_{\mathrm{T1}} = (0, v_{\mathrm{geo}} - v_{\mathrm{geo}}\cos\theta_{\mathrm{o}}, v_{\mathrm{geo}}\sin\theta_{\mathrm{o}}) \\ \| \boldsymbol{v}_{\mathrm{T}} \| &= 2v_{\mathrm{geo}} \left| \sin\left(\frac{\theta_{\mathrm{o}}}{2}\right) \right| \end{aligned} \tag{9.1}$$

由于大部分 GEO 卫星所在轨道的倾角在 15°以内[141],所以可以假定在式中 $\theta_o \in [0, 15°]$。基于式(9.1),图 9.2(a)所示为目标与 ISAL 的相对速度随轨道倾角的变化曲线,相对速度为 0～800m/s。

假定目标位置 P 在坐标系 O_{xyz} 中的坐标为$(R_1, 0, 0)$,其中 $R_1 \approx 42000\text{km}$ 为目标到地心的距离。经计算,若 ISAL 波束能够照射到目标,ISAL 的可能位置坐标为

$$I = (R_2\sin\theta_{lo}\cos\theta_{la}, R_2\sin\theta_{lo}\cos\theta_{la}, R_2\sin\theta_{la}), \theta_{lo} \in [0, 81.3°], \theta_{la} \in [0, 81.3°] \tag{9.2}$$

式中:$R_2 \approx 6400\text{km}$ 为 ISAL 到地心的距离;θ_{lo}为 ISAL 所在位置关于 B 点的相对经度;θ_{la}为 ISAL 所在位置关于 B 点的相对纬度,B 点为目标地心连线与地球表面的交点。可由$\triangle OPC$ 和$\triangle OPA$ 的几何关系得到 θ_{lo}与 θ_{la}的最大值均为 81.3°,

其中 PC 在 $y-z$ 平面内，PA 在 $x-y$ 平面内，二者均与地球表面相切。

根据目标位置坐标和ISAL位置坐标可知目标到ISAL的距离矢量为

$$\boldsymbol{R}=(R_2\sin\theta_{lo}\cos\theta_{la}-R_1, R_2\sin\theta_{lo}\cos\theta_{la}, R_2\sin\theta_{la}),$$
$$\theta_{lo}\in[0,81.3^\circ], \theta_{la}\in[0,81.3^\circ] \tag{9.3}$$

$\boldsymbol{R}$ 与 $\boldsymbol{v}_T$ 的夹角的余角为ISAL观测目标的等效斜视角，有

$$\theta_s=90^\circ-\frac{\boldsymbol{R}\cdot\boldsymbol{v}_T}{\|\boldsymbol{R}\|\ \|\boldsymbol{v}_T\|}$$
$$=90^\circ-\arccos\frac{R_2\sin\theta_{lo}\cos\theta_{la}v_{geo}(1-\cos\theta_o)+R_2\sin\theta_{la}v_{geo}\sin\theta_o}{\sqrt{R_1^2+R_2^2-2R_1R_2\sin\theta_{lo}\cos\theta_{la}}2v_{geo}\left|\sin\left(\frac{\theta_o}{2}\right)\right|}$$
$$\theta_{lo}\in[0,81.3^\circ], \theta_{la}\in[0,81.3^\circ], \theta_o\in[0,15^\circ] \tag{9.4}$$

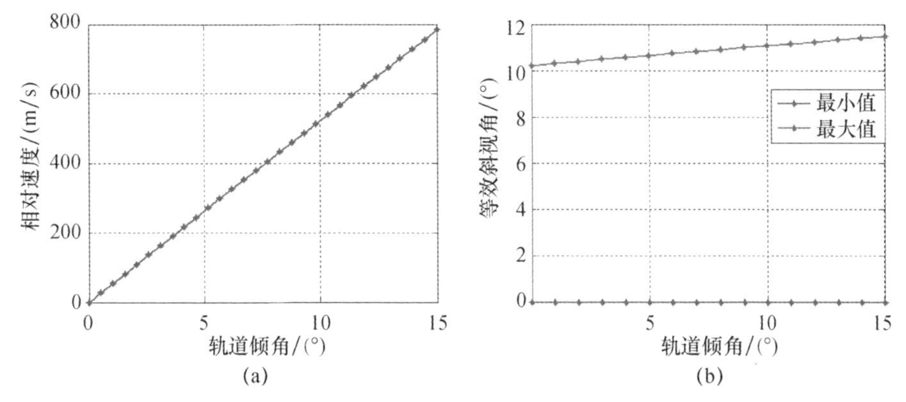

图9.2　目标横向运动参数(见彩图)

(a)相对速度;(b)等效斜视角。

基于式(9.4)，图9.2(b)所示给出了等效斜视角最大值与最小值随轨道倾角的变化曲线，等效斜视角 $\theta_s\in[0^\circ,11.5^\circ]$。基于目标与ISAL的相对速度和ISAL观测目标的等效斜视角，可以对目标横向速度进行计算 $v_{Ta}=v_T\cos\theta_s$，目标横向速度的范围为0～800m/s。

需要说明的是，由于GEO轨道的特殊性，GEO目标的运动参数可以根据目标位置和所在轨道近似估计，这为后文ISAL成像处理提供了便利。

2. 目标自转特性

若基于目标自转进行ISAL成像，需要明确目标的最小自转角度和自转角速度。GEO目标包括在轨卫星与空间碎片，空间碎片的自转角度及自转角速度远大于在轨卫星(在轨卫星具备姿态稳定与控制系统)，根据GEO轨道在轨卫

星的最高指向精度和指向稳定度[142]，GEO 目标最小自转角度为 0.349mrad，最小自转角速度为 0.0034mrad/s。

若在观测时间内，目标自转轴和自转角速度不变，则只要目标自转角达到最小自转角的 1/5，地基 ISAL 即可仅基于目标自转实现 0.1m 的横向分辨率。根据图 9.2(a)显示，地球静止轨道目标或轨道倾角较小的 GEO 轨道目标的横向速度较小，此时，基于目标自转成像有重要意义。

根据后文的系统指标分析，基于地基 ISAL 对 GEO 目标成像观测，若要达到 0.1m 的横向分辨率，成像时间在 10s 量级。在 10s 量级的成像时间内，目标将不可避免地存在微小的三维自转[143-145]（在逆合成孔径成像处理领域，目标三维自转一般被定义为自转轴时变的目标自转），这将使逆合成孔径成像的阵列流形分布产生三维弯曲并导致成像结果散焦。

单通道 ISAL 只能获取目标的二维图像，它是目标三维散射特性在斜距－横向二维成像平面的投影。显然，二维图像不能精确表征目标上各散射点的三维位置，所以没有足够信息来描述三维自转 GEO 目标。为实现三维自转目标的精确成像，在原理上需采用正交的观测结构。本章地基 ISAL 拟采用多个望远镜形成正交长基线，同时在望远镜的内视场设置多个探测器形成正交短基线，通过长短基线结合实现三维自转 GEO 目标成像，成像模型及方法将在 9.2 节具体阐述。

9.1.2 系统指标分析

考虑到激光信号的大气穿透能力、对大气和目标振动的敏感性以及成像信噪比，本章地基 ISAL 的激光波长选择为 10.6μm。考虑到 GEO 目标的位置和运动参数粗略已知，为使能量集中，本章地基 ISAL 的波束宽度和瞬时视场设置为 0.03mrad，在 36000km 处的波束覆盖范围约 1km，这已能够满足对目标跟踪照射的需要。同时，ISAL 的作用距离应优于 36000km，成像分辨率设置为 0.1m，成像信噪比应优于 10dB。

1. 成像分辨率和数据率

ISAL 的斜距分辨率主要取决于发射信号的带宽，它可以表示为

$$\rho_r = \frac{kc}{2B_r} \tag{9.5}$$

式中：c 为光速；$k=1.3$ 为加窗展宽系数；B_r 为发射信号的带宽。经计算，若 $\rho_r = 0.1\text{m}$，B_r 应被设置为 2GHz。

若基于目标横向运动成像，ISAL 的横向分辨率可以表示为

$$\rho_a \approx \frac{k\lambda R}{2\|\boldsymbol{v}_{Ta}\| T_s} \tag{9.6}$$

式中：λ 为激光波长；T_s 为合成孔径时间；R 为目标到雷达的距离。若 $\rho_a = 0.1\text{m}$，当 $\|\boldsymbol{v}_{Ta}\| = 800\text{m/s}$ 时，合成孔径时间 $T_s \approx 3\text{s}$，成像数据率约 0.33Hz，当 $\|\boldsymbol{v}_{Ta}\| = 200\text{m/s}$ 时，合成孔径时间 $T_s \approx 12\text{s}$，成像数据率约 0.08Hz。

若基于目标自转成像，ISAL 的横向分辨率可以表示为

$$\rho_a = \frac{k\lambda}{2\Delta\theta} \tag{9.7}$$

式中：$\Delta\theta$ 为所需的目标自转角。若 $\rho_a = 0.1\text{m}$，则所需的目标自转角 $\Delta\theta \approx 0.07\text{mrad}$（约千分之四度）。当目标自转角速度 $\omega_a = 0.0034\text{mrad/s}$ 时，合成孔径时间为 20s，成像数据率为 0.05Hz。

上述分析表明，若采用地基 ISAL 对 GEO 目标成像观测，要达到 0.1m 横向分辨率，合成孔径时间在 10s 量级。若采用 Ka 波段 ISAR 对 GEO 目标进行成像观测，假定波长为 8.6mm，由式（9.6）和式（9.7），要达到 0.1m 横向分辨率，合成孔径时间约在 10h 量级。显然，使用 ISAL 观测 GEO 目标具有明显优势。

2. 多普勒带宽和 PRF

在逆合成孔径成像处理中，一般采用横向去斜成像，去斜后的多普勒带宽可以表示为

$$B_a = \frac{2\Delta X}{\lambda}\left(\frac{\|\boldsymbol{v}_{Ta}\|}{R} + \omega_a\right) \tag{9.8}$$

式中：ΔX 为目标的横向尺寸；ω_a 为目标自转角速度。当 $\Delta X = 50\text{m}$，$\|\boldsymbol{v}_{Ta}\| = 800\text{m/s}$，$\omega_a = 0.0034\text{mrad/s}$ 时，多普勒带宽 $B_a \approx 240\text{Hz}$。

PRF 应大于多普勒带宽，本章地基 ISAL 的 PRF 可设置为 500Hz，对应最大不模糊测距范围 300km，GEO 目标的粗略距离已知，测距模糊问题容易得到解决。

3. 作用距离和成像信噪比

参考微波雷达方程和激光相干探测的噪声分析[57,59,93]，ISAL 的接收机输出单脉冲信噪比可以表示为

$$\text{SNR} = \frac{\eta_{sys}\eta_{ato} P_t G_t \sigma A_r T_p}{4\pi \Omega F_n h f_c R^4} \tag{9.9}$$

式中：P_t 为发射峰值功率；$G_t = 4\pi/(\theta_c\theta_\alpha)$ 为发射增益，θ_c 为俯仰向波束宽度，θ_α

为方位向波束宽度；σ 为分辨单元对应的目标散射截面积（目标散射系数 σ_0、斜距向分辨率 ρ_r、横向分辨率 ρ_α 三者之积）；$A_r = \pi D^2/4$ 为接收望远镜的有效接收面积，D 为接收望远镜口径；F_n 为电子学噪声系数；T_p 为脉冲宽度；h 为普朗克常数；f_c 为激光频率；Ω 为目标后向散射立体角；η_{sys} 为 ISAL 的系统效率，主要包括光学系统效率与电子学系统效率；$\eta_{opt} = \eta_t\eta_r\eta_m\eta_D\eta_{oth}$ 为光学系统效率，η_t 为发射光学系统效率、η_r 为接收光学系统效率、η_m 为外差探测时视场失配导致的光学系统效率、η_D 为光电探测器的量子效率、η_{oth} 为其他光学系统损耗导致的传输效率，η_{ele} 为电子学系统效率；η_{ato} 为大气传输效率。

基于表 9.1 给出的 ISAL 系统参数，ISAL 接收机输出单脉冲信噪比 -24.6dB。根据前文的分析，若基于目标自转成像，成像时间约 20s，对应相干积累脉冲数 10000，所能获得的图像信噪比约 14.8dB，可满足 GEO 目标的观测要求。若基于目标横向运动成像，目标横向速度 $\|\boldsymbol{v}_{Ta}\| = 800\text{m/s}$ 时，3s 成像时间即可获得 0.1m 横向分辨率，对应相干积累脉冲数为 1500，所能获得的图像信噪比约 6.6dB，此时加长观测时间至 60s，通过 20 视非相干累积获得图像信噪比提升 6.5dB，最终的图像信噪比约为 13.1dB。

表 9.1　用于 GEO 目标成像观测的地基 ISAL 系统参数

参数	数值	参数	数值
波长 λ	10.6μm	接收望远镜口径 D	10m
发射峰值功率 P_t	100kW	双程大气传输效率 η_{ato}	0.25
脉冲宽度 T_p	2ms	发射光学系统效率 η_t	0.9
发射信号带宽 B_r	2GHz	接收光学系统效率 η_r	0.8
俯仰向波束宽度 θ_e	0.03mrad	视场匹配导致的光学系统效率 η_m	0.5
方位向波束宽度 θ_a	0.03mrad	其他光学损耗导致的传输效率 η_{oth}	0.5
目标后向散射立体角 Ω	π	量子效率 η_D	0.5
目标后向散射系数 σ_0	0.2	电子学系统效率 η_{ele}	0.75
斜距分辨率 ρ_r	0.1m	电子学噪声系数 F_n	3dB
横向分辨率 ρ_a	0.1m	单脉冲信噪比 SNR	-24.6dB

值得说明的是，对于 ISAL，长时间相干积累在原理上有可能形成更高的横向分辨率，但同时也会导致分辨单元对应的目标散射截面积下降，由此并不能提高成像结果的信噪比。此时，需考虑相干积累和非相干积累结合的处理方案，通过加长成像观测时间并多视处理以提高成像结果的信噪比。

9.1.3　系统方案设计

1. 波形选择

由于需要发射大功率激光信号，而高功率激光器很难以高脉冲重复频率工作，本章地基ISAL拟采用无周期相位编码信号，在一定时间段内连续发射激光信号，通过对目标回波信号进行裁剪以形成等效PRF的脉冲串再实施成像处理。

上述波形要求ISAL系统具有较高的收发隔离度，当收发隔离不易保证时，可考虑采用秒级宽脉冲无周期相位编码信号，采用时分方法解决收发隔离问题。如图9.3所示，GEO目标的回波信号时延为0.24s，可发射重复周期约为0.48s的宽脉冲，占空比约为50%，其中0.24s用于发射，0.24s用于接收。根据等效PRF计算等效脉冲重复间隔，依次将回波信号裁剪成脉冲串供二维成像处理。当PRF为500Hz，裁剪后的脉冲宽度为2ms。实际应用时，发射脉宽可以设置得窄一些，回波接收时间窗口可以设置得宽一些。

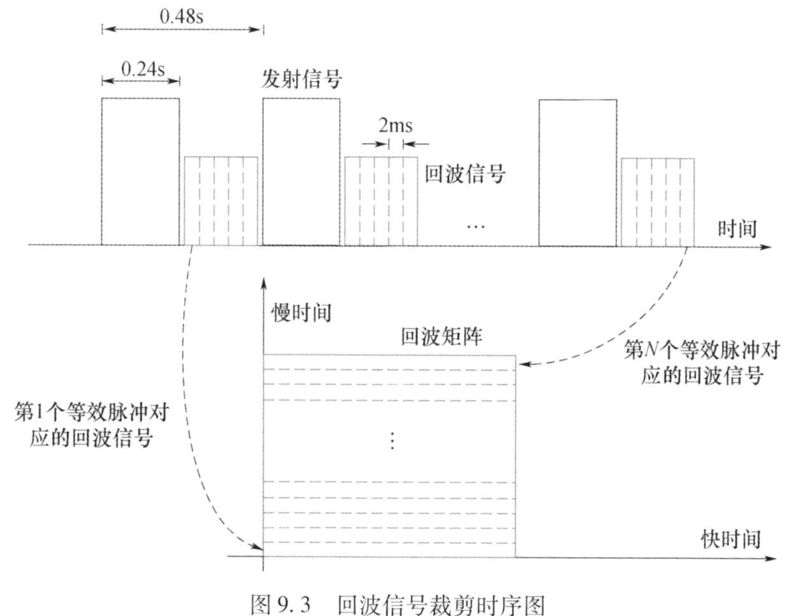

图9.3　回波信号裁剪时序图

雷达波形有多种，考虑到大功率激光信号的相位容易失真，本章地基ISAL发射信号的相位编码形式可选择为M序列二相码或者噪声雷达常用的随机二相码，它具备码长长的特点，适用于宽脉冲。

2. 信号相干性保持

本章地基 ISAL 的发射峰值功率在 100kW 量级，且 GEO 目标对应的回波时延为 0.2s 量级，合成孔径时间约为 10s 量级，这都对 ISAL 信号的相干性（主要体现在本振信号的相干性和发射宽带激光信号的相位误差控制）提出了很高的要求。本书前面章节对 ISAL 信号的相干性进行了深入研究，根据其研究结果，本章地基 ISAL 拟设置发射参考通道对发射宽带激光信号的相位误差进行记录，并在信号处理过程中对其定标校正，在此基础上，ISAL 能够实现的横向分辨率主要取决于本振信号的相干性，拟同时设置本振参考通道，采用自外差探测的方式对本振相位误差进行估计，并采用本振数字延时方法保证 ISAL 本振信号的相干性。发射参考通道和本振参考通道的设置如图 9.5 所示。

3. 振动相位误差估计与补偿

如前文所述，振动相位误差估计与补偿是 ISAL 成像的关键问题之一。GEO 目标的运动相对平稳，但是由于其采用飞轮控制姿态，目标振动仍然难被控制在微米量级，所以振动相位误差估计与补偿仍然是本章地基 ISAL 成像不可或缺的重要环节。

本书前面章节给出的多通道 ISAL 振动相位误差估计方法，均基于目标平动模型。但是对于本章地基 ISAL 而言，因为成像时间为 10s 量级，目标将不可避免地存在三维自转，此时目标平动模型不再成立，所以本章地基 ISAL 的振动相位误差估计问题更具复杂性，本书前面章节给出的方法不可直接应用。

实际上，对于 GEO 目标而言，目标三维自转将在目标回波信号中引入空变的自转相位误差，它与振动相位误差相互耦合，共同导致 ISAL 成像结果散焦。所以，自转相位误差和振动相位误差的联合估计与补偿是对 GEO 目标 ISAL 成像的难点，相关成像模型及方法将在 9.2 节中具体阐述。

4. 大气时变相位误差校正

由于地基 ISAL 的激光信号需要穿过整个大气层，大气湍流必然导致激光信号波前形变。对于实孔径成像光学系统，波前形变会导致图像散焦，对于 ISAL，大气湍流的影响主要在能量和相位两个方面。

能量方面，大气湍流会导致光电探测器上的目标回波信号光斑散焦。如图 9.4所示，在没有大气湍流的情况下，目标回波信号的光斑在黑色实线圈所示范围内，受大气湍流的影响，光斑将散焦至红色虚线圈所示范围。散焦范围超出光电探测器的尺寸，就会损失 ISAL 接收到的目标回波信号能量，从而降低成像信噪比。原理上可以通过增大探测器的尺寸或采用少量光电探测器组(如 3×3 像元,对各自接收的回波信号进行求和处理)代替单个探测器以降低大气湍流带来的能量损失。

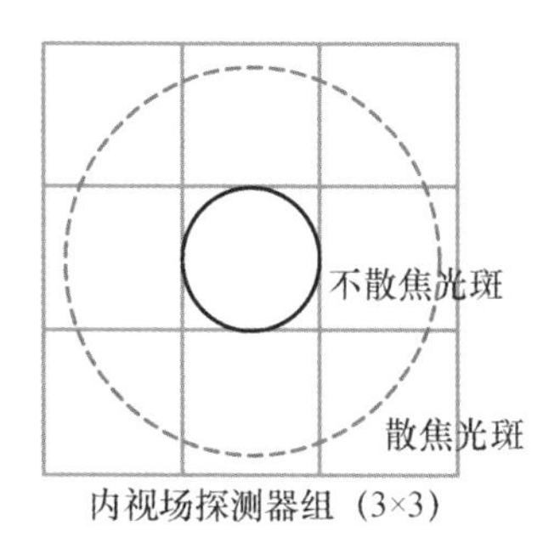

图 9.4 大气湍流导致光斑散焦示意图

相位方面,大气湍流会使目标回波信号同时产生空变相位误差和时变相位误差。和实孔径成像不同,ISAL 的二维图像在距离 - 多普勒域,大气湍流引入的空变相位误差不对 ISAL 成像产生影响,但是大气湍流引入的随慢时间变化的相位误差将影响 ISAL 的信号相干累积并导致图像散焦。文献[146]的相关研究表明,对于 10.6μm 的激光信号,弱大气湍流引入的时变相位误差变化范围约为 5rad 量级,强大气湍流引入的时变相位误差变化范围可达到 40rad 量级,远大于合成孔径成像所允许的相位误差范围。

地基 ISAL 对 GEO 目标成像时,成像时间可能长达 10s 量级,大气相位误差的影响更加严重,为解决该问题,本章地基 ISAL 拟设置带有钠激光导引星的自适应光学子系统对回波信号进行波前校正。自适应光学被广泛应用于大型天文望远镜,它主要由波前探测器、波前控制器、变形反射镜三部分组成,可将入射光的波前实时校正为理想状态[147]。设置钠激光导引星的原因是目标 - 变形反射镜连线与大气边缘的交界处不常存在自然导引星,从而缺少输入信号驱动波前探测器探测大气湍流引入的波前形变。目前自适应光学的波前校正分辨率在 10nm 量级,响应速度在毫秒量级[147],能基本满足 ISAL 成像要求并保持接收望远镜增益。

实际上,从对回波信号影响的角度分析,大气相位误差和振动相位误差是相似的,所以对于自适应光学子系统未能校正的部分大气相位误差,应纳入振动相位误差一并进行估计。

5. 系统组成

如图 9.5 所示，本章地基 ISAL 主要由 5 个子系统组成，分别为发射通道子系统、发射参考通道子系统、回波通道子系统、本振参考通道子系统、自适应光学子系统。

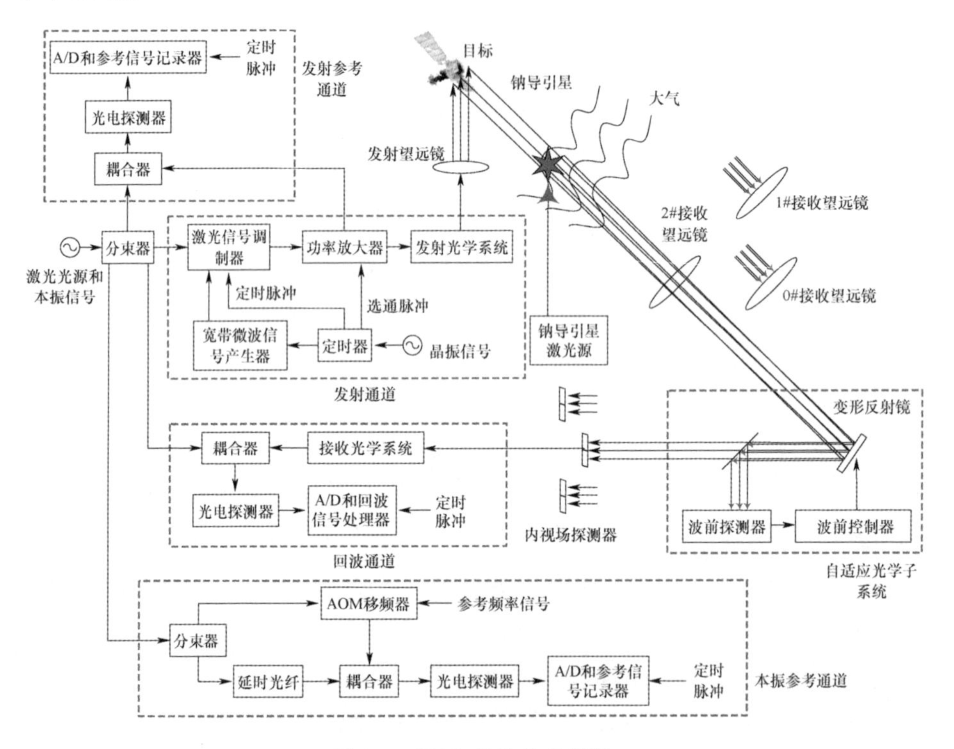

图 9.5　ISAL 系统组成框图

发射通道主要由定时器、宽带微波信号产生器、激光信号调制器、功率放大器和发射端光学系统组成，完成激光信号的调制、放大、发射功能。发射参考通道主要由耦合器、光电探测器和模数转换器（Analog - Digital Converter，ADC）组成，被用于对发射信号相位误差进行记录。回波通道主要由接收端光学系统，光电探测器和 A/D 组成，完成目标回波信号相干探测的功能。本振参考通道主要由声光调制器（Acoustic Optical Modulator，AOM）、光纤延时线、光电探测器和 A/D 组成，用于记录本振信号相位误差。自适应光学子系统通过波前探测器、波前控制器、变形反射镜形成校正波前形变的闭环系统。

在上述五个子系统以外，本章地基 ISAL 系统还包括一个小口径的发射望远镜和三个 10m 口径的接收望远镜。这三个接收望远镜形成正交基线，通过干涉处理进行相位误差估计和三维成像。

考虑到系统体积、重量以及对面形精度的要求,基于传统光学系统实现10m接收口径并非易事。近年来,膜基衍射光学系统得到了快速发展[35],该系统通过衍射器件引入较大的移相量以实现波前控制并减小焦距,在此基础上实现系统的轻量化。与此同时,膜基衍射光学系统对面形精度要求不高,相对于大口径传统光学系统,大口径膜基衍射光学系统的加工难度较小。本章地基ISAL具备工作视场小、使用“非成像光学系统”“单色”且波长较可见光长等特点,其特别适合使用膜基衍射光学系统来形成大的接收口径。在此过程中,微波/毫米波雷达相控阵天线模型可以用于分析衍射光学系统的性能。

9.2 GEO目标地基ISAL成像处理

根据前文相关分析,用地基ISAL对GEO目标成像观测,若要获得横向分辨率0.1m、信噪比优于10dB的成像结果,成像时间应为10s量级。在长达10s量级的成像时间内,目标将不可避免地存在三维自转和振动,并将分别在目标回波信号中引入自转相位误差和振动相位误差,这两者相互耦合,共同导致ISAL成像结果散焦。所以,相位误差估计与补偿是GEO目标地基ISAL成像的关键,相关研究尚未见公开报道。在本章中,若未对相位误差进行限定,则均是指代自转相位误差与振动相位误差之和。

在ISAR成像领域,时频分析常被用于对三维自转目标成像[148],它利用的性质是自转相位误差在短时间内近似线性变化,不会导致成像结果散焦。然而,也正由于成像时间短,时频分析只能获得较少的分辨率提升和信噪比改善,这使其难以被用于对GEO目标成像的地基ISAL。

自转相位误差来自于目标三维自转导致的散射点空间位置变化在斜距向的投影,其具有明显的空变性,也即不同空间位置的散射点对应不同的自转相位误差。所以,若要对自转相位误差进行估计与补偿,ISAL在原理上就需要具备正交的观测结构以获得足够的信息来描述散射点的空间位置。因此,本章对ISAL接收通道进行了扩展,使之同时具备内视场多探测器形成的正交短基线和外视场多望远镜形成的正交长基线。在此基础上,提出了一种基于正交基线干涉处理的GEO目标地基ISAL成像方法,其基本思路是在对振动相位误差和自转相位误差进行估计与补偿后实现长时间合成孔径成像,并通过高分辨率二维成像结果的干涉相位反演目标上散射点的空间位置,从而形成目标三维图像。

9.2.1 ISAL 观测结构和目标相位误差特性

1. 收发通道布局和目标三维自转模型

本章 ISAL 的收发通道布局和目标三维自转模型,如图 9.6 所示。ISAL 使用一个小口径望远镜发射宽带激光信号,分别使用三个大口径望远镜接收目标回波信号。在 0#接收望远镜的内视场设置 3 个探测器 D_0、D_{S1}、D_{S2},且 D_0D_{S1} 垂直于 D_0D_{S2}。以 D_0 为原点建立雷达坐标系 O_{xyz},D_{S1}、D_{S2} 分别位于 x 轴、y 轴上。在 1#接收望远镜的内视场设置 1 个探测器 D_{L1},其位于 x 轴上。在 2#接收望远镜的内视场设置 1 个探测器 D_{L2},其位于 y 轴上。

发射望远镜发射激光信号,位于接收望远镜内视场的探测器接收目标反射的回波信号,这个过程可以用等效相位中心模拟实现。每个等效相位中心不仅发射激光信号,也接收目标回波信号,且从发射望远镜到目标再到探测器的单程距离,等于对应等效相位中心到目标的双程距离。由于目标距离远大于基线长度,因此等效相位中心近似位于探测器到发射望远镜相位中心的中点。与探测器 D_0、D_{S1}、D_{S2}、D_{L1}、D_{L2} 对应的等效相位中心分别被标记为 E_0、E_{S1}、E_{S2}、E_{L1}、E_{L2},为便于理解,后文仅使用等效相位中心对本章方法进行说明。等效相位中心 E_0、E_{L1}、E_{L2} 形成相互正交的两条长基线,基线长度分别为 l_{L1}、l_{L2},等效相位中心 E_0、E_{S1}、E_{S2} 形成相互正交的两条短基线,基线长度分别为 l_{S1}、l_{S2}。

目标速度矢量以 $\boldsymbol{v}_T$ 表示,其可被分解为平行于 z 轴的速度矢量 $\boldsymbol{v}_z$ 和垂直于 z 轴的速度矢量 $\boldsymbol{v}_{xy}$。假定目标轨迹如图 9.6 左上部分的红色虚线所示,其在 $x-y$ 平面的投影如图 9.6 左下部分蓝色虚线所示,投影过雷达坐标系 O_{xyz} 的原点且与 x 轴的夹角为 α。

以目标质心为原点建立目标坐标系 O_{uvw},其中,u 轴与 x 轴平行,v 轴与 y 轴平行,w 轴与 z 轴平行。目标质心在雷达坐标系 O_{xyz} 中的三维坐标可以表示为

$$\begin{cases} x_p(t) = -\|\boldsymbol{v}_{xy}\|(t-t_{mid})\cos\alpha \\ y_p(t) = \|\boldsymbol{v}_{xy}\|(t-t_{mid})\sin\alpha \\ z_p(t) = R_B + \|\boldsymbol{v}_z\|(t-t_{mid}) \end{cases} \tag{9.10}$$

式中:$t \in (t_{mid}-T_{sa}/2, t_{mid}+T_{sa}/2)$ 为 ISAL 的观测时间,t_{mid} 为 ISAL 的观测中心时刻,T_{sa} 为合成孔径时间;R_B 为观测中心时刻目标质心到雷达坐标系 O_{xyz} 的原点的距离。

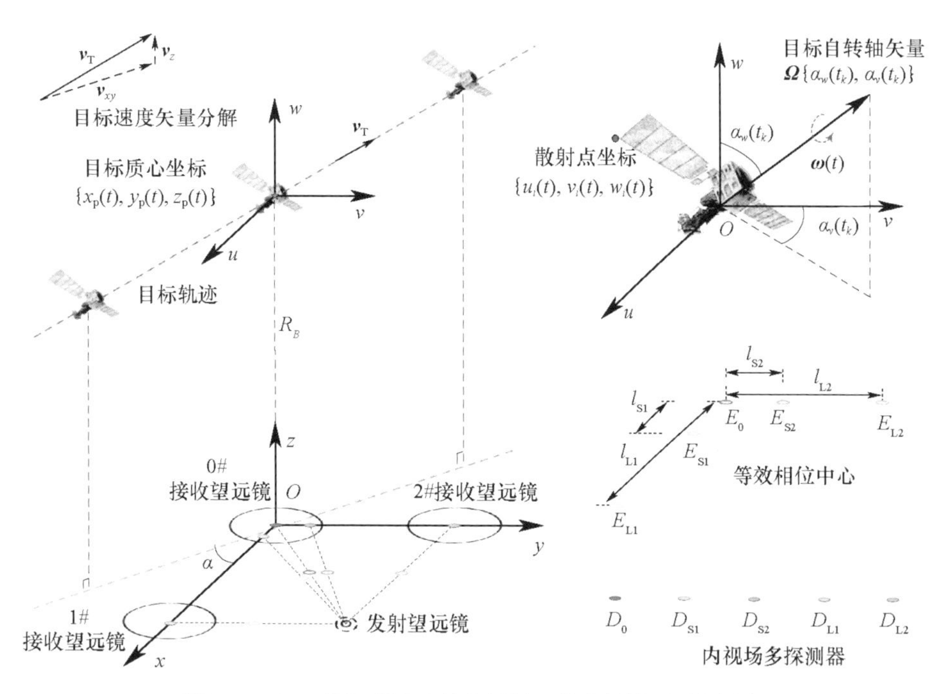

图 9.6　ISAL 收发通道布局和目标三维自转模型(见彩图)

在逆合成孔径成像处理领域,目标三维自转被定义为自转轴时变的目标自转[148]。一般而言,目标自转轴通过其质心。如图 9.6 右上部分所示,假定目标自转轴矢量(与目标自转轴共线的单位矢量)为 $\boldsymbol{\Omega}(t)$,其与 w 轴的夹角为 $\alpha_w(t)$,与 v 轴的夹角为 $\alpha_v(t)$,那么 $\boldsymbol{\Omega}(t)$ 可被表示为 $\{\sin\alpha_w(t)\sin\alpha_v(t), \sin\alpha_w(t)\cos\alpha_v(t), \cos\alpha_w(t)\}$,显然,对于三维自转目标,$\alpha_w(t)$、$\alpha_v(t)$ 不为常量,可假定 $\alpha_w(t)$、$\alpha_v(t)$ 在一定范围内正弦时变。

根据文献[149,150],若目标绕轴自转,则其上第 i 个散射点在 t 时刻和 $t-\Delta t$ 时刻的坐标存在递推关系为

$$\begin{bmatrix} u_i(t) \\ v_i(t) \\ w_i(t) \\ 1 \end{bmatrix} \approx \boldsymbol{W}(\boldsymbol{\Omega}(t-\Delta t), \boldsymbol{\omega}(t-\Delta t)) \begin{bmatrix} u_i(t-\Delta t) \\ v_i(t-\Delta t) \\ w_i(t-\Delta t) \\ 1 \end{bmatrix} \tag{9.11}$$

其中:$\boldsymbol{W}(\boldsymbol{\Omega}(t-\Delta t), \boldsymbol{\omega}(t-\Delta t))$ 为一个 4×4 的矩阵,其与 $t-\Delta t$ 时刻的目标自转角速度 $\boldsymbol{\omega}(t-\Delta t)$、目标自转轴矢量 $\boldsymbol{\Omega}(t-\Delta t)$ 有关;Δt 为一个较小的时间间隔,在该时间间隔内目标自转轴矢量和目标自转角速度的变化可忽略,文献

[149]对 $\boldsymbol{W}(\boldsymbol{\Omega}(t-\Delta t),\boldsymbol{\omega}(t-\Delta t))$ 进行了详细推导，本章不再赘述。

通过式(9.11)的递归可知，第 i 个散射点在目标坐标系中的三维坐标 $u_i(t)$、$v_i(t)$、$w_i(t)$ 均可以被近似表示为 $u_i(t_{\text{mid}})$、$v_i(t_{\text{mid}})$、$w_i(t_{\text{mid}})$ 的线性组合，该结论将被用于后文的目标相位误差特性分析。

2. 目标相位误差特性

本节以目标上第 i 个散射点为例，推导其对应的相位误差与其在目标坐标系 O_{uvw} 中的三维坐标的线性关系，这里的三维坐标指代的是 ISAL 观测中心时刻的三维坐标。由于 GEO 目标距离远大于 ISAL 基线长度，因此可近似认为在不同等效相位中心接收到的目标回波信号中同一散射点对应的相位误差相等，这也是本章方法估计相位误差的基础。

在目标三维自转的情况下，目标上第 i 个散射点到等效相位中心 E_0 的距离可以表示为

$$R_i(t)' = \sqrt{[x_{\text{P}}(t)+u_i(t)-x_0]^2+[y_{\text{P}}(t)+v_i(t)-y_0]^2+[z_{\text{P}}(t)+w_i(t)-z_0]^2} \tag{9.12}$$

式中：x_0、y_0、z_0 分别为等效相位中心 E_0 在雷达坐标系 O_{xyz} 中的坐标。

若目标不自转，目标上第 i 个散射点到等效相位中心 E_0 的距离可以表示为

$$R_i(t) = \sqrt{[x_{\text{P}}(t)+u_i(t_{\text{mid}})-x_0]^2+[y_{\text{P}}(t)+v_i(t_{\text{mid}})-y_0]^2+[z_{\text{P}}(t)+w_i(t_{\text{mid}})-z_0]^2} \tag{9.13}$$

所以目标三维自转导致的距离误差可以表示为

$$\Delta R_i(t) = R_i(t) - R_i(t)' \tag{9.14}$$

由于 GEO 目标一般装备姿态稳定系统[142]，其自转角速度可以控制在 10μrad/s 量级，所以在观测时间内，$u_i(t_{\text{mid}})-u_i(t)$、$v_i(t_{\text{mid}})-v_i(t)$、$w_i(t_{\text{mid}})-w_i(t)$一般在 1mm 量级，远小于 $x_{\text{P}}(t)+u_i(t)-x_0$、$y_{\text{P}}(t)+v_i(t)-y_0$、$z_{\text{P}}(t)+w_i(t)-z_0$。根据泰勒展开式 $\sqrt{a^2+b^2}\approx a+\dfrac{b^2}{2a}$，st. $a\gg b$，忽略亚微米量级的展开项，目标三维自转导致的距离误差可以近似表示为

$$\Delta R_i(t) \approx \frac{[x_{\text{P}}(t)-x_0]u_i(t_{\text{mid}})+[y_{\text{P}}(t)-y_0]v_i(t_{\text{mid}})+[z_{\text{P}}(t)-z_0]w_i(t_{\text{mid}})}{R_{\text{B}}} - \frac{[x_{\text{P}}(t)-x_0]u_i(t)+[y_{\text{P}}(t)-y_0]v_i(t)+[z_{\text{P}}(t)-z_0]w_i(t)}{R_{\text{B}}} \tag{9.15}$$

根据式(9.15),$\Delta R_i(t)$可被近似表示为$u_i(t)$、$v_i(t)$、$w_i(t)$、$u_i(t_{\mathrm{mid}})$、$v_i(t_{\mathrm{mid}})$、$w_i(t_{\mathrm{mid}})$的线性组合,同时前文分析表明$u_i(t)$、$v_i(t)$、$w_i(t)$均可被近似表示为$u_i(t_{\mathrm{mid}})$、$v_i(t_{\mathrm{mid}})$、$w_i(t_{\mathrm{mid}})$的线性组合,所以$\Delta R_i(t)$可被近似表示为$u_i(t_{\mathrm{mid}})$、$v_i(t_{\mathrm{mid}})$、$w_i(t_{\mathrm{mid}})$的线性组合:

$$\Delta R_i(t) = \begin{bmatrix} u_i(t_{\mathrm{mid}}) & v_i(t_{\mathrm{mid}}) & w_i(t_{\mathrm{mid}}) \end{bmatrix} \begin{bmatrix} \Delta R_u(t) \\ \Delta R_v(t) \\ \Delta R_w(t) \end{bmatrix} \tag{9.16}$$

式中:$\Delta R_u(t)$、$\Delta R_v(t)$、$\Delta R_w(t)$分别为目标三维自转导致的距离误差中u、v、w坐标对应的分量。

实际上,目标三维自转导致的距离误差和目标振动导致的距离误差相互耦合。对于 GEO 目标而言,目标距离远大于目标尺寸,所以目标上各散射点的振动在斜距方向的投影近似相同,与散射点在目标坐标系O_{uvw}中的三维坐标无关。可以$\Delta R_{\mathrm{vib}}(t)$表示目标振动导致的距离误差,这样对于目标上第$i$个散射点而言,目标三维自转和目标振动共同导致的距离误差可以表示为

$$\Delta R_i(t)' = \begin{bmatrix} u_i(t_{\mathrm{mid}}) & v_i(t_{\mathrm{mid}}) & w_i(t_{\mathrm{mid}}) & 1 \end{bmatrix} \begin{bmatrix} \Delta R_u(t) \\ \Delta R_v(t) \\ \Delta R_w(t) \\ \Delta R_{\mathrm{vib}}(t) \end{bmatrix} \tag{9.17}$$

距离误差将直接导致目标回波信号出现相位误差,所以目标上第i个散射点对应的相位误差可以表示为

$$\varphi_{\mathrm{ri}}(t) = -\frac{4\pi}{\lambda}\Delta R_i(t)' = \begin{bmatrix} u_i(t_{\mathrm{mid}}) & v_i(t_{\mathrm{mid}}) & w_i(t_{\mathrm{mid}}) & 1 \end{bmatrix} \begin{bmatrix} \varphi_u(t) \\ \varphi_v(t) \\ \varphi_w(t) \\ \varphi_{\mathrm{vib}}(t) \end{bmatrix} \tag{9.18}$$

式中:$\varphi_u(t)$、$\varphi_v(t)$、$\varphi_w(t)$分别为u、v、w坐标对应的自转相位误差分量;$\varphi_{\mathrm{vib}}(t)$为振动相位误差。

9.2.2 成像处理流程

本章方法的成像处理流程,如图9.7所示。该流程可被分为参考点相位误差估计、参考点相位误差分解、相位误差补偿与成像三个步骤,分别对应绿色、橙色、蓝色虚线框部分。下面对这三个步骤进行简要说明,具体分析将分别在后文给出。

(1)相位误差估计。选取N个散射点作为参考点,采用本书前文提出的基于正交基线干涉处理的ISAL振动相位误差估计方法估计各参考点对应的相位误差。假定参考点对应的散射点编号分别为s_1、…、s_n、…、s_N,那么其对应的相位误差分别为$\varphi_{s_1}(t_k)$、…、$\varphi_{s_n}(t_k)$、…、$\varphi_{s_N}(t_k)$,其中,t_k为慢时间。

(2)相位误差分解。基于正交长基线干涉处理[140,151]估计各散射点在目标坐标系O_{uvw}中的三维坐标(受相位误差的影响,该估计仅为粗估计),结合参考点对应的相位误差估计结果和三维坐标估计结果,通过相位误差分解得到振动相位误差$\varphi_{\text{vib}}(t_k)$和$u$、$v$、$w$坐标对应的自转相位误差分量$\varphi_u(t_k)$、$\varphi_v(t_k)$、$\varphi_w(t_k)$。

(3)相位误差补偿和成像。根据$\varphi_{\text{vib}}(t_k)$、$\varphi_u(t_k)$、$\varphi_v(t_k)$、$\varphi_w(t_k)$以及各散射点三维坐标的粗估计结果计算各散射点对应的相位误差,在进行相位误差补偿后获得聚焦的二维全孔径成像结果,在此基础上通过正交长基线干涉处理获得高精度的三维成像结果。

需要明确的是,在步骤(2)中,只有在参考点选取合适的情况下其三维坐标估计才较为精确,从而有利于相位误差分解,在步骤(3)中,散射点三维坐标粗估计结果的误差也将影响相位误差计算与补偿的效果。所以在诸如参考点选取不合适、信噪比较低、相位误差较大等情况下,包含上述三个步骤的一次循环可能不足以获得理想的成像结果,此时,需要对上述成像流程进行多次迭代。

1. 参考点相位误差估计

采用第8章提出的方法估计参考点相位误差时,需要采用子孔径成像结果干涉,下面以编号s_n的参考点为例阐述其相位误差估计过程。

分别用等效相位中心E_0、E_{L1}、E_{L2}接收到的目标回波信号进行时域子孔径成像,子孔径成像时间均为T_{ca},子孔径成像的中心时刻分别为t_0、t_{L1}、t_{L2},编号s_n的参考点对应的成像结果可以近似表示为

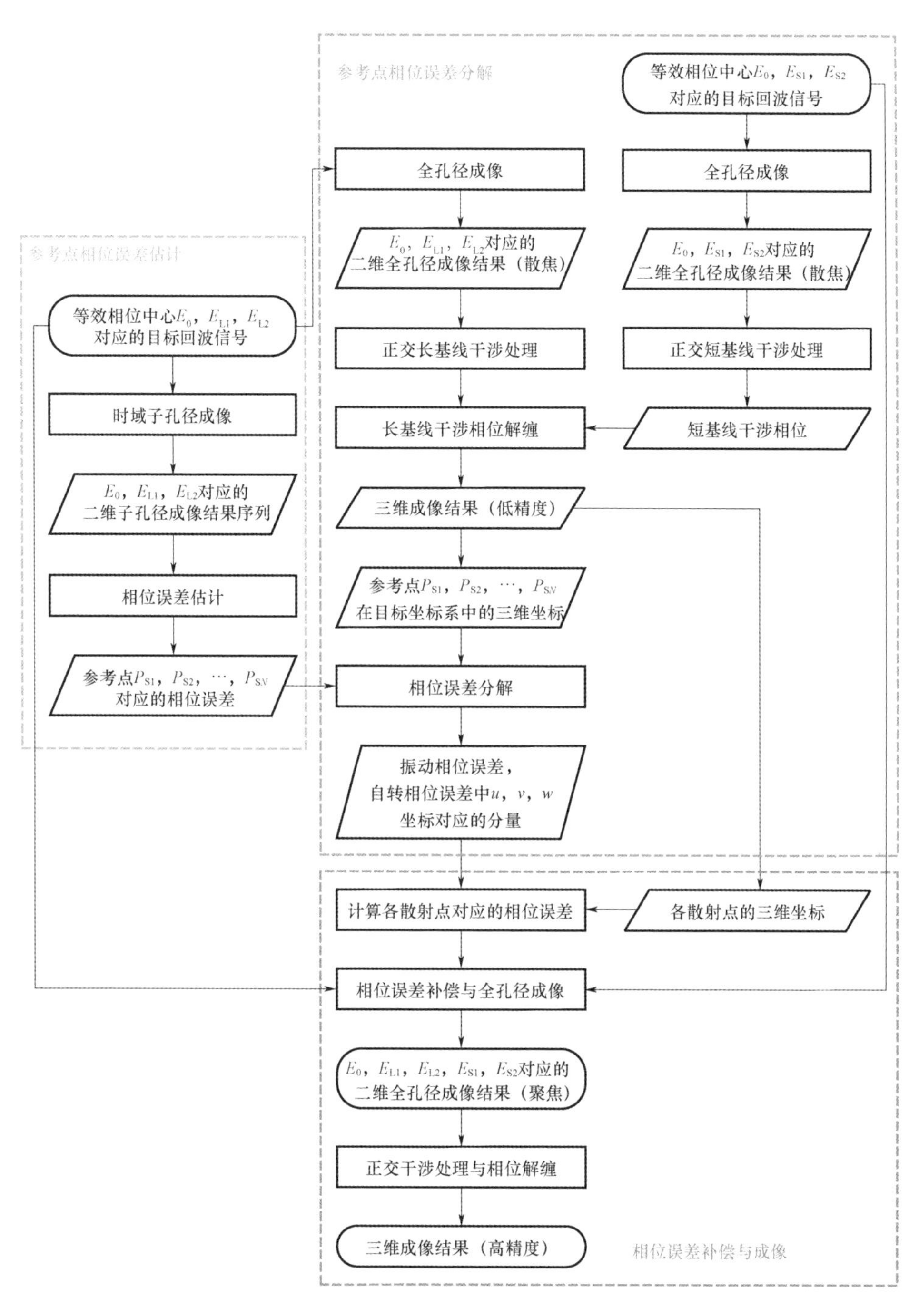

图9.7 成像处理流程(见彩图)

$$\begin{cases} s_0(\hat{t},f_d,t_0) \approx \sigma_{s_n} \operatorname{sinc}(\hat{t},s_n)\operatorname{sinc}(f_d,s_n) \\ \qquad \exp\left\{-j\dfrac{4\pi R_{E_0,s_n}(t_0)}{\lambda}\right\}\exp\{j\varphi_{s_n}(t_0)\} \\ s_{L1}(\hat{t},f_d,t_{L1}) \approx \sigma_{s_n} \operatorname{sinc}(\hat{t},s_n)\operatorname{sinc}(f_d,s_n) \\ \qquad \exp\left\{-j\dfrac{4\pi R_{E_{L1},s_n}(t_{L1})}{\lambda}\right\}\exp\{j\varphi_{s_n}(t_{L1})\} \\ s_{L2}(\hat{t},f_d,t_{L2}) \approx \sigma_{s_n} \operatorname{sinc}(\hat{t},s_n)\operatorname{sinc}(f_d,s_n) \\ \qquad \exp\left\{-j\dfrac{4\pi R_{E_{L2},s_n}(t_{L2})}{\lambda}\right\}\exp\{j\varphi_{s_n}(t_{L2})\} \end{cases} \tag{9.19}$$

式中：$\hat{t}$ 为快时间；f_d 为多普勒频率；σ_{s_n} 为编号 s_n 的参考点的后向散射系数；sinc$(\hat{t},s_n)$表征编号 s_n 的参考点的距离向成像结果的包络；sinc(f_d,s_n)表征编号 s_n 的参考点的多普勒维成像结果的包络；$R_{E_0,s_n}(t_0)$、$R_{E_{L1},s_n}(t_{L1})$、$R_{E_{L2},s_n}(t_{L2})$分别为 t_0、t_{L1}、t_{L2}时刻编号 s_n 的参考点到等效相位中心 E_0、E_{L1}、E_{L2}的距离。

分别用 $s_{L1}(\hat{t},f_d,t_{L1})$、$s_{L2}(\hat{t},f_d,t_{L2})$与 $s_0(\hat{t},f_d,t_0)$进行干涉处理，在 $t_{L1}=t_0-l_{L1}\cos\alpha/\|\boldsymbol{v}_{xy}\|$、$t_{L2}=t_0+l_{L2}\sin\alpha/\|\boldsymbol{v}_{xy}\|$ 的情况下，干涉相位可以近似表示为

$$\begin{cases} \beta_{L1,0}(s_n,t_0) \approx -\dfrac{4\pi}{\lambda}\left[R_{E_{L1},s_n}\left(t_0-\dfrac{l_{L1}\cos\alpha}{\|\boldsymbol{v}_{xy}\|}\right)-R_{E_0,s_n}(t_0)\right]- \\ \qquad \dfrac{l_{L1}\cos\alpha}{\|\overrightarrow{v_{xy}}\|}\nabla\varphi_{s_n}(t_0) \\ \beta_{L2,0}(s_n,t_0) \approx -\dfrac{4\pi}{\lambda}\left[R_{E_{L2},s_n}\left(t_0+\dfrac{l_{L2}\sin\alpha}{\|\boldsymbol{v}_{xy}\|}\right)-R_{E_0,s_n}(t_0)\right]+ \\ \qquad \dfrac{l_{L2}\sin\alpha}{\|\overrightarrow{v_{xy}}\|}\nabla\varphi_{s_n}(t_0) \end{cases} \tag{9.20}$$

式中：$\nabla\varphi_{s_n}(t_0)$为编号 s_n 的参考点对应的相位误差的在 t_0 时刻梯度。

根据第 8 章所述方法，可以通过 $\beta_{L1,0}(s_n,t_0)$和 $\beta_{L2,0}(s_n,t_0)$的线性组合对 $\nabla\varphi_{s_n}(t_0)$进行估计，有

$$\nabla\varphi_{s_n}(t_0) = \|\boldsymbol{v}_{xy}\|\frac{\beta_{L2,0}(s_n,t_0)(l_{L1}\sin\alpha)-\beta_{L1,0}(s_n,t_0)(l_{L2}\cos\alpha)}{l_{L2}l_{L1}}$$
$$+\frac{\|\boldsymbol{v}_{xy}\|}{l_{L2}l_{L1}}\frac{4\pi}{\lambda}\frac{(l_{L1}\sin\alpha)(l_{L2}\cos\alpha)^2-(l_{L2}\cos\alpha)(l_{L1}\sin\alpha)^2}{2R_{E_0,s_n}(t_0)}$$

$$+\frac{4\pi}{\lambda}\|\boldsymbol{v}_z\| + \frac{\|\boldsymbol{v}_{xy}\|4\pi}{l_{L2}l_{L1}\lambda}$$

$$\frac{(l_{L1}\sin\alpha)\left(\frac{(l_{L2}\sin\alpha)\|\boldsymbol{v}_z\|}{\|\boldsymbol{v}_{xy}\|}\right)^2-(l_{L2}\cos\alpha)\left(\frac{(l_{L1}\cos\alpha)\|\boldsymbol{v}_z\|}{\|\boldsymbol{v}_{xy}\|}\right)^2}{2R_{E_0,s_n}(t_0)}$$

(9.21)

上面给出了$\nabla\varphi_{s_n}(t_0)$的求解过程,同理可获得编号 s_n 的参考点对应的相位误差在任意慢时间 t_k 时刻的梯度$\nabla\varphi_{s_n}(t_k)$,对其积分处理即可获得编号 s_n 的参考点对应的相位误差 $\varphi_{s_n}(t_k)$,有

$$\varphi_{s_n}(t_k)=\int_{\tau=t_{\mathrm{mid}}-T_{\mathrm{ca}}/2}^{t_k}\nabla\varphi_{s_n}(t_k)\mathrm{d}\tau \tag{9.22}$$

在上述理论推导过程中有以下两点假定。

(1)假定在不同等效相位中心对应的时域子孔径成像结果中,参考点位于同一分辨单元内,该假定在目标径向速度较低的情况下通常是成立的,否则应在干涉处理前对不同等效相位中心对应的时域子孔径成像结果进行配准[152]。

(2)假定在子孔径成像时间 T_{ca} 和干涉处理对应的在时间段(t_{L1},t_0)、(t_0,t_{L2})内相位误差线性变化,这对子孔径成像时间和两条长基线的长度都形成了限制:

$$\min\left\{\frac{1}{T_{\mathrm{ca}}},\frac{\|\boldsymbol{v}_{xy}\|}{l_{L1}\cos\alpha},\frac{\|\boldsymbol{v}_{xy}\|}{l_{L2}\sin\alpha}\right\}\gg\max\{f_{\mathrm{r}},f_{\mathrm{vib}}\} \tag{9.23}$$

其中:f_{r} 为自转相位误差的主要频率分量;f_{vib}为振动相位误差的主要频率分量。

2. 参考点相位误差分解

在获得各参考点对应的相位误差 $\varphi_{s_1}(t_k),\cdots,\varphi_{s_n}(t_k),\cdots,\varphi_{s_N}(t_k)$的估计结果后,根据前文的分析,可以通过求解以下方程组将各参考点的相位误差分解为 $\varphi_{\mathrm{vib}}(t_k)$、$\varphi_u(t_k)$、$\varphi_v(t_k)$、$\varphi_w(t_k)$,有

$$\begin{bmatrix} u_{s_1} & v_{s_1} & w_{s_1} & 1 \\ \vdots & \vdots & \vdots & \vdots \\ u_{s_n} & v_{s_n} & w_{s_n} & 1 \\ \vdots & \vdots & \vdots & \vdots \\ u_{s_N} & v_{s_N} & w_{s_N} & 1 \end{bmatrix}\begin{bmatrix}\varphi_u(t_k)\\ \varphi_v(t_k)\\ \varphi_w(t_k)\\ \varphi_{\mathrm{vib}}(t_k)\end{bmatrix}=\begin{bmatrix}\varphi_{s_1}(t_k)\\ \vdots\\ \varphi_{s_n}(t_k)\\ \vdots\\ \varphi_{s_N}(t_k)\end{bmatrix} \tag{9.24}$$

式中:u_{s_n}、v_{s_n}、w_{s_n}分别为编号 s_n 的参考点的三维坐标。

在相位误差分解的过程中需要用到参考点的三维坐标,三维坐标的准确性将影响相位误差分解的精度。为抑制三维坐标不准确对相位误差分解的影响,可设置参考点个数 $N>4$,并用最小二乘法[153]对 $\varphi_{\text{vib}}(t_k)$、$\varphi_u(t_k)$、$\varphi_v(t_k)$、$\varphi_w(t_k)$进行估计,即

$$\begin{bmatrix} \varphi_u(t_k) \\ \varphi_v(t_k) \\ \varphi_w(t_k) \\ \varphi_{\text{vib}}(t_k) \end{bmatrix} = (\boldsymbol{Coe}^{\text{T}} \cdot \boldsymbol{Coe})^{-1}\boldsymbol{Coe} \begin{bmatrix} \varphi_{s_1}(t_k) \\ \vdots \\ \varphi_{s_n}(t_k) \\ \vdots \\ \varphi_{s_N}(t_k) \end{bmatrix} \tag{9.25}$$

式中:$\boldsymbol{Coe}$ 为式(9.24)左侧的系数矩阵。为保证方程组有解,$\boldsymbol{Coe}$ 应是可逆的。

实际上,参考点的三维坐标是在相位误差补偿前基于正交长基线干涉处理获得的,下面进行具体说明。

若不存在相位误差,分别用等效相位中心 E_0、E_{L1}、E_{L2}接收到的目标回波信号进行全孔径成像,编号 s_n 的参考点对应的成像结果可以近似表示为

$$\begin{cases} s_0(\hat{t},f_{\text{d}}) \approx \sigma_{s_n}\operatorname{sinc}(\hat{t},s_n)'\operatorname{sinc}(f_{\text{d}},s_n)'\exp\left\{-\text{j}\dfrac{4\pi R_{E_0,s_n}(t_{\text{mid}})}{\lambda}\right\} \\ s_{\text{L1}}(\hat{t},f_{\text{d}}) \approx \sigma_{s_n}\operatorname{sinc}(\hat{t},s_n)'\operatorname{sinc}(f_{\text{d}},s_n)'\exp\left\{-\text{j}\dfrac{4\pi R_{E_{\text{L1}},s_n}(t_{\text{mid}})}{\lambda}\right\} \\ s_{\text{L2}}(\hat{t},f_{\text{d}}) \approx \sigma_{s_n}\operatorname{sinc}(\hat{t},s_n)'\operatorname{sinc}(f_{\text{d}},s_n)'\exp\left\{-\text{j}\dfrac{4\pi R_{E_{\text{L2}},s_n}(t_{\text{mid}})}{\lambda}\right\} \end{cases} \tag{9.26}$$

式中:$\operatorname{sinc}(\hat{t},s_n)'$表征编号 s_n 的参考点的距离向成像结果的包络;$\operatorname{sinc}(f_{\text{d}},s_n)'$表征编号 s_n 的参考点的多普勒维成像结果的包络;$R_{E_0,s_n}(t_{\text{mid}})$、$R_{E_{\text{L1}},s_n}(t_{\text{mid}})$、$R_{E_{\text{L2}},s_n}(t_{\text{mid}})$分别为观测中心时刻编号 s_n 的参考点到等效相位中心 E_0、E_{L1}、E_{L2}的距离。

分别用 $s_{\text{L1}}(\hat{t},f_{\text{d}})$、$s_{\text{L2}}(\hat{t},f_{\text{d}})$与 $s_0(\hat{t},f_{\text{d}})$进行干涉处理,干涉相位可以表示为

$$\begin{cases} \chi_{\text{L1},0}(s_n) = -\dfrac{4\pi}{\lambda}[R_{E_{\text{L1}},s_n}(t_{\text{mid}}) - R_{E_0,s_n}(t_{\text{mid}})] \\ \chi_{\text{L2},0}(s_n) = -\dfrac{4\pi}{\lambda}[R_{E_{\text{L2}},s_n}(t_{\text{mid}}) - R_{E_0,s_n}(t_{\text{mid}})] \end{cases} \tag{9.27}$$

可由干涉相位反演观测中心时刻编号 s_n 的参考点在雷达坐标系 O_{xyz}中的三维坐标,有

$$\begin{cases} x_{s_n} \approx -\dfrac{R_{E_0,s_n}(t_{\mathrm{mid}})\chi_{\mathrm{L1},0}(s_n)\lambda}{4\pi l_{\mathrm{L1}}} \\ y_{s_n} \approx -\dfrac{R_{E_0,s_n}(t_{\mathrm{mid}})\chi_{\mathrm{L2},0}(s_n)\lambda}{4\pi l_{\mathrm{L2}}} \\ z_{s_n} \approx R_{E_0,s_n}(t_{\mathrm{mid}})\sqrt{1-x_{s_n}^2-y_{s_n}^2} \end{cases} \tag{9.28}$$

根据观测中心时刻雷达坐标系 O_{xyz} 和目标坐标系 O_{uvw} 的关系，可获得编号 s_n 的参考点在目标坐标系 O_{uvw} 中的坐标。

若存在相位误差，分别用等效相位中心 E_0、E_{L1}、E_{L2} 接收到的目标回波信号进行全孔径成像，编号 s_n 的参考点对应的成像结果可以近似表示为

$$\begin{cases} s_0(\hat{t},f_{\mathrm{d}})' \approx \sigma_{s_n}\mathrm{sinc}(\hat{t},s_n)'\mathrm{sinc}(f_{\mathrm{d}},s_n)' \otimes \zeta(f_{\mathrm{d}})\exp\left\{-\mathrm{j}\dfrac{4\pi R_{E_0,s_n}(t_{\mathrm{mid}})}{\lambda}\right\} \\ s_{\mathrm{L1}}(\hat{t},f_{\mathrm{d}})' \approx \sigma_{s_n}\mathrm{sinc}(\hat{t},s_n)'\mathrm{sinc}(f_{\mathrm{d}},s_n)' \otimes \zeta(f_{\mathrm{d}})\exp\left\{-\mathrm{j}\dfrac{4\pi R_{E_{\mathrm{L1}},s_n}(t_{\mathrm{mid}})}{\lambda}\right\} \\ s_{\mathrm{L2}}(\hat{t},f_{\mathrm{d}})' \approx \sigma_{s_n}\mathrm{sinc}(\hat{t},s_n)'\mathrm{sinc}(f_{\mathrm{d}},s_n)' \otimes \zeta(f_{\mathrm{d}})\exp\left\{-\mathrm{j}\dfrac{4\pi R_{E_{\mathrm{L2}},s_n}(t_{\mathrm{mid}})}{\lambda}\right\} \end{cases} \tag{9.29}$$

其中

$$\zeta(f_{\mathrm{d}}) = \mathrm{FT}\{\exp[\mathrm{j}\varphi_{s_n}(t_k)]\} \tag{9.30}$$

式(9.29)中：$\otimes$表示卷积；$\zeta(f_{\mathrm{d}})$为相位误差对应信号的频谱，其谱宽远大于多普勒分辨率。

对比式(9.26)和式(9.29)可知，相位误差导致二维全孔径成像结果散焦，进而相邻散射点的能量相互交叠，影响参考点的三维坐标估计，所以在本章方法中，选择合适的参考点尤为重要，参考点应是相对强点，这样容易获得较高的三维坐标估计精度，且散射点在目标坐标系中的三维坐标应相对较大，这样相对估计误差较小。

3. 相位误差补偿与成像

前文通过相位误差分解得到了振动相位误差 $\varphi_{\mathrm{vib}}(t_k)$ 和 O_{uvw} 坐标对应的自转相位误差分量 $\varphi_u(t_k)$、$\varphi_v(t_k)$、$\varphi_w(t_k)$，在此基础上，结合目标上各散射点在目标坐标系 O_{uvw} 中的三维坐标的粗估计结果（估计过程与前文中参考点三维坐标的粗估计过程相同），根据式(9.18)对各散射点对应的相位误差进行计算。由于相位误差具有空变性，应分别针对各散射点进行相位误差补偿与重聚焦，其具体处理过程是：截取二维全孔径成像结果中各散射点对应的散焦区域，将其

反变换到慢时间时域补偿该散射点对应的相位误差,再变换到多普勒域获得聚焦的成像结果。

在对目标上各散射点进行重聚焦后获得聚焦的二维全孔径成像结果,再通过正交长基线干涉处理获得高精度的三维成像结果,长基线干涉相位与散射点三维坐标的关系见式(9.18)。需要明确的是,代入式(9.18)进行计算的长基线干涉相位应是不缠绕的绝对干涉相位。为解决长基线干涉相位缠绕的问题,本章地基 ISAL 在设置两条正交长基线的同时,还设置了两条与长基线共线的正交短基线,以利用短基线的干涉相位对长基线的干涉相位进行解缠,具体相位解缠方法可参考文献[154]。采用长短基线结合的方式进行干涉相位解缠,要求短基线的干涉相位不缠绕,这限定了短基线的长度,则

$$\begin{cases} l_{S1} \leqslant \dfrac{\lambda R_B}{2\Delta x \sin\theta_x} \\ l_{S2} \leqslant \dfrac{\lambda R_B}{2\Delta y \sin\theta_y} \end{cases} \tag{9.31}$$

式中:Δx、Δy 分别为目标沿 x、y 轴的尺寸;θ_x、θ_y 分别为观测中心时刻目标斜距矢量与 x 轴、y 轴的夹角。

9.2.3 仿真验证

1. 仿真参数

本节对本章方法的有效性进行仿真验证。仿真所使用的 ISAL 收发通道布局,如图 9.6 所示。长基线长度 l_{L1}、l_{L2} 均为 50m,短基线长度 l_{S1}、l_{S2} 均为 0.2m。仿真所使用的 ISAL 系统参数见表 9.2。激光信号中心波长为 10.6μm,脉冲重复频率为 500Hz,设置单脉冲信噪比为 -5dB,合成孔径时间约 6s,通过 3000 个脉冲的相干累积获得 30dB 的成像信噪比。

表 9.2 仿真参数

参数	数值	参数	数值
波长	10.6μm	横向分辨率	0.1m
发射信号带宽	2GHz	单脉冲信噪比	-5dB
快时间采样率	5GHz	相干积累脉冲数	3000
斜距向分辨率	0.1m	全孔径成像信噪比	30dB
脉冲重复频率	500Hz	短基线长度	0.2m
合成孔径时间	6s	长基线长度	50m

仿真所使用的观测目标为GEO卫星，其上散射点在目标坐标系 O_{uvw} 中的三维分布，如图9.8所示。目标尺寸约为100m，目标太阳翼上被标记为黑色的40个散射点为本章方法使用的参考点，目标太阳翼远端被标记为蓝色的散射点为测试散射点，可用于测试本章方法相位误差估计的准确性。

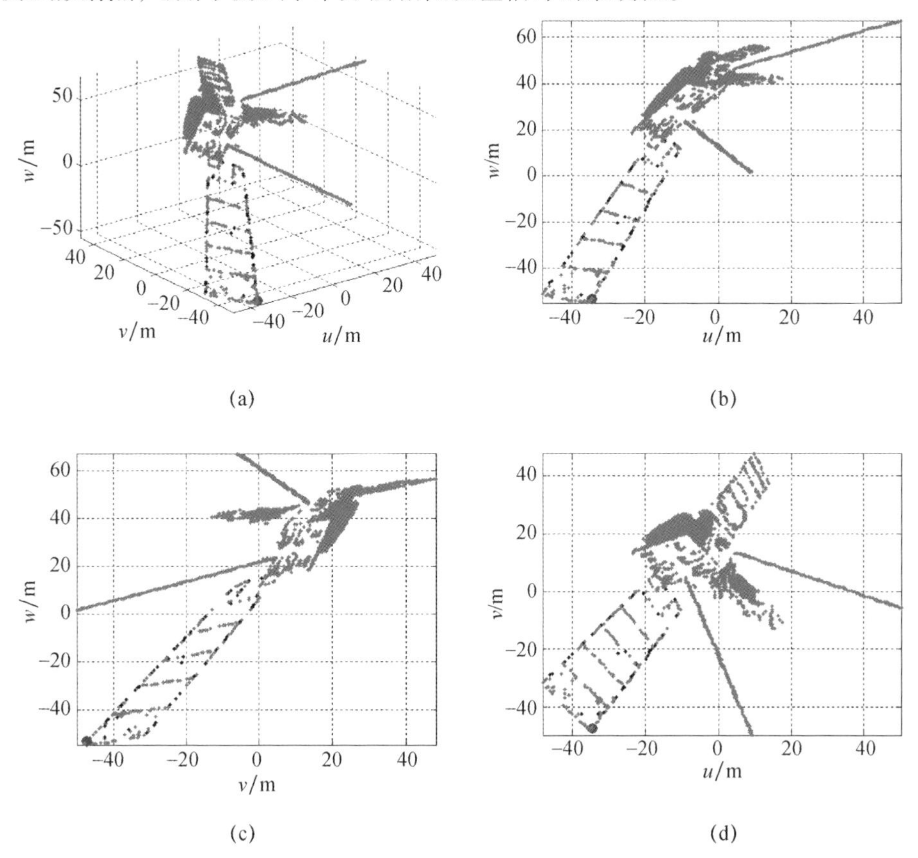

图9.8　目标上散射点的三维分布及其三视图(见彩图)

(a)三维分布;(b)正视图;(c)侧视图;(d)俯视图。

在ISAL观测中心时刻目标距离 R_B 为36000km，与 z 轴垂直的目标速度矢量的大小 $\|\boldsymbol{v}_{xy}\|$ 为10m/s，与 z 轴平行的目标速度矢量的大小 $\|\boldsymbol{v}_z\|$ 为800m/s，目标轨迹在 $x-y$ 平面的投影与 x 轴的夹角 α 为45°。假定目标自转角速度 $\bar{\omega}(t)$ 恒为2μrad/s，目标自转轴矢量 $\boldsymbol{\Omega}$ 与 w 轴的夹角 $\alpha_w(t_k)$、与 v 轴的夹角 $\alpha_v(t_k)$ 均在一定的范围内正弦时变，正弦时变的频率为0.25Hz。目标三维自转将在目标回波信号中引入空变的自转相位误差，其中与测试散射点对应的自转相位误差及其非线性分量，如图9.9(a)所示，自转相位误差范围约为600rad，其中非线性分量范围约

20rad。假定目标同时存在频率 1Hz、幅度 10μm 的正弦振动,其在目标回波信号中引入的振动相位误差,如图 9.9(b)所示。正弦函数被用于描述目标振动和三维自转过程,因为其更接近于真实的物理过程且含有各阶分量。

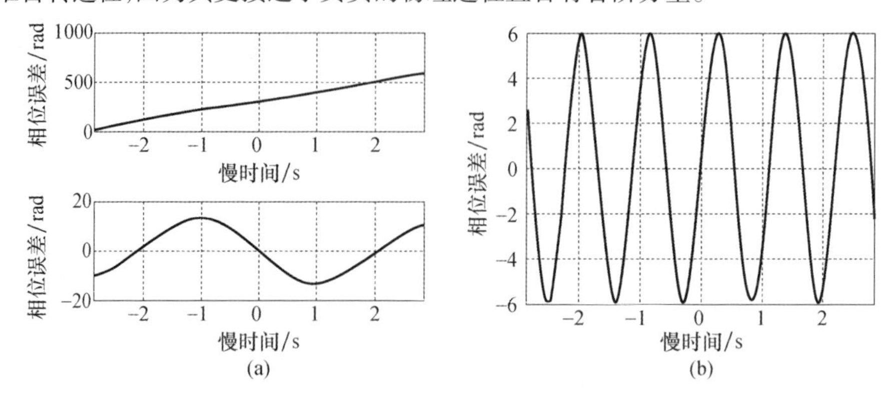

图 9.9 相位误差

(a)测试散射点对应的自转相位误差(上)及其非线性分量(下);(b)振动相位误差。

2. 仿真结果

为验证本章方法的有效性,本节给出不同条件下的三组仿真结果。

1)仿真结果 1

第一组仿真结果对应的仿真条件是基于真值对自转相位误差和振动相位误差进行补偿。

图 9.10 所示为与等效相位中心 E_0对应的目标二维全孔径成像结果的等高线图。其中,左图是右图红色虚线框部分的放大图,其聚焦效果良好,所有散射点均可被清晰分辨。在聚焦效果上,与其他等效相位中心对应的目标二维全孔径成像结果与图 9.10 基本一致,这里不再赘述。

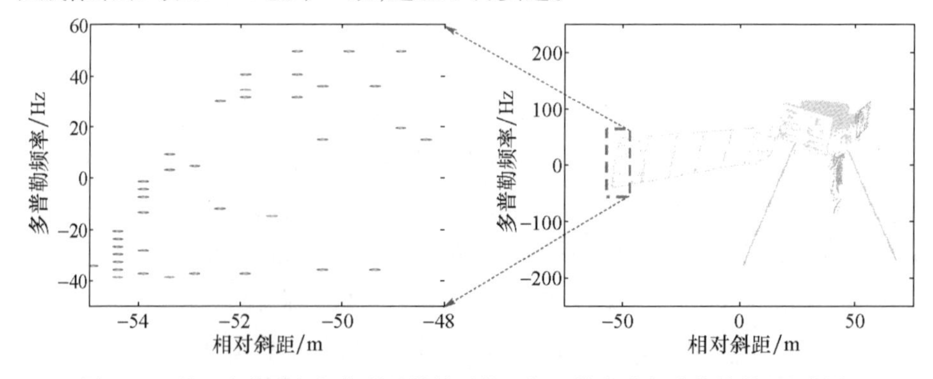

图 9.10 基于真值进行相位误差补偿后的目标二维全孔径成像结果(见彩图)

通过目标二维全孔径成像结果的正交干涉处理获得的目标三维成像结果，如图9.11所示。其中真实散射点被标记为红色，估计出的散射点被标记为蓝色，O_{uvw}坐标对应的平均定位误差分别为0.12m、0.12m、0.04m，目标结构和轮廓清晰。

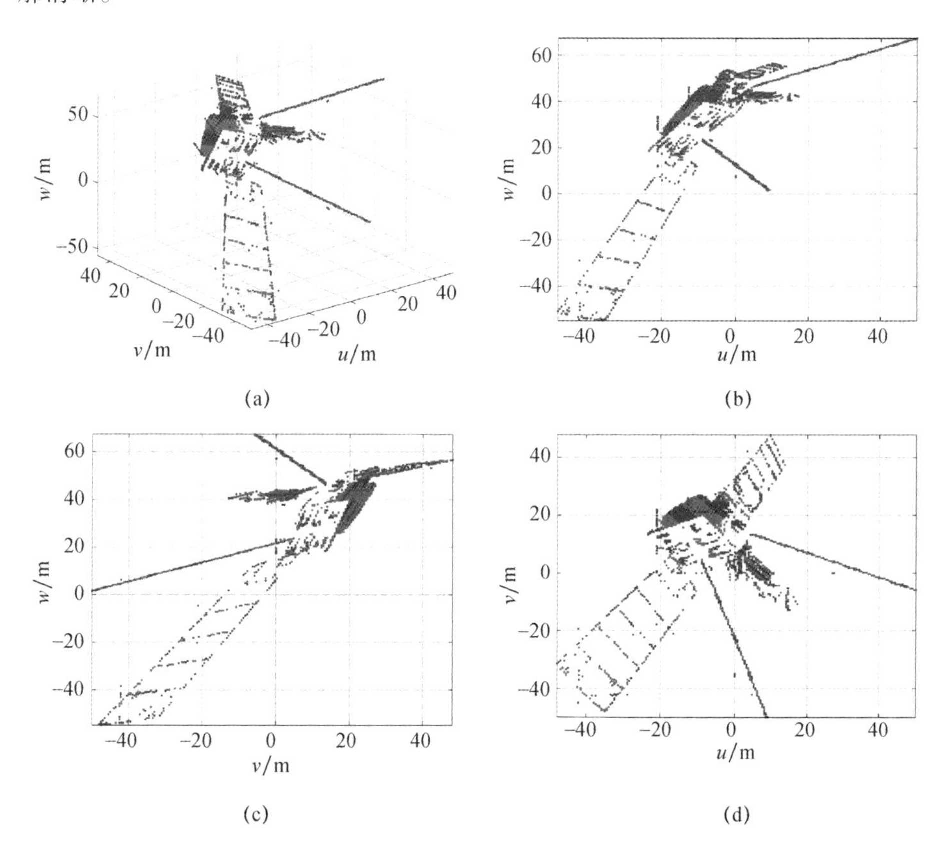

图9.11 基于真值进行相位误差补偿后的目标三维成像结果及其三视图（见彩图）
(a)三维分布；(b)正视图；(c)侧视图；(d)俯视图。

2）仿真结果2

第二组仿真结果对应的仿真条件是不对自转相位误差和振动相位误差进行补偿。

图9.12所示为与等效相位中心E_0对应的目标二维全孔径成像结果的等高线图。其中，左图是右图红色虚线框部分的放大图，显然，自转相位误差和振动相位误差导致二维全孔径成像结果完全散焦，与图9.10相比，图9.12对应的成像结果的横向分辨率降低了一个数量级以上。

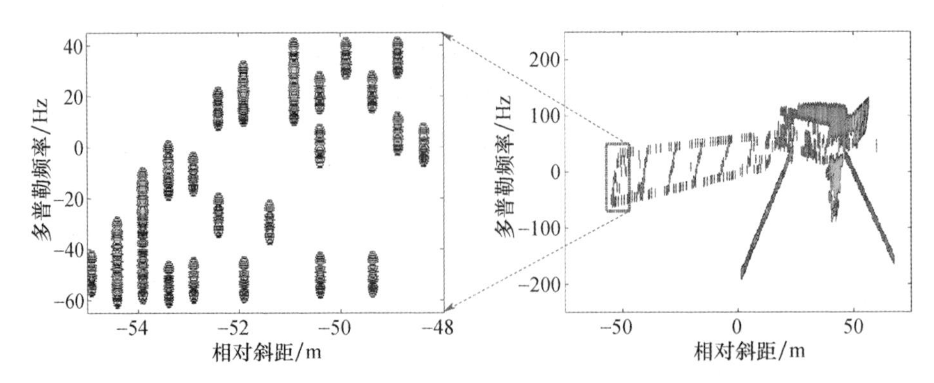

图 9.12　未进行相位误差补偿的目标二维全孔径成像结果(见彩图)

通过目标二维全孔径成像结果的正交干涉处理获得的目标三维成像结果,如图 9.13 所示,其中真实散射点被标记为红色,估计出的散射点被标记为蓝色,u、v、w 坐标对应的平均定位误差分别为 1.2m、1.1m、0.04m,目标结构和轮廓模糊,已难以满足对 GEO 卫星的成像观测需求。

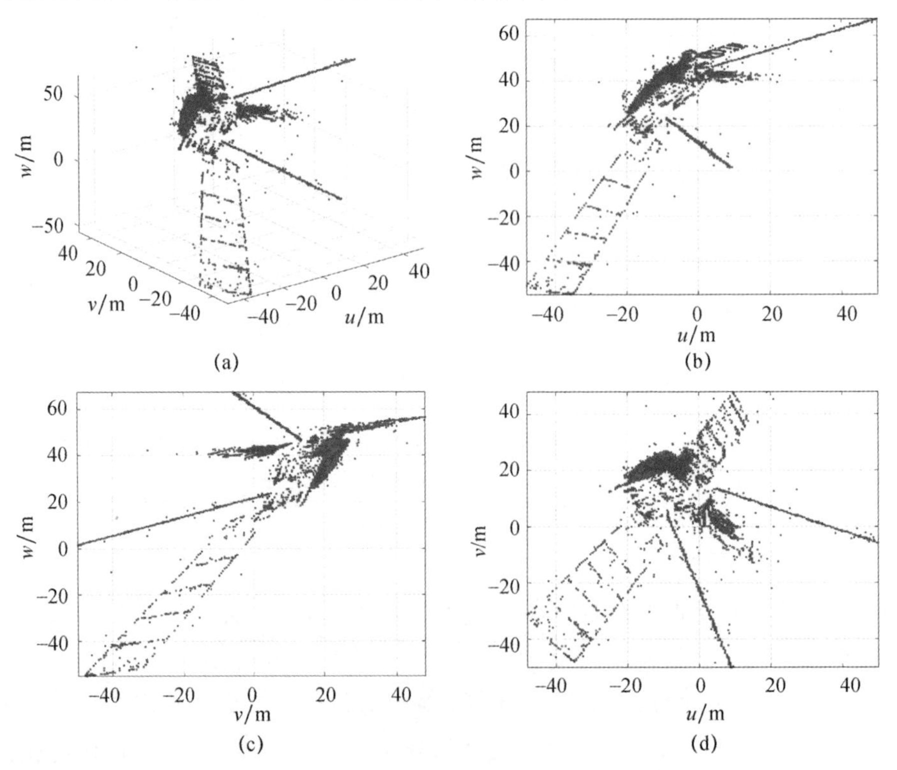

图 9.13　未进行相位误差补偿的目标三维成像结果及其三视图(见彩图)
(a)三维分布;(b)正视图;(c)侧视图;(d)俯视图。

3）仿真结果3

第三组仿真结果对应的仿真条件是用本章方法对自转相位误差和振动相位误差进行估计与补偿。

选取图9.14中被标记为黑色的40个散射点为参考点，在相位误差补偿前对目标三维成像，图9.14给出了参考点的三维坐标估计结果，其中蓝色点为估计出的散射点，红色圈为真实的散射点，u、v、w坐标对应的平均定位误差分别为0.33m、0.32m、0.04m。

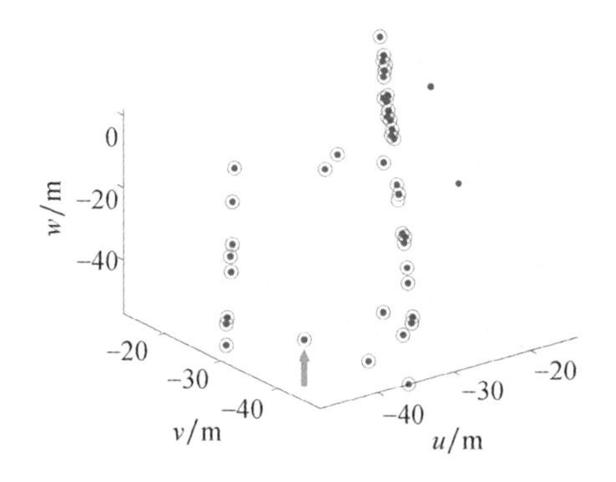

图9.14　参考点的三维坐标估计结果（见彩图）

图9.15所示图9.14中橙色箭头所指的参考点对应的相位误差估计结果（在对振动相位误差进行估计时，子孔径成像时间为0.1s），图9.14中蓝色曲线为估计值，红色曲线为真值，图9.15中黑色曲线为估计误差，估计误差小于1rad，其与相位误差范围的比值小于1%。

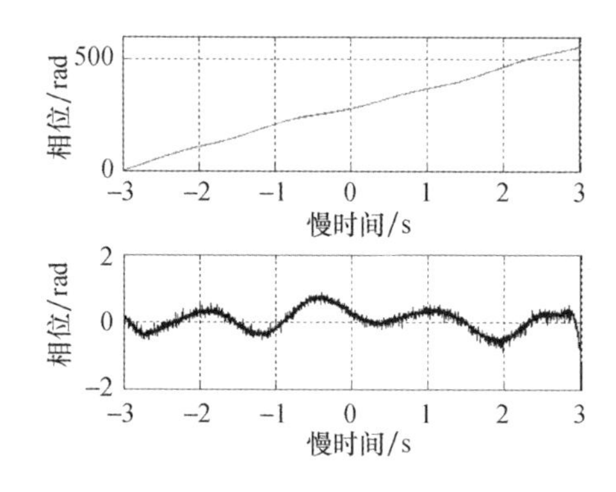

图9.15　参考点对应的相位误差估计结果（见彩图）

图 9.14 和图 9.15 表明,由于参考点选取恰当,因此对其三维坐标和对应相位误差的估计较为精确,在此基础上进行参考点相位误差分解,得到振动相位误差和与 u、v、w 坐标对应的自转相位误差分量。参考点相位误差分解结果,如图 9.16 所示。图 9.16 中蓝色曲线为估计值,红色曲线为真值,黑色曲线为估计误差,为便于显示,这里只给出了相位误差估计值和真值中的非线性部分。图 9.16 表明,在四个相位误差分量中,振动相位误差和与 v 坐标对应的自转相位误差分量占主要部分,其估计较为精确。

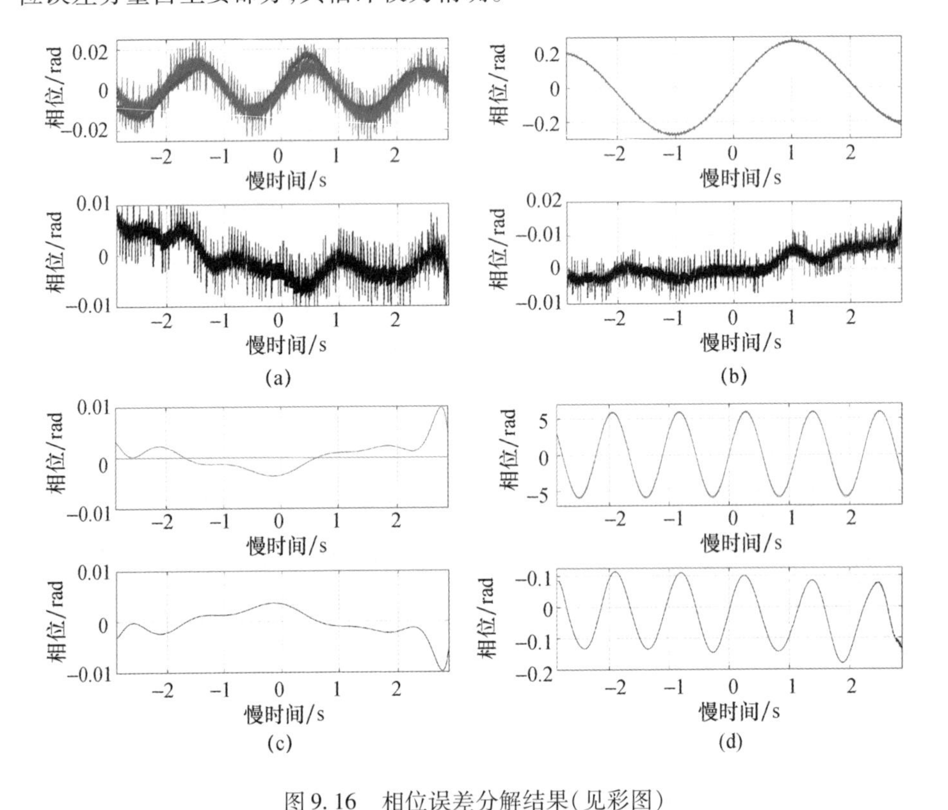

图 9.16　相位误差分解结果(见彩图)

(a)与 u 坐标对应的自转相位误差分量;(b)与 v 坐标对应的自转相位误差分量;(c)与 w 坐标对应的自转相位误差分量;(d)振动相位误差。

基于图 9.13 所示目标上各散射点的三维坐标粗估计结果和图 9.16 所示的相位误差分解结果,计算各散射点对应的相位误差。图 9.17 所示为测试散射点对应的相位误差计算结果,其中蓝色曲线为计算结果,红色曲线为真值,黑色曲线为误差,可以看出,其误差小于 0.6rad,基本满足合成孔径成像的要求。

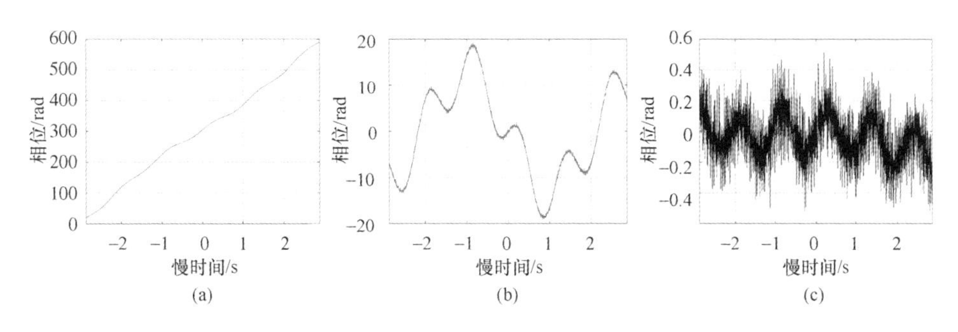

图 9.17　测试散射点对应的相位误差计算结果(见彩图)

(a)真值和计算值;(b)真值和计算值中的非线性分量;(c)误差。

根据各散射点对应相位误差的计算结果,对各散射点对应的二维全孔径成像结果进行相位误差补偿和重聚焦。图 9.18 所示为与等效相位中心 E_0对应的目标二维全孔径成像结果的等高线图,其中,左图是右图红色虚线框部分的放大图。对比图 9.10、图 9.12、图 9.18 可知,基于本章方法进行相位误差估计与补偿后,二维全孔径成像结果的聚焦效果有了明显提升。

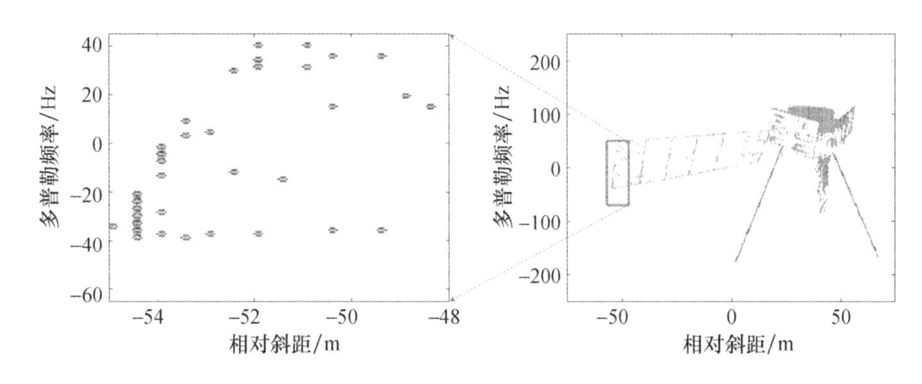

图 9.18　基于本章方法进行相位误差补偿后的目标二维全孔径成像结果(见彩图)

对相位误差补偿后的目标二维全孔径成像结果进行正交干涉处理,以获得高精度的目标三维成像结果。图 9.19 所示为两条长基线对应的目标二维成像结果的相干系数图,目标区域的相干系数大于 0.9,说明等效相位中心 E_0、E_{L1}、E_{L2}之间的相干性较好,干涉相位的可信度较高。

图 9.20 所示为两条长基线对应的目标二维成像结果的干涉相位图,干涉相位缠绕,不能直接用于目标三维成像,需要结合两条短基线的干涉相位进行干涉相位解缠。

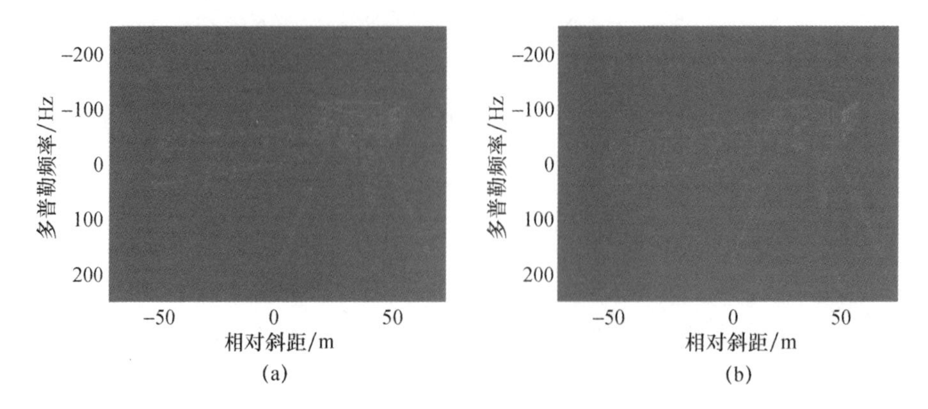

图 9.19 长基线对应二维成像结果的相干系数图(见彩图)

(a)与等效相位中心 E_0、E_{L1} 对应;(b)与等效相位中心 E_0、E_{L2} 对应。

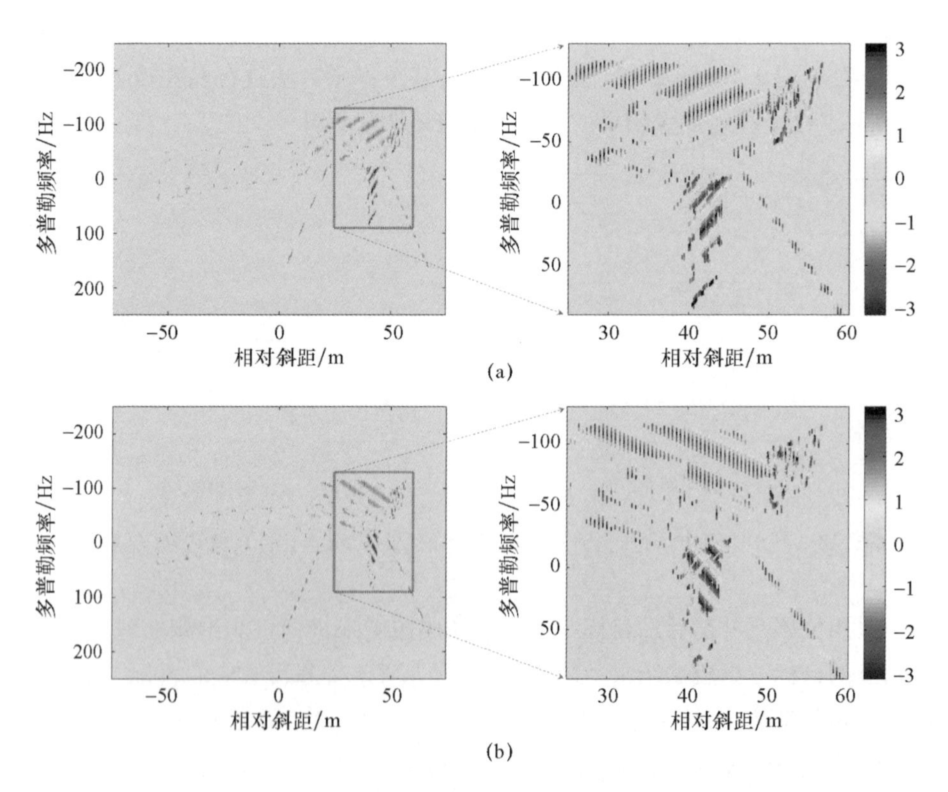

图 9.20 长基线对应的目标二维成像结果的干涉相位图(见彩图)

(a)与等效相位中心 E_0、E_{L1} 对应;(b)与等效相位中心 E_0、E_{L2} 对应。

短基线对应目标二维成像结果的干涉相位，如图 9.21 所示。干涉相位不缠绕，可以用于长基线干涉相位的解缠。为便于显示，在图 9.21 中，将相干系数小于 0.75 的区域的干涉相位设置为 -0.6rad。

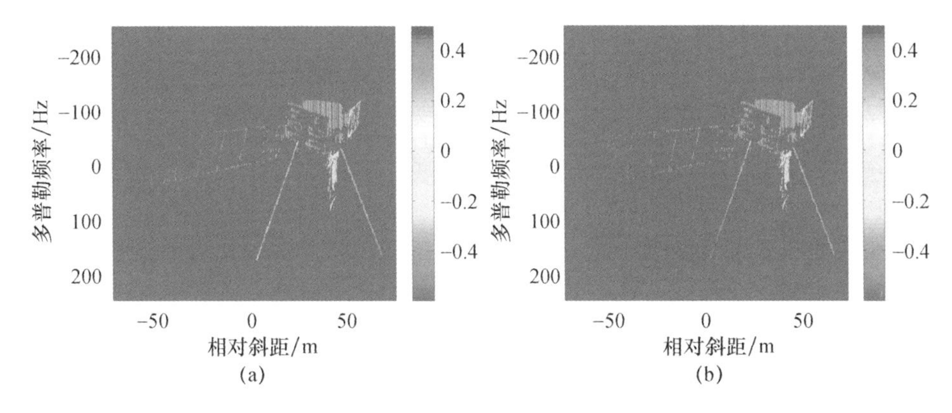

图 9.21 短基线对应目标二维成像结果的干涉相位图（见彩图）

（a）与等效相位中心 E_0、E_{S1} 对应；（b）与等效相位中心 E_0、E_{S2} 对应。

图 9.22 所示为解缠后的长基线对应的干涉相位。其变化范围小于 150rad，为便于显示，将相干系数小于 0.75 的区域的干涉相位设置为 -100rad。

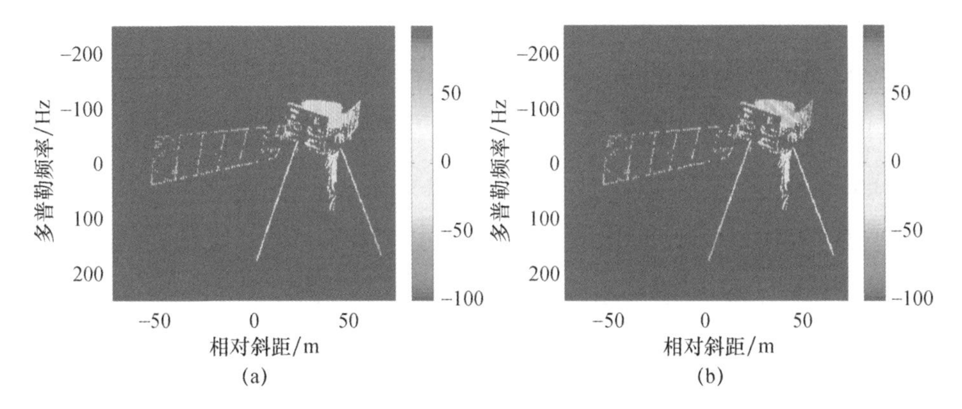

图 9.22 解缠后的长基线对应二维成像结果的干涉相位图（见彩图）

（a）与等效相位中心 E_0、E_{L1} 对应；（b）与等效相位中心 E_0、E_{L2} 对应。

基于图 9.22 所示解缠后的干涉相位对目标进行三维成像，成像结果如图 9.23所示。u、v、w 坐标对应的平均定位误差分别为 0.3m、0.3m、0.04m，目标结构和轮廓已较为清晰。

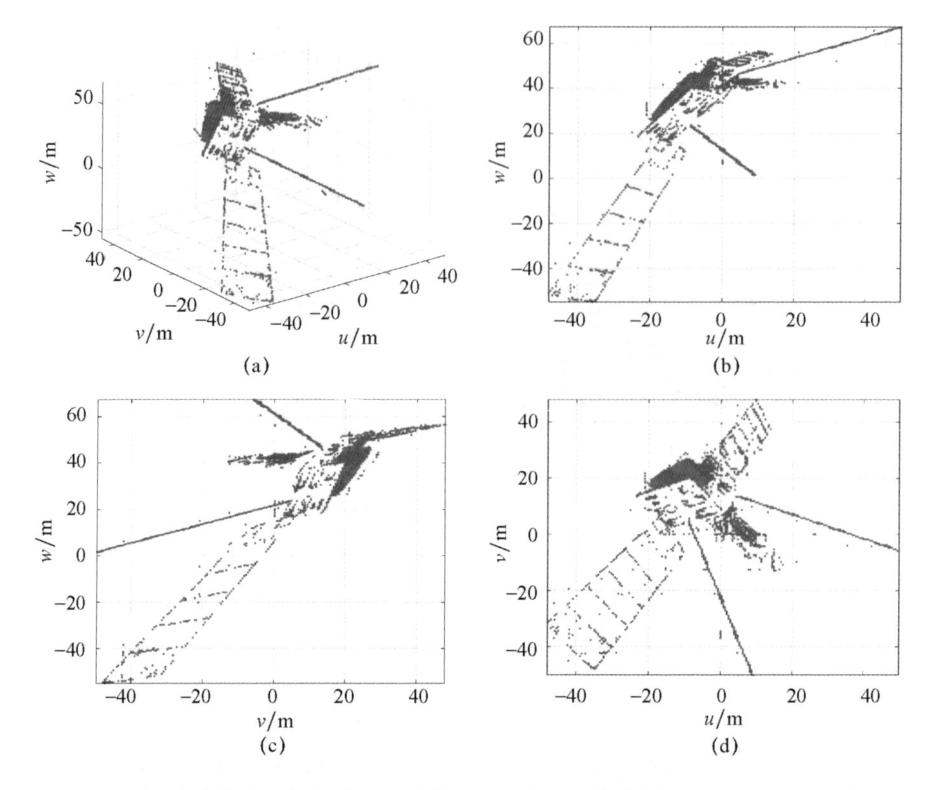

图 9.23 基于本章方法进行相位误差补偿后的目标三维成像结果及其三视图(见彩图)
(a)三维成像结果;(b)正视图;(c)侧视图;(d)俯视图。

表 9.3 给出了本节三组仿真结果中二维成像结果的图像熵和三维成像结果的平均定位误差,可以看出,在用本章方法进行相位误差补偿后,二维成像结果的聚焦效果和三维成像结果的定位精度均有了明显提升。

表 9.3 成像仿真结果的评价指标

二维图像	图像熵	三维图像	平均定位误差($u/v/w$)/m
图 9.10	8.99	图 9.11	0.1/0.1/0.04
图 9.12	11.26	图 9.13	1.2/1.1/0.04
图 9.18	9.31	图 9.23	0.3/0.3/0.04

需要说明的是,在表 9.3 中,w 坐标的平均定位误差不变,这是因为在仿真中,ISAL 的视线与 z 轴/w 轴平行,w 坐标的平均定位误差主要由距离估计误差

决定,不受横向距离向成像结果散焦的影响。

9.2.4　精度分析

1. 相位误差估计精度分析

如图 9.7 中绿色虚线框所示,本章方法的第一个步骤是采用第 8 章所述基于正交基线干涉处理的相位误差估计方法估计参考点对应的相位误差,并将估计结果用于后续相位误差分解。

第 8 章所述方法假定在正交基线干涉处理对应的时间段内相位误差线性变化,同时,在根据目标速度矢量与 ISAL 基线的相对几何关系推导相位误差梯度的过程中存在近似,这些都将导致模型误差。根据前文仿真结果,第 8 章所述方法的模型误差小于 $\pi/4$,其在相位误差变化范围中的占比小于 1%,对后续相位误差分解的影响较小。

在模型误差外,参数误差也将影响相位误差估计精度。如式(9.11)所示,相位误差梯度与参数 $\|\boldsymbol{v}_{xy}\|$、$\|\boldsymbol{v}_z\|$、$\beta_{\mathrm{L2},0}(s_n,t_0)$、$\beta_{\mathrm{L1},0}(s_n,t_0)$、$l_{\mathrm{L2}}$、$l_{\mathrm{L1}}$、$\alpha$、$R_{E_0,s_n}(t_0)$ 有关,所以这些参数的估计/测量误差将导致相位误差梯度误差,其均可以表示为

$$\frac{\partial \Delta\varphi_v}{\partial \square}\delta_{\square} \tag{9.32}$$

式中:□可为 $\|\boldsymbol{v}_{xy}\|$、$\|\boldsymbol{v}_z\|$、$\beta_{\mathrm{L2},0}(s_n,t_0)$、$\beta_{\mathrm{L1},0}(s_n,t_0)$、$l_{\mathrm{L2}}$、$l_{\mathrm{L1}}$、$\alpha$、$R_{E_0,s_n}(t_0)$ 等参数;$\delta_{\square}$ 为下标□代表参数的估计/测量误差。

在各参数误差导致的相位误差梯度误差中,同时存在时变误差和恒定误差,这里重点考虑时变误差,因为对恒定误差积分处理仅会导致线性项,容易通过曲线拟合去除。假定在合成孔径时间内,参数 $\|\boldsymbol{v}_{xy}\|$、$\|\boldsymbol{v}_z\|$、l_{L2}、l_{L1}、α 的真值和估计/测量误差恒定不变,干涉相位 $\Delta\varphi_{M0}(t_k)$、$\Delta\varphi_{10}(t_k)$ 时变且干涉相位的测量误差可建模为零均值的高斯白噪声,参数 $\|\boldsymbol{v}_{xy}\|$、$\beta_{\mathrm{L2},0}(s_n,t_0)$、$\beta_{\mathrm{L1},0}(s_n,t_0)$、$l_{\mathrm{L2}}$、$l_{\mathrm{L1}}$、$\alpha$ 的估计/测量误差将导致相位误差梯度出现时变误差,即

$$\delta_{\nabla}(t_0)=\sqrt{\left(\frac{\partial\nabla\varphi_{s_n}}{\partial\|\boldsymbol{v}_{xy}\|}\delta_{\|\boldsymbol{v}_{xy}\|}\right)^2+\left(\frac{\partial\nabla\varphi_{s_n}}{\partial\beta_{\mathrm{L2},0}}\delta_{\beta_{\mathrm{L2},0}}\right)^2+\left(\frac{\partial\nabla\varphi_{s_n}}{\partial\beta_{\mathrm{L1},0}}\delta_{\beta_{\mathrm{L1},0}}\right)^2+\left(\frac{\partial\nabla\varphi_{s_n}}{\partial l_{\mathrm{L2}}}\delta_{l_{\mathrm{L2}}}\right)^2+\left(\frac{\partial\nabla\varphi_{s_n}}{\partial l_{\mathrm{L1}}}\delta_{l_{\mathrm{L1}}}\right)^2+\left(\frac{\partial\nabla\varphi_{s_n}}{\partial\alpha}\delta_{\alpha}\right)^2} \tag{9.33}$$

其中

$$\begin{cases}\dfrac{\partial\nabla\varphi_{s_n}}{\partial\|\boldsymbol{v}_{xy}\|}\delta_{\|\boldsymbol{v}_{xy}\|}=-\dfrac{\beta_{\mathrm{L1},0}(s_n,t_0)l_{\mathrm{L2}}\cos(\alpha)-\beta_{\mathrm{L2},0}(s_n,t_0)l_{\mathrm{L1}}\sin(\alpha)}{l_{\mathrm{L1}}l_{\mathrm{L2}}}\delta_{\|\boldsymbol{v}_{xy}\|}\\ \dfrac{\partial\nabla\varphi_{s_n}}{\partial\beta_{\mathrm{L2},0}}\delta_{\beta_{\mathrm{L2},0}}=\dfrac{\|\boldsymbol{v}_{xy}\|\sin(\alpha)}{l_{\mathrm{L2}}}\delta_{\beta_{\mathrm{L2},0}}\\ \dfrac{\partial\nabla\varphi_{s_n}}{\partial\beta_{\mathrm{L1},0}}\delta_{\beta_{\mathrm{L1},0}}=-\dfrac{\|\boldsymbol{v}_{xy}\|\cos(\alpha)}{l_{\mathrm{L1}}}\delta_{\beta_{\mathrm{L1},0}}\\ \dfrac{\partial\nabla\varphi_{s_n}}{\partial l_{\mathrm{L2}}}\delta_{l_{\mathrm{L2}}}=-\dfrac{\|\boldsymbol{v}_{xy}\|\beta_{\mathrm{L2},0}(s_n,t_0)\sin(\alpha)}{l_{\mathrm{L2}}^2}\delta_{l_{\mathrm{L2}}}\\ \dfrac{\partial\nabla\varphi_{s_n}}{\partial l_{\mathrm{L1}}}\delta_{l_{\mathrm{L1}}}=\dfrac{\|\boldsymbol{v}_{xy}\|\beta_{\mathrm{L1},0}(s_n,t_0)\cos(\alpha)}{l_{\mathrm{L1}}^2}\delta_{l_{\mathrm{L1}}}\\ \dfrac{\partial\nabla\varphi_{s_n}}{\partial\alpha}\delta_{\alpha}=\dfrac{\|\boldsymbol{v}_{xy}\|[\beta_{\mathrm{L2},0}(s_n,t_0)l_{\mathrm{L1}}\cos(\alpha)+\beta_{\mathrm{L1},0}(s_n,t_0)l_{\mathrm{L2}}\sin(\alpha)]}{l_{\mathrm{L1}}l_{\mathrm{L2}}}\delta_{\alpha}\end{cases}\tag{9.34}$$

根据前文中的仿真参数，表 9.4 列出了用于相位误差估计的参数及其误差，由于干涉相位 $\beta_{\mathrm{L2},0}(s_n,t_0)$、$\beta_{\mathrm{L1},0}(s_n,t_0)$ 时变，因此在代入式(9.33)进行计算时，将其设置为最大值 10rad。假定干涉相位误差 $\delta_{\beta_{\mathrm{L2},0}}$、$\delta_{\beta_{\mathrm{L1},0}}$ 为均值为 0，标准差为 70mrad 的高斯白噪声，在代入式(9.33)进行计算时，将其设置为 70mrad。基于表 9.4 所示参数数值计算得到相位误差梯度的估计误差约为 1.2rad/s，假定不同时刻的相位误差梯度的估计误差方向相同，6s 合成孔径时间内参数误差导致的相位误差估计误差约为 7.2rad。实际情况下，不同时刻的相位误差估计误差的正负可能不同，且 $\beta_{\mathrm{L2},0}(s_n,t_0)$、$\beta_{\mathrm{L1},0}(s_n,t_0)$、$\delta_{\beta_{\mathrm{L2},0}}$、$\delta_{\beta_{\mathrm{L1},0}}$ 均为时变量，根据仿真结果分析，参数误差导致的相位误差估计误差应比按最大值计算得到的 7.2rad 小一个数量级，也即优于 0.7rad，基本满足二维成像的相位误差控制要求。

表 9.4　用于相位误差估计的参数及其误差

参数	数值	参数误差	数值
$\|\boldsymbol{v}_{xy}\|$	800m/s	$\delta_{\|\boldsymbol{v}_{xy}\|}$	1m/s
$\|\boldsymbol{v}_{z}\|$	10m/s	$\delta_{\|\boldsymbol{v}_{z}\|}$	1m/s
$\beta_{\mathrm{L2},0}(s_n,t_0)$	10rad	$\delta_{\beta_{\mathrm{L2},0}}$	70mrad
$\beta_{\mathrm{L1},0}(s_n,t_0)$	10rad	$\delta_{\beta_{\mathrm{L1},0}}$	70mrad
l_{L2}	50m	$\delta_{l_{\mathrm{L2}}}$	0.1mm
l_{L1}	50m	$\delta_{l_{\mathrm{L1}}}$	0.1mm
α	45°	δ_{α}	0.05°
$R_{E_0,s_n}(t_0)$	36000km	$\delta_{R_{E_0,s_n}}$	0.05m

2. 目标三维成像位置精度分析

本章方法基于目标二维成像结果的干涉相位反演目标上各散射点的三维坐标,进而形成目标三维图像。如式(9.28)所示,散射点三维坐标与参数 R_i、χ_{L10}、χ_{L20}、l_{L1}、l_{L2}有关,所以在成像模型固有误差以外,这些参数的测量误差也会进一步导致散射点三维坐标估计误差,有

$$\begin{cases} \delta_{x_i} = \sqrt{\left(\dfrac{\partial x_i}{\partial R_i}\delta_{R_i}\right)^2 + \left(\dfrac{\partial x_i}{\partial l_{L1}}\delta_{l_{L1}}\right)^2 + \left(\dfrac{\partial x_i}{\partial \chi_{L10}}\delta_{\chi_{L10}}\right)^2} \\ \delta_{y_i} = \sqrt{\left(\dfrac{\partial y_i}{\partial R_i}\delta_{R_i}\right)^2 + \left(\dfrac{\partial y_i}{\partial l_{L2}}\delta_{l_{L2}}\right)^2 + \left(\dfrac{\partial y_i}{\partial \chi_{L20}}\delta_{\chi_{L20}}\right)^2} \\ \delta_{z_i} = \sqrt{\left(\dfrac{\partial z_i}{\partial R_i}\delta_{R_i}\right)^2 + \left(\dfrac{\partial z_i}{\partial l_{L1}}\delta_{l_{L1}}\right)^2 + \left(\dfrac{\partial z_i}{\partial \chi_{L10}}\delta_{\chi_{L10}}\right)^2 + \left(\dfrac{\partial z_i}{\partial l_{L2}}\delta_{l_{L2}}\right)^2 + \left(\dfrac{\partial z_i}{\partial \chi_{L20}}\delta_{\chi_{L20}}\right)^2} \end{cases} \tag{9.35}$$

式中:$\delta_{\square}$为下标□所示参数的测量误差,□可以是 R_i、l_{L1}、l_{L2}、χ_{L10}、χ_{L20}等。

需要明确的是,式(9.35)给出的是散射点三维坐标估计值相对真值的绝对估计误差,其中,χ_{L10}、χ_{L20}用解缠后干涉相位的最大值代入计算。目标三维成像中使用的参数及其误差的数值见表9.5。经计算,在目标斜距矢量和ISAL两条长基线的夹角均为90°的情况下,散射点 x、y、z 坐标的绝对估计误差分别为0.04m、0.04m、0.05m,在目标斜距矢量和ISAL两条长基线的夹角均为85°的情况下,散射点 x、y、z 坐标的绝对估计误差分别为6.2m、6.2m、0.78m。

表9.5 用于目标三维成像的参数及其误差

	参数	数值	参数误差	数值
	R_i	36000km	σ_{R_i}	0.05m
	l_{L1}	50m	$\sigma_{l_{L1}}$	0.1mm
	l_{L2}	50m	$\sigma_{l_{L2}}$	0.1mm
目标斜距矢量与ISAL两条长基线的夹角均为90°	χ_{L10}	26π rad	$\sigma_{\chi_{L10}}$	70mrad
	χ_{L20}	26π rad	$\sigma_{\chi_{L20}}$	70mrad
	χ'_{L10}	70π rad	$\sigma_{\chi'_{L10}}$	70mrad
	χ'_{L20}	70π rad	$\sigma_{\chi'_{L20}}$	70mrad
目标斜距矢量与ISAL两条长基线的夹角均为85°	χ_{L10}	1600000π rad	$\sigma_{\chi_{L10}}$	70mrad
	χ_{L20}	1600000π rad	$\sigma_{\chi_{L20}}$	70mrad
	χ'_{L10}	70π rad	$\sigma_{\chi'_{L10}}$	70mrad
	χ'_{L20}	70π rad	$\sigma_{\chi'_{L20}}$	70mrad

显然,在目标斜距矢量和基线的夹角逐渐减小的情况下,散射点三维坐标

的绝对估计误差逐渐增大。此外,根据数值计算结果,在各参数误差中,基线测量误差对散射点三维坐标绝对估计误差的影响是主要的,所以若要对散射点三维坐标的绝对数值进行更精确的估计,就需要进一步降低基线测量误差。

实际上,散射点三维坐标的相对估计误差往往比绝对估计误差更重要,因为绝对估计误差影响的是目标的定位,相对估计误差影响的是目标成像结果的结构和轮廓。同样可基于式(9.35)计算散射点三维坐标的相对估计误差,但是应将其中的干涉相位χ_{L10}、χ_{L20}分别替换为χ'_{L10}、χ'_{L20},有

$$\begin{cases}\chi'_{L10}=\chi_{L10}-\dfrac{4\pi l_{L1}\cos(\alpha_{L1})}{\lambda}\\ \chi'_{L20}=\chi_{L20}-\dfrac{4\pi l_{L2}\cos(\alpha_{L2})}{\lambda}\end{cases}\tag{9.36}$$

式中:α_{L1}、α_{L2}分别为 ISAL 视线与两条长基线的夹角;$4\pi l_{L1}\cos(\alpha_{L1})/\lambda$ 与 $4\pi l_{L2}\cos(\alpha_{L2})/\lambda$ 分别为干涉相位中与 ISAL 波束指向对应的较大绝对数值。

参数χ'_{L10}、χ'_{L20}主要与 ISAL 的波束指向精度、目标的三维尺寸有关,受目标斜距矢量与 ISAL 两条长基线的夹角的影响较小,所以散射点三维坐标的相对估计误差也受目标斜距矢量与 ISAL 两条长基线的夹角的影响较小。根据表9.5 所示参数,在 ISAL 的波束指向精度为 1μrad、目标的三维尺寸均为 100m 的情况下,参数误差导致的散射点的 x、y、z 坐标的相对估计误差分别为 0.04m、0.04m、0.05m。若 ISAL 的两条长基线均缩短至 20m,则参数误差导致的散射点的 x、y、z 坐标的相对估计误差分别为 0.1m、0.1m、0.05m。

9.3 小结

本章从目标运动特性、系统指标、系统方案三个方面,对用于 GEO 目标成像观测的地基 ISAL 系统进行了分析。研究结果表明,地基 ISAL 对 GEO 目标高分辨率高数据率成像观测具备一定的可行性。在系统分析的基础上,本章设计了一种内视场正交短基线和外视场正交长基线结合的 ISAL 收发通道布局,在此基础上介绍了基于正交基线干涉处理的 GEO 目标地基 ISAL 成像方法,该方法能够对振动相位误差和自转相位误差进行有效估计与补偿,从而提升 GEO 目标二维成像结果的聚焦效果,同时实现对 GEO 目标的高精度三维成像。

第 10 章

合成孔径激光雷达拓展应用

随着合成孔径激光雷达技术的发展，其应用范围也在不断拓展。本章探讨了基于 InISAL 进行匹配照射的目标探测问题，同时分析了基于共形衍射光学系统的 SAL 前视成像探测问题。

10.1 基于 InISAL 的运动目标成像探测

随着激光雷达发射信号带宽的不断扩大，其距离向分辨率不断提高。在高距离向分辨率条件下，研究宽带雷达运动目标探测技术具有重要意义[155,156]。ISAL 是宽带激光雷达的典型代表，可对运动目标进行高数据率二维高分辨率成像，以提高目标探测 SNR。但由于激光波长很短，ISAL 对运动目标横向成像时容易发生多普勒带宽模糊。若采用高 PRF 避免多普勒带宽模糊，则不但对硬件要求苛刻，还会使距离模糊严重。因此，PRF 选择是 ISAL 运动目标探测亟待解决的问题。

不同于点目标，扩展目标的回波信号经雷达接收机匹配滤波后，输出信噪比不仅与发射波形的能量有关，还与发射波形参数、扩展目标及外界环境直接相关[157,158]。依照匹配照射目标探测的概念[159]，可以根据目标和环境的先验信息设计与之相匹配的发射信号波形，对目标回波进行信号处理使其能量积累形成峰值信号，提高探测信噪比和雷达目标探测性能。由于匹配照射目标探测通常是基于一维目标脉冲响应实现的，不涉及 ISAL 运动目标横向成像问题，故可以在低 PRF 条件下实施。与此同时，在激光波段，目标粗糙度的存在使目标的后向散射系数分布较为均匀，有利于能量积累，这使得匹配照射目标探测技术有可能获得更好的应用效果。

文献[160]对匹配照射目标探测进行了跟踪研究,在已知目标特征信息和白噪声假设的条件下,提出将目标脉冲响应取时间反褶的复共轭作为匹配波形发射。该发射信号与目标在空间上自动卷积,在距离向上完成目标信号能量积累,形成峰值回波信号,简化了雷达接收机滤波器的设计。匹配照射中,匹配波形一般不具备时域恒包络特性,除非对其做进一步优化[161],否则在现有硬件条件下匹配波形产生较为困难。需要注意的是,在白噪声假设下,文献[161]中匹配波形仅与已知目标脉冲响应有关。因此,可由 ISAL 发射 LFM 信号等常规宽带信号波形后,对目标回波距离压缩获取实际目标脉冲响应,并利用已知目标脉冲响应对实际目标脉冲响应进行匹配滤波,等效实现匹配照射的效果,从而避免匹配波形产生问题。由于该匹配滤波是对目标匹配而言的,故称之为目标匹配滤波。

匹配照射目标探测可提高探测信噪比并可以在低 PRF 条件下实现,但是其在实际应用中存在不足。由于目标脉冲响应对雷达和目标间的姿态角变化很敏感,因此需获取目标不同姿态角时的目标脉冲响应作为先验知识,建立目标脉冲响应库。实际中,目标脉冲响应库中的已知目标脉冲响应数目有限,故仅当实际目标的姿态角和已知目标脉冲响应对应的姿态角恰好吻合时,目标匹配滤波输出信号才能获得较大的峰值。若两姿态角稍有偏差,就会使目标匹配滤波后的信号峰值迅速减小。因此若将匹配照射直接应用于 ISAL 目标探测,则连续多个回波脉冲经目标匹配滤波后的输出信号峰值随慢时严重起伏,即存在慢时信号起伏问题。

本节分析指出上述 ISAL 匹配照射慢时信号起伏的原因是各距离分辨单元随机相位的慢时变化不同。提出基于干涉逆合成孔径激光雷达(Interferometric ISAL,InISAL),利用干涉处理使各距离分辨单元的干涉相位慢时变化近似相同,从而改善匹配照射慢时信号起伏,提高雷达的目标探测性能。通过对高 SNR 情况下获取的训练干涉信号作 PCA 处理,可以进一步减少噪声、干扰以及干涉处理中交叉项的影响。利用提取出的目标 PCA 模板对实际干涉回波信号进行距离向目标匹配滤波,实现基于 InISAL 的目标探测。InISAL 仿真实验结果和毫米波 InISAR 实际数据均验证了该方法的有效性。

10.1.1 ISAL 匹配照射目标探测和慢时信号起伏

1. ISAL 匹配照射目标探测

ISAL 几何模型,如图 10.1 所示。天线 A 位于大地坐标系 $Oxyz$ 的 xy 平面。令 ISAL 发射信号为 $s(t)$,目标脉冲响应为 $h(t)$,白噪声条件下回波信号 $z(t)$ 可

写为

$$z(t)=s(t)\otimes h(t)+n(t) \tag{10.1}$$

式中：$\otimes$为卷积；$n(t)$表示功率谱密度为 $N_0/2$ 的高斯白噪声。

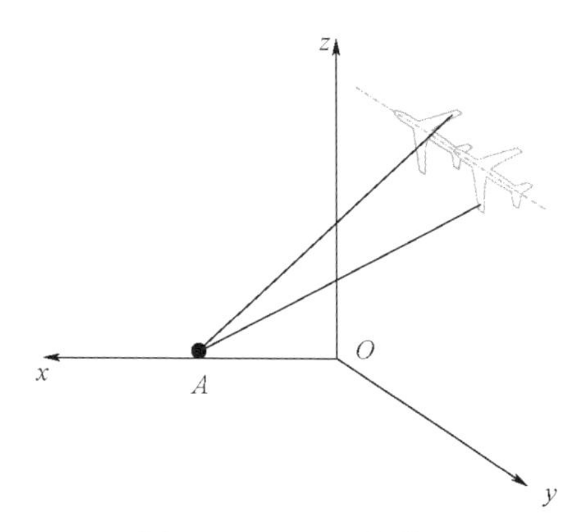

图 10.1　ISAL 几何模型

设雷达接收机的匹配滤波器为 $r(t)$，则匹配滤波输出信号 $y(t)$ 为

$$\begin{aligned} y(t) &= z(t)\otimes r(t) \\ &= s(t)\otimes h(t)\otimes r(t)+n(t)\otimes r(t) \\ &= y_t(t)+y_n(t) \end{aligned} \tag{10.2}$$

式中：$y_t(t)$和 $y_n(t)$分别为目标和白噪声经匹配滤波后的输出信号。

t_0时刻的输出功率信噪比为[3]

$$\begin{aligned} \left(\frac{S}{N}\right)_{t_0} &= \frac{|y_t(t_0)|^2}{E[|y_n(t_0)|^2]} \\ &= \frac{\left|\frac{1}{2\pi}\int_{-\infty}^{\infty} S(f)H(f)R(f)\mathrm{e}^{\mathrm{j}2\pi f t_0}\mathrm{d}f\right|^2}{\frac{N_0}{2}\frac{1}{2\pi}\int_{-\infty}^{+\infty}|R(f)|^2\mathrm{d}f} \end{aligned} \tag{10.3}$$

式中：$S(f)$、$H(f)$、$R(f)$分别为 $s(t)$、$h(t)$、$r(t)$的傅里叶变换。

根据柯西－施瓦兹不等式，可得

$$\begin{aligned} \left(\frac{S}{N}\right)_{t_0} &\leqslant \frac{\frac{1}{4\pi^2}\int_{-\infty}^{+\infty}|S(f)H(f)|^2\mathrm{d}f\int_{-\infty}^{+\infty}|R(f)|^2\mathrm{d}f}{\frac{N_0}{2}\frac{1}{2\pi}\int_{-\infty}^{+\infty}|R(f)|^2\mathrm{d}f} \\ &= \frac{1}{\pi N_0}\int_{-\infty}^{+\infty}|S(f)H(f)|^2\mathrm{d}f \end{aligned} \tag{10.4}$$

当且仅当

$$R(f)=k_1\left[S(f)H(f)\mathrm{e}^{\mathrm{j}2\pi ft_0}\right]^* \tag{10.5}$$

时，式(10.4)中等号成立，其中 k_1 为常数。

由式(10.4)可知，输出功率信噪比与发射波形频谱和目标脉冲响应频谱有关。为最大化输出功率信噪比，再次使用柯西－施瓦兹不等式[162,163]，有

$$\begin{aligned}\frac{1}{\pi N_0}\int_{-\infty}^{+\infty}|S(f)H(f)|^2\mathrm{d}f &= \frac{1}{\pi N_0}\sqrt{\left|\int_{-\infty}^{+\infty}|S(f)H(f)|^2\mathrm{d}f\right|^2}\\ &\leqslant \frac{1}{\pi N_0}\sqrt{\int_{-\infty}^{+\infty}|S(f)|^4\mathrm{d}f\int_{-\infty}^{+\infty}|H(f)|^4\mathrm{d}f}\end{aligned} \tag{10.6}$$

当且仅当

$$|S(f)|^2=k_2\,|H(f)|^2 \tag{10.7}$$

时，式(10.6)等号成立，其中 k_2 为与发射信号能量有关的常数，此时最大输出功率信噪比为

$$\left(\frac{S}{N}\right)_{t_0\max}=\frac{k_2}{\pi N_0}\int_{-\infty}^{+\infty}|H(f)|^4\mathrm{d}f \tag{10.8}$$

由上述分析可知，若已知扩展目标脉冲响应，则可以发射与目标相匹配的波形，并设计对应的接收机信号处理器以获取最大输出功率信噪比，完成最优匹配滤波。

在上述相同条件下，文献[160]提出将匹配发射波形 $s(t)$ 设计为目标脉冲响应时间反褶的复共轭，即 $s(t)=h(-t)^*$。该方法在满足式(10.7)的同时，使式(10.5)中的接收机滤波器为实值函数。由于接收机带宽有限，故该滤波器可等效为窗函数，在目标检测时可以省略。因此采用该方法可直接对回波峰值信号进行目标检测，简化了接收机滤波器的设计。

在此基础上，可将发射信号改为 LFM 信号等常规宽带信号波形，并将由回波获得的实际目标脉冲响应与已知目标脉冲响应进行目标匹配滤波，根据输出信号中是否存在峰值判断目标有无。这样匹配照射就可以通过发射 LFM 信号和目标匹配滤波等效实现，避免了匹配波形产生困难的问题。

2. 慢时信号起伏

根据前面一节假设条件和分析结论可知，在发射信号为 LFM 信号时，将回波获得的实际目标脉冲响应与已知目标脉冲响应进行目标匹配滤波可以等效实现匹配照射。本节将以此为基础，分析匹配照射慢时信号起伏问题。

当 ISAL 发射宽带 LFM 信号时，回波信号距离压缩后获得的目标脉冲响应

分布于多个距离分辨单元中。由于 LFM 信号带宽和系统 A/D 采样率有限，因此每个距离分辨单元内会包含一个或多个目标散射点。对于一个特定的距离分辨单元，其目标脉冲响应为该分辨单元中各散射点脉冲响应之和，其中各散射点脉冲响应的幅相由散射点的平动相位（与散射点的斜距有关）以及其复后向散射系数（与散射点幅度和初始相位有关）决定。因此，为了简化讨论，不妨暂将距离分辨单元中各散射点组成的整体视作一个等效散射点。因为等效散射点不一定位于其所在距离分辨单元中心斜距处，所以称该等效散射点的目标脉冲响应相位为该距离分辨单元的随机相位。

距离徙动校正后，对第 m 个脉冲时刻回波，其第 i 个距离单元基带目标脉冲响应 $h_i(m)$ 可写为

$$h_i(m) = |h_i(m)|\mathrm{e}^{\mathrm{j}\varphi_i(m)} \tag{10.9}$$

式中：$|h_i(m)|$ 为该距离分辨单元等效散射点的幅度；$\varphi_i(m)$ 为该距离分辨单元的随机相位。

设第 m 个脉冲时刻，目标脉冲响应 $h(t,m)$ 分布在 I 个距离单元内，则

$$h(t,m) = \sum_{i=1}^{I} |h_i(m)|\mathrm{e}^{\mathrm{j}\varphi_i(m)}\delta\left(t - \frac{2R_i}{c}\right) \tag{10.10}$$

式中：t 为快时间；$\delta(\cdot)$ 为狄拉克函数；R_i 为第 i 个距离单元的中心斜距。

以第 m 个脉冲时刻目标脉冲响应作为先验知识，将其时间反褶后的复共轭作为匹配滤波器，对第 n 个脉冲时刻目标脉冲响应进行目标匹配滤波，输出信号

$$\begin{aligned} s_\mathrm{r}(t,m,n) &= h(t,n) \otimes h^*(-t,m) \\ &= \int_{-\infty}^{\infty} h(\tau,n)h^*(\tau - t,m)\mathrm{d}\tau \end{aligned} \tag{10.11}$$

式中：$h^*(\cdot)$ 为 $h(\cdot)$ 的共轭。

若目标脉冲响应不随慢时间变化，即 $h(t,m)=h(t,n)$，则关于 $s_\mathrm{r}(t,m,n)$ 为 $h(t,m)$ 的自相关函数，根据柯西－施瓦兹不等式可知当 $t=0$ 时 $s_\mathrm{r}(t,m,n)$ 取值最大。在实际中，目标脉冲响应与雷达和目标间的姿态角密切相关，故上述假设一般不成立，则

$$s_\mathrm{r}(0,m,n) = \sum_{i=1}^{I} |h_i(m)||h_i(n)|\mathrm{e}^{\mathrm{j}\varphi_i(n)-\mathrm{j}\varphi_i(m)} \tag{10.12}$$

$s_\mathrm{r}(0,m,n)$ 与 m、n 两个脉冲时刻间各距离单元幅度和随机相位的变化有关。式（10.12）中，前两项表示第 i 个距离单元幅度变化，最后一项表示其随机

相位的变化。需注意的是,对不同的距离单元,幅度和随机相位随慢时的变化不同。仅当两脉冲时刻接近,即 $n \approx m$ 时,不同距离单元的幅度和随机相位随慢时变化相似,$s_r(0,m,n)$ 取值较大;随着两脉冲时刻间隔增大,$s_r(0,m,n)$ 取值迅速减小。因此,ISAL 匹配照射的输出信号峰值随慢时起伏严重。

10.1.2 基于干涉处理和 PCA 模板提取的目标探测

1. 干涉处理

InISAL 几何模型,如图 10.2 所示。InISAL 系统包括两个天线 A、B。设 A、B 均位于 xy 平面,两天线波束中心平行,且目标同时被两天线波束覆盖。实际 InISAL 系统可基于 SAL 内视场多探测器的视场重叠方法形成,使天线 A、B 具备一定的重叠视场,为干涉处理提供条件。

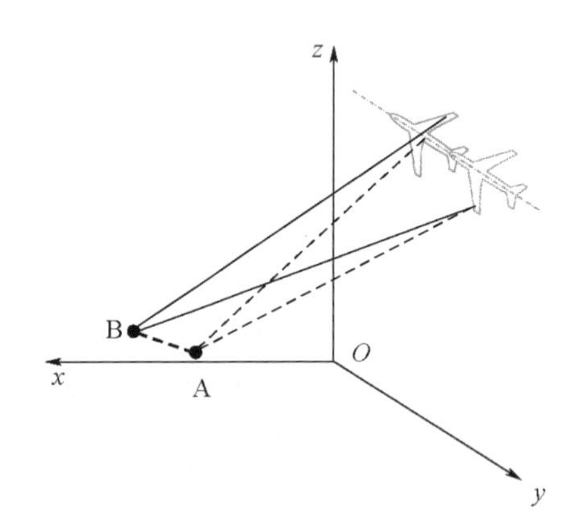

图 10.2 InISAL 几何模型

导致匹配照射慢时信号起伏的主要原因是不同距离单元间幅度和随机相位的慢时变化不同。在激光波段,由于目标粗糙度的存在,各距离单元的幅度随慢时变化较小,匹配照射慢时信号起伏主要由随机相位的慢时变化不同产生。设天线 X(X 可取 A 或 B)回波对应的目标脉冲响应中,第 i 个距离单元在 m、n 两个脉冲时刻间的随机相位慢时变化大小 $\varphi_{iX}(m,n)$ 为

$$\varphi_{iX}(m,n) = \varphi_{iX}(n) - \varphi_{iX}(m) \tag{10.13}$$

式中:$\varphi_{iX}(v)\ (v = m,n)$ 表示天线 X 回波中第 i 个距离分辨单元在第 v 个脉冲时刻的随机相位大小。

对于两复信号 $s_1 = |h_1|e^{j\varphi_1}$ 和 $s_2 = |h_2|e^{j\varphi_2}$,其干涉信号定义为

$$S = |h_1||h_2|e^{j\varphi_1 - j\varphi_2} \tag{10.14}$$

对 A、B 两天线回波信号作干涉处理后，第 i 个距离单元在 m、n 两个脉冲时刻间的干涉相位慢时变化大小 $\varphi_{i\mathrm{AB}}(m,n)$ 为

$$\varphi_{i\mathrm{AB}}(m,n)=[\varphi_{i\mathrm{A}}(n)-\varphi_{i\mathrm{B}}(n)]-[\varphi_{i\mathrm{A}}(m)-\varphi_{i\mathrm{B}}(m)] \tag{10.15}$$

当干涉基线较短时，第 i 个距离分辨单元干涉相位慢时变化 $\varphi_{i\mathrm{AB}}(m,n)$ 的取值范围较小，且各距离分辨单元的干涉相位慢时变化近似相同，下面对这一结论作详细讨论。

对于一个特定的距离分辨单元，其随机相位与该分辨单元中各散射点脉冲响应均有关，其中各散射点脉冲响应的幅相由散射点的平动相位、散射点的幅度和初始相位决定。为查看上述因素的影响，下面将分别在距离分辨单元包含单散射点和多散射点两种情况下，对干涉处理前后距离单元相位的慢时变化情况进行分析对比。

1）单散射点时

当第 i 个距离分辨单元只存在一个散射点时，该散射点的平动相位和初始相位之和即第 i 个距离分辨单元的随机相位，故式（10.13）右边的随机相位 $\varphi_{i\mathrm{X}}(v)$ 可写为

$$\varphi_{i\mathrm{X}}(v)=-\frac{4\pi}{\lambda}R_{i\mathrm{X}}(v)+\varphi_{i0} \tag{10.16}$$

式中：λ 为波长；$R_{i\mathrm{X}}(v)$ 表示第 v 个脉冲时刻第 i 个距离单元中散射点与天线 X 的距离；φ_{i0} 表示该散射点的初始相位。

假设目标运动平稳，散射点与天线 X 的距离满足双曲线模型，散射点的平动相位主要由多普勒线性相位和二次调制相位构成，式（10.16）可写为

$$\varphi_{i\mathrm{X}}(v)\approx-\frac{4\pi}{\lambda}\left\{R_{i\mathrm{X0}}+V_{\mathrm{r}}[t_{\mathrm{s}}(v)-t_{i\mathrm{X0}}]+\frac{V_{\mathrm{a}}^{2}}{2R_{i\mathrm{X0}}}[t_{\mathrm{s}}(v)-t_{i\mathrm{X0}}]^{2}\right\}+\varphi_{i0} \tag{10.17}$$

式中：$R_{i\mathrm{X0}}$ 为第 i 个距离单元散射点与天线 X 的初始距离；$t_{i\mathrm{X0}}$ 为对应的初始脉冲时刻；$t_{\mathrm{s}}(v)$ 为第 v 个脉冲时刻；V_{r} 和 V_{a} 分别为目标相对雷达的径向和横向速度。

将式（10.17）代入式（10.13）中，得随机相位慢时变化 $\varphi_{i\mathrm{X}}(m,n)$ 为

$$\varphi_{i\mathrm{X}}(m,n)=\varphi_{i\mathrm{X}}(n)-\varphi_{i\mathrm{X}}(m)\approx-\frac{4\pi}{\lambda}\left\{V_{\mathrm{r}}[t_{\mathrm{s}}(n)-t_{\mathrm{s}}(m)]+\frac{V_{a}^{2}}{2R_{i\mathrm{X0}}}[t_{\mathrm{s}}^{2}(n)-t_{\mathrm{s}}^{2}(m)]+\frac{V_{\mathrm{a}}^{2}t_{i\mathrm{X0}}}{R_{i\mathrm{X0}}}[-t_{\mathrm{s}}(n)+t_{\mathrm{s}}(m)]\right\} \tag{10.18}$$

式中:大括号中第一项表示多普勒线性相位随慢时变化;第二项和第三项表示二次调制相位随慢时变化。由于 R_{iX0} 一般较大,因此相对二次调制相位变化,多普勒线性相位变化对 $\varphi_{iX}(m,n)$ 影响更大。

下面分析干涉处理后的随机相位慢时变化。由于 InISAL 中两天线基线很短,因此可以认为同一散射点相对两天线的 V_r、V_a 以及 φ_{i0} 近似相同。根据式(10.17),可得干涉处理后第 i 个距离分辨单元的干涉相位 $\varphi_{iAB}(v)$ 为

$$\begin{aligned}\varphi_{iAB}(v) &= \varphi_{iA}(v) - \varphi_{iB}(v)\\ &\approx -\frac{4\pi}{\lambda}\left\{R_{iA0} - R_{iB0} + V_r[-t_{iA0} + t_{iB0}] + \frac{V_a^2}{2R_{iA0}}[t_s(v) - t_{iA0}]^2 - \frac{V_a^2}{2R_{iB0}}[t_s(v) - t_{iB0}]^2\right\}\\ &= -\frac{4\pi}{\lambda}\left\{R_{iA0} - R_{iB0} + V_r[-t_{iA0} + t_{iB0}] + \frac{V_a^2}{2R_{iA0}}[-2t_s(v)t_{iA0} + 2t_s(v)t_{iB0} + t_{iA0}^2 - t_{iB0}^2]\right\}\end{aligned} \tag{10.19}$$

将式(10.19)代入式(10.15)中,可将干涉相位慢时变化 $\varphi_{iAB}(m,n)$ 改写为

$$\begin{aligned}\varphi_{iAB}(m,n) &= [\varphi_{iA}(n) - \varphi_{iB}(n)] - [\varphi_{iA}(m) - \varphi_{iB}(m)]\\ &= \varphi_{iAB}(n) - \varphi_{iAB}(m)\\ &\approx -\frac{4\pi}{\lambda}\frac{V_a^2(t_{iA0} - t_{iB0})}{R_{iA0}}[-t_s(n) + t_s(m)]\end{aligned} \tag{10.20}$$

对比式(10.18)和式(10.20),可得干涉处理后,多普勒线性相位随慢时变化被消除,$\varphi_{iAB}(m,n)$ 仅剩余二次调制相位随慢时变化的残余项。根据 InISAL 基线和目标横向速度几何关系,有

$$|t_{iA0} - t_{iB0}| \leqslant \frac{b}{V_a} \tag{10.21}$$

式中:b 为天线 A 和 B 间的基线长度。将式(10.21)代入式(10.20),可得

$$|\varphi_{iAB}(m,n)| \leqslant \left|\frac{4\pi b V_a[-t_s(n) + t_s(m)]}{\lambda R_{iA0}}\right| \tag{10.22}$$

式(10.22)中的 b 及 $V_a[-t_s(n) + t_s(m)]/R_{iA0}$(表示目标横向运动引起的雷达-目标相对转角)均很小,故二次调制相位随慢时变化残余项的取值上限较小,可认为 $\varphi_{iAB}(m,n)$ 接近于0。在目标尺寸远小于斜距的情况下,对于不同的距离分辨单元,上述分析结论均成立,故各距离分辨单元干涉相位的慢时变化大小近似相同。

2)多散射点时

当各距离分辨单元有两个或两个以上散射点时,式(10.13)中的 $\varphi_{iX}(v)$ 可写为

$$\varphi_{iX}(v) = \arg\left\{\sum_{k=1}^{K} A_{ik}\exp\left[-\mathrm{j}\frac{4\pi}{\lambda}R_{ikX}(v) + \mathrm{j}\varphi_{ik0}\right]\right\} \tag{10.23}$$

式中：$R_{ikX}(v)(k=1,2,\cdots,K)$为第$v$个脉冲时刻，第$i$个距离分辨单元中第$k$个散射点与天线X的距离；$A_{ik}$和$\varphi_{ik0}$分别为第$k$个散射点的幅度和初始相位。

干涉处理后，第i个距离分辨单元的干涉相位$\varphi_{iAB}(v)$可写为

$$\begin{aligned}&\varphi_{iAB}(v)\\&= \arg\left\{\left(\sum_{k=1}^{K} A_{ik}\exp\left[-\mathrm{j}\frac{4\pi}{\lambda}R_{ikA}(v) + \mathrm{j}\varphi_{ik0}\right]\right)\left(\sum_{l=1}^{K} A_{il}\exp\left[-\mathrm{j}\frac{4\pi}{\lambda}R_{ilB}(v) + \mathrm{j}\varphi_{il0}\right]\right)^{*}\right\}\end{aligned} \tag{10.24}$$

式(10.24)表明多散射点时，各散射点的幅度、平动相位和初始相位耦合在一起，使干涉相位构成较为复杂。将式(10.24)等号右边展开，可得$\varphi_{iAB}(v)$由自身项$(k=l)$和交叉项$(k\neq l)$组成。对于自身项，各散射点回波信号的平动相位减小，且初始相位被去除，因此自身项残余较小。对于交叉项，当第i个距离分辨单元的多个散射点中有一个强散射点，而其余散射点幅度较弱时，交叉项影响较小，其结论与距离分辨单元只存在一个散射点时类似；但当第i个距离分辨单元的多个散射点幅度接近时，交叉项影响不可忽略。由于雷达的距离向分辨率越高，每个距离单元内的散射点数目越少。因此，增大发射的LFM信号带宽有利于减少交叉项的影响。

尽管距离分辨单元有多个散射点时干涉处理存在交叉项，但并不妨碍干涉处理减小该距离分辨单元的随机相位慢时变化。因为式(10.15)可等价为

$$\begin{aligned}\varphi_{iAB}(m,n) &= [\varphi_{iA}(n) - \varphi_{iB}(n)] - [\varphi_{iA}(m) - \varphi_{iB}(m)]\\&= [\varphi_{iA}(n) - \varphi_{iA}(m)] - [\varphi_{iB}(n) - \varphi_{iB}(m)]\\&= \varphi_{iA}(m,n) - \varphi_{iB}(m,n)\end{aligned} \tag{10.25}$$

由于干涉基线很短，InISAL两天线在物理空间排布上相近。在目标平稳运动的情况下，对于第i个距离分辨单元，其等效散射点相对于天线A、B的慢时运动特性接近，故其随机相位慢时变化应近似相等。所以干涉处理后，各距离分辨单元干涉相位慢时变化的取值范围均会被约束在0附近，从而减小了各距离单元间干涉相位的慢时变化差异。

由上述分析可知，对于单个天线回波信号，各距离分辨单元随机相位的慢时变化不同。干涉处理后，每个距离分辨单元干涉相位随慢时变化的取值范围较小，各距离单元间干涉相位随慢时变化基本相同。由于随机相位的慢时变化不同是ISAL匹配照射慢时信号起伏的主要原因，因此，InISAL干涉处理可以有

效改善匹配照射慢时信号起伏问题。

2. 模板提取和目标探测

通常,ISAL 可以获取目标的连续多个回波脉冲。由于不同脉冲时刻干涉信号间的相关性较强,即干涉信号具备稀疏性[164,165],因此可以考虑在高 SNR 离线训练(或半物理实验、计算机仿真等)情况下,对距离徙动校正后的训练干涉信号进行 PCA 降维处理,提取目标 PCA 模板,并构建目标 PCA 模板库。实际目标探测时,将目标 PCA 模板时间反褶的复共轭作为目标匹配滤波器,对实际干涉信号进行匹配滤波,并进行慢时傅里叶变换,根据输出结果中是否存在峰值判断目标有无。整个目标探测流程分为两个阶段,如图 10.3 所示。

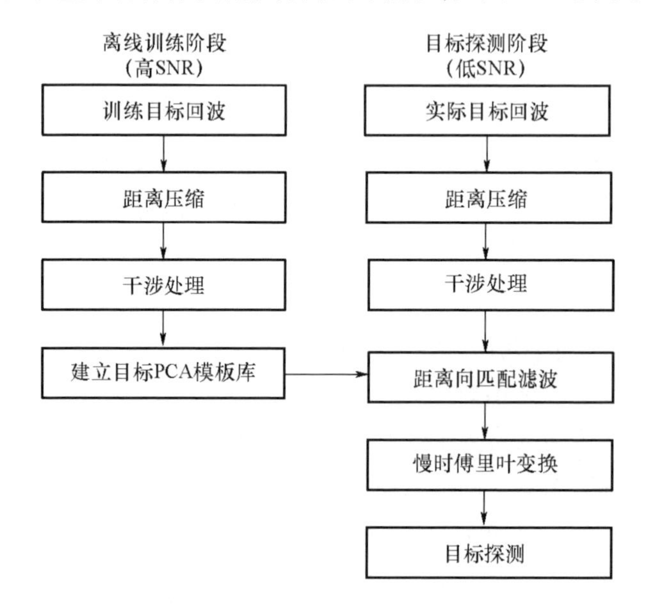

图 10.3 基于 InISAL 的目标探测方法

在离线训练阶段,首先对高 SNR 的 InISAL 回波进行距离压缩和干涉处理,得到训练干涉信号。由于噪声、干扰以及干涉处理中交叉项的影响,训练干涉信号的幅度和相位仍随慢时变化,需由 PCA 处理提取出能反映整个训练干涉信号信息的特征信号。假设 S 为训练干涉信号,N_a为 S 的脉冲数,R 为 S 的自相关函数,则 PCA 定义为

$$\lambda_k u_k = R u_k \tag{10.26}$$

式中:$u_k(k=1,2,\cdots,N_a)$为 R 的特征向量;λ_k为相应的特征值($\lambda_1 > \lambda_2 > \cdots > \lambda_{Na}$)。

PCA 处理后,由特征向量 u_k 可获取若干主成分分量($u_k^H S$),每个主成分分

量均可认为是 S 在 PCA 空间的投影。其中，最大特征值 λ_1 对应的投影即为第一主成分($u_1^{\mathrm{H}}S$)。

干涉处理前，由于 ISAL 信号中随机相位的影响，若对其直接进行 PCA 处理，得到的第一主成分只反映目标脉冲响应的一小部分信息。而干涉处理后，各距离单元间干涉相位的慢时变化基本相同，使得不同脉冲时刻干涉信号间的相关性较强，故 $u_1^{\mathrm{H}}S$ 包含 S 的绝大部分能量，其相位和幅度均可视作 S 的统计平均。因此，干涉处理后的第一主成分能反映训练干涉信号的整体信息，能够用于对实际干涉信号的目标匹配滤波，称之为目标 PCA 模板。获取目标不同姿态角时的目标 PCA 模板作为先验知识，可建立目标 PCA 模板库。

在目标探测阶段，从目标 PCA 模板库中选取合适的 PCA 模板与实际干涉信号进行目标匹配滤波，使信号能量沿距离向有效积累，可以提高探测 SNR。由于 PCA 模板反映了训练干涉信号的整体信息，其与不同脉冲时刻的实际干涉信号相关性较高，因此目标匹配滤波输出信号峰值沿慢时起伏较小，目标探测的稳健性得以提高。

与此同时，干涉处理和 PCA 处理提高了目标 PCA 模板与不同脉冲时刻干涉信号间的相关性，所以两者目标匹配滤波后，输出信号的峰值位置处不仅具有较高幅度，而且其相位沿慢时变化的非线性较小。换而言之，通过慢时傅里叶变换可以进一步积累信号能量，获取目标在距离－多普勒域的探测结果。

10.1.3　仿真结果

本节对基于 ISAL 和 InISAL 的目标探测进行仿真验证，仿真中使用 LFM 信号作为发射信号，雷达和飞机参数设置见表 10.1。仿真飞机模型，如图 10.4 所示。飞机由散射强度为 1 的点目标组成，其中机头和发动机处分别有一个散射强度为 5 的强点目标。设置目标回波脉冲数为 1024，每个目标脉冲响应包含约 200 个距离单元。脉冲重复频率设为 4kHz，其值远小于 ISAL 对飞机横向成像时所需的多普勒带宽。

表 10.1　仿真参数设置

参数	数值	参数	数值
激光波长	1.55μm	基线长度	0.5mm
信号带宽	200MHz	飞机尺寸(机身×翼展)	60m×60m
脉冲重复频率	4kHz	飞机速度	100m/s

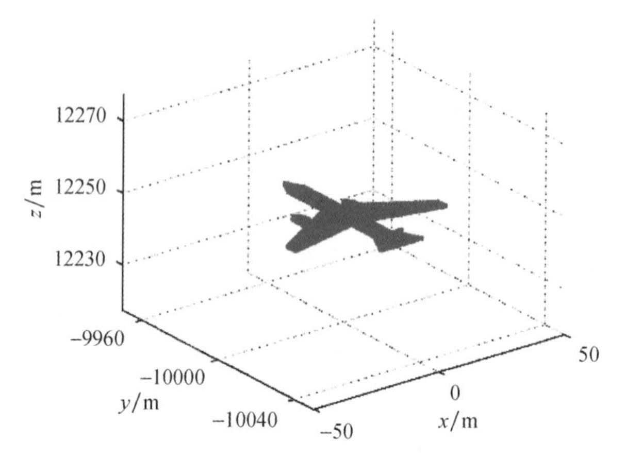

图 10.4　仿真飞机模型

1. 无噪声模板提取

在不含噪声的情况下,干涉处理后通过 PCA 处理提取目标 PCA 模板,用于后续低 SNR 目标探测。

图 10.5(a)(b)所示分别为 ISAL 回波信号经距离压缩后的幅度图和相位图;图 10.5(c)所示为 InISAL 回波信号距离压缩结果的干涉相位图。通过对比可以看出,对于相同的距离分辨单元,ISAL 随机相位沿慢时变化幅度较大,InISAL 干涉后相位沿慢时缓变,干涉相位的慢时变化范围得以减小。

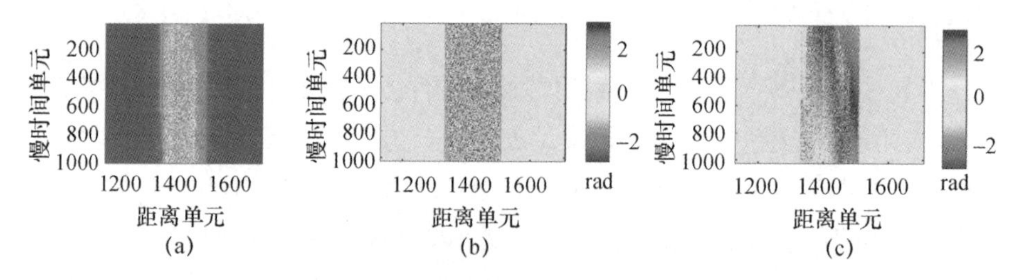

图 10.5　不含噪声时回波数据距离压缩后的幅度和相位(见彩图)

(a)幅度;(b)ISAL 相位;(c)InISAL 干涉相位。

进一步比较干涉处理前后各距离分辨单元相位的慢时变化是否相似。以第 512 个脉冲时刻作为参考慢时时刻,分别以 ISAL 和 InISAL 的第 512 个脉冲相位作为参考相位,得到各自回波信号的慢时相位变化,如图 10.6(a)(b)所示。图 10.6(c)所示为图 10.6(a)和图 10.6(b)中各脉冲时刻距离向相位变量的方差。图 10.6(a)或图 10.6(b)中各距离分辨单元相位的慢时变化越接近,则图 10.6(c)中各脉冲时刻距离向相位变量的方差也越小。图 10.6(c)中,InISAL 干涉相位方差始终较小,表明干涉处理在统计意义上减小了各距离单元相位慢时变化的不同。

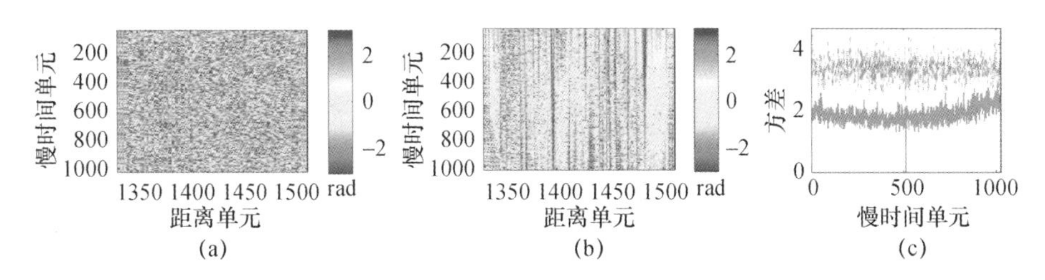

图 10.6　各脉冲相对于第 512 个脉冲的相位变化(见彩图)

(a)ISAL;(b)InISAL;(c)各脉冲时刻距离向相位变量的方差(蓝/红线分别表示 ISAL/InISAL)。

对干涉信号进行 PCA 处理,提取出包含干涉信号特征的目标 PCA 模板,可用于目标探测。与此同时,由于干涉处理和 PCA 处理本质上提高了目标 PCA 模板与不同脉冲时刻干涉信号间的相关性,故其同样有助于高 SNR 下基于复高分辨率距离像(Complex High - Resolution Range Profiles,CHRRP)的目标识别[166,167]。

分别以 ISAL 第 512 个目标脉冲响应和 InISAL 的目标 PCA 模板作为参考信号,计算各自与 ISAL 和 InISAL 不同脉冲时刻回波信号间的相关系数,结果如图 10.7(a)(b)所示。可以看出,相对于 ISAL,InISAL 的相关系数均值始终较高,起伏大为减小,因此有可能获得更好的目标识别效果。

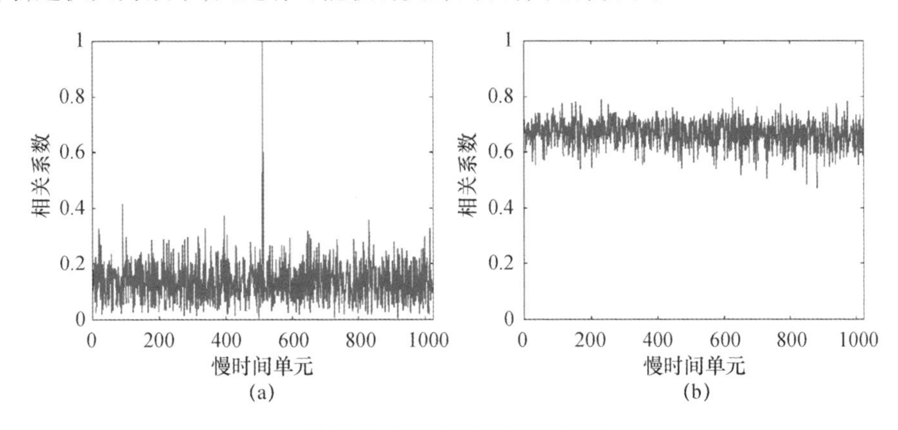

图 10.7　不含噪声时相关系数

(a)ISAL;(b)InISAL。

2. 低 SNR 目标探测

首先在扩展目标单脉冲 SNR 为 5dB 情况下，仿真分析了 ISAL 和 InISAL 的目标匹配滤波结果和距离－多普勒域目标探测结果，然后对单脉冲 SNR 为 0dB 时的目标探测性能进行了仿真对比分析。

图 10.8(a)所示为单脉冲 SNR 为 5dB 时回波信号经距离徙动校正后的距离压缩结果。其中噪声为加性高斯白噪声。需说明的是，由于距离向目标匹配滤波可以进一步提高 SNR，因此距离徙动校正也可以置于干涉处理和目标匹配滤波之后进行。

以不含噪声时获取的 ISAL 第 512 个目标脉冲响应时间反褶的复共轭作为匹配滤波器，对含噪声时 ISAL 的回波信号进行目标匹配滤波，仿真结果如图 10.8(b)所示。可以看出，目标匹配滤波输出信号仅在第 512 个脉冲时刻附近取值较大，匹配照射慢时信号起伏问题严重。

在相同的噪声条件下，以不含噪声时 InISAL 目标 PCA 模板时间反褶的复共轭作为匹配滤波器，对噪声情况下干涉信号进行目标匹配滤波，结果如图 10.8(c)所示。可以看出，图 10.8(c)中目标匹配滤波输出信号的峰值取值较高且沿慢时变化稳定，慢时信号起伏大幅减小。由于目标匹配滤波使目标脉冲响应的各距离单元能量得以有效积累，因此图 10.8(c)中局部峰值 SNR 提高至约 10dB。

图 10.8(d)(e)分别为图 10.8(b)(c)的慢时傅里叶变换结果。可以看出，由于 PRF 较小，图 10.8(d)中多普勒模糊严重，不利于目标检测。相比于 ISAL，InISAL 信号在距离－多普勒域中能够得到更有效的能量积累。

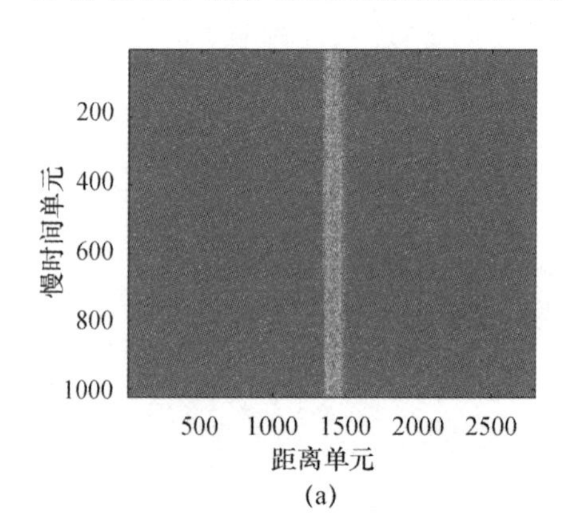

(a)

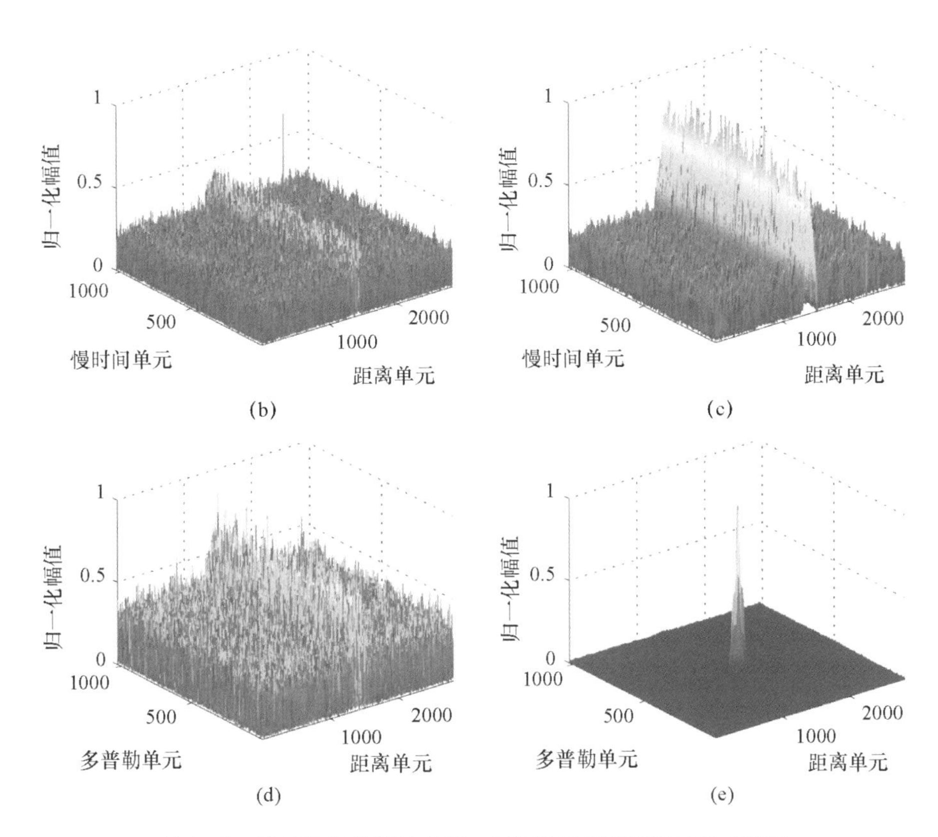

图10.8 扩展目标单脉冲SNR=5dB时目标匹配滤波及相应的距离-多普勒域探测结果(见彩图)

(a)ISAL距离压缩回波;(b)ISAL目标匹配滤波结果;(c)InISAL目标匹配滤波结果;(d)ISAL距离-多普勒域探测结果;(e)InISAL距离-多普勒域探测结果。

上述仿真表明,在单脉冲SNR为5dB时,本节所提出的方法可以改善匹配照射慢时信号起伏问题和进行慢时能量积累。下面将验证所提方法在单脉冲SNR为0时的目标探测性能,同时将该方法与其他扩展目标检测方法进行对比分析。

图10.9(a)所示为单脉冲SNR为0dB时回波信号距离压缩结果,噪声为加性高斯白噪声。图10.9(b)所示为对回波信号的慢时傅里叶变换结果,由于多普勒模糊严重,信号能量不能在距离-多普勒域有效积累。图10.9(c)所示为对回波信号的相邻脉冲进行相关检测的结果[168],虽然相邻脉冲具有相关性,但由于回波SNR过低,相邻脉冲相关后的得益被噪声淹没。

以不含噪声时获取的ISAL第512个目标脉冲响应时间反褶的复共轭作为回波信号的匹配滤波器,图10.9(d)所示为获得的ISAL目标匹配滤波结果;图

10.9(e)所示为其第512个脉冲时刻的切片。可以看出,ISAL目标匹配滤波后的输出信号在第512个脉冲时刻增益较高,但同时存在严重的慢时起伏。图10.9(f)所示为图10.9(e)的慢时傅里叶变换结果,同样由于多普勒模糊,慢时积累无法提高SNR。

以不含噪声时InISAL目标PCA模板时间反褶的复共轭作为干涉回波信号的匹配滤波器,图10.9(g)所示为获得的InISAL目标匹配滤波结果;图10.9(h)所示为其俯视图(距离-慢时平面),目标匹配滤波输出信号有沿慢时变化较稳定的峰值。图10.9(i)所示为图10.9(h)的慢时傅里叶变换结果,经过慢时积累后,InISAL目标匹配滤波输出信号SNR显著提高,局部峰值SNR约25dB。

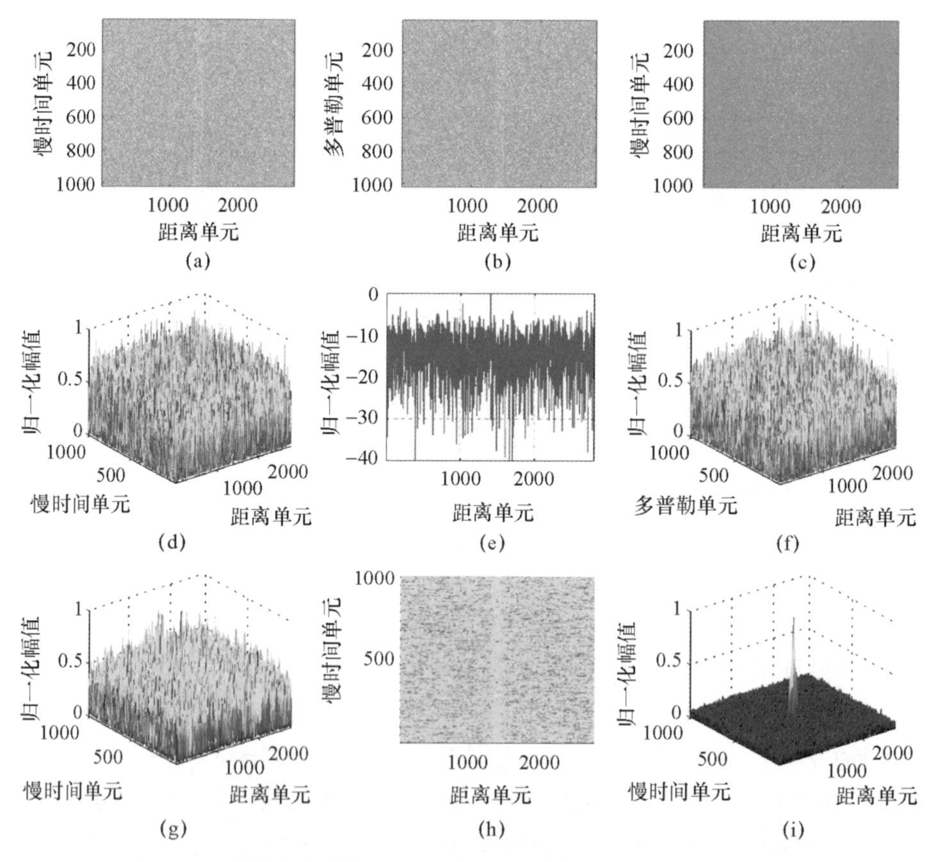

图10.9 扩展目标单脉冲SNR为0时目标检测方法对比(见彩图)

(a)ISAL距离压缩回波;(b)ISAL距离-多普勒域探测结果;(c)ISAL相邻相关检测结果;(d)ISAL目标匹配滤波结果;(e)图(d)第512个脉冲切片;(f)ISAL距离-多普勒域探测结果;(g)InISAL目标匹配滤波结果;(h)图(g)俯视图;(i)InISAL距离-多普勒域探测结果。

10.1.4　毫米波 InISAR 实验数据验证

本节所提出的运动目标探测方法不仅适用于 InISAL，在原理上也适用于微波波段 InISAR。为进一步验证所提方法的有效性和适用性，本节给出由中科院电子所毫米波 InISAR 原理样机获取的实际数据处理结果。该原理样机工作在 Ka 波段，发射信号为 LFM 信号，其系统参数见表 10.2。实际数据包含 1024 个脉冲，目标脉冲响应主要分布在第 200 ~ 350 个距离单元。数据中噪声影响较小，可用于获取目标 PCA 模板。

表 10.2　毫米波 InISAR 原理样机系统参数

参数	数值	参数	数值
中心频率	35GHz	基线长度	0.4m
信号带宽	200MHz	飞机尺寸（机身 × 翼展）	35m × 30m
脉冲重复频率	4kHz	飞机速度	98m/s

图 10.10（a）所示为 ISAR 目标脉冲响应的相位图；图 10.10（b）所示为 InISAR 干涉相位图。与无噪声时激光波段仿真结果类似，干涉处理后相位沿慢时缓变。

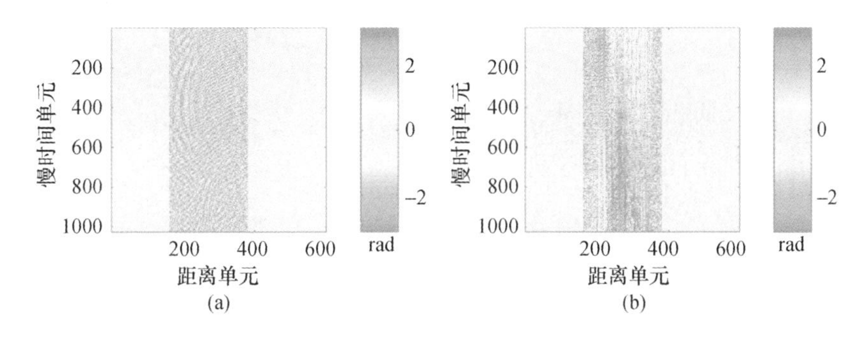

图 10.10　实际数据相位图（见彩图）

（a）ISAR 相位图；（b）InISAR 干涉相位图。

图 10.11（a）（b）所示分别为对 ISAR 回波信号直接进行 PCA 处理获取的第一主成分和第二主成分。由于 ISAR 信号中随机相位的影响，得到的第一主成分和第二主成分分别只反映了目标脉冲响应的一小部分信息。图 10.11（c）所示为对 InISAR 干涉信号进行 PCA 处理获取的第一主成分。干涉处理后，随机相位的影响被去除，不同脉冲时刻干涉信号间的相关性得以提高，使得第一主成分能反映干涉信号的整体信息，可以作为目标 PCA 模板用于目标探测。

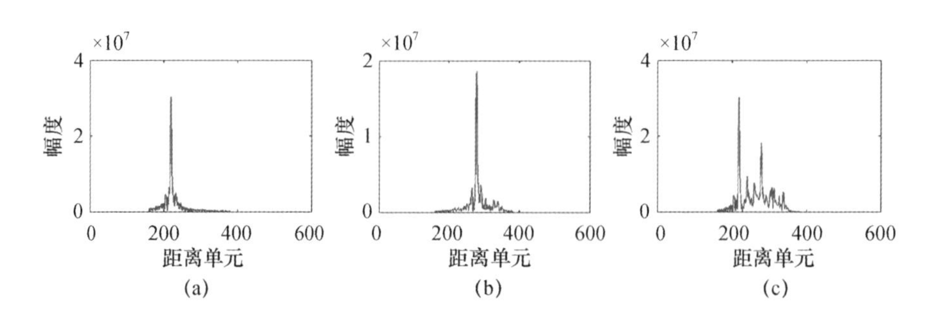

图 10.11　实际数据主成分分量

(a)ISAR 信号第一主成分;(b)ISAR 信号第二主成分;(c)InISAR 干涉信号第一主成分。

分别以 ISAR 第 512 个目标脉冲响应和 InISAR 的目标 PCA 模板作为参考信号,计算各自与 ISAR 和 InISAR 不同脉冲时刻回波信号间的相关系数,结果如图 10.12(a)(b)所示。两者对比可以看出,InISAR 相关系数均值始终较高,起伏大幅减小,验证了干涉处理和 PCA 处理能够提高目标 PCA 模板与不同脉冲时刻干涉信号间相关性的结论。

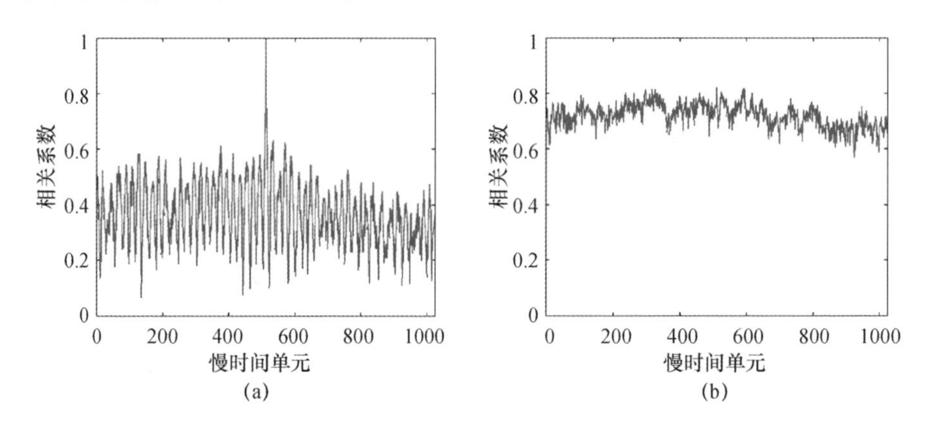

图 10.12　实际数据相关系数

(a)ISAR 相关系数;(b)InISAR 相关系数。

以 ISAR 第 512 个目标脉冲响应时间反褶的复共轭为匹配滤波器,对 ISAL 回波信号进行目标匹配滤波,其结果如图 10.13(a)所示。ISAR 目标匹配滤波输出信号仅在第 512 个脉冲时刻信号能量得到有效积累形成较高峰值,慢时信号起伏问题严重。以 InISAR 的目标 PCA 模板时间反褶的复共轭为匹配滤波器,对 InISAR 干涉回波信号进行目标匹配滤波,其结果如图 10.13(b)所示。可以看出,经干涉处理和 PCA 处理,InISAR 目标匹配滤波输出信号在各脉冲时刻信号能量均得到了有效积累,慢时信号起伏问题大为减小。图 10.13(c)(d)所示为图 10.13(a)(b)的慢时傅立叶变换结果。虽然图 10.13(c)中 ISAR 信号能量经慢时积累后在多普勒中心附近聚集,但 ISAR 目标匹配滤波输出信号的严重慢时起伏,使距离单元中央处的信号(目标匹配滤波输出的峰值位置)难以获得有效的慢时信号积累。相比之下,InISAR 目标匹配滤波输出信号的距离 - 多普勒域探测结果明显较好。因此,毫米波波段实际数据验证了干涉处理和 PCA 处理抑制匹配照射慢时信号起伏问题的有效性。

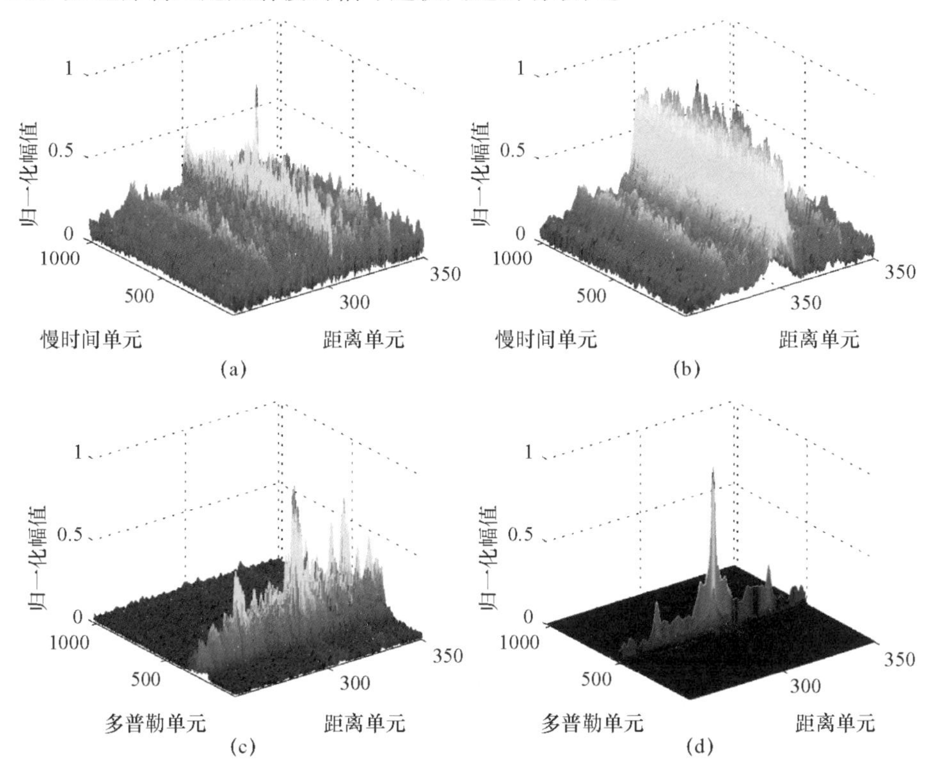

图 10.13　实际数据目标匹配滤波和距离 - 多普勒域探测结果(见彩图)

(a)ISAR 目标匹配滤波结果;(b)InISAR 目标匹配滤波结果;

(c)ISAR 距离 - 多普勒域探测结果;(d)InISAR 距离 - 多普勒域探测结果。

慢时信号起伏本质上是由不同时刻目标姿态变化造成的。目标姿态变化使每个距离单元内的散射点分布改变[169],导致目标脉冲响应发生变化,进而使各距离单元随机相位的慢时变化存在较大差异。本节所提出的方法首先利用干涉处理,使各距离单元间干涉相位变化近似相同,然后通过 PCA 处理进一步抑制噪声、干扰和干涉交叉项的影响,改善了匹配照射的慢时信号起伏问题。

10.2 基于共形衍射光学系统的 SAL 前视成像探测

传统光学成像系统的空间分辨率受系统光学口径的限制,且随着距离的增加而下降。对波长 1.064μm、口径 100mm 的传统光学成像系统,其空间衍射极限角分辨率约为 10μrad,在 10km 处对应的衍射极限分辨率为 0.1m,在 20km 处对应的衍射极限分辨率下降为 0.2m。在实际大气条件下,传统光学成像系统一般仅能达到 3~4 倍衍射极限分辨率。远距离目标高分辨率成像需要较大的系统光学口径,但实际系统中很多因素限制了系统光学口径的增加。对相干体制激光雷达,利用合成孔径成像技术,可以在较小光学孔径条件下对远距离目标进行高分辨率成像。当激光波长为 1.064μm,发射信号带宽大于 3GHz,只要目标横向运动和自转使其和雷达之间存在微小的转角 14μrad(约万分之八度)时,在原理上即可获得分辨率优于 5cm 的二维图像。由于激光波长较毫米波短约 3 个数量级,因此合成孔径激光成像在原理上也可以在大前斜视角条件下以高数据率对远距离目标实现高分辨率成像。

SAL 图像在“距离 - 多普勒频率域”单色且波长较长的特点,使其特别适合采用非成像衍射光学系统[134,116],通过衍射器件(如二元光学器件和膜基透镜)实现信号波前控制,减小焦距并有利于系统的轻量化,在此过程中,SAR 相控阵天线的模型可用于分析衍射光学系统的性能。对衍射光学系统,二元光学器件台阶宽度和相控阵天线辐射单元间距对应,其台阶数和移相器的量化位数相对应。

设置衍射光学系统焦点偏离主镜轴线,使之在口径方向产生波程差,与微波频率扫描天线[170]类似,即有可能通过频率扫描实现一定角度的波束扫描,这将极大地扩展 SAL 的功能。膜基衍射光学系统厚度在百微米量级,其轻薄的特点使得 SAL 所用的非成像衍射光学系统可与设备整流罩实现共形,减小探测设备体积、重量并兼顾气动要求。

目前,小口径毫米波探测系统已广泛引入高分辨率 SAR 成像技术[171,172],用于提升在复杂环境下探测多类目标时的成像、检测和识别能力。提高工作频率有利于 SAR 大前斜视角成像探测,故继其波段从 Ka 发展至 W[173,174]之后,THZ 波段探测系统的研究工作已得到高度关注。由于目前激光功率远大于毫米波和THZ波,且SAL可以大前斜视角成像,因此将SAL技术引入小口径光学成像探测系统,并充分借鉴成熟的毫米波天线技术[175]以及微波雷达的空馈电扫描天线[176,177]等波束扫描技术,同时结合被动红外成像技术[178,179],进一步提高小口径光学成像探测系统性能,应是重要的发展趋势。本节研究了基于共形衍射光学系统的SAL成像探测问题。

10.2.1 工作模式

根据对地成像探测需求,SAL拟采用较大的激光波束宽度,并通过波束扫描实现宽范围搜索,以利于目标探测和捕获。除前斜视条带成像外,为扩大目标观测范围,SAL波束需二维扫描并且可以工作在多普勒波束锐化(Doppler Beam Sharpening,DBS)成像状态,同时应具备目标跟踪功能。其工作模式可分为:①前斜视条带成像模式;②DBS成像模式;③目标探测和跟踪模式。

前斜视条带成像和DBS成像模式,如图10.14所示。

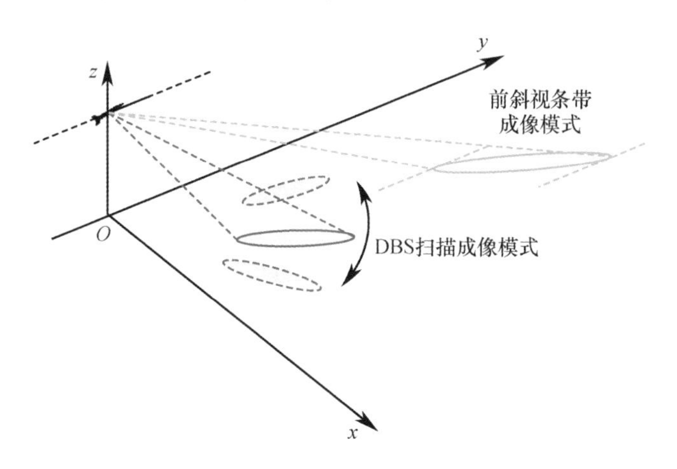

图10.14 前斜视条带成像和DBS成像模式示意图

10.2.2 系统方案

1. 光学系统参数

SAL成像探测拟使用非成像衍射光学系统,其光学系统参数如下。

(1)采用透射式光学系统和基于光纤准直器的一发四收馈源,收发共光路。发射方位向较窄、俯仰向(距离向)较宽的椭圆光束,波束宽度为0.25mrad(方位向)×1.5mrad(俯仰向),并设置与之对应的接收视场,以便于实现距离向较大幅宽成像。

(2)主镜使用口径 100mm 薄膜透镜衍射器件,系统焦距为 150mm;在内视场设置由四个接收光纤准直器和一个发射光纤准直器组成的馈源,馈源直径设计为 10mm,通过前移离焦使五个准直器形成一定的重叠视场,等效实现收发共用的约 10:1 压缩光路。

(3)馈源处每个接收光纤准直器直径约 4mm,通过二元光学器件引入高阶相位扩大接收视场,形成 2.5mrad × 15mrad 宽视场接收馈源,借助 10:1 压缩光路将 0.25mrad × 1.5mrad 接收视场信号收入光纤;馈源处直径约 2mm 的光纤准直器作为发射馈源,通过扩束形成宽的椭圆波束,经压缩光路出射 0.25mrad × 1.5mrad 椭圆波束。

光学系统方案示意,如图 10.15 ~ 图 10.17 所示。

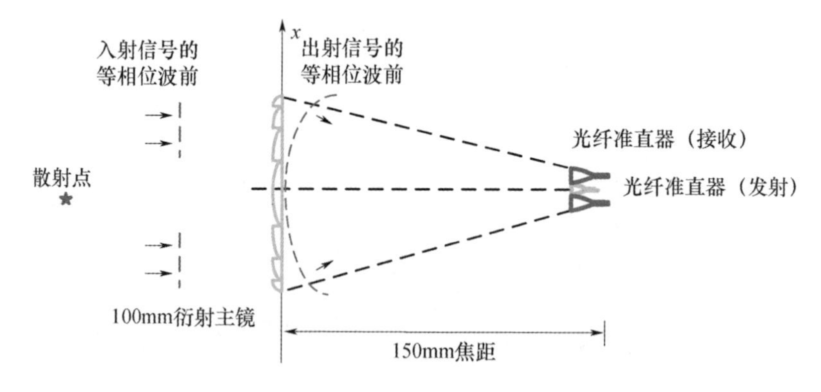

图 10.15　SAL 透射式衍射光学系统和准直器馈源

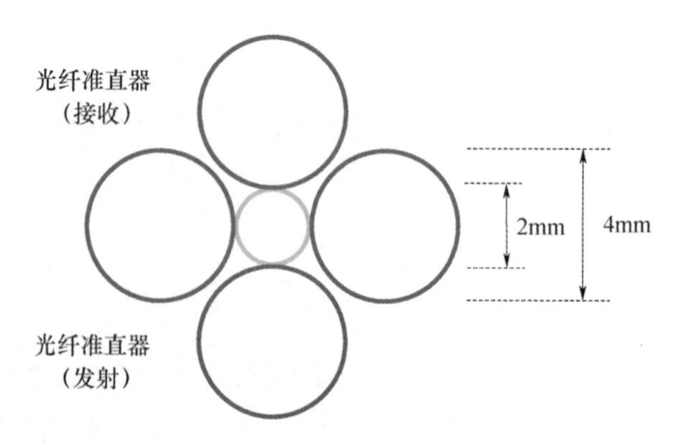

图 10.16　一发四收的馈源布局

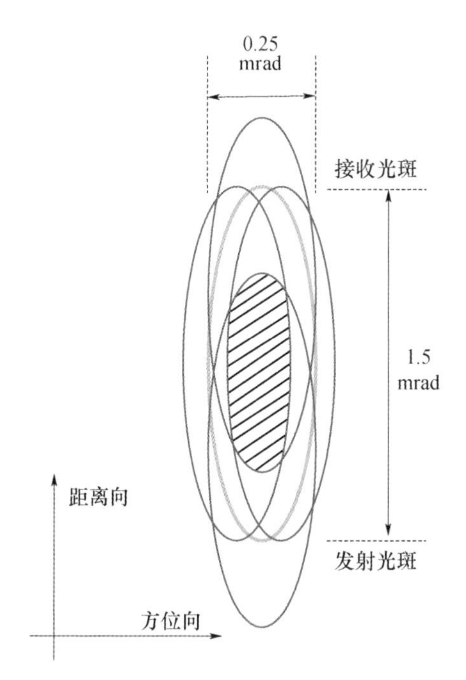

图 10.17　一发四收形成的发射和接收视场

值得说明的是，实际工作中，上述以多个光纤准直器为基础形成的馈源，可以通过与光学系统的集成设计，实现其功能。

2. 系统组成

基于 SAL 的成像探测系统主要由激光光源（种子源）、定时器、宽带信号产生器、激光信号调制器、功率放大器、发射端和接收端光学系统、在像面附近 2 × 2 排列的四组光纤准直器阵列、四通道信号处理器、和差探测信号处理器、位置和姿态测量系统等组成。

采用全光纤光路，并使接收和发射端光路分置，有利于提高系统的收发隔离度。其中 SAL 所需的宽带信号产生器可由高速 D/A 形成，激光信号调制器可由马赫 - 曾德干涉仪形成，位置和姿态测量系统用于提供 SAL 的位置、姿态和速度信息。

与此同时，为实现信号相干性保持，SAL 还需增设发射信号参考通道一个，本振信号参考通道一个。

3. 波形和激光器选择

为满足近距离工作要求，且避免窄脉冲峰值功率高但体积重量较大的固体激光器，考虑采用脉冲宽度在微秒量级的光纤激光器，采用脉冲压缩技术降低峰值功率并获得高分辨率。所需宽带信号选择为频率调制/相位调制信号[24]，用高速 D/A 产生经 MZ 调制到激光载波上。SAL 激光信号发射平均功率应在 300W 量级，假定 PRF = 100kHz，脉冲宽度为 1μs，占空比 10%，对应峰值功率为 3kw，进一步加大脉宽可降低峰值功率，由此使采用光纤激光器具备可行性。

基于衍射光学系统，为通过频率扫描实现一定角度的激光波束扫描，SAL 激光器波长应具有一定的快速调谐能力。当激光中心波长为 1.064μm，目前的激光器波长调谐范围已达到 1.044 ~ 1.084μm，进一步扩大范围也是可能的。SAL 激光波长无须连续调节，可以使用频率步进激光的特点，使引入激光通信中的波分复用技术，在预置的多个波长上实现窄线宽也成为可能。

4. 信号接收和处理

SAL 拟采用一发四收相干接收体制。激光雷达发射高功率宽带信号，目标回波信号经光学系统进入四组光纤准直器，每组光纤准直器都可以实现激光信号的相干外差解调和光电探测。对四组光纤准直器阵列的信号求和处理可以实现目标成像探测，获取目标的距离信息；求差比幅/比相处理可以获取目标的方位和俯仰角信息，对目标实现测角和跟踪。

在目标跟踪前，系统仅对和通道信号进行成像处理并实施目标识别，目标检测后再跟踪状态，系统需处理四通道信号，为减少信号处理量，可以考虑对四组光纤准直器阵列的单脉冲信号进行简单的数字包络检波，形成跟踪所需的和差信号。

上述处理前，SAL 还需对发射参考通道和本振参考通道的信号进行处理，对激光信号相位误差实施定标校正，保证收发系统的信号相干性。

5. 目标成像探测和跟踪

鉴于地面目标的复杂性，SAL 的目标探测建立在对目标的成像和识别之后，目标图像的获取，可以在前斜视成像和 DBS 成像两种模式下。目标探测后，系统即可转入单脉冲跟踪状态。通常激光雷达的波束较窄，不利于目标搜索但有利于提高目标跟踪精度，但过窄的激光波束给目标丢失后的再捕获也会带来问题。为了维持稳定跟踪，必要时 SAL 可采用频率变化来实现波束展宽。

10.2.3 系统指标分析

1. 成像分辨率

传统激光雷达的空间分辨率受限于衍射极限，其衍射极限对应的空间分辨率近似可以表示为

$$\rho_{\text{diff}} = \frac{\lambda R}{D} \tag{10.27}$$

式中:λ 为激光波长;D 为光学望远镜孔径;R 为雷达与目标的斜距。若激光波长为 1.064μm,望远镜孔径为 100mm,斜距为 20km,则其衍射极限分辨率约为 0.2m。

SAL 发射信号为宽带信号,其斜距向分辨率可表示为

$$\rho_r = \frac{kc}{2B} \tag{10.28}$$

式中:B 为发射信号带宽;c 为光速;k 为加窗展宽系数。若发射信号带宽为 4GHz,加窗展宽系数为 1.3,其斜距向分辨率约为 0.05m。若 SAL 发射信号为窄脉冲,则脉冲宽度约 0.25ns。

利用合成孔径成像技术,雷达的横向分辨率可表示为

$$\rho_{\text{a}} = \frac{k\lambda}{2\theta_\alpha} \tag{10.29}$$

式中:θ_α 为方位向波束宽度。若激光波长 1.064μm,方位向波束宽度 250μrad,则可以实现的横向分辨率约为 0.0025m。可以看出,通过合成孔径成像处理可以突破衍射极限,获得远优于衍射极限的横向分辨率。

实际 SAL 能实现的最高横向分辨率为

$$\rho_{\text{am}} = \frac{\Delta f \lambda R}{2V\cos\theta_{\text{s}}} \tag{10.30}$$

式中:Δf 为慢时频率分辨率,为激光静止目标回波信号和本振信号外差所得频谱宽度;θ_{s} 为前斜视角,为激光雷达相对目标运动速度方向与波束指向夹角的余角。假定雷达和目标的相对速度 V 为 200m/s,前斜视角为 87°,激光波长为 1.064μm,斜距为 20km,若要求目标的横向分辨率为 0.05m,则需其慢时频率分辨率优于 37Hz,对应的合成孔径成像时间应不少于 27ms。该值是频率分辨率的理论极限值,实际工作中可以适当加长合成孔径成像时间,以达到 37Hz 的慢时频率分辨率要求。

2. 前斜视角

SAL 可以在大前斜视角条件下成像。前斜视成像时的最大前斜视角 θ_{smax} 可表示为

$$\theta_{\text{smax}} = \arcsin\left(\frac{1-\Delta}{1+\Delta}\right) \tag{10.31}$$

式中:$\Delta = 0.5\lambda B/C$ 为相对带宽因子。显然,信号波长越小,越有利于大前斜视

角高分辨成像。若激光波长为 1.064μm，雷达发射信号带宽 4GHz，最大前斜视角约为 89.7°，其接近 90°，因此 SAL 具备准前视成像能力。

3. 合成孔径时间和数据率

根据横向分辨率公式，合成孔径时间可表示为

$$T_s \approx \frac{k\lambda R}{2\rho_a V\cos\theta_s} \tag{10.32}$$

若雷达成像的横向分辨率为 0.05m，激光波长为 1.064μm，斜距为 20km，加窗展宽系数为 1.3，雷达速度为 200m/s，当前斜视角 87°时，所需的合成孔径成像时间为 26.4ms。本章定义合成孔径成像时间的倒数为数据率，其对应的数据率可优于 37Hz。所以 SAL 可以在大前斜视角条件下，以高数据率对目标实现远距离高分辨率成像。

4. 多普勒带宽和脉冲重复频率

由于波长很短，SAL 前斜视工作时其径向运动产生的多普勒中心频率高达兆赫量级，但由于其对地观测几何关系确定且波束较窄，SAL 可以工作在多普勒模糊状态下，最后通过数字信号处理解除模糊并实现成像。在此基础上，SAL 的 -3dB 波束宽度对应的多普勒带宽可表示为

$$B_\alpha = \frac{2V}{\lambda}\theta_\alpha\cos\theta_s\cos\phi \tag{10.33}$$

式中：ϕ 为下视角（地距向和波束指向的夹角，若平台高度 1km，斜距 20km，对应下视角 2.8°）。当方位波束宽度 250μrad，斜视角为 87°时，其多普勒带宽约 5kHz。当方位波束宽度 250μrad，斜视角为 75°时，其多普勒带宽约 24kHz。进行 DBS 处理时，*PFR* 需要大于 -3dB 波束宽度对应的多普勒带宽的 m 倍，假定 m 为 2～4，则可以设置 PRF 范围为 50kHz～100kHz。目前的大功率激光器脉冲重复频率达到 100kHz 也是可能的。

5. 作用距离和成像信噪比

与微波雷达类似，激光雷达的发射增益与发射波束宽度成反比。设激光雷达的俯仰向和方位向发射波束宽度分别为 θ_r 和 θ_α，则发射增益为

$$G_t = \frac{4\pi}{\theta_r\theta_\alpha} \tag{10.34}$$

激光雷达的光学系统较为复杂，影响光学系统传输效率的因素较多。设激光雷达的发射光学系统传输效率为 η_t，接收光学系统传输效率为 η_r，外差探测时视场匹配效率为 η_m，并设光学系统的其他损耗为 η_{oth}，则光学系统传输效率

η_{sys}为

$$\eta_{sys} = \eta_t \eta_r \eta_m \eta_{oth} \tag{10.35}$$

需要注意的是,与微波雷达中主要考虑接收机热噪声影响不同,SAL 中需注意考虑激光本振信号引起的散弹噪声影响,两者相差约 1～2 个数量级。与此同时,SAL 成像涉及光学处理和电子学处理两部分,因此需在雷达方程中加入电子学噪声系数,以表征电子学处理引入的噪声等对 SAL 作用距离的影响。

设激光雷达的发射峰值功率为 P_t,发射信号脉冲宽度为 T_p,接收望远镜面积为 S_r,合成孔径成像后单个分辨单元对应的目标散射截面积为 σ(为目标散射系数、距离向分辨率、横向分辨率三者之积),光电探测器的量子效率为 η_D,h 为普朗克常数,v 为激光频率,电子学噪声系数为 F_n,单脉冲信噪比为 $R_{SN\ min}$。令激光雷达的最大作用距离为 R_{max},则有

$$R_{max} = \sqrt[4]{\frac{\frac{P_t G_t}{4\pi}\sigma \frac{S_r}{\pi}\eta_{sys}\eta_D T_p}{hvF_n R_{SN\ min}}} \tag{10.36}$$

综合上述分析,飞行高度 1km、作用距离 20km 条带成像 SAL 主要系统参数见表 10.3。

表 10.3　用于条带成像的 SAL 系统参数

参数	数值	参数	数值
激光波长	1.064μm	平台速度	200m/s
发射峰值功率	3kW	作用距离	20km
脉冲宽度	1μs	接收望远镜孔径	100mm
脉冲重复频率	100kHz	发射光学系统传输效率	0.9
发射平均功率	300W	接收光学系统传输效率	0.8
飞行高度	1km	匹配效率	0.5
下视角	2.8°	其他损耗	0.5
波束宽度(俯仰向,方位向)	1.5mrad,250μrad	量子效率	0.5
地面幅宽(地距向,距离横向)	32m,5m	电子学噪声系数	3dB
分辨率(斜距向,距离横向)	0.05m,0.05m	电子学系统损耗	0.75
目标散射系数	0.2	大气损耗	0.25
中心斜视角	87°	单脉冲信噪比	-25.4dB

作用距离 20km,单脉冲成像信噪比为 -25.4dB,在 87°斜视角下,通过 2034 个脉冲相干累积,可获得的成像分辨率约为 5cm,单视图像信噪比约为 7.6dB,通过 23 视非相干累积可将图像信噪比提升至 14.4dB。在 81°斜视角下,通过

681 个脉冲相干累积，可获得的成像分辨率约为 5cm，单视图像信噪比约为 2.8dB，通过 23 视非相干累积可将图像信噪比提升至 9.7dB。此时，地距向幅宽约 100m。该分析表明，根据实际情况合理地调整参数，将激光发射平均功率降为 150W 也是可能的。

飞行高度 1km、作用距离 10km DBS 成像[84] SAL 主要系统参数见表 10.4 未列出的参数与表 10.3 一致。

表 10.4　用于 DBS 成像的 SAL 系统参数

参数	数值	参数	数值
波束宽度（俯仰向，方位向）	1.5mrad，250urad	作用距离	10km
地面幅宽（地距向，距离横向）	26m，2.5m	大气损耗系数	0.4
中心斜视角	80°	单脉冲信噪比	−13.4dB

要在 10km 处通过 DBS 获得 5cm 分辨率图像，横向分辨率对应的成像转角约为 5μrad（100mm 口径对应的衍射极限为 10.6μrad），SAL 的方位向波束宽度 250rad，则波束锐化比 $N = 50$。经计算，50 倍的波束锐化比需要 307 个脉冲的相干累积，单脉冲成像信噪比为 −13.4dB，307 个脉冲相干累积后的单视成像信噪比为 11.4dB。

最大波束扫描角速度为

$$\bar{\theta} = \frac{\rho_{\alpha} V 2\theta_{\alpha} \cos\theta_{s}}{\lambda R} \tag{10.37}$$

经计算，80°斜视角对应的最大波束扫描角速度为 81.6mrad/s，可以 20Hz 的数据率获得 26m（地距向）×40m（距离横向）的图像，对应的图像数据率为 20Hz。假定波束在方位向单方向机械扫描时间为 0.5s，扫描角度范围为 40.8mrad，则可以在 0.5s 时间内获得 26m（地距向）×400m（距离横向）的图像。若平台速度大于 200m/s，则扫描角速度可进一步加快；减小斜视角，成像信噪比将会降低，上述参数可以保证 70°斜视角下成像信噪比仍优于 10dB。

10.2.4　关键技术分析

SAL 关键技术主要包括激光信号相干性保持、振动相位误差估计与补偿、高分辨率实时成像、高效窄线宽大功率激光器、衍射光学系统设计等。

关于激光信号相干性保持，主要方法是对发射信号进行相位误差校正以及对本振信号进行数字延时处理[119]，但如何实现实时处理以满足实际应用要求还需深入研究。

我们可以在重叠视场条件下采用多通道正交干涉处理方法[23]进行振动相位误差估计并实施补偿，SAL 其多通道应基于内视场多探测器实现，其一发四收的馈源布局，使该方法的应用成为可能。同时研究基于多探测器的空间相关处理方法（Spatial Correlation Algorithm，SCA），该方法可以用于正前视顺轨干涉基线不能形成的条件下。

大前斜视角合成孔径成像处理可以采用基于聚束模式的波数域 WK 算法，同时可使用子孔径成像处理以提高图像数据率。但由于激光波长短且平台飞行速度快，因此激光雷达脉冲重复频率即便高达 100kHz，也存在严重的多普勒模糊，且回波信号的距离徙动量较大，这给探测器上信号的实时处理带来了很多困难。为此，需在成像算法和信号处理硬件两个方面，深入研究高分辨率实时成像探测技术。

关于衍射光学系统设计，要满足目标搜索、成像、捕获和跟踪等多种功能要求，其发射和接收波束应具有指向和宽度可变的能力，类似微波/毫米波雷达的相控阵天线，并能与设备整流罩实现共形。SAL 成像可使用非成像衍射光学系统的特点，使全面引入微波/毫米波雷达相控阵天线的理论方法，设计新型光学系统，提高激光雷达的成像性能成为可能。除主动激光成像探测需求迫切外，主动激光和被动红外结合[26]也将是一个重要的发展方向，深入研究相关的衍射光学系统设计方法，具有重要的理论意义和应用价值。

关于高效窄线宽大功率激光器，经过分析，SAL 激光信号发射功率应在 300W 量级，为在平台供电有限的条件下应用，激光器效率应在 30% 量级；为保证信号的相干性，其线宽也应控制在一定范围内，为此需研究高效窄线宽大功率激光器技术。目前波长固定激光器的线宽在 10kHz 量级（与光谱宽度对应），SAL 若考虑波束频率扫描，则激光器应具备一定波长调谐能力。目前波长连续调节的激光器线宽较大，当中心波长为 1.064μm 时，光谱宽度很难优于 0.01nm，对应的线宽在吉赫兹量级，这给应用带来困难。由于 SAL 激光波长无须连续调节，因此可以考虑使用频率步进激光信号，目前激光通信上波分复用技术已较为成熟，SAL 需研究并引入相关技术，以保证在预置的多个波长上实现窄线宽。

10.2.5　衍射光学系统设计

下面主要以 100mm 口径接收衍射光学系统为例，分析衍射光学系统的性能，并表明其多功能应用的可行性。

1. 平面非成像衍射光学系统

图 10.18 所示为平面衍射光学系统的几何模型。同时给出了波程差 $\Delta R(x)$ 计算公式,即

$$\Delta R(x) + \sqrt{f^2 + x^2} = \Delta R(0) + f$$

$$\Delta R(x) = \Delta R(0) + f - \sqrt{f^2 + x^2} \tag{10.38}$$

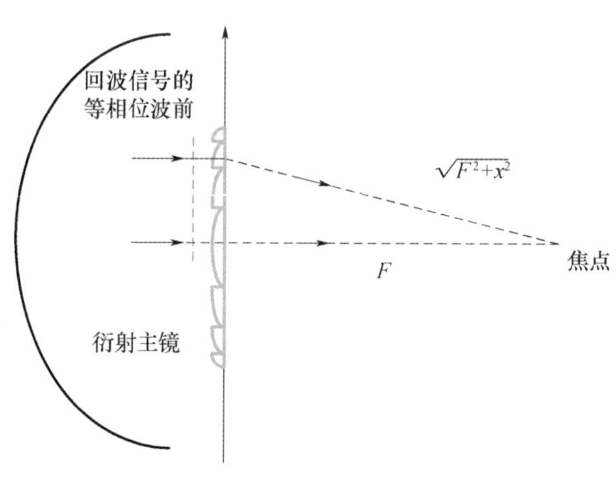

图 10.18 平面衍射光学系统的几何模型

当 SAL 中心波长为 1.064μm,衍射主镜口径为 100mm,焦距为 150mm,焦距口径比为 1.5,辐射单元间距为 1.064μm(一个波长),辐射单元数约为 100000 时,在口径方向的最大波程差约为 8mm(8000 个波长),对应最大相移量约 50000rad。图 10.19 所示为衍射主镜需形成的高阶相位变化曲线(主要为二阶相位,可以 2π 为模折叠)和对应的波束方向图。

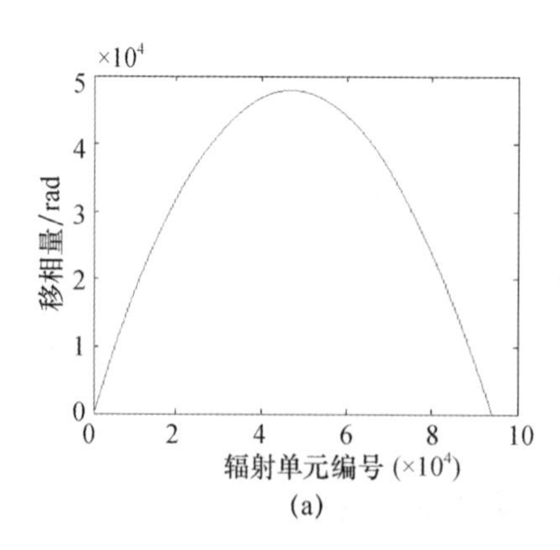

(a)

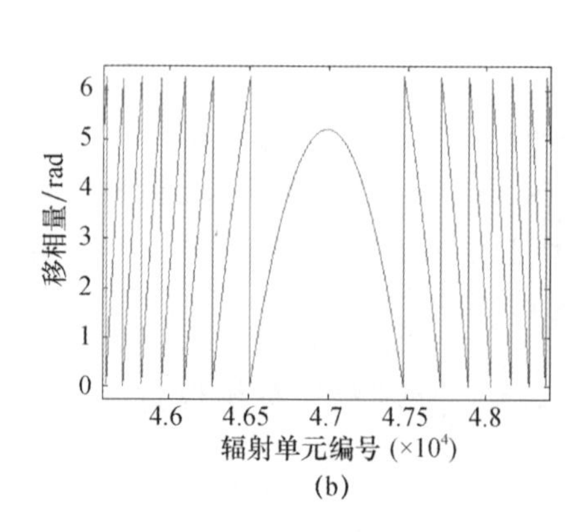

(b)

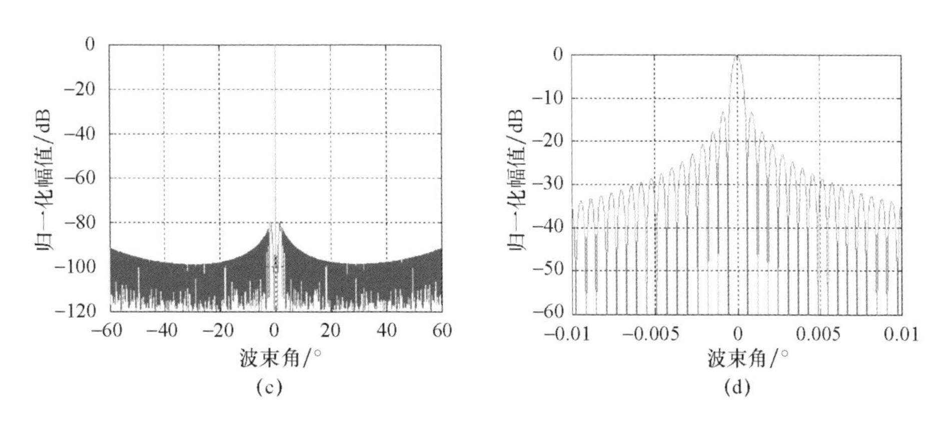

图 10.19　衍射主镜需形成的折叠相位曲线和波束方向图

(a)(b)相位曲线;(c)(d)波束方向图。

图 10.20 所示为主镜相位以 2π 为模 4 值化处理后的波束方向图。从中可看出,4 值化主镜相位即可具有较好的波束方向图,能实现的衍射效率也较高。

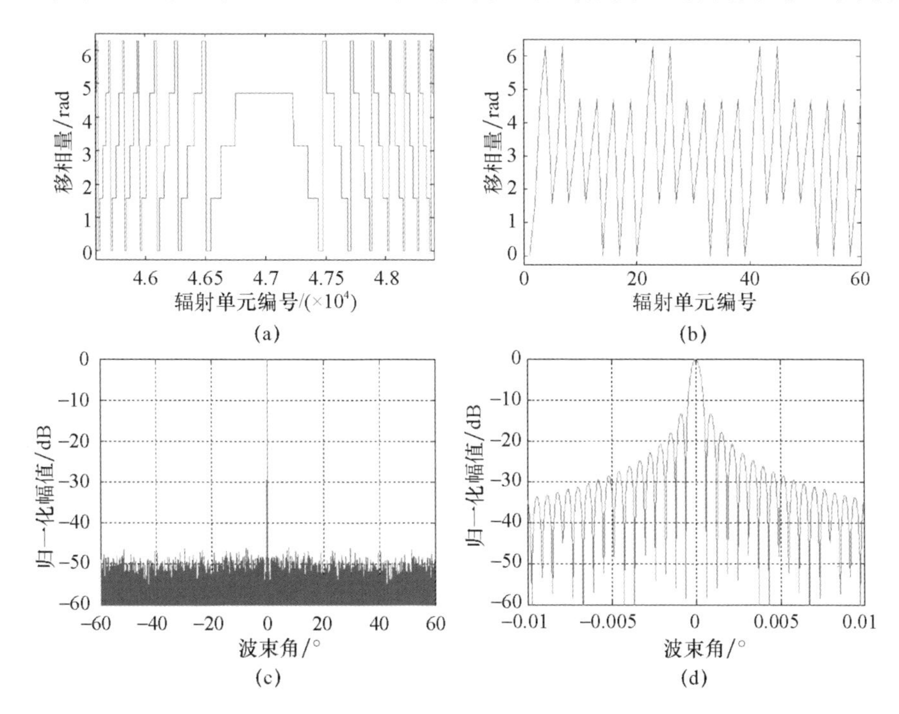

图 10.20　4 值化主镜相位和波束方向图

(a)(b)相位;(c)(d)波束方向图。

上述分析表明，衍射主镜需形成的高阶相位以 2π 为模折叠后，其主镜厚度可由 8mm 减至激光波长 1.064μm 量级，并且可以通过薄膜透镜实现，将使主镜大幅减重。

以上分析了衍射主镜的性能，接收光纤准直器通过二元光学器件引入高阶相位形成 2.5mrad×15mrad 宽视场接收馈源的性能分析过程与之类似。

图 10.21 所示给出了经集成设计形成的平面衍射光学系统接收光路图。设计表明：当平面衍射镜焦距为 150mm，像距为 149.663mm，物方发散角为 ±0.043°(1.5mrad)。在空间频率 55lp/mm，轴上视场(0°)与轴外视场(0.0215°)传递函数值均优于 0.7，满足 4 根放置于轴外视场的单模光纤接收要求时，入射能量 80% 可集中于 9μm 直径范围内。

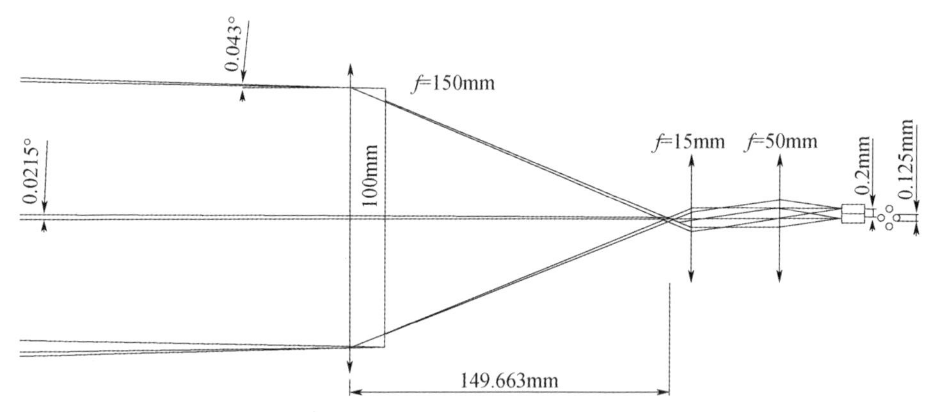

图 10.21　平面衍射光学系统接收光路图

2. 基于频率变化的激光波束扫描和展宽

SAL 采用衍射光学系统时，通过频率变化(波长变化)可使激光波束展宽(这有助于 SAL 在近距获得宽的观测范围)，进一步设置衍射光学系统焦点偏离主镜轴线，使之在口径方向产生波程差，即有可能通过频率扫描实现一定角度的一维波束扫描，其工作原理和微波频率扫描天线[18]类似，在光学里可用光栅原理进行解释。对于平面衍射主镜，用频率扫描实现波束一维扫描的工作原理，如图 10.22 所示。当焦点位于主镜轴线上时，通过适当加厚光学系统引入光程差 L，使之在口径方向产生线性波程差。

根据相控阵天线模型，若要实现频扫，需满足

$$\frac{2\pi L}{\lambda_i}=\frac{2\pi d\sin\theta_i}{\lambda_i}+m2\pi \tag{10.39}$$

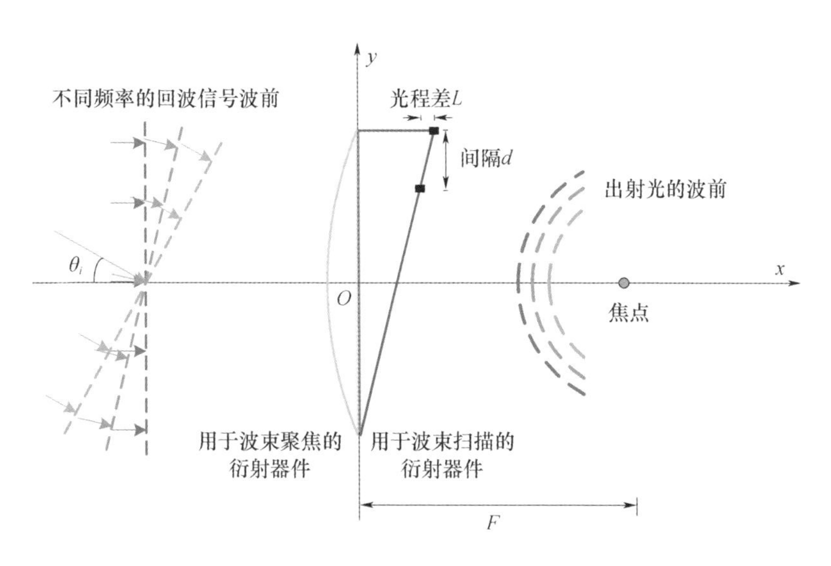

图10.22　频率扫描实现波束扫描的光学系统示意图(见彩图)

式中:d 为相邻辐射单元的间隔;λ_i 为激光波长;θ_i 为波束指向角;m 为非负整数;L 为相邻两个辐射单元附加的波程差。

当薄膜主镜口径100mm,焦距 f 为150mm时,在波束扫描状态下,为避免栅瓣的影响,辐射单元间距应小于半个波长,仿真中可以设置 $d=0.532\mu m$,为在波长 $\lambda_i=1.064\mu m$、$m=1$ 时,实现扫描角 $\theta_i=60°$,根据上式确定 $L=1.52\mu m$,附加的总波程差为285mm,此时当激光波长分别为1.014μm、1.064μm和1.114μm时,波束指向分别为75°、60°、50°,通过波长变化,可以实现波束扫描,具体的仿真结果,如图10.23所示。

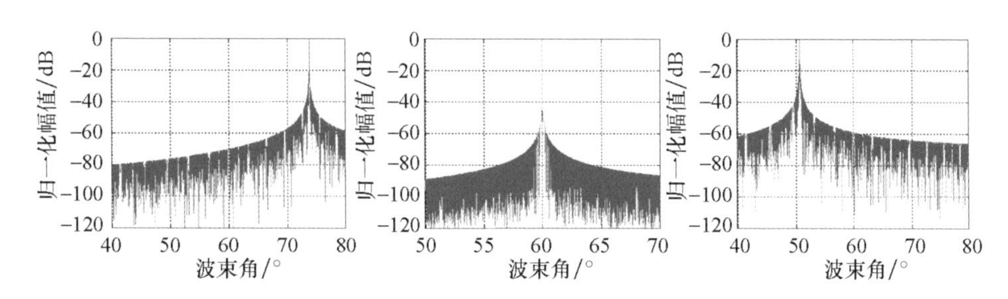

图10.23　波长1.014μm、1.064μm和1.114μm对应的波束方向图

通过将焦点偏离衍射主镜轴线,焦点到衍射主镜不同位置的光程差中即含有线性项,该线性项可用于实现基于频率扫描的波束扫描,波束扫描角也可以

根据上述方法确定。焦点偏置不在主镜轴线上时,可以波束扫描的平面衍射光学系统工作原理图,如图 10.24 所示。

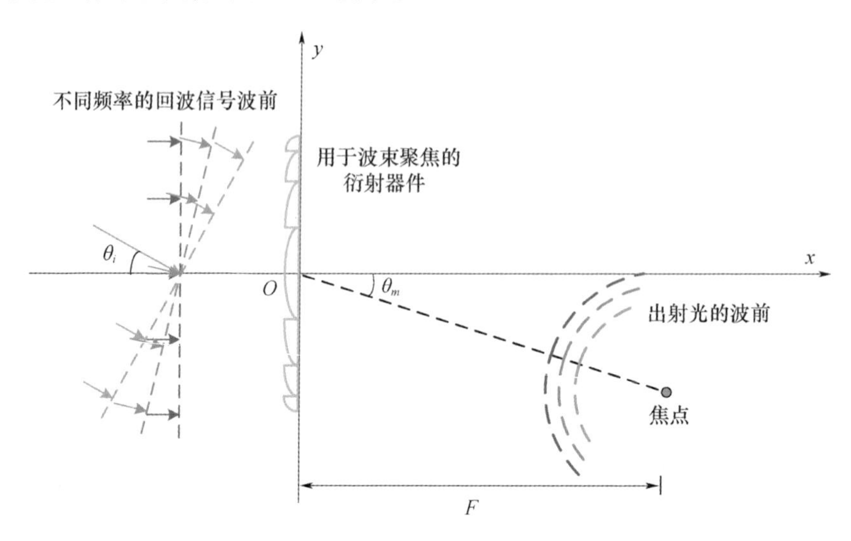

图 10.24　焦点偏置频率扫描实现波束扫描的平面光学系统示意图(见彩图)

对基于焦点偏置实现波束扫描的薄膜主透镜,需对衍射器件产生的光程差进行折叠并量化处理,这种处理通常以中心波长为基准实施,折叠周期为一个波长时,薄膜主镜的厚度在波长量级。此时从原理上讲,对其他波长,该衍射光学系统将存在产生散焦和色散现象。为此,本文拟通过扩大折叠周期,对部分波长实现聚焦,并实现激光波束的频率扫描。

假定折叠周期为 l,那么对于波长为 $\lambda_m = \dfrac{l}{m}$ 的信号也可以实现聚焦(这里 m 为正整数)。举例说明如下。

主镜口径为 100mm,焦距为 150mm,焦点偏置角为 60°,中心波长为 1.064μm,相邻辐射单元间隔为 1.064μm 时,若折叠周期为 106.4μm(中心波长的 100 倍),对 1.064μm 内的光程差以 2π 为模进行 4 值化处理(在 106.4μm 厚度内对应的台阶数为 400),对于 1.0330μm、1.0431μm、1.0535μm、1.064μm、1.0747μm、1.0857μm、1.0969μm、1.120μm 等波长的信号均可以实现聚焦,对应的波束宽度为 0.0006°(约 10.6μrad),波长间隔约为 10nm,波束指向间隔为 0.6°(约 10.6mrad)。波长 1.0133μm、1.064μm、1.120μm 对应的波长变化范围约为 100nm,波束扫描范围为 6°,波束方向图,如图 10.25 所示。

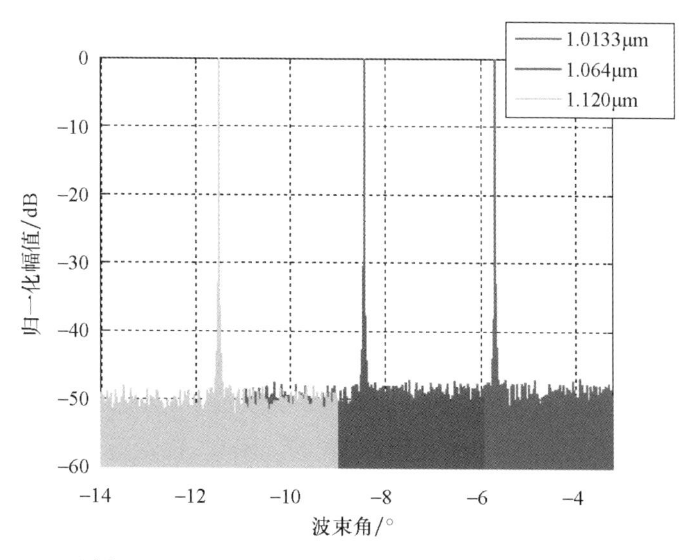

图 10.25　波长 1.0133μm、1.064μm、1.120μm 对应的波束方向图(见彩图)

若折叠周期为 10.64μm,(中心波长的 10 倍),对 1.064μm 内的光程差以 2π 为模进行 4 值化处理(在 10.64μm 厚度内对应的台阶数为 40),则 0.8866μm、0.9672μm、1.064μm、1.1822μm、1.3300μm 等波长的信号均可以实现聚焦,对应的波束宽度为 0.0006°,波长间隔约为 100nm,波束指向间隔为 6°(约 106mrad)。波长 0.9672μm、1.064μm、1.1822μm 对应的波长变化范围约为 200nm,波束扫描范围为 12°,波束方向图,如图 10.26 所示。

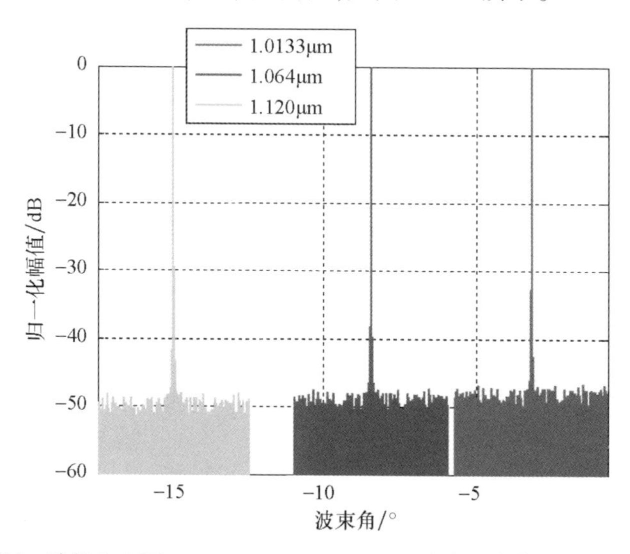

图 10.26　波长 0.9672μm、1.064μm、1.1822μm 对应的波束方向图(见彩图)

从仿真结果看,不同的折叠周期对应了不同的激光波束频率扫描性能,但SAL波束可以步进扫描的特点使之应用成为可能。增大焦点偏置角,可以扩大波束扫描范围,同时使波束扫描中心接近望远镜轴线方向;加大折叠周期,可以使波束指向间隔变小。根据实际需要,通过参数优化有可能获得连续覆盖的波束频率扫描性能。

SAL采用衍射光学系统时,大范围的频率变化可以实现波束扫描,小范围的频率变化可以使激光波束展宽,这有助于SAL在近距获得宽的成像探测范围。中心波长为1.064μm,折叠周期为106.4μm的仿真表明,当波长为1.0638μm(波长变化0.2nm)时,波束展宽1倍,主镜增益会下降约3dB;当波长1.0636μm(波长变化0.4nm)时,波束展宽约3倍,主镜增益会下降约5dB。三种波长对应的波束方向图,如图10.27所示。

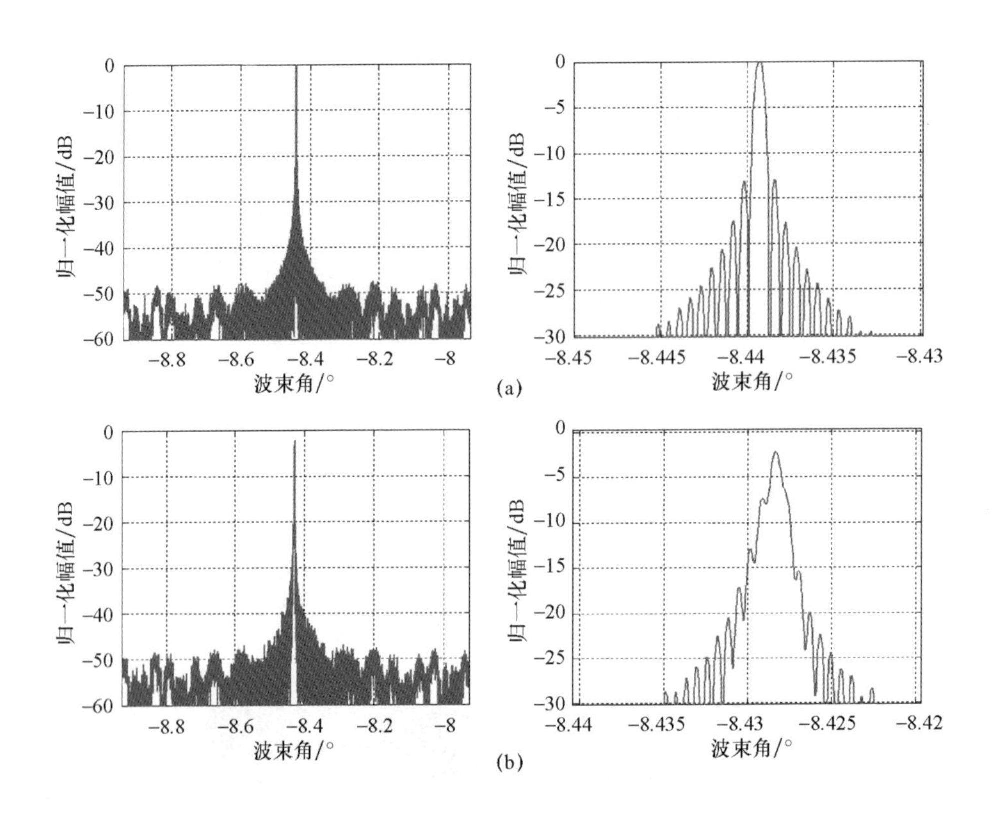

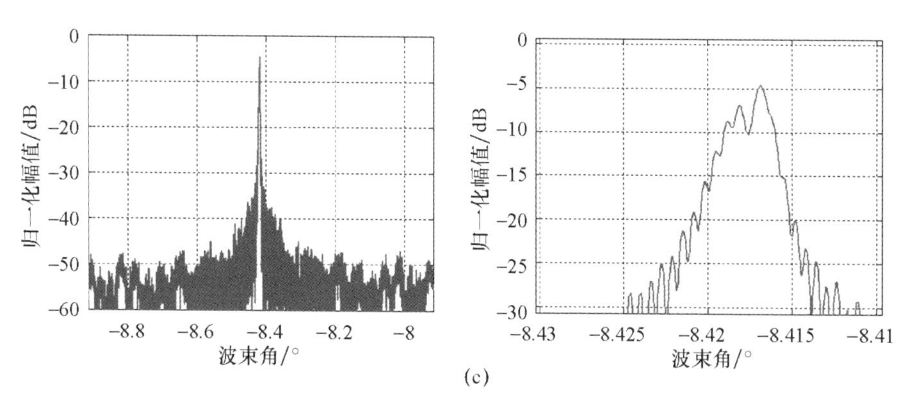

图 10.27　不同波长对应的波束方向图

(a) 1.064μm; (b) 1.0638μm; (c) 1.0636μm。

3. 曲面共形衍射光学系统和波束二维扫描

上述分析表明,衍射主镜需形成的高阶相位以 2π 为模进行折叠后,其主镜厚度可由 8mm 减至百微米量级,这可以通过薄膜透镜实现,将使主镜大幅减重。与此同时,将薄膜透镜共形设置在设备整流罩内侧(或将设备整流罩内侧直接加工成所需的基于二元光学器件的衍射镜),即可与设备整流罩实现共形,并形成曲面共形衍射光学系统。图 10.28 所示为曲面共形衍射光学系统几何模型,同时给出了波程差 $\Delta R(x)$ 计算公式,即

$$\begin{cases} f - \sqrt{f^2 - x^2} + \Delta R(x) + f = \Delta R(0) + f \\ \Delta R(x) = \Delta R(0) - f + \sqrt{f^2 - x^2} \end{cases} \tag{10.40}$$

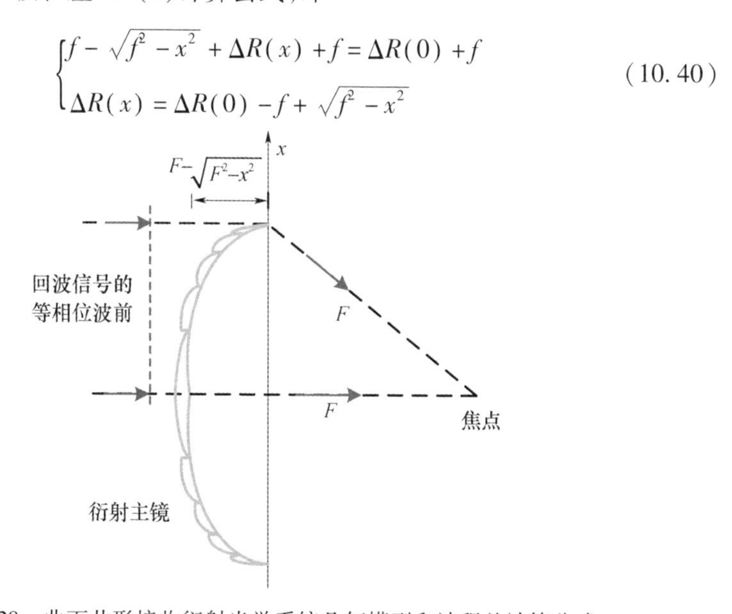

图 10.28　曲面共形接收衍射光学系统几何模型和波程差计算公式

为使问题简化，这里曲面共形以球面共形为例进行分析，并假定球面半径为焦距。在中心波长为1.064μm，衍射主镜口径为100mm，焦距f为150mm，辐射单元间距1.064μm的条件下，对曲面共形衍射主镜需形成的相位变化曲线和波束方向图进行了仿真分析，同时计算了曲面共形主镜与平面主镜的波程差和相位误差，相关结果如图10.29和图10.30所示。

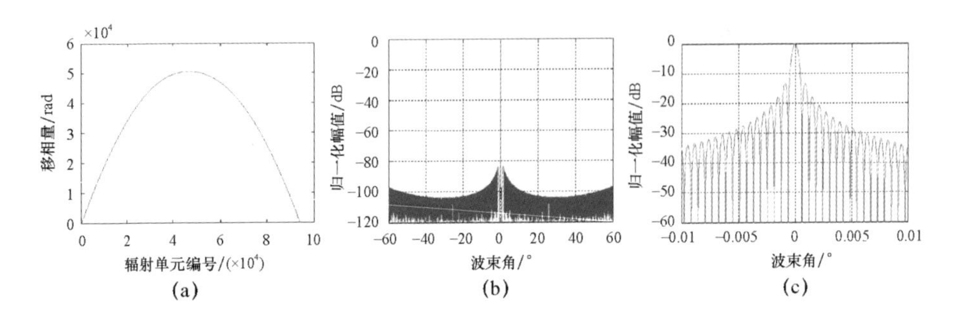

图10.29 曲面共形主镜需形成的相位曲线和波束方向图
(a)相位曲线；(b)(c)波束方向图。

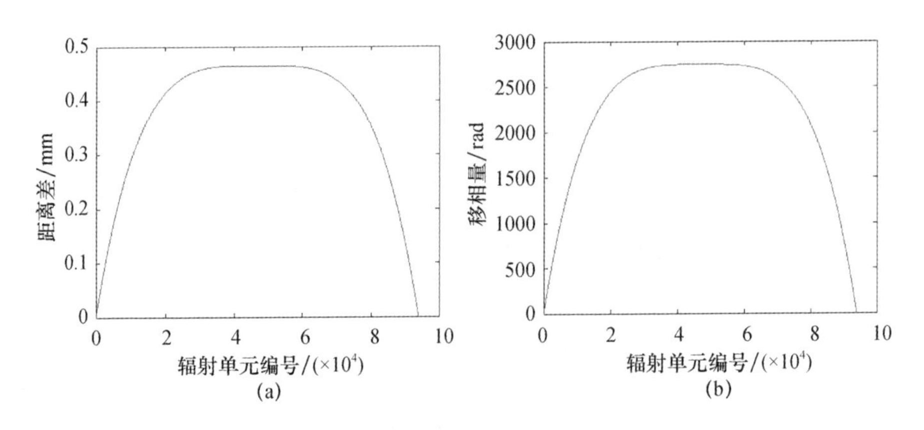

图10.30 曲面共形主镜与平面主镜的波程差和相位误差
(a)波程差；(b)相位误差。

仿真结果表明：曲面共形主镜在口径方向的波程差约为8.5mm，曲面共形主镜与平面主镜的最大波程差仅为0.5mm，曲面共形主镜需形成的高阶相位以2π为模折叠后，其主镜厚度也可以减至百微米量级，以薄膜透镜方式与设备整流罩实现共形是可能的。在此基础上，可以形成基于频率变化的具有一维波束扫描功能的曲面共形衍射光学系统，光路示意图如图10.31所示。

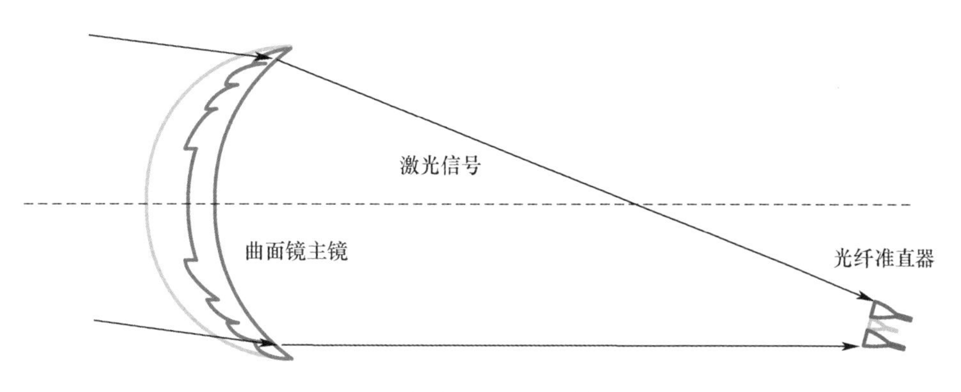

图 10.31　激光波束一维频率扫描光路示意图

SAL 波束需要在方位向和俯仰向二维扫描，通常方位向 DBS 成像的扫描范围比俯仰向大。二维波束扫描可通过设置折反射镜并通过折反镜的二维机械扫描实现，此时馈源保持静止，便于实现激光信号的收发。采用透射式衍射光学系统时，通过光路压缩，可以大幅减小折反镜的尺寸，便于二维机械扫描的实现。假定使用 10 : 1 压缩光路，要实现 5°的波束扫描范围，折反镜的旋转范围应达到 25°。SAL 可以使用非成像光学系统的特点，降低了上述光路实现的难度。

为了进一步减小系统设备体积和重量，SAL 可以考虑通过频率扫描实现俯仰向激光波束扫描，使折反射镜仅在方位向一维机械扫描，此时折反镜改为可一维机械扫描的光栅，由此形成基于压缩光路机械扫描和频率扫描结合的曲面共形衍射光学系统，如图 10.32 所示。

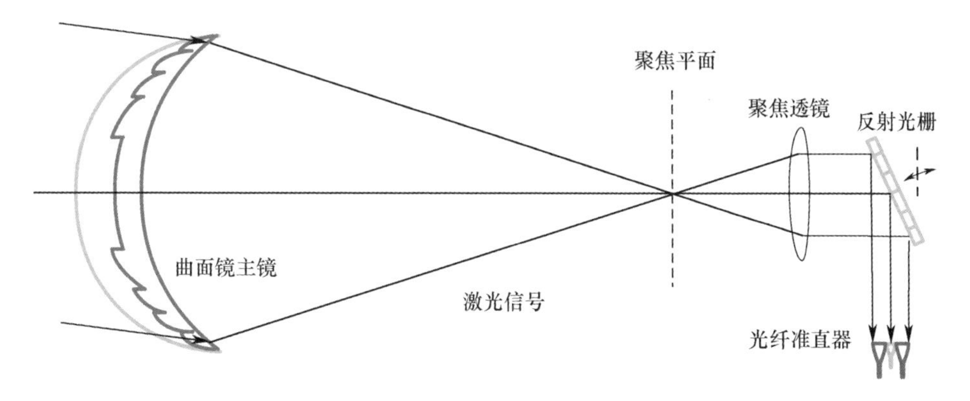

图 10.32　激光波束二维扫描的曲面共形衍射光学系统光路示意图

10.3 小结

本章讨论了低 PRF 条件下基于 InISAL 的运动目标探测，提出了利用干涉和 PCA 处理相结合的方法，使信号能量沿距离向积累，同时减小了匹配照射慢时信号起伏问题，可以用于提高宽带激光雷达的目标探测性能。与此同时，该方法避免了匹配波形产生困难的问题，降低了系统的复杂性。InISAL 仿真实验和毫米波 InISAR 实际数据验证了该方法的有效性。

本章同时研究了基于共形衍射光学系统的 SAL 成像探测问题，分析了 SAL 系统方案、指标和关键技术，阐述了 SAL 成像探测的优势和实施的可行性。

当 SAL 衍射光学系统没有折叠展开过程时，在满足透过率要求的基础上，可以用较厚的衍射器件实现，较多的台阶数在保证衍射效率的同时，应能获得较好的激光波束频率扫描性能。进一步结合红外宽视场成像探测，并持续开展相关研究工作，对我国新型高分辨率光学成像探测技术的发展具有重要意义。

参考文献

[1] Gschwendtner A B, Keicher W E. Development of coherent laser radar at lincoln laboratory [J]. Lincoln Laboratory Journal, 2000, 12(2):383 - 394.

[2] CONTRACTS[EB/OL]. http://archive. defense. gov/Contracts/Contract. aspx? ContractID = 5140.

[3] Dierking M, Schumm B, Ricklin J C, et al. Synthetic aperture LADAR for tactical imaging overview[C]. Snowmass:The 14th Coherent Laser Radar Conference(CLRC),2007.

[4] Kraμse B W, Buck J, Ryan C, et al. Synthetic aperture ladar flight demonstration[C]. New York:Optical Society of America/Conference on Lasers and Electro - optics (OSA/CLEO), 2011.

[5] Crouch S C. Synthetic ApertureLadar Techniques [D]. Motana State University, 2012.

[6] Crouch S, Barber Z B. Laboratory demonstrations of interferometric and spotlight synthetic aperture ladar techniques [J]. Optics Express, 2012, 20 (22): 24237 - 24246.

[7] 郭亮, 邢孟道, 张龙, 等. 室内距离向合成孔径激光雷达成像的实验研究[J]. 中国科学E辑: 技术科学, 2009, 39(10): 1678 - 1684.

[8] 邢孟道. 合成孔径成像激光雷达技术研究[R]. 国家高技术研究发展计划(863计划)项目研究报告, 2008.

[9] 刘立人, 周煜, 职亚楠, 等. 大口径合成孔径激光成像雷达演示样机及其实验验证[J]. 光学学报, 2011, 31(9): 112 - 116.

[10] Liu L R. Coherent and incoherent synthetic - aperture imagingladars and laboratory - space experimental demonstrations [J]. Applied Optics, 2013, 52(4): 579 - 599.

[11] Luan Z, Sun J, Zhou Y, et al. Down - looking synthetic aperture imagingladar demonstrator and its experiments over 1. 2 km outdoor[J]. Chinese Optics Letters, 2014, 12(11): 111101 - 1 - 4.

[12] 吴谨. 关于合成孔径激光雷达成像研究[J]. 雷达学报, 2012, 1(4): 353 - 360.

[13] Zhao Z, Wu J, Su Y, et al. Three - dimensional imaging interferometric synthetic aperture ladar[J]. Chinese Optics Letters, 2014, 12(9): 33 - 36.

[14] 洪光烈, 王建宇, 孟昭华, 等. Chirp强度调制与近红外激光合成孔径雷达距离向处理

[J]. 红外与毫米波学报, 2009, 28(3): 229 - 234.

[15] Gao S, Hui R. Frequency - modulated continuous - wave lidar using I/Q modulator for simplified heterodyne detection [J]. Optics Letters, 2012, 37(11): 2022 - 2024.

[16] McManamon P F. Review of ladar: a historic, yet emerging, sensor technology with rich phenomenology [J]. Optical Engineering, 2012, 51(6): 060901.

[17] Marchese L, Doucet M, Bourqui P, et al. A global review of optronic synthetic aperture radar/ladar processing [J]. Proceedings of SPIE, 2013, 8714: 871416.

[18] Sun Z W, Hou P P, Zhi Y N, et al. Optical image processing for synthetic - aperture imaging ladar based on two - dimensional Fourier transform [J]. Applied Optics, 2014, 53(9): 1846.

[19] Barber Z W, Dahl J R. Experimental Demonstration of Differential Synthetic Aperture Ladar [C]. CLEO: Science and Innovations/Optical Society of America, 2015.

[20] 李道京, 张清娟, 刘波, 等. 机载合成孔径激光雷达关键技术和实现方案分析[J]. 雷达学报, 2013, 2(2): 143 - 151.

[21] 杜剑波, 李道京, 马萌. 机载合成孔径激光雷达相位调制信号性能分析和成像处理[J]. 雷达学报, 2014, 3(1): 111 - 118.

[22] 马萌, 李道京, 杜剑波. 振动条件下机载合成孔径激光雷达成像处理[J]. 雷达学报, 2014, 3(5): 591 - 602.

[23] 杜剑波, 李道京, 马萌, 等. 基于干涉处理的机载合成孔径激光雷达振动估计和成像[J]. 中国激光, 2016, (9):253 - 264.

[24] 杜剑波, 李道京, 马萌. 激光雷达宽带信号产生方法研究[J]. 中国激光, 2015, 42(11): 1114003.

[25] Li G, Wang N, Wang R, et al. Imaging method for airborne SAL data[J]. Electronics Letters, 2017, 53(5): 351 - 353.

[26] 卢智勇,周煜,孙建峰, 等. 机载直视合成孔径激光成像雷达外场及飞行试验[J]. 中国激光,2017, 44(1):0110001.

[27] 李道京,杜剑波,马萌. 合成孔径激光雷达的研究现状与天基应用展望[C]. 北京:钱学森实验室首届空间技术未来发展及应用学术会, 2014.

[28] 李道京, 杜剑波,马萌, 等. 天基合成孔径激光雷达系统分析[J]. 红外与激光工程, 2016, (11):269 - 276.

[29] 阮航, 吴彦鸿, 张书仙. 基于天基逆合成孔径激光雷达的静止轨道目标成像[J]. 红外与激光工程, 2013, 42(6): 1611 - 1616.

[30] 李迎春, 唐黎明, 孙华燕. 空间目标的激光主动成像系统性能分析[J]. 装备指挥技术学院学报, 2008, 19(1): 67 - 69.

[31] 李今明, 胡以华, 王恩宏, 等. 星对星合成孔径激光雷达成像[J]. 红外与激光工程,

2011, 40(9): 1668 - 1672.

[32] Sun J, et al. Large - scale nanophotonic phased array. Nature 493. 7431(2013):195 - 199.

[33] Ami Y, et al. Intergrated phased array for wide - angle beam steering, OPTICS LETTERS, Vol. 39/No. 15, 2014.

[34] 金国藩,等. 二元光学[M]. 北京:国防工业出版社,1998.

[35] 焦建超,等. 地球静止轨道膜基衍射光学成像系统的发展与应用[J]. 航天器工程, 2016,450:49 - 55.

[36] Ricklin J C, Tomlinson P G. Active imaging at DARPA [J]. Proceedings of SPIE, 2005, Vol. 5895: 589505.

[37] Venable S M, Duncan B D, Dierking M P, et al. Demonstrated resolution enhancement capability of a stripmap holographic aperture ladar system[J]. Applied Optics, 2012, 51(22): 5531 - 5542.

[38] 周煌, 许楠, 奕竹, 等. 实验室合成孔径激光雷达点目标二维成像实验[J]. 光学学报, 2009, 29(2): 566 - 568.

[39] Dierking M P, Duncan B D. Periodic, pseudonoise waveforms for multifunction coherent ladar [J]. Applied optics, 2010, 49(10): 1908 - 1922.

[40] Adany P, Allen C, Hui R. Chirped Lidar Using Simplified Homodyne Detection [J]. Journal of Lightwave Technology, 2009, 27(16): 3351 - 3357.

[41] Liren L. Coherent and Incoherent Synthetic - aperture Imaging Ladars and Laboratory - space Experimental Demonstrations[J]. Applied Optics, 2013, 52(4): 579 - 599.

[42] 杜剑波. 合成孔径激光雷达宽带信号产生和成像处理技术研究[D]. 北京:中国科学院大学, 2017.

[43] Zhao Z, Huang J, Wu S, et al. Experimental demonstration of tri - aperture Differential Synthetic Aperture Ladar[J]. Optics Communications, 2017, 389:181 - 188.

[44] 田芊等. 工程光学[M]. 北京:清华大学出版社,2006.

[45] 伍洋. 射电望远镜天线相控阵馈源技术研究[D]. 西安:西安电子科技大学,2013: 9 - 21.

[46] 聂光. 光波导相控阵扫描光束优化方法研究[D]. 西安:西安电子科技大学,2015: 25 - 33.

[47] 周高杯, 宋红军, 邓云凯. 基于波束空间的阵列天线 SAR 波束展宽方法[J]. 浙江大学学报,2011,45(12): 2252 - 2258.

[48] 任波,等. 高分三号卫星 C 频段多极化有源相控阵天线系统设计 [J]. 航天器工程, 2017,26(6): 68 - 74.

[49] 王帅, 孙华燕,等. APD 阵列单脉冲三维成像激光雷达的发展与现状[J]. 激光与红外,2017,47(4):389 - 398.

[50] 斯科尼克. 雷达手册[M]. 王军,等译. 北京:电子工业出版社, 2003.

[51] GAEA - 2 10 Megapixel Phase Only Spatial Light Modulator (Reflective) [EB/OL]. https://holoeye.com/spatial - light - modulators/gaea - 4k - phase - only - spatial - light - modulator/? from = singlemessage&isappinstalled = 0.

[52] 舒嵘,徐之海,等. 激光雷达成像原理与运动误差补偿方法[M]. 北京:科学出版社, 2014.

[53] 保铮,邢孟道, 王彤. 雷达成像技术[M]. 北京: 电子工业出版社, 2005.

[54] Barber Z W, Dahl J R. Synthetic apertureladar imaging demonstrations and information at very low return levels[J]. Applied optics, 2014, 53(24): 5531 - 5537.

[55] Guo L, Xing M D, Zhang L, et al. Research on indoor experimentation of range SAL imaging system [J]. Science in China Series E: Technological Sciences, 2009, 52(10): 3098 - 3104.

[56] Mahafza B R, Elsherbeni A Z. MATLAB Simulations for Radar Systems Design[M]. Boca Raton:Chapman & Hall/CRC CRC Press LLC, 2004.

[57] 丁鹭飞, 耿富录, 陈建春. 雷达原理[M]. 西安: 西安电子科技大学出版社, 2009.

[58] Lewis B L,Kretschmer F F. Linear frequency modulation derived polyphase pulse compression codes[J]. IEEE Transactions on Aerospace and Electronic Systems, 1982 (5): 637 - 641.

[59] Skolnik M I. Radar Handbook[M]. 3rd Edition. New York: McGraw - Hill, 2008.

[60] Richards M A. Fundamentals of Radar Signal Processing[M]. New York: McGraw - Hill, 2005.

[61] Cumming I G and Wong F H. Digital Processing of Synthetic Aperture Radar Data: Algorithms and Implementation[M]. Norwood:Artech House, Inc., 2005.

[62] 戴永江. 激光雷达技术[M]. 北京:国防工业出版社, 2002.

[63] 邢孟道, 郭亮, 唐禹, 等. 合成孔径激光成像雷达实验系统设计[J]. 红外与激光工程, 2009, 38(2): 290 - 294.

[64] 胡烜, 李道京, 周建卫. 基于低采样率数字去斜的合成孔径激光雷达成像处理[J]. 中国科学院大学学报, 2016, 33(5):664 - 668.

[65] 郭亮. 合成孔径成像激光雷达实验与算法研究[D]. 西安:西安电子科技大学, 2009.

[66] 滕建成. 合成孔径激光雷达中激光线性调频技术研究[D]. 西安:西安电子科技大学, 2008.

[67] 张琨锋,洪光烈,徐显文,等. 宽调谐激光雷达亚毫米级距离分辨的实现方法[J]. 红外与激光工程, 2012, 41(10): 2674 - 2679.

[68] O'Reilly J. J, Lane P. M. Fibre - supported optical generation and delivery of 60GHz signals [J]. Electronics Letters, 1994, 30(76): 1329 - 1330.

[69] Chunting Lin, Po – Tsung Shih, Jason (Jyehong) Chen, et al. Optical Millimeter – Wave Signal Generation Using Frequency Quadrupling Technique and No Optical Filtering [J]. IEEE Photonics Technology Letters, 2008, 20(12):1027 – 1029.

[70] 史培明. 基于 MZ 集成调制器无光滤波产生高质量毫米波信号的研究[D]. 北京:北京邮电大学, 2011.

[71] 张敬, 王目光, 邵晨光, 等. 基于双平行马赫 – 曾德尔调制器的光子倍频毫米波生成的研究[J]. 光学学报, 2014, 34(3): 0306004 – 1 – 0306004 – 8.

[72] 商建明, 王道斌, 刘延君, 等. 基于外调制器的可控八倍频光载毫米波生成技术研究[J]. 光学学报, 2014, 34(5): 0506003 – 1 – 0506003 – 6.

[73] 蒲涛, 闻传花, 项鹏, 等. 微波光子学原理与应用[M]. 北京:电子工业出版社, 2015.

[74] 陈玮. 微波光子相位编码信号生成及多普勒频移测量技术研究[D]. 西安:西安电子科技大学, 2017.

[75] 郝磊. 微波光子相位编码信号生成及移相技术研究[D]. 西安:西安电子科技大学, 2018.

[76] Shilong Pan, Jianping Yao. Tunable subterahertz wave generation based on photonic frequency sextupling using a polarization modulator and a wavelength – fixed notch filter [J]. IEEE Transactions on Microwave Theory and Techniques, 2010, 58(7): 1967 – 1975.

[77] 矫伟, 梁兴东, 丁赤飚. 基于内定标信号的合成孔径雷达系统幅相误差的提取和校正[J]. 电子与信息学报, 2005, 27(12): 1883 – 1886.

[78] 董勇伟, 梁兴东, 丁赤飚. 调频连续波 SAR 非线性处理方法研究[J]. 电子与信息学报, 2010, 32(5): 1034 – 1039.

[79] Griffiths H D, Bradford W J. Digital generation of wideband FM waveforms for radar altimeters [J]. IEE International Conference Radar – 87, 1987: 325 – 329.

[80] 祝明波, 常文革, 梁甸农. 采用数字方法实现宽带线性调频信号产生[J]. 系统工程与电子技术, 2000, 22(5): 93 ~ 95.

[81] Beck S M, Buck J R, Buell W F, et al. Synthetic – aperture imaging laser radar: laboratory demonstration and signal processing[J]. Applied Optics, 2005, 44(35):7621 – 9.

[82] 李道京, 杜剑波, 马萌. 一种基于相干体制激光雷达波形的信号处理方法:中国, 201410010466X[P]. 2014 – 01 – 09.

[83] Meta A, Hoogeboom P, Ligthart L P. Range Non – linearities Correction in FMCW SAR[C]. IEEE International Conference on Geoscience and Remote Sensing Symposium: IEEE Xplore, 2006:403 – 406.

[84] 张直中. 多普勒波束锐化(DBS)理论和实践中若干问题的探讨[J]. 现代雷达, 1991, 13(2): 1 – 12.

[85] Ucke R O L L, Ickard L E J R. Synthetic Aperture Ladar (SAL): Fundamental Theory,

Design Equations for a Satellite System, and Laboratory Demonstration[R]. Naval Research Laboratory, 2002.

[86] 鲁伟，许楠，刘立人. 合成孔径激光雷达非线性啁啾克服的匹配滤波算法[J]. 光学学报, 2009, 29(7): 2011 -2017.

[87] Karr T J, Glezen J H, Lee H E. Phase and frequency stability for synthetic aperture LADAR [C]. San Diego: Unconventional Imaging Ⅲ, 2007.

[88] Cai G, Hou P, Ma X, et al. The laser linewidth effect on the image quality of phase coded synthetic aperture ladar[J]. Optics Communications, 2015, 356: 495 -499.

[89] Halmos M. MO Frequency Stability Requirements for Coherent Ladar[EB/OL]. http://www.tsc.upc.edu/clrc, 2013.

[90] Halmos M J, Klotz M J, Bulot J - P. Optical delay line to correct phase errors in coherent LADAR[P]. United States Patent: 20060279723, 2006 - 12 - 14.

[91] 段世忠，周荫清. 雷达本振相位噪声的数字仿真技术[J]. 遥测遥控, 2000, 21(4): 26 -30.

[92] 黄克安. 机载动目标显示雷达频率源的短期频率稳定度[J]. 电讯技术, 1984, 5(6): 5 -10.

[93] 戴永江. 激光雷达技术[M]. 北京：电子工业出版社, 2010.

[94] 高玉良，彭世蕤，何明浩. 雷达稳定本振系统的设计及其关键技术[J]. 空军预警学院学报, 2001, 15(3): 33 -35.

[95] 阎得科，钟镇，孙传东. 小信号低频电流调制下激光频移数学模型[J]. 红外与激光工程, 2011, 40(8): 1465 -1468.

[96] 安盼龙，赵瑞娟，郑永秋，等. 频谱仪快速测定窄线宽激光器线宽[J]. 红外与激光工程, 2015, 44(3): 897 -900.

[97] 鲁远甫，谢仕永，刘艳，等. 高功率窄线宽微秒脉冲 1 064 nm 环形腔激光[J]. 光学精密工程, 2016, 5(5): 67 -73.

[98] Ludlow A D, Huang X, Notcutt M, et al. Compact, thermal - noise - limited optical cavity for diode laser stabilization at 1 ×10 -15[J]. Optics letters, 2007, 32(6): 641 -643.

[99] Zhang L, Chen L, Xu G, et al. A 698 nm Hertz - Linewidthultrastable diode laser[C]. Conference on Lasers and Electro - Optics/Pacific Rim, 2018: W3A. 57.

[100] Chan H L, Yeo T S. Noniterative quality phase - gradient autofocus (QPGA) algorithm for spotlight SAR imagery[J]. IEEE Transactions on Geoscience and Remote Sensing, 1998, 36(5): 1531 -1539.

[101] 李增局，吴谨，刘国国，等. 振动影响机载合成孔径激光雷达成像初步研究[J]. 光学学报, 2010, 30(4): 994 -1001.

[102] 洪光烈，郭亮. 线振动对合成孔径激光雷达成像的影响分析[J]. 光学学报, 2012,

32(4):0428001-1-0428001-7.

[103] 徐显文, 洪光烈, 凌元, 等. 合成孔径激光雷达振动相位误差的模拟探测[J]. 光学学报, 2011, 31(5):0512001-1- 0512001-7.

[104] 吕旭光, 郝士琦, 冷蛟锋, 等. 基于自适应窗的合成孔径激光雷达联合时频成像方法[J]. 光子学报, 2012, 41(5):575-580.

[105] Eichel P H, Ghiglia D C, Jakowatz Jr C V. Speckle processing method for synthetic-aperture-radar phase correction[J]. Optics Letters, 1989, 14(1):1-3.

[106] 孟大地, 丁赤飚. 一种用于条带式 SAR 的自聚焦算法[J]. 电子与信息学报, 2005, 27(9):1349-1352.

[107] 尹建凤, 李道京, 吴一戎. 顺轨三频三孔径星载 SAR 的运动目标检测及定位方法研究[J]. 电子与信息学报, 2010, 32(4):902-907.

[108] 李道京, 汤立波, 吴一戎, 等. 顺轨双天线机载 InSAR 的地面运动目标检测研究[J]. 电子与信息学报, 2006, 28(6):961-964.

[109] Attia E H. Data-adaptive motion compensation for synthetic aperture LADAR[C]. Aerospace Conference, 2004. Proceedings. 2004 IEEE. IEEE, 2004, 3.

[110] Stappaerts E A, Scharlemann E T. Differential synthetic aperture ladar[J]. Optics letters, 2005, 30(18):2385-2387.

[111] 张鸿翼, 李飞, 徐卫明, 等. 经过改进的差分合成孔径激光雷达对振动的抑制[J]. 红外与毫米波学报, 2015, 34(5):576-582.

[112] 梁铨廷. 物理光学[M]. 北京:电子工业出版社, 2008.

[113] 王超, 张红, 刘智. 星载合成孔径雷达干涉测量[M]. 北京:科学出版社, 2002.

[114] Zebker H A, Villasenor J. Decorrelation in interferometric radar echoes[J]. IEEE Transactions on Geoscience and Remote Sensing, 1992, 30(5):950-959.

[115] EAGLE[EB/OL]. https://space.skyrocket.de/doc_sdat/eagle.htm.

[116] 李道京, 胡烜. 合成孔径激光雷达光学系统和作用距离分析[J]. 雷达学报, 2018, 7(2):263-274.

[117] Gerhard K, Nicolas G, Alberto M. Unambiguous SAR Signal Reconstruction from Nonuniform Displaced Phase Center Sampling[J]. IEEE Geoscience and Remote Sensing Letters, 2014, 1(4):260-264.

[118] 胡烜, 李道京, 田鹤, 等. 激光雷达信号相位误差对合成孔径成像的影响和校正[J]. 红外与激光工程, 2018, 47(3):0306001.

[119] 胡烜, 李道京, 赵绪锋. 基于本振数字延时的合成孔径激光雷达信号相干性保持方法[J]. 中国激光, 2018, 45(5):0510002.

[120] 刘丽萍, 王骐, 李绮. 用二元光学器件简化相干激光雷达天线系统的光学设计[J]. 中国激光, 2002, 29(s1):251-253.

[121] 仇光锋,朱力. 宽带相控阵雷达孔径渡越现象研究[J]. 中国电子科学研究院学报, 2010, 5(4): 354 - 359.

[122] 李飞, 张鸿翼, 徐卫明,等. 天基合成孔径激光雷达非合作目标成像系统设计与实验[J]. 红外与激光工程, 2016, 45(10):73 - 80.

[123] Bourqui P, Harnisch B, Marchese L, et al. Optical SAR processor for space application [J]. Proc. SPIE, 2008, 6958: 69580J.

[124] 刘旭, 陈建文, 卢常勇,等. 激光雷达逆合成孔径成像技术现状及关键问题[J]. 红外与激光工程, 2009, 38(4):642 - 649.

[125] 李道京, 刘波, 尹建凤, 等. 天基毫米波空间碎片观测雷达系统分析与设计[J]. 宇航学报, 2010, 31(12): 2746 - 2753.

[126] Lin Z C, Liu K, Zhang W. Inertially stabilized platform for airborne remote sensing using magnetic bearings [J]. IEEE/ASME Transactions on Mechatronics, 2015, 99: 1.

[127] He J, Yang X Y, Wang J F, et al. Inverse synthetic aperture 3 - D imaging laser radar[C]. International Conference on Signal Processing Systems. IEEE, 2010:V2 - 5 - V2 - 10.

[128] 李道京, 刘波, 尹建凤, 等. 高分辨率雷达运动目标成像探测技术[M]. 北京:国防工业出版社, 2014.

[129] 阮航, 吴彦鸿, 叶伟, 等. 逆合成孔径激光雷达相位误差补偿算法[J]. 激光与光电子学进展, 2013, 50(10): 178 - 185.

[130] 张文睿. 合成孔径激光雷达中激光外差探测技术研究[D]. 西安:西安电子科技大学, 2009.

[131] 刘波, 潘舟浩, 李道京, 等. 基于毫米波 InISAR 成像的运动目标探测与定位[J]. 红外与毫米波学报, 2012, 31(3): 258 - 264.

[132] 周程灏,王治乐,朱峰. 大口径光学合成孔径成像技术发展现状[J]. 中国光学,2017, 10(1):25 - 38.

[133] 李道京,侯颖妮,滕秀敏,等. 稀疏阵列天线雷达技术及其应用[M]. 北京:科学出版社, 2014.

[134] 李烈辰, 李道京. 基于压缩感知的连续场景稀疏阵列 SAR 三维成像 [J]. 电子与信息学报, 2014, 09: 2166 - 2172.

[135] Sheng J, Xing M, Lei Z, et al. ISAR Cross - Range Scaling by Using Sharpness Maximization[J]. IEEE Geoscience and Remote Sensing Letters, 2015, 12(1): 165 - 169.

[136] Krieger G,Gebert N, Moreira A. Unambiguous SAR signal reconstruction from nonuniform displaced phase center sampling[J]. Geoscience Remote Sensing Letters IEEE, 2004, 1(4): 260 - 264.

[137] Dong L, Zhan M, Liu H, et al. A Robust Translational Motion Compensation Method for ISAR Imaging Based on Keystone Transform and Fractional Fourier Transform Under Low

SNR Environment[J]. IEEE Transactions on Aerospace Electronic Systems, 2017, 53(5): 2140 - 2156.

[138] 陈文驰, 保铮. 基于 Keystone 变换的低信噪比 ISAR 成像[J]. 西安电子科技大学学报(自然科学版), 2003, 30(2): 155 - 159.

[139] Wahl D E, Eichel P H, Ghiglia D C, et al. Phase gradient autofocus—A robust tool for high resolution SAR phase correction[J]. IEEE Transactions on Aerospace Electronic Systems, 1994, 30(3): 827 - 835.

[140] 马萌. 正交基线毫米波 InISAR 运动目标成像探测技术研究[D]. 北京:中国科学院大学, 2017.

[141] 高阳特, 赵秉吉, 国爱燕. 地球同步轨道空间碎片分布及运动特性分析[C]. 全国太赫兹科学技术与应用学术交流会, 2014.

[142] 廖晖. 对地定向三轴稳定卫星姿态确定和控制系统研究[D]. 西安:西北工业大学, 2000.

[143] Hall D, Kervin P. Analysis of faint glints from stabilized GEO satellites[R]. AIR FORCE RESEARCH LAB KIHEI MAUI HI DETACHMENT 15, 2013.

[144] Walsh A, DiCairano S, Weiss A. MPC for coupled station keeping, attitude control, and momentum management of low - thrust geostationary satellites[C]. American Control Conference, 2016: 7408 - 7413.

[145] 孙贤军, 王树文, 张天序. 反作用轮扰动对三轴稳定地球同步卫星姿态影响分析[J]. 计算机与数字工程, 2005, 33(12): 55 - 59.

[146] 戴品娟, 刘国国, 吴谨. 大气湍流下合成孔径激光雷达成像数值模拟及 PGA 补偿[J]. 光学学报, 2010, 30(3): 739 - 746.

[147] 姜文汉. 自适应光学技术[J]. 自然杂志, 2006, 28(1): 7 - 13.

[148] 保铮, 王根原. 具有三维转动目标的逆合成孔径雷达成像算法[J]. 西安电子科技大学学报, 1997, (S1): 1 - 9.

[149] Rotate a point about an arbitrary axis (3 dimensions)[EB/OL]. http://paulbourke.net/geometry/rotate/.

[150] Piovan G, Bullo F. On Coordinate - Free Rotation Decomposition: Euler Angles About Arbitrary Axes[J]. IEEE Transactions on Robotics, 2012, 28(3): 728 - 733.

[151] 马萌, 李道京, 李烈辰, 等. 正交长基线毫米波 InISAR 运动目标三维成像[J]. 红外与毫米波学报, 2016, 35(4): 488 - 495.

[152] 罗斌凤, 张群, 袁涛, 等. InISAR 三维成像中的 ISAR 像失配准分析及其补偿方法[J]. 西安电子科技大学学报, 2003, 30(6): 739 - 744.

[153] Gu X, Kang H, Cao H. The least - square method in complex number domain[J]. Progress in natural science, 2006, 16(3): 307 - 312.

[154] 潘舟浩，刘波，张清娟，等. 三基线毫米波 InSAR 的相位解缠及高程反演[J]. 红外与毫米波学报，2013，32(5)：474－480.

[155] Hughes P K. A high－resolution radar detection strategy[J]. IEEE Transactions on Aerospace and Electronic Systems，1983 (5)：663－667.

[156] Farina A，Studer F A. Detection with high resolution radar：Great promise，big challenge [J]. Microwave Journal，1991，34(5)：263－270.

[157] Bell M R. Information theory and radar：Mutual information and the design and analysis of radar waveforms and systems[D]. California Institute of Technology，1988.

[158] Romero R，Bae J，Goodman N. Theory and application of SNR and mutual information matched illumination waveforms[J]. IEEE TransAerosp Electron Syst，2011，47(2)：912－926.

[159] Gjessing D. Target Adaptive Matched Illumination Radar：Principles & Applications[M]. London：Peter Peregrinus Ltd.，1986.

[160] 李道京，张麟兮，顾红. 基于 SAR 成像的匹配照射技术与其在半主动雷达导引头中的应用[C]. 西安:CSAR，2003.

[161] Pillai S U，Li K Y，Beyer H. Reconstruction of constant envelope signals with given Fourier transform magnitude[C]. Pasadena：IEEE Radar Conference，2009.

[162] 曹伟. 认知雷达的波形设计算法研究[D]. 成都:电子科技大学，2011.

[163] 王杰. 自适应多维波形 SAR 关键技术研究[D]. 北京:中国科学院电子学研究所，2015.

[164] Li D J，Zhang Q J，Li L C，et al. Sparsity analysis of SAR signal and three－dimensional imaging of sparse array SAR[C]. Melbourne:2013 IEEE Geoscience and Remote Sensing Symposium (IGARSS)，2013.

[165] Li L C，Li D J，Liu B，et al. Complex－valued interferometric inverse synthetic aperture radar image compression base on compressed sensing[J]. The Journal of Engineering，2014，7:352－357.

[166] Xing M D，Bao Z，Pei B N. Properties of high－resolution range profiles[J]. Opt Eng，2002，41(2)：493－504.

[167] Du L，Liu H W，Bao Z，et al. Radar automatic target recognition using complex high－resolution range profiles[J]. IET Radar Sonar Nav，2007，1(1)：18－26.

[168] 黄巍. 相关检测在宽带雷达信号处理中的应用[J]. 现代雷达，2005，27(2)：36－39.

[169] Shui P L，Liu H W，Bao Z. Range－spread target detection based on cross time－frequency distribution features of two adjacent received signals [J]. IEEE Trans Signal Process，2009，57(10)：3733－3745.

[170] 宋小弟，汪伟，金谋平. 一种新型 X 波段频扫天线阵的设计与实现[J]. 雷达科学与技

术, 2015, 13(6): 671 -674.

[171] 尹德成. 弹载合成孔径雷达制导技术发展综述[J]. 现代雷达, 2009, 11:20 -24.

[172] 李道京,张麟兮,俞卞章. 主动雷达成像导引头中几个问题的研究[J]. 现代雷达, 2003,25(5):1 -4.

[173] C. Neumann. MMW - SAR seeker against ground targets in a drone application[C]. EUSAR,2002.

[174] Thomas M. W - band - radar system in a dual - mode seeker for autonomous target detection[C]. EUSAR,2002.

[175] 习远望,张江华,刘逸平. 空地导弹雷达导引头最新技术进展[J]. 火控雷达技术, 2010, 39(2):17 -22.

[176] 朱瑞平,何炳发. 一种新型有限扫描空馈相控阵天线[J]. 现代雷达, 2003, 25(6): 49 -53.

[177] 彭祥龙. 国外毫米波电扫描技术[J]. 电讯技术, 2009, 49(1):85 -90.

[178] 付彦辉. 人眼安全下红外/激光导引头光学系统总体设计[D]. 哈尔滨:哈尔滨工业大学, 2010.

[179] 何均. 毫米波/红外共孔径复合导引头技术分析[J]. 电讯技术, 2012, 52(7):1222 -1226.

[180] 刘立人, 孙建锋, 周煜, 等. 合成孔径激光成像雷达原理和系统[M]. 上海:上海科学技术出版社, 2020.

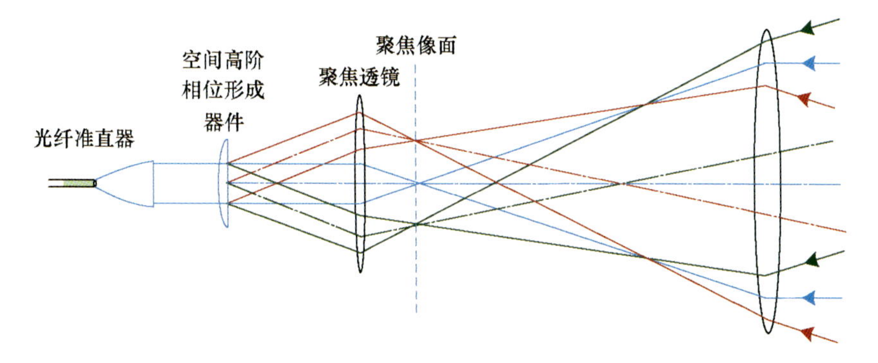

图 3.6　光纤准直器 + 空间高阶相位形成器件的宽视场信号收入光纤示意图

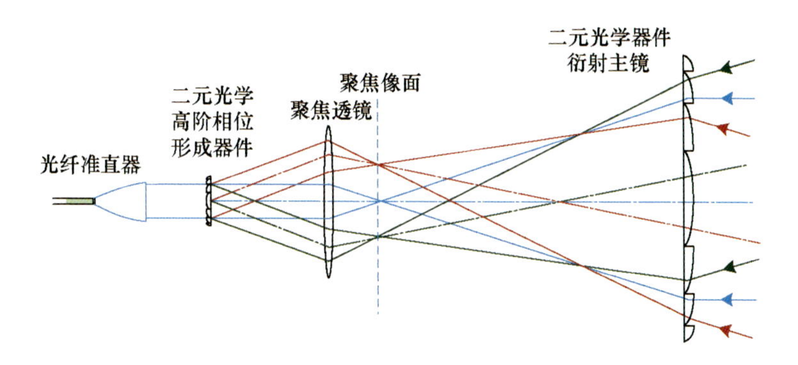

图 3.10　SAL 主镜和宽视场馈源都采用二元光学器件的衍射光学系统示意图

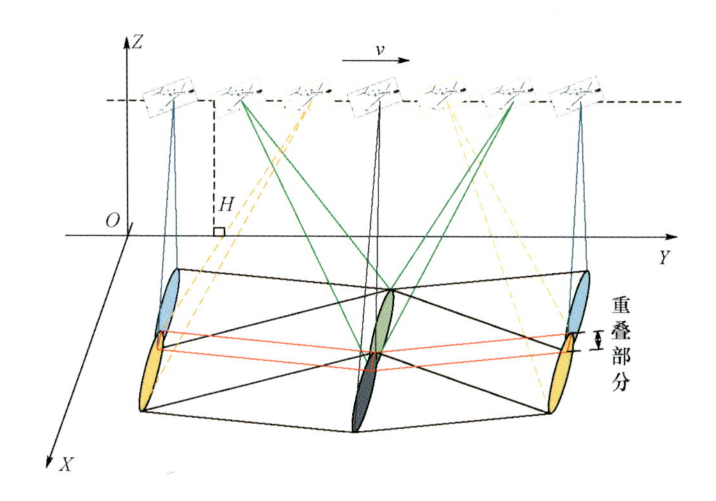

图 3.13　机载 SAL 扫描方式(通过摆扫将距离向观测幅宽扩大 2 倍示意图)

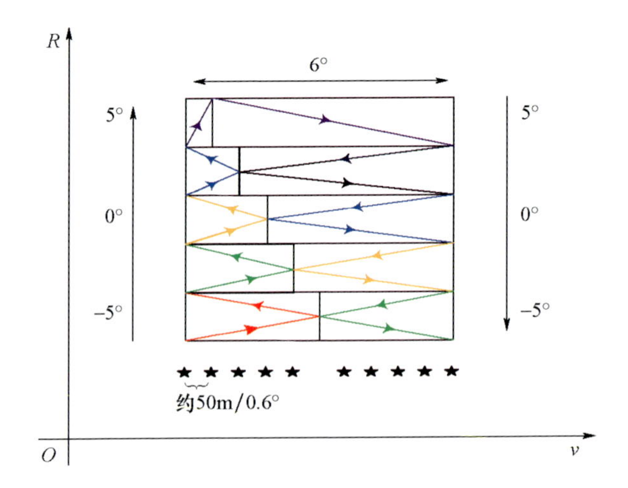

图 3.14 机载 SAL 条带成像模式扫描顺序和对应的波束覆盖范围示意图

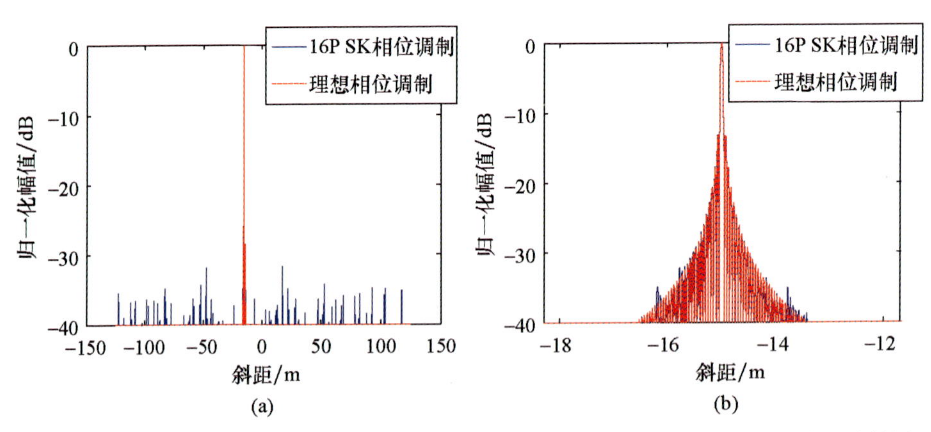

图 4.7 理想连续相位调制信号和 LFM 16PSK 相位调制信号“去调相”后的脉冲压缩结果

(a)原图;(b)局部放大图。

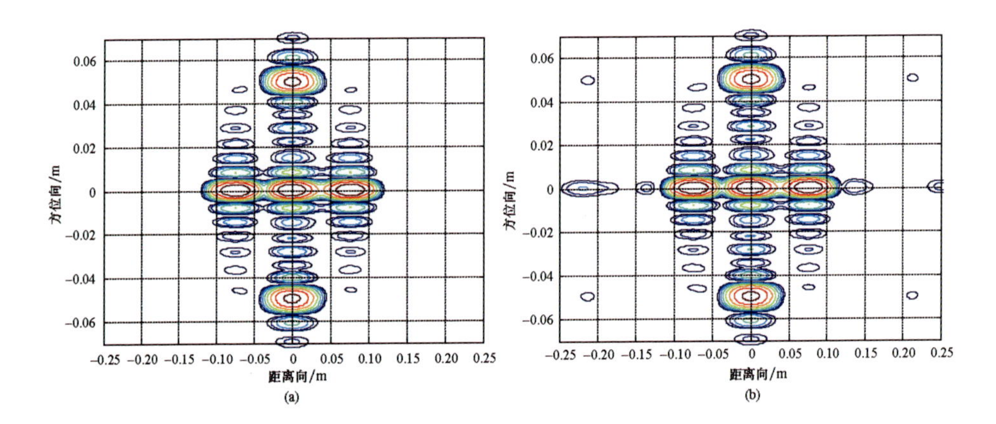

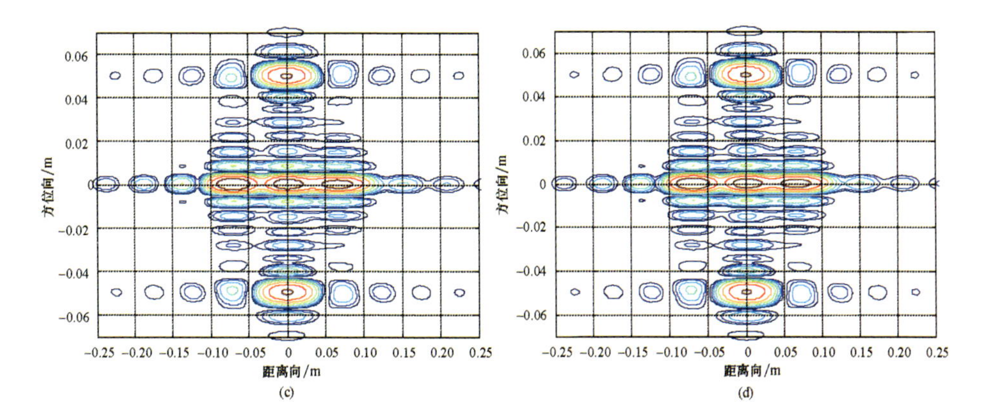

图 4.8　相位调制信号成像结果(8 倍插值后)

(a)码长为 1023 的最大长度序列;(b)码长为 256 的 Frank 码;

(c)LFM16PSK 相位调制信号;(d)“去调相”方式下的 LFM16PSK 相位调制信号。

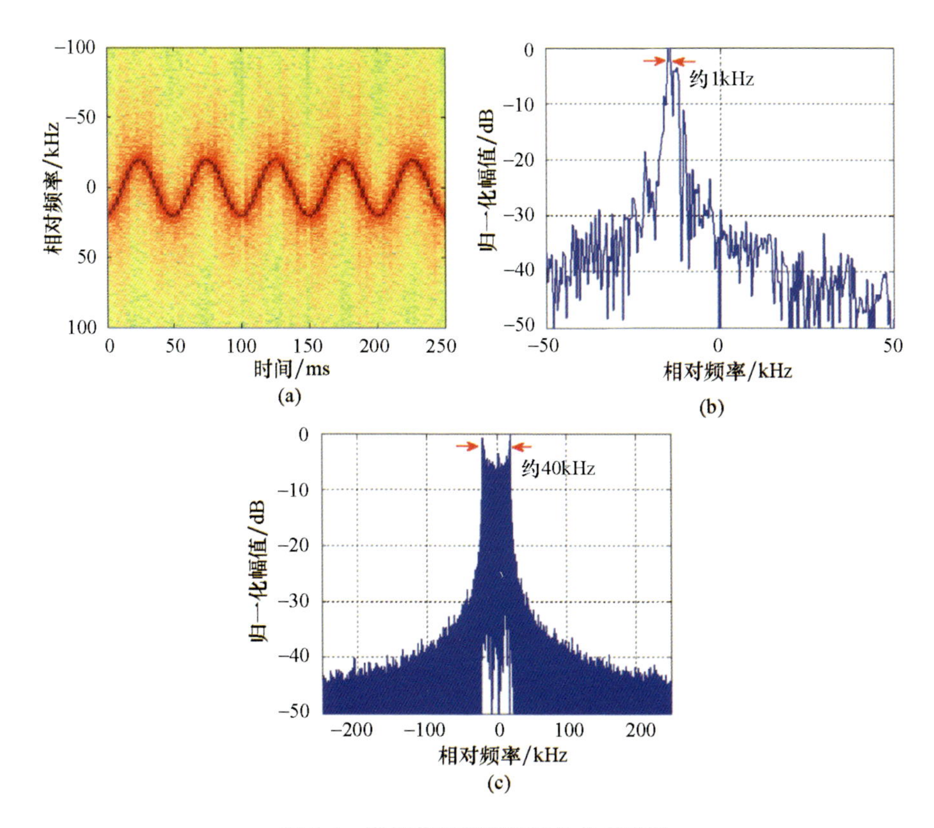

图 5.1　激光信号频谱特性的仿真结果

(a)时频分析图;(b)时频分析剖面图;(c)频谱。

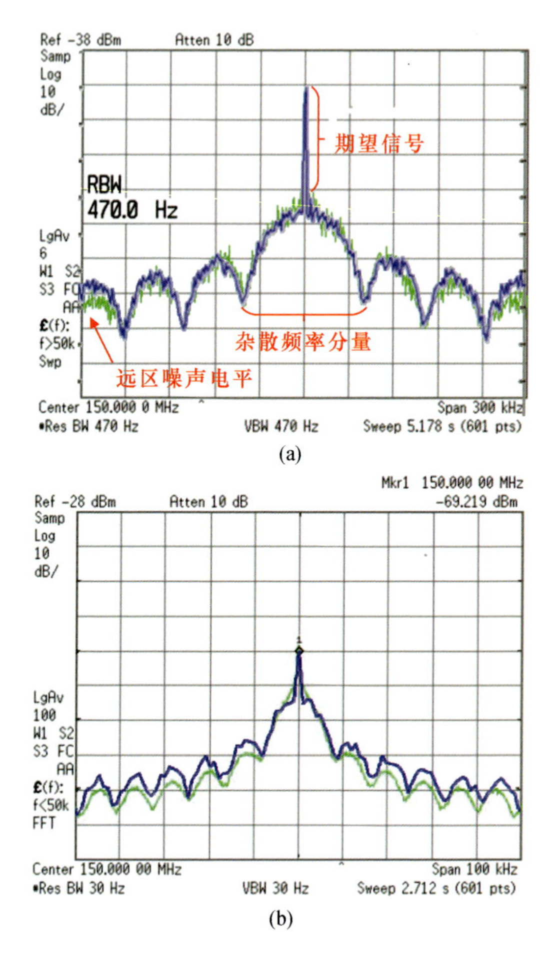

图 5.3　4mW 种子源激光信号自外差实验结果和仿真结果

(a)5km 延时光纤,2ms 信号时长;(b)25km 延时光纤,33ms 信号时长。

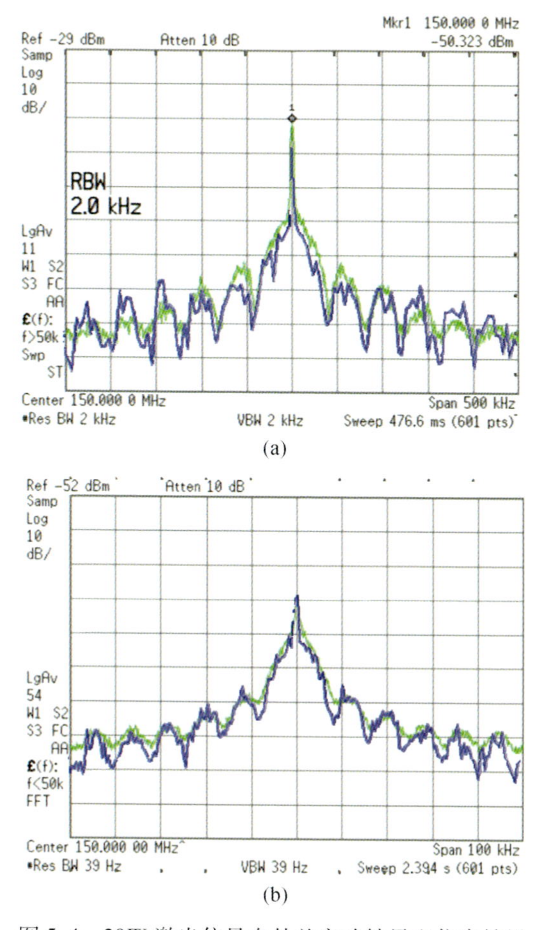

图 5.4　20W 激光信号自外差实验结果和仿真结果

(a)5km 延时光纤,0.5ms 信号时长;(b)25km 延时光纤,26ms 信号时长。

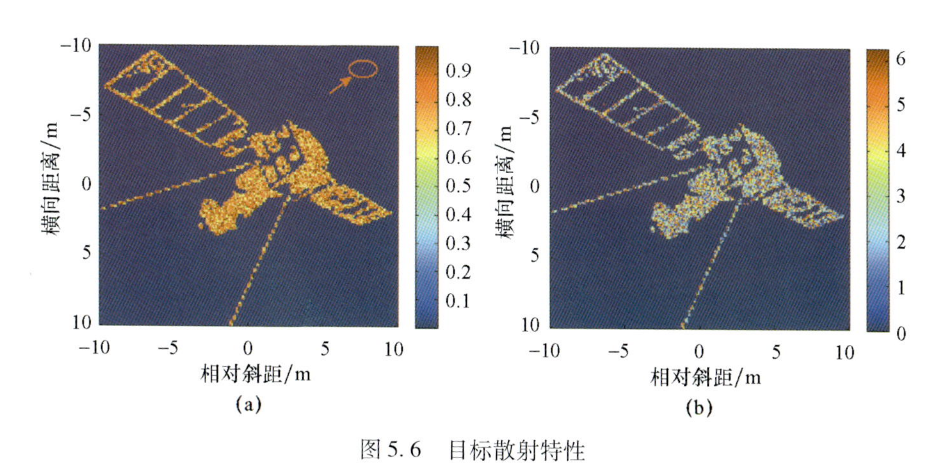

图 5.6　目标散射特性

(a)后向散射系数;(b)初相位。

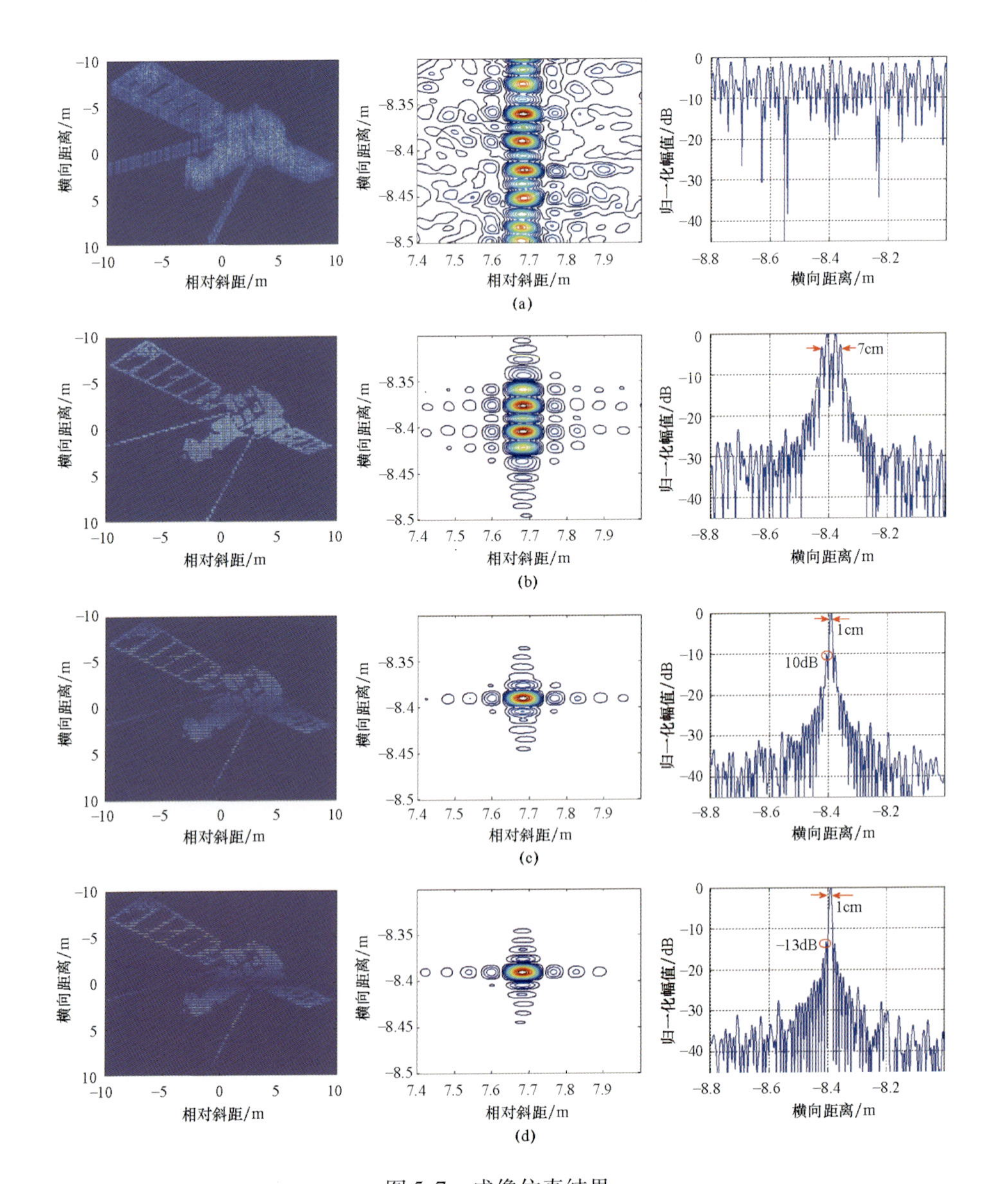

图 5.7　成像仿真结果

(a)本振不延时;(b)本振光纤延时,延时误差 5km;

(c)本振光纤延时,延时误差 1km;(d)本振光纤延时,延时误差 0。

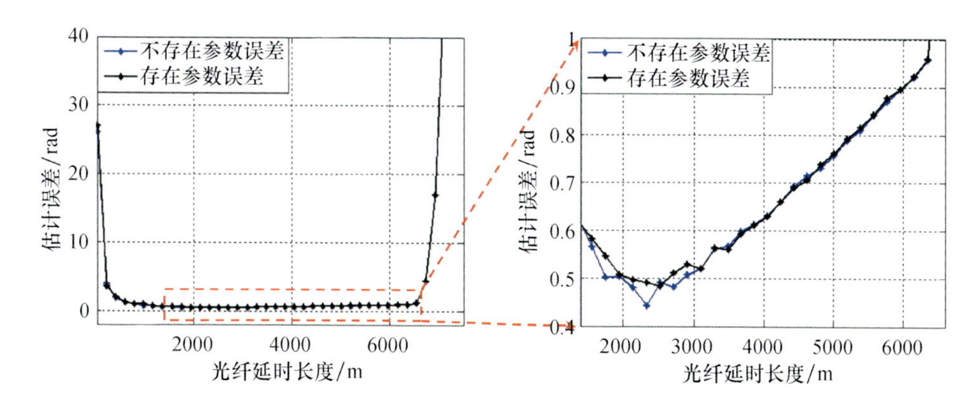

图 5.11　相位估计结果的均方根误差

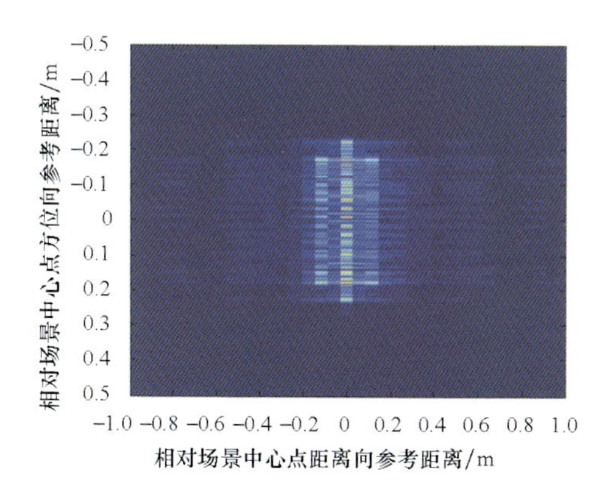

图 6.6　全孔径 RD 成像结果

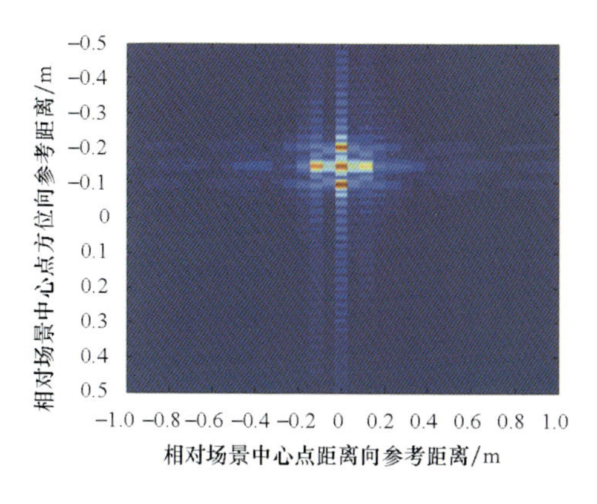

图 6.7　单个子孔径 RD 成像结果

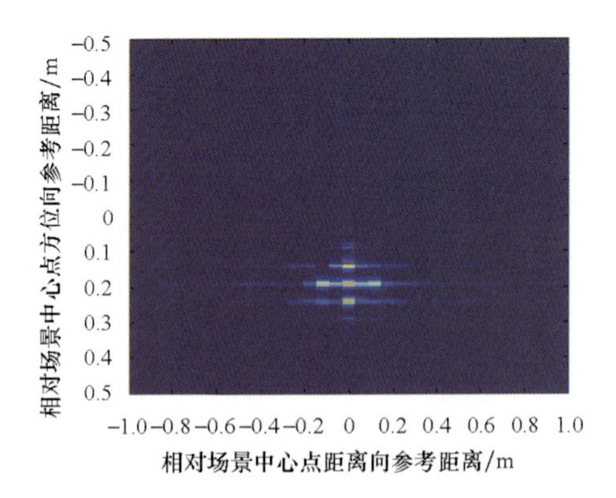

图 6.8　SPGA 处理后全孔径成像结果

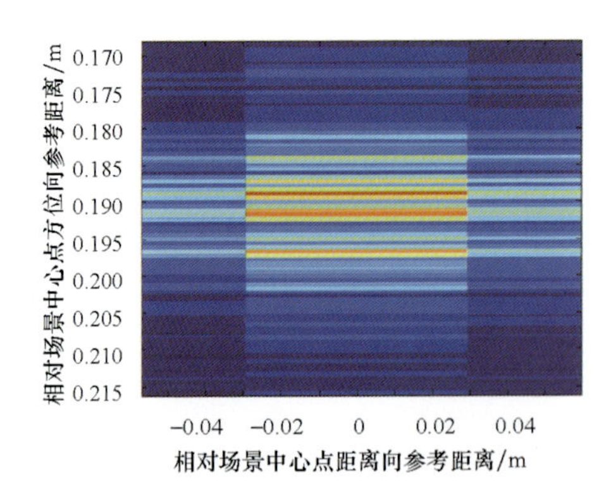

图 6.9　对全孔径成像结果中心点放大

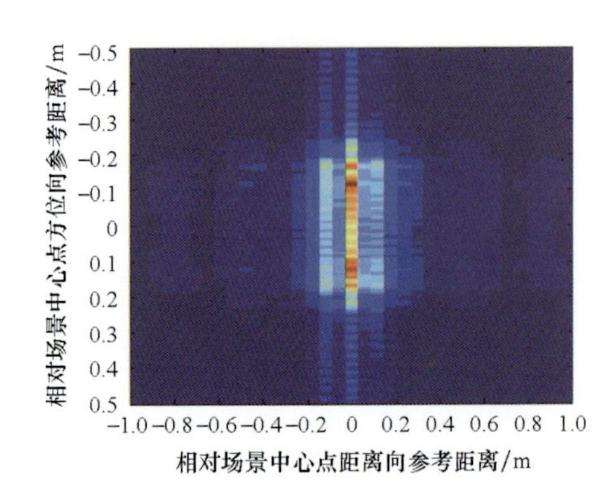

图 6.11　不进行 SPGA 处理的多视结果

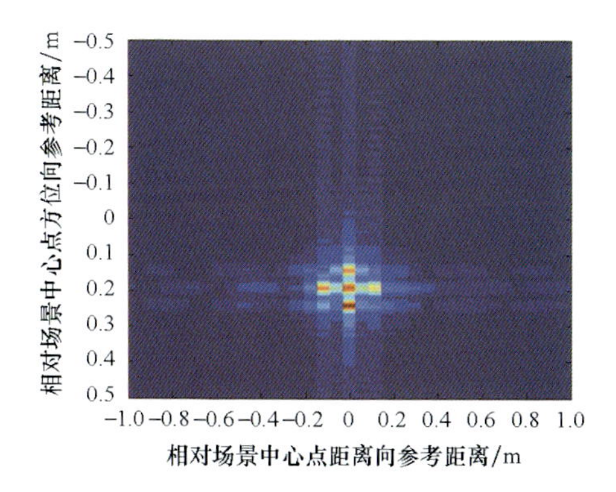

图 6.12 SPGA 处理后的多视结果

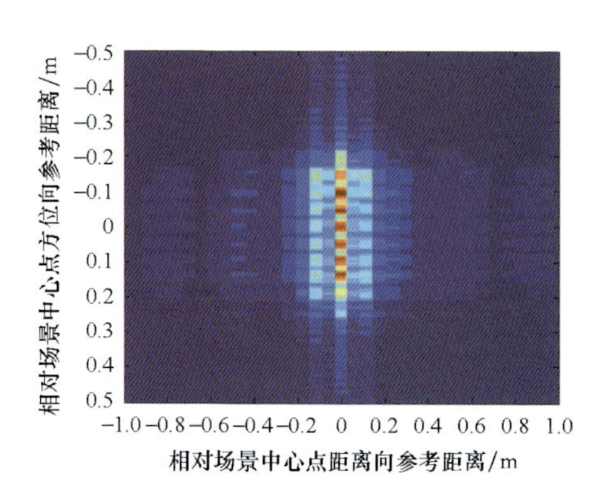

图 6.13 各子孔径不进行 PGA 处理多视结果

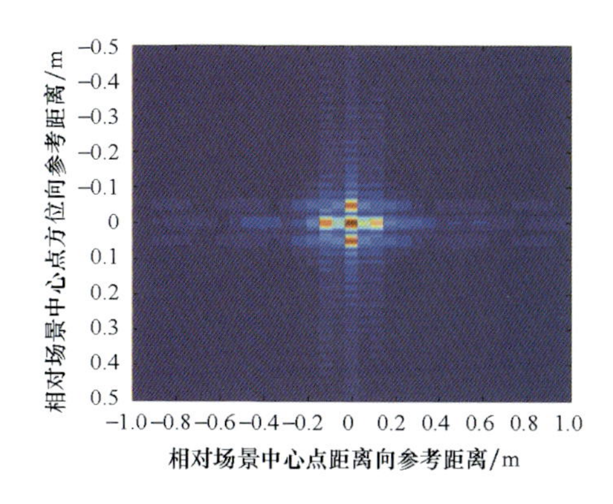

图 6.14 各子孔径 PGA 处理后频谱搬移多视结果

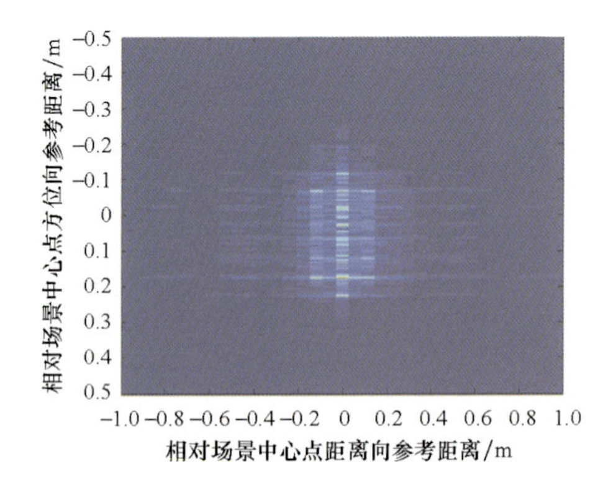

图 6.21 仅使用 PGA 处理的全孔径成像

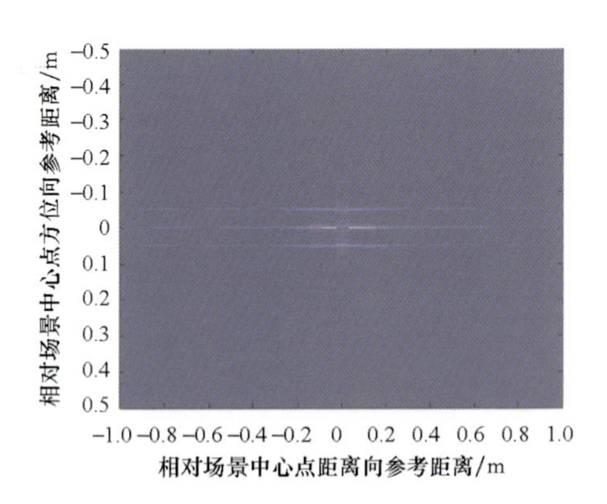

图 6.22 相位补偿与 PGA 处理后全孔径成像

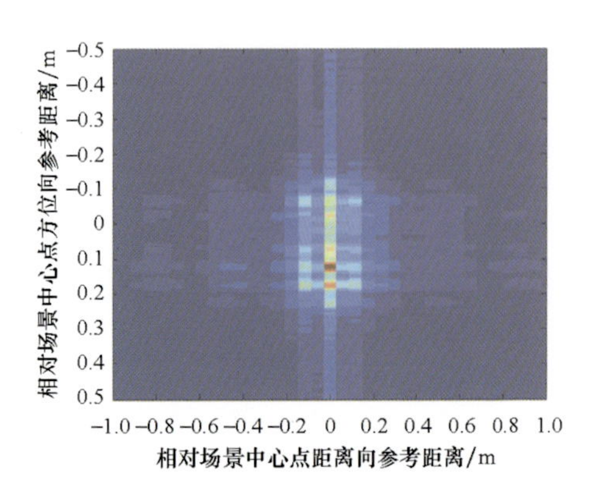

图 6.23 仅使用 PGA 处理的多视结果

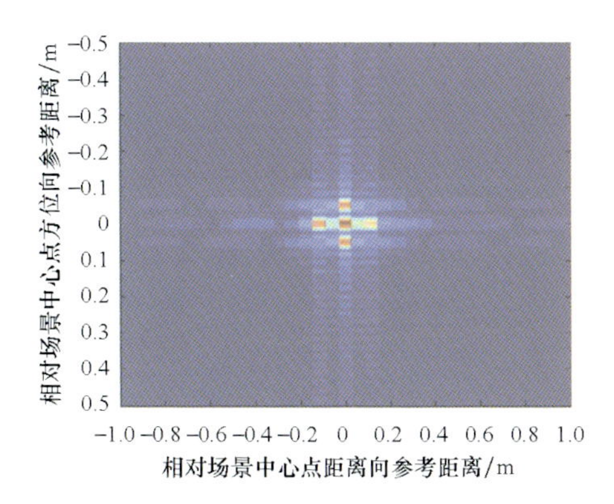

图 6.24　相位补偿与 PGA 处理后的多视结果

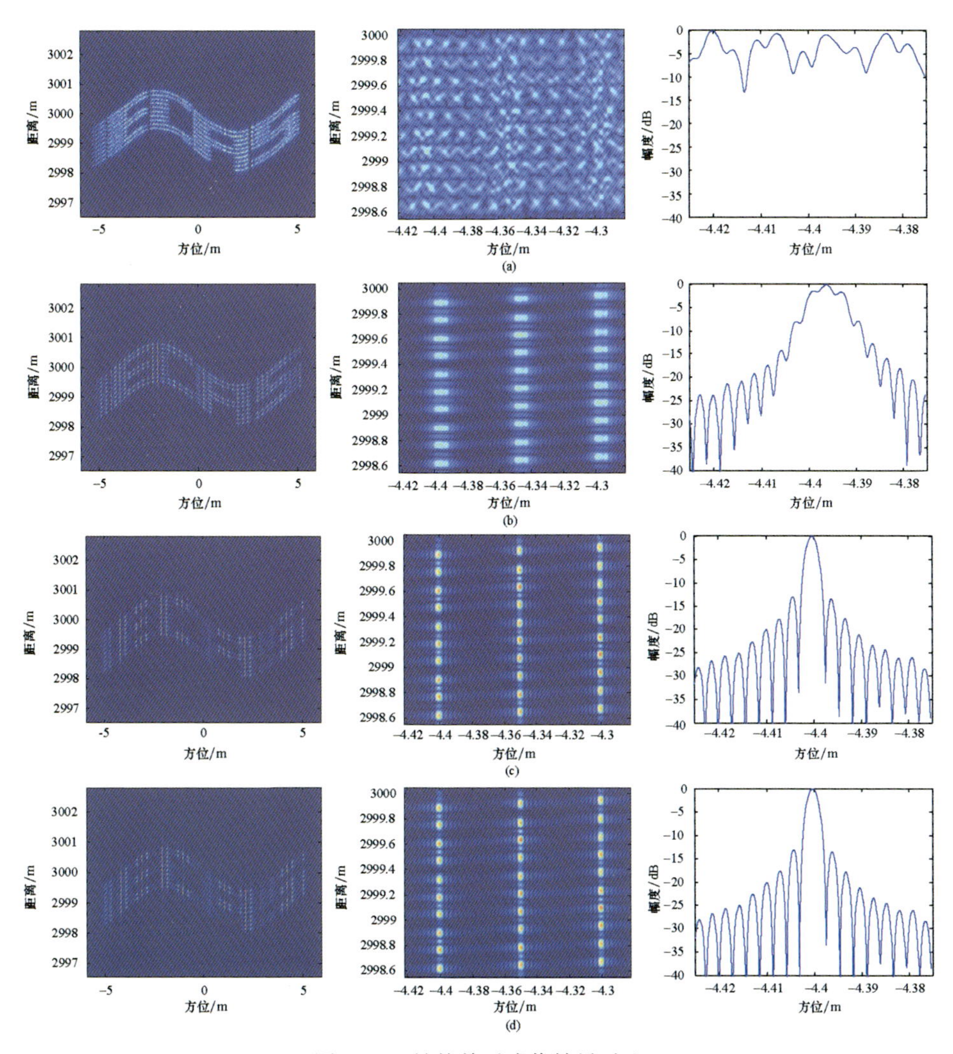

图 6.34　补偿前后成像结果对比

(a)补偿前;(b)顺轨双探测器补偿后;(c)正交基线三探测器补偿后;(d)理想补偿后。

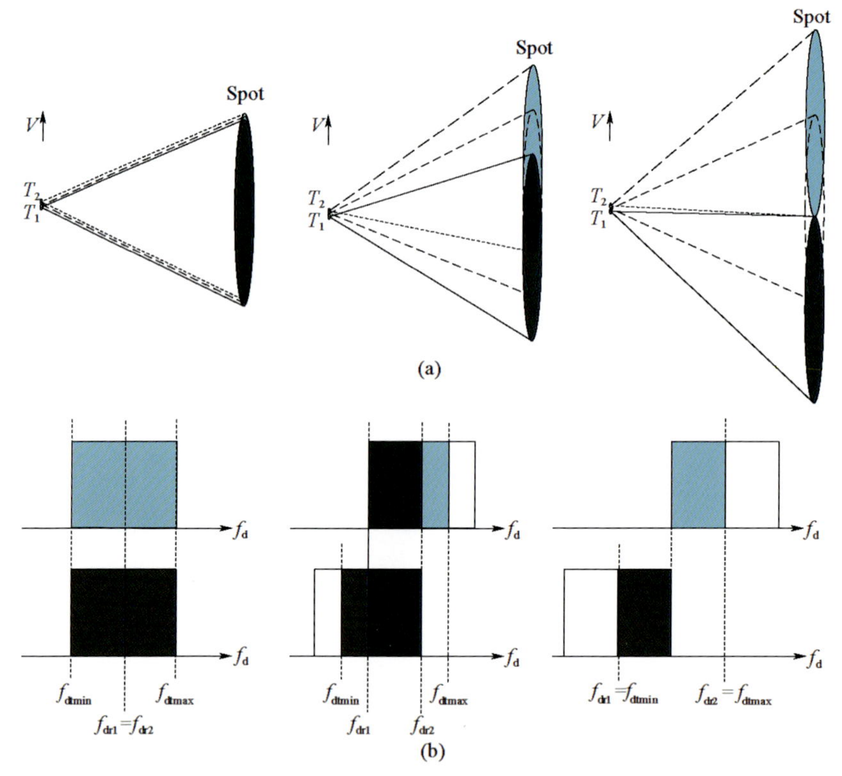

图 6.35　探测器视场重叠度示意图

(a)探测器视场;(b)方位谱。

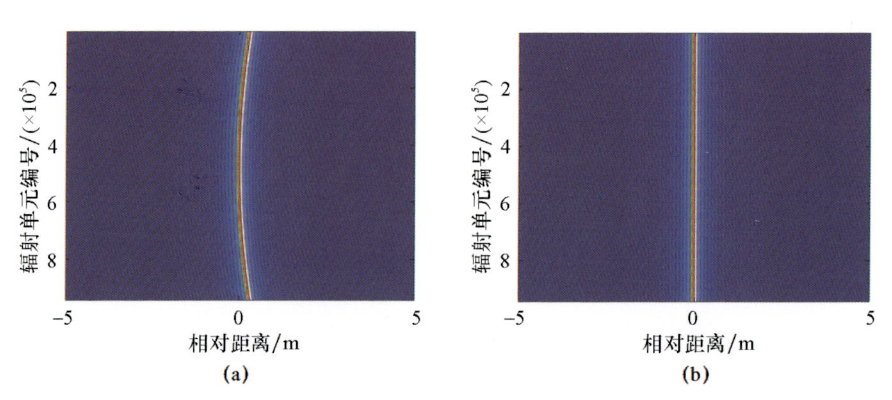

图 7.5　从衍射主镜不同位置入射到焦点的回波信号的脉压结果

(a)存在孔径渡越;(b)不存在孔径渡越。

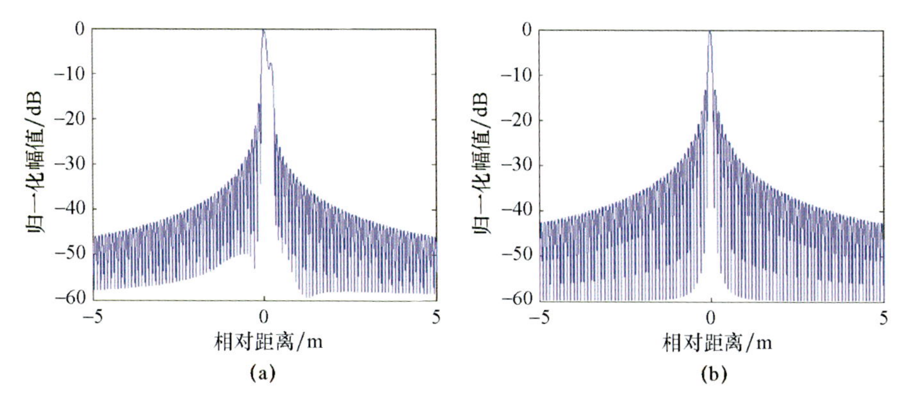

图 7.6　在焦点处相干累加后的回波信号的脉压结果

(a)存在孔径渡越;(b)不存在孔径渡越。

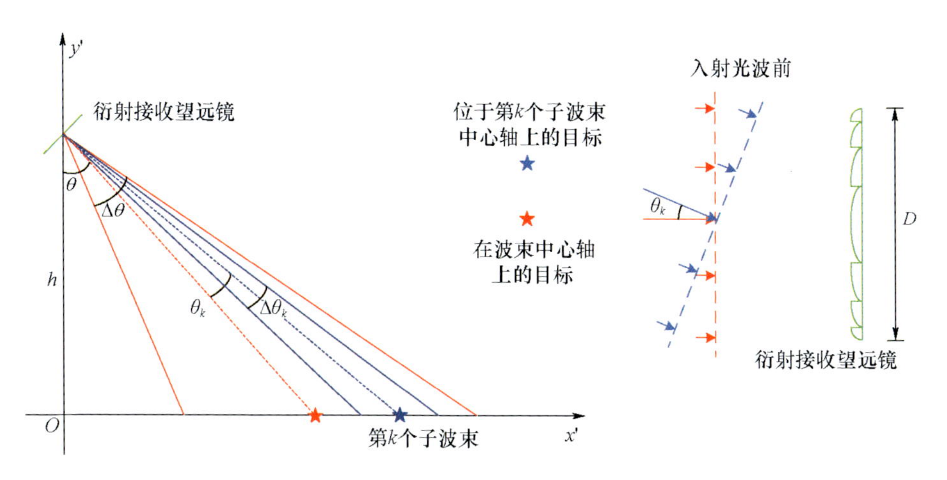

图 7.11　地距向几何观测模型

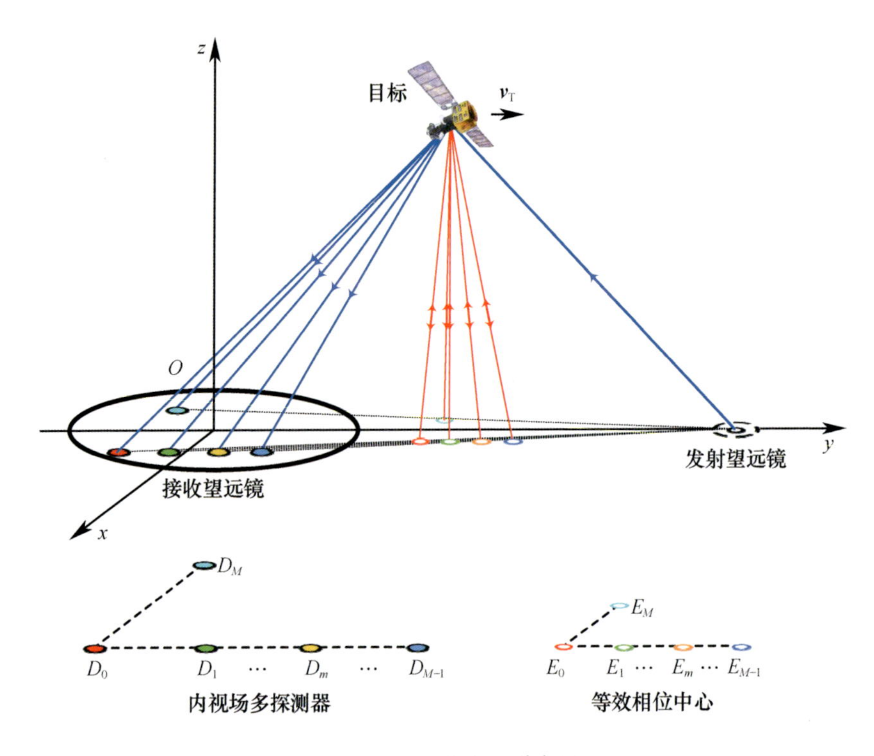

图 8.1　ISAL 收发通道布局

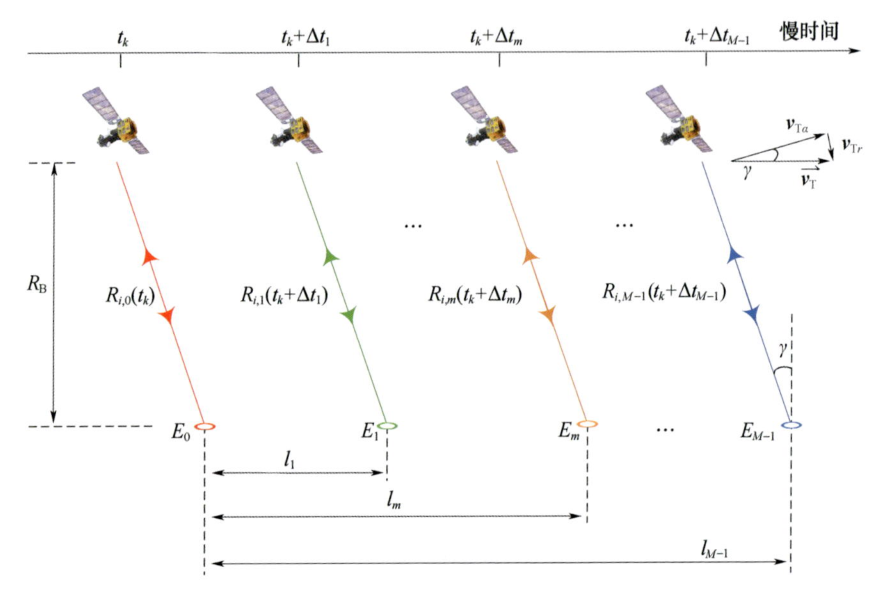

图 8.2　ISAL 观测几何模型

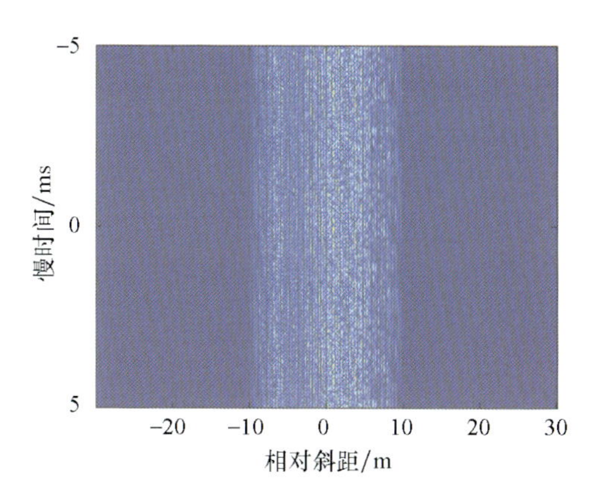

图 8.4　斜距向脉冲压缩结果

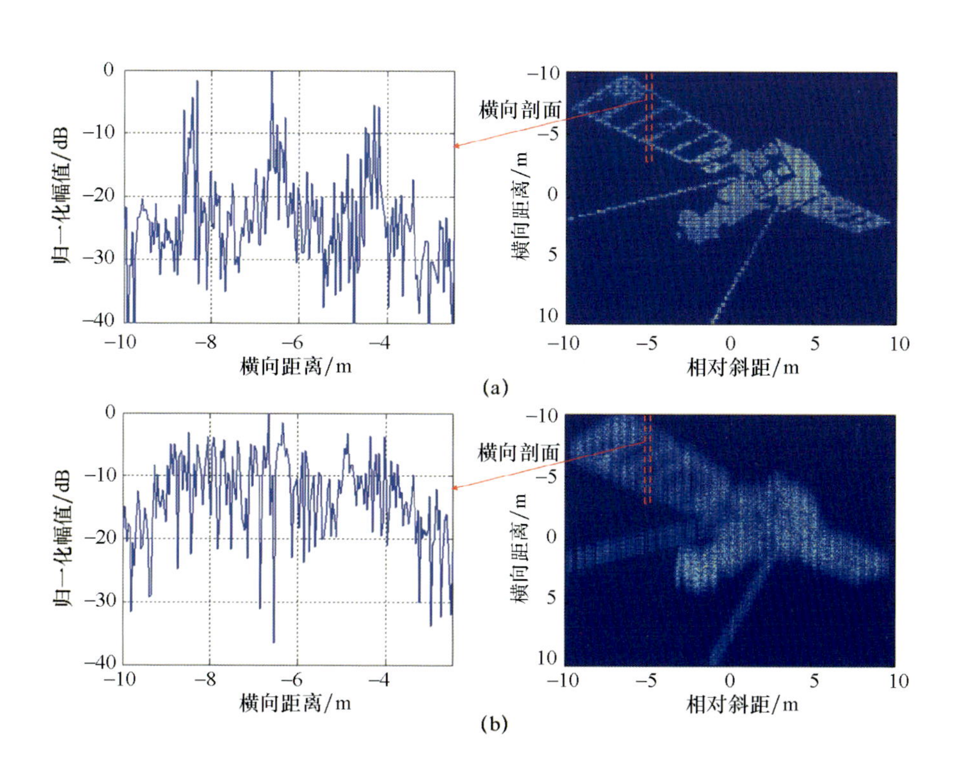

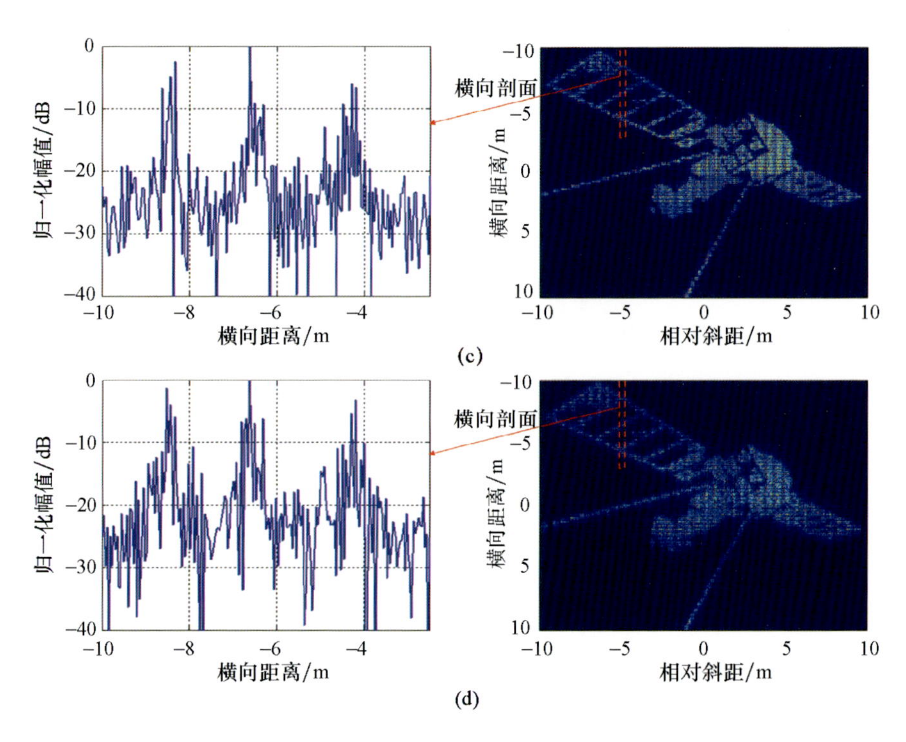

图 8.5　成像结果

(a)用真值进行振动相位误差补偿;(b)不进行振动相位误差补偿;(c)用 MCATI 方法估计结果进行振动相位误差补偿;(d)用 SCA 算法估计结果进行振动相位误差补偿。

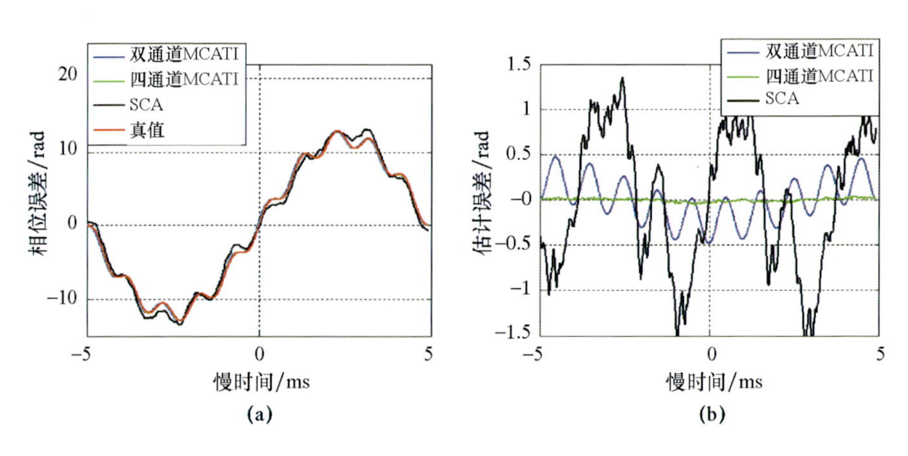

图 8.6　振动相位误差估计结果

(a)估计值和真值;(b)估计误差。

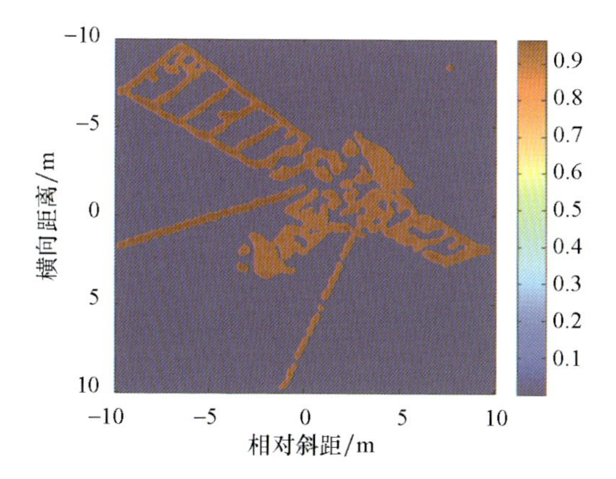

图 8.7　E_0通道和E_3通道对应的相干系数图

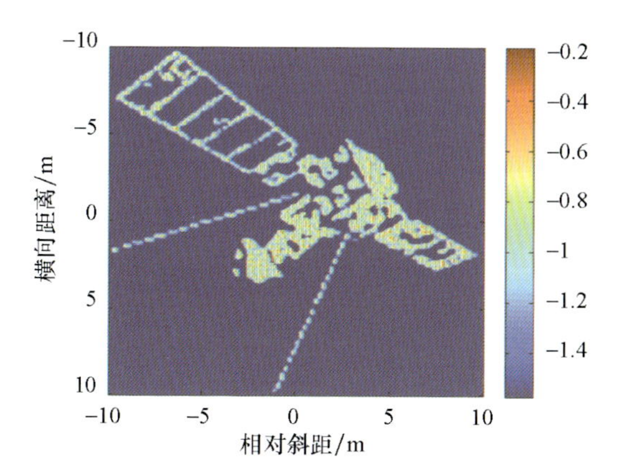

图 8.8　E_0通道和E_3通道对应的干涉相位图

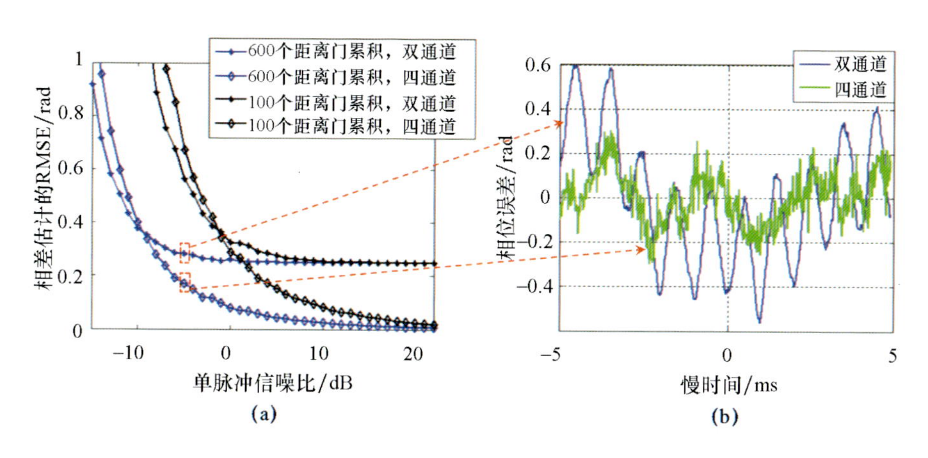

图 8.9　不同条件下估计结果的均方根误差

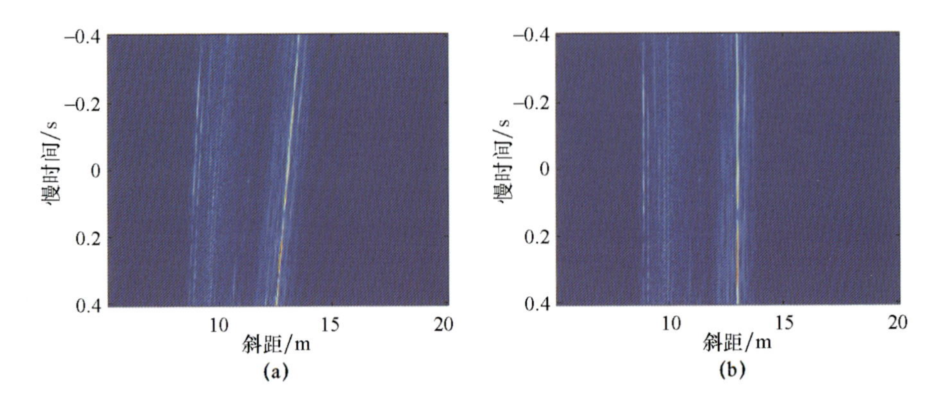

图 8.11　斜距向脉压结果

(a)距离徙动校正前;(b)距离徙动校正后。

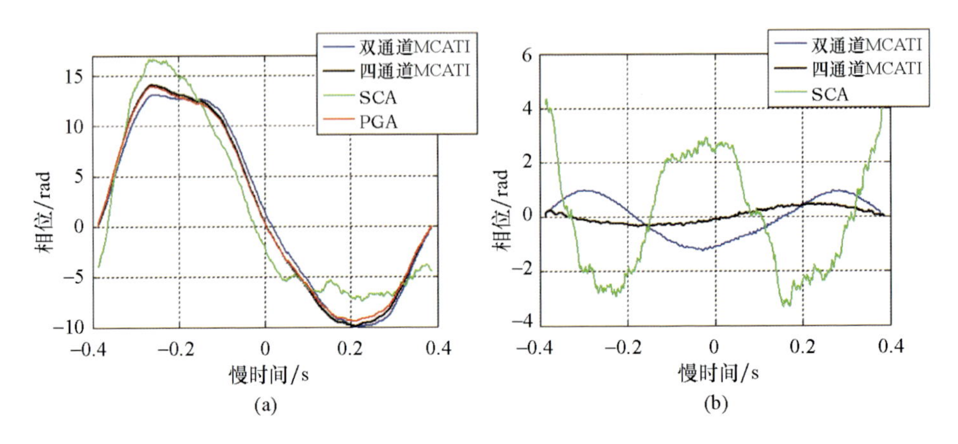

图 8.13　振动相位误差估计结果

(a)估计值;(b)估计误差。

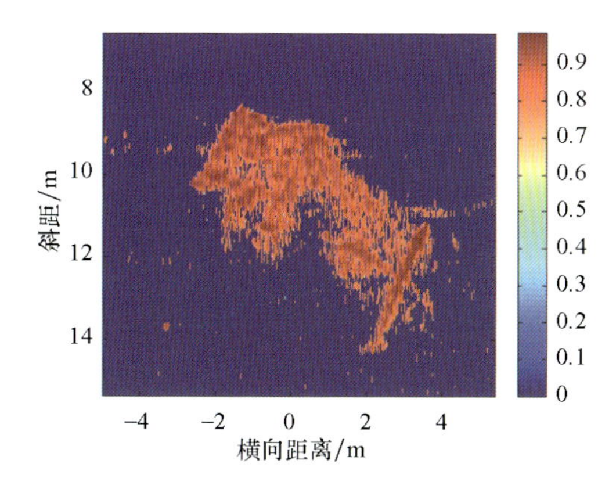

图 8.15　E_0通道和E_3通道对应的相干系数图

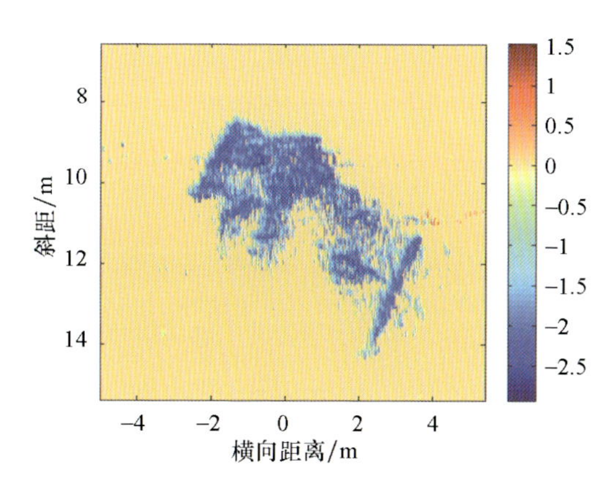

图 8.16　E_0通道和E_3通道对应的干涉相位图

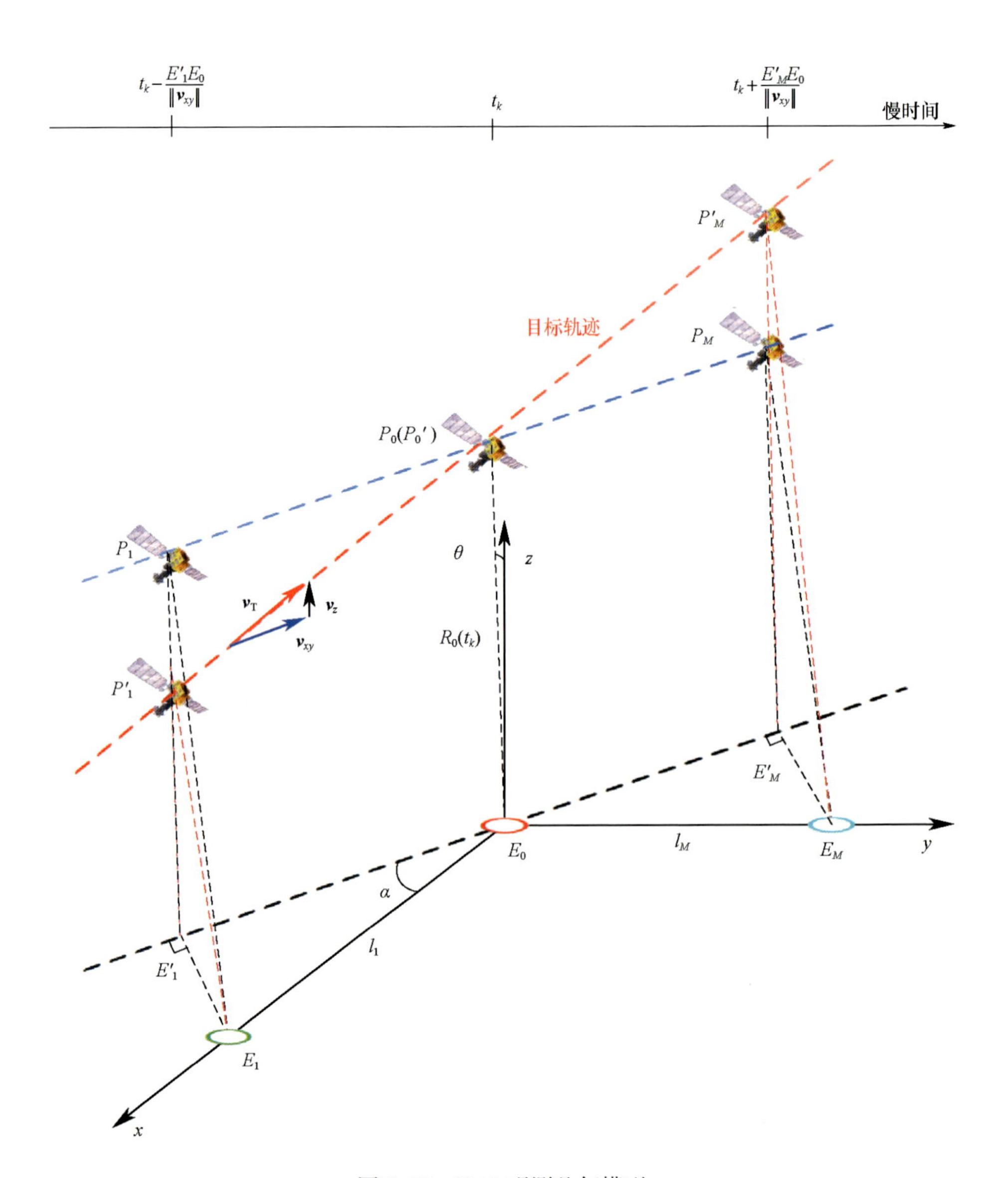

图 8.17　ISAL 观测几何模型

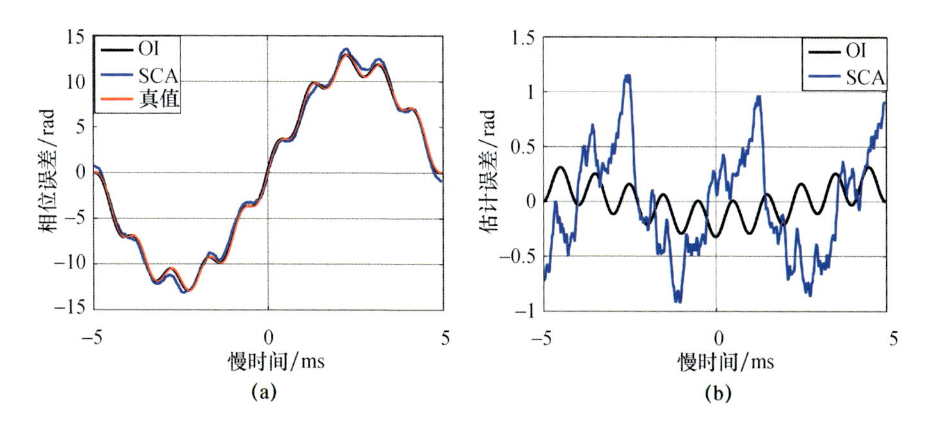

图 8.19　振动相位误差估计结果

(a)估计值和真值;(b)估计误差。

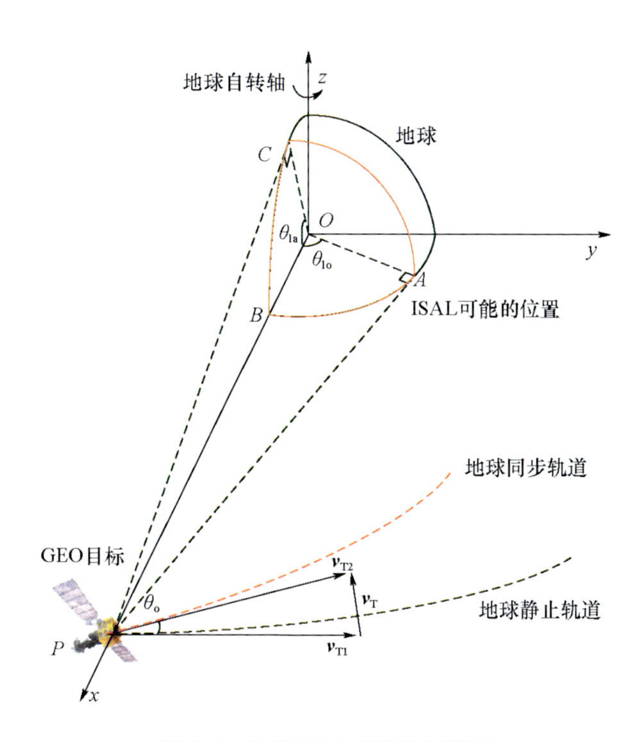

图 9.1　地基 ISAL 观测几何模型

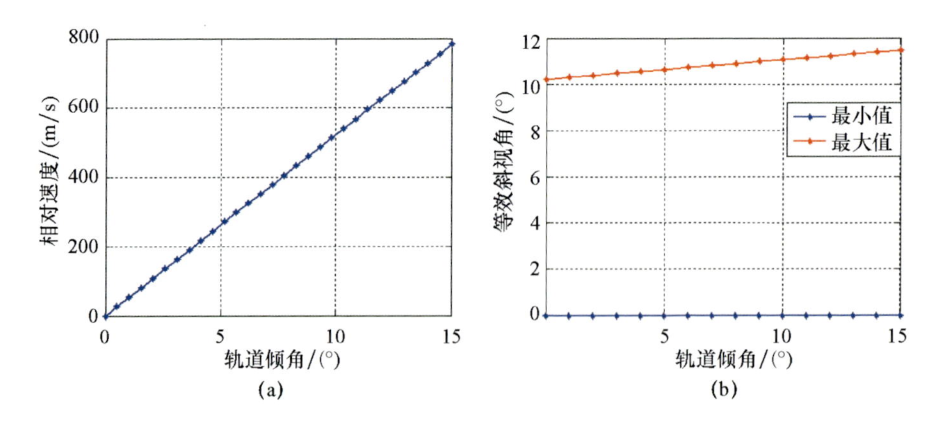

图 9.2　目标横向运动参数

(a)相对速度;(b)等效斜视角。

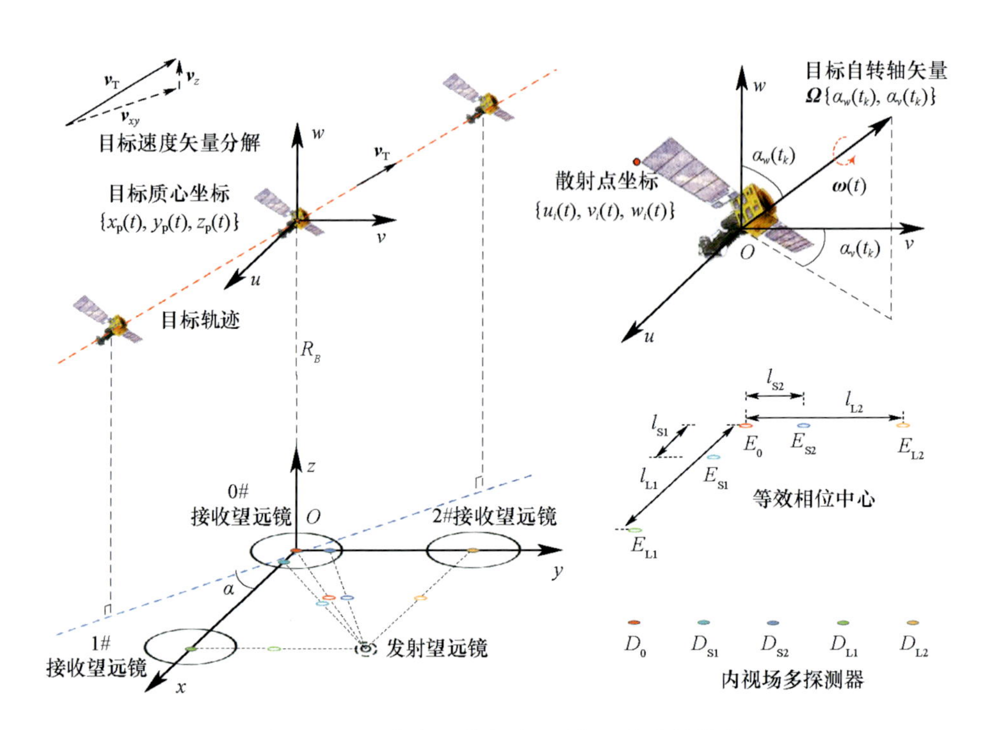

图 9.6　ISAL 收发通道布局和目标三维自转模型

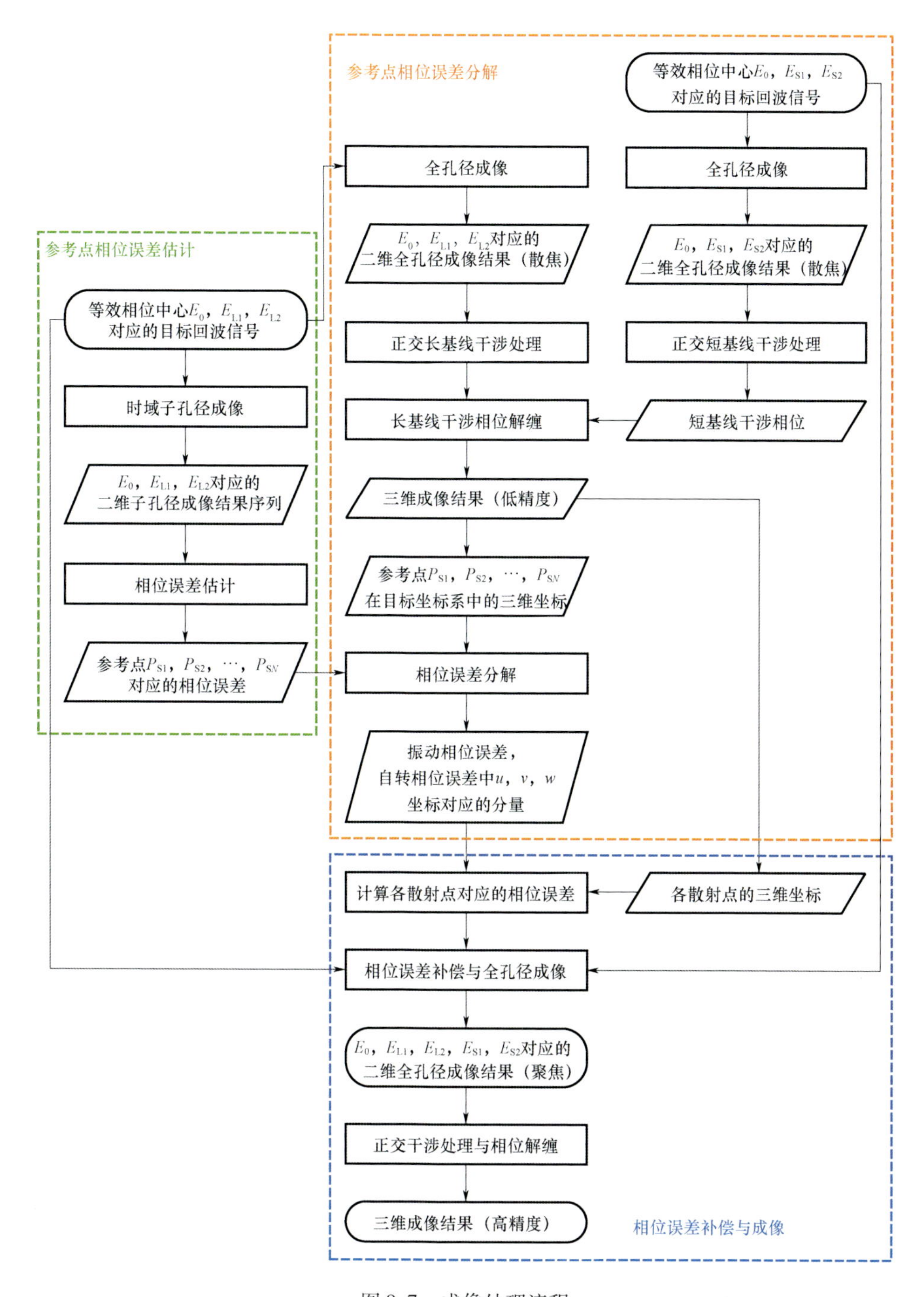

参考点相位误差分解
等效相位中心E_0，E_{S1}，E_{S2}对应的目标回波信号
全孔径成像
全孔径成像
E_0，E_{L1}，E_{L2}对应的二维全孔径成像结果（散焦）
E_0，E_{S1}，E_{S2}对应的二维全孔径成像结果（散焦）
正交长基线干涉处理
正交短基线干涉处理
长基线干涉相位解缠
短基线干涉相位
三维成像结果（低精度）
参考点P_{S1}，P_{S2}，…，P_{SN}在目标坐标系中的三维坐标
相位误差分解
振动相位误差，自转相位误差中u，v，w坐标对应的分量
参考点相位误差估计
等效相位中心E_0，E_{L1}，E_{L2}对应的目标回波信号
时域子孔径成像
E_0，E_{L1}，E_{L2}对应的二维子孔径成像结果序列
相位误差估计
参考点P_{S1}，P_{S2}，…，P_{SN}对应的相位误差
计算各散射点对应的相位误差
各散射点的三维坐标
相位误差补偿与全孔径成像
E_0，E_{L1}，E_{L2}，E_{S1}，E_{S2}对应的二维全孔径成像结果（聚焦）
正交干涉处理与相位解缠
三维成像结果（高精度）
相位误差补偿与成像

图 9.7　成像处理流程

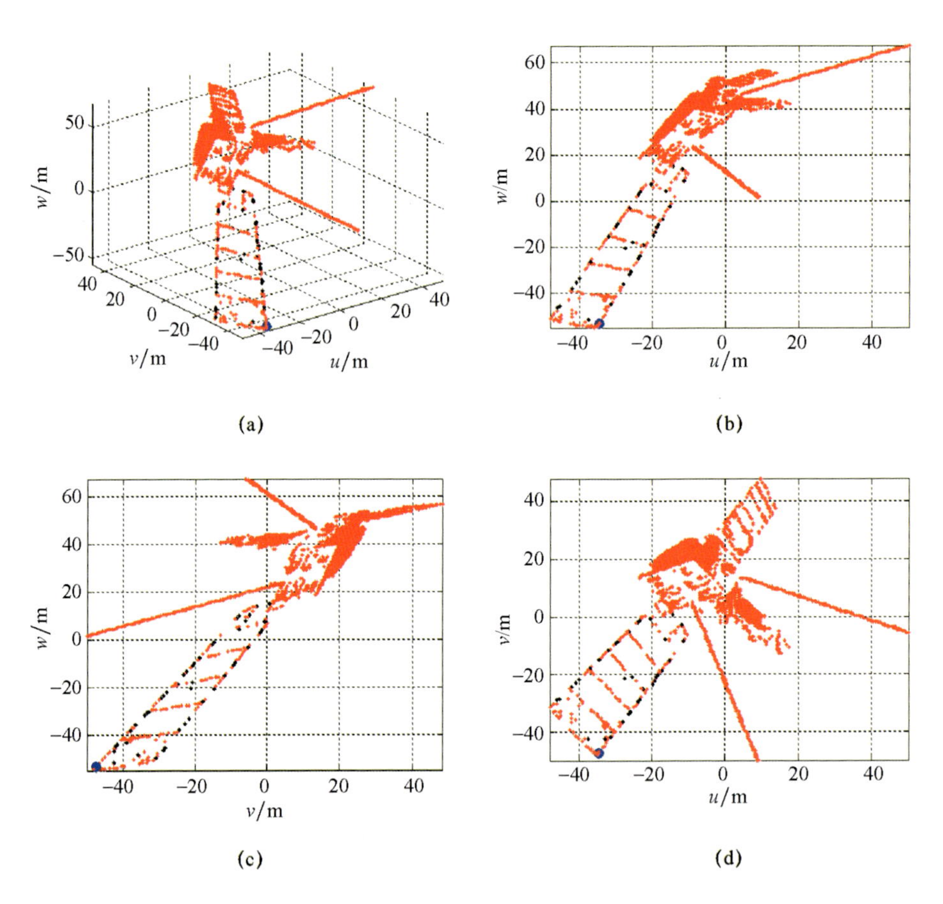

图 9.8　目标上散射点的三维分布及其三视图

(a)三维分布;(b)正视图;(c)侧视图;(d)俯视图。

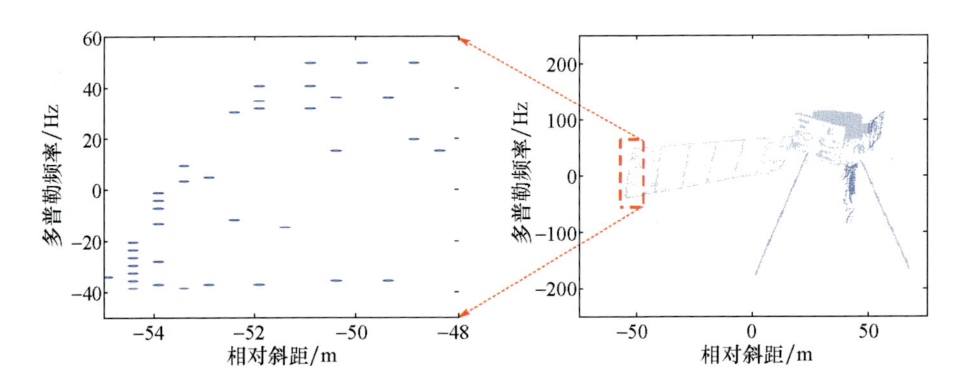

图 9.10　基于真值进行相位误差补偿后的目标二维全孔径成像结果

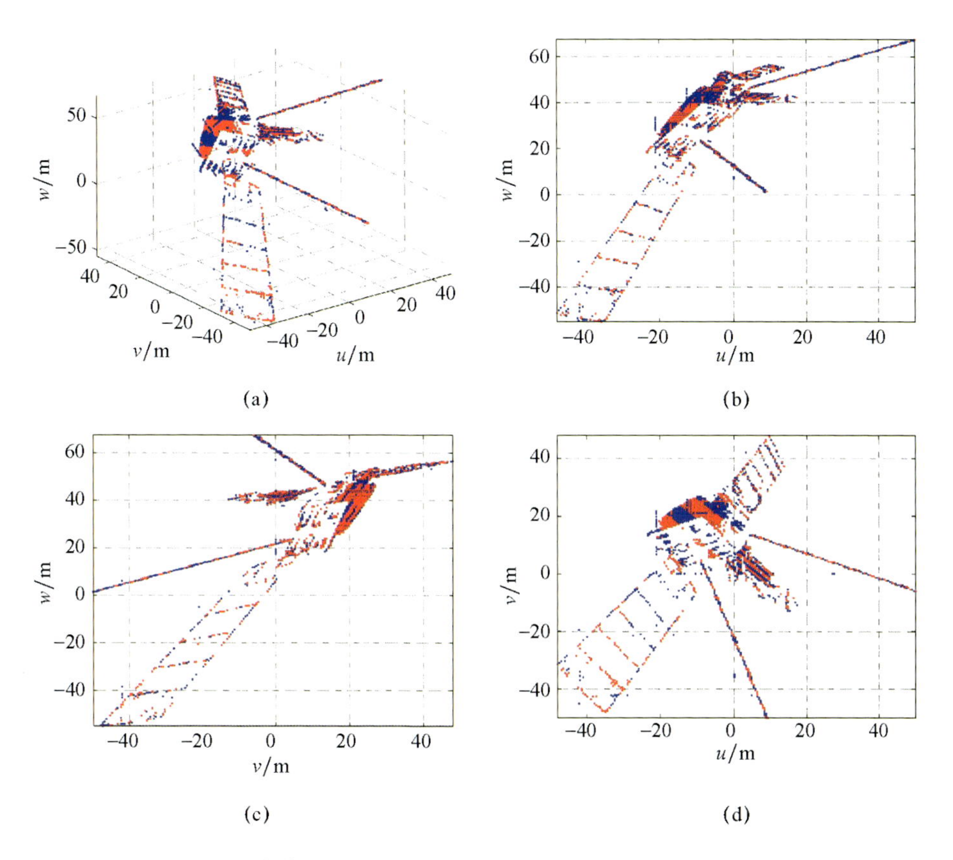

图 9.11　基于真值进行相位误差补偿后的目标三维成像结果及其三视图

(a)三维分布;(b)正视图;(c)侧视图;(d)俯视图。

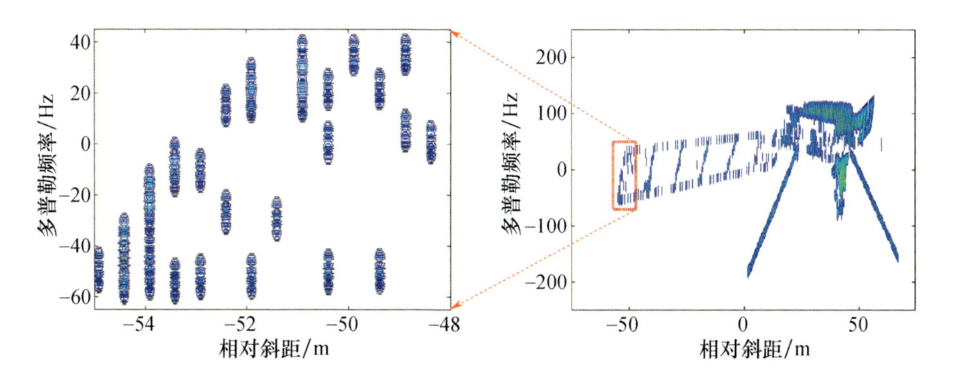

图 9.12　未进行相位误差补偿的目标二维全孔径成像结果

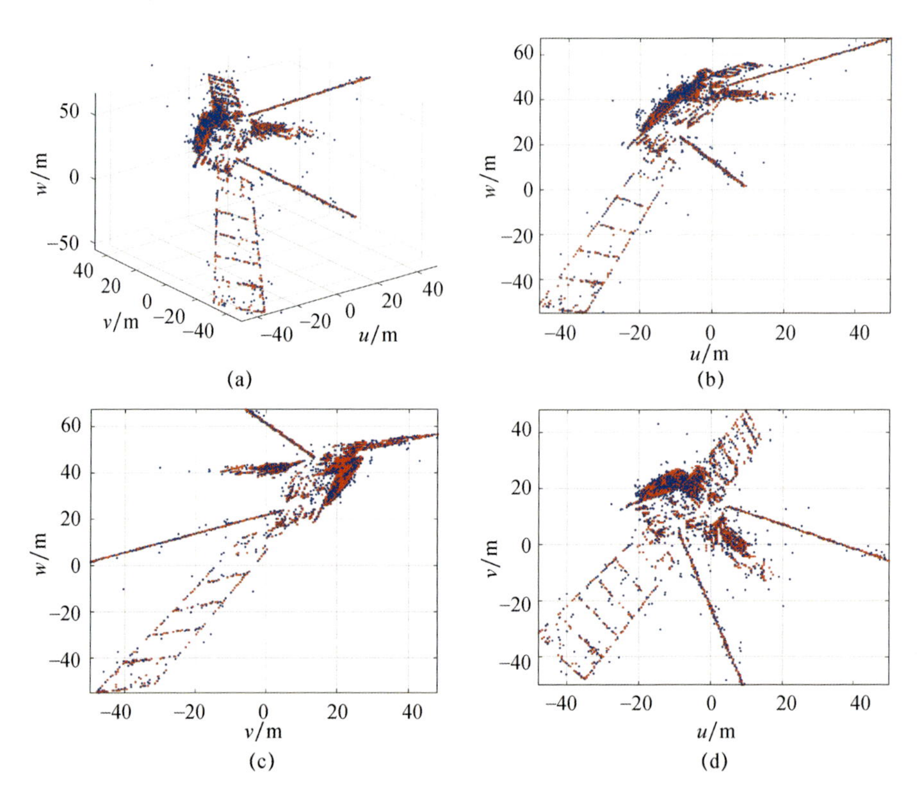

图 9.13　未进行相位误差补偿的目标三维成像结果及其三视图

(a)三维分布;(b)正视图;(c)侧视图;(d)俯视图。

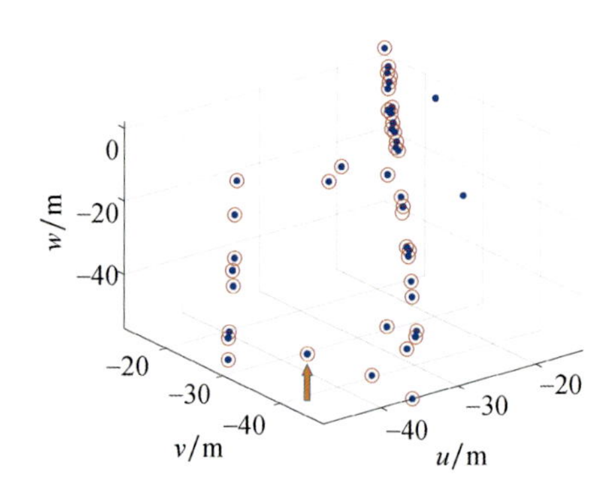

图 9.14　参考点的三维坐标估计结果

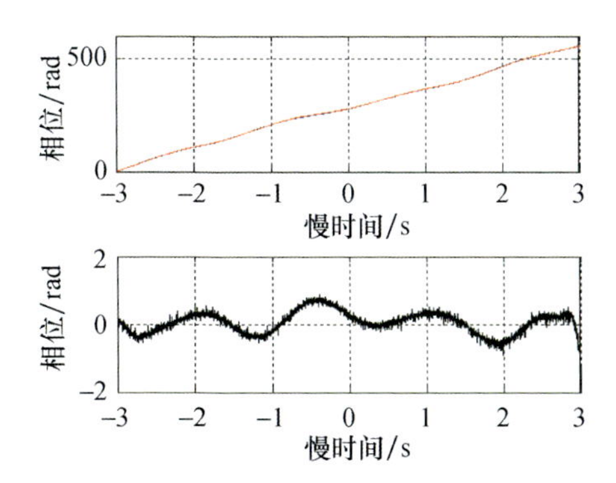

图 9.15 参考点对应的相位误差估计结果

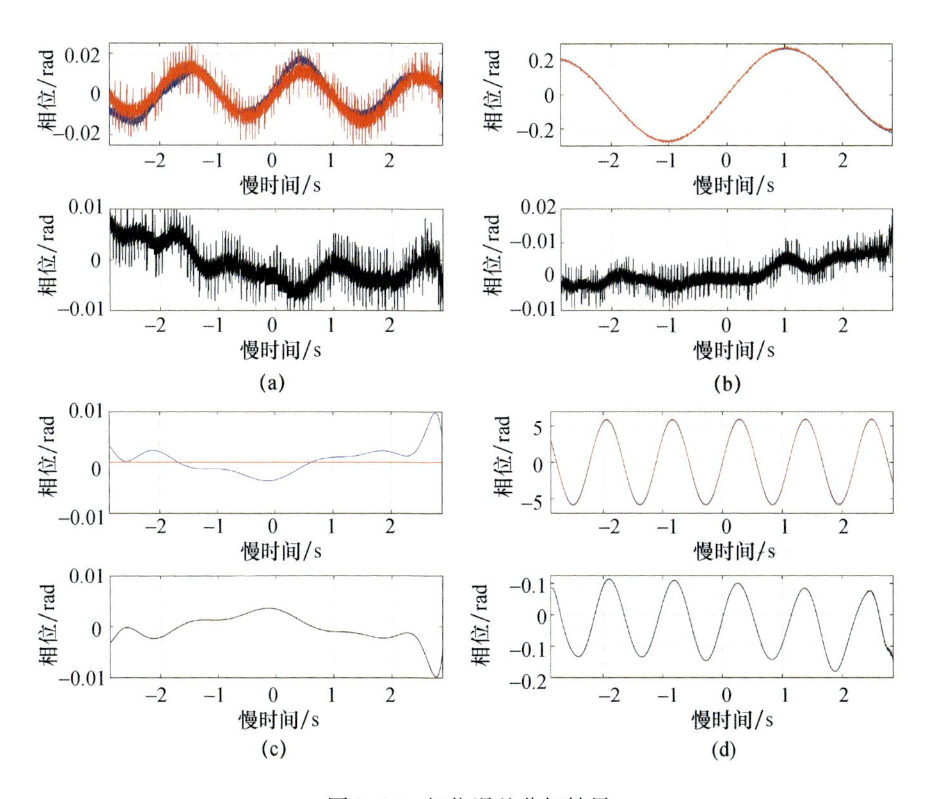

图 9.16 相位误差分解结果

(a)与 u 坐标对应的自转相位误差分量;(b)与 v 坐标对应的自转相位误差分量;

(c)与 w 坐标对应的自转相位误差分量;(d)振动相位误差。

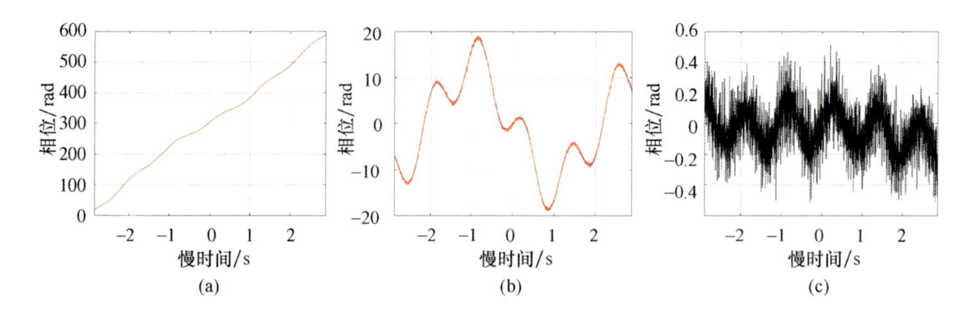

图 9.17　测试散射点对应的相位误差计算结果

(a)真值和计算值;(b)真值和计算值中的非线性分量;(c)误差。

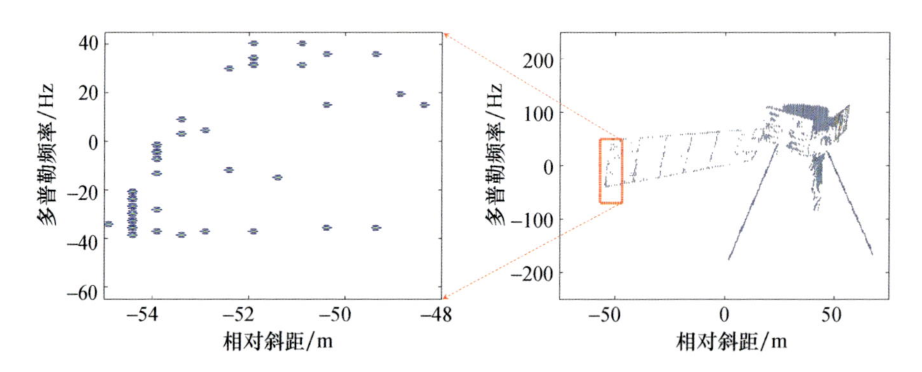

图 9.18　基于本章方法进行相位误差补偿后的目标二维全孔径成像结果

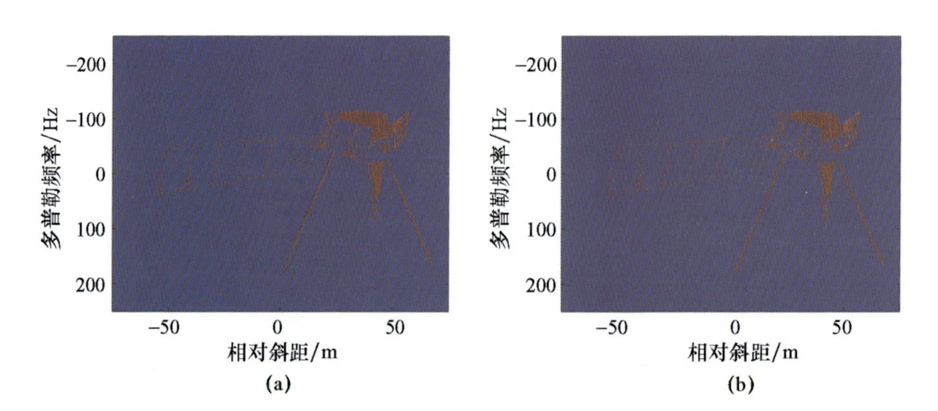

图 9.19　长基线对应二维成像结果的相干系数图

(a)与等效相位中心 E_0、E_{L1} 对应;(b)与等效相位中心 E_0、E_{L2} 对应。

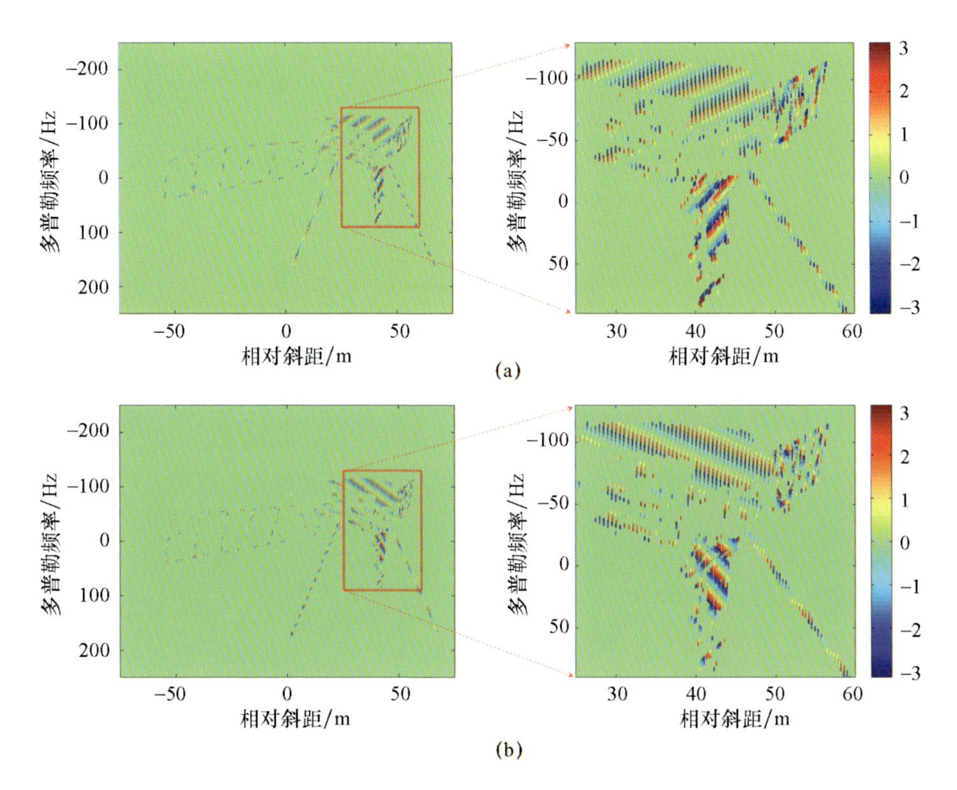

图 9.20　长基线对应的目标二维成像结果的干涉相位图

(a)与等效相位中心 E_0、E_{L1} 对应;(b)与等效相位中心 E_0、E_{L2} 对应。

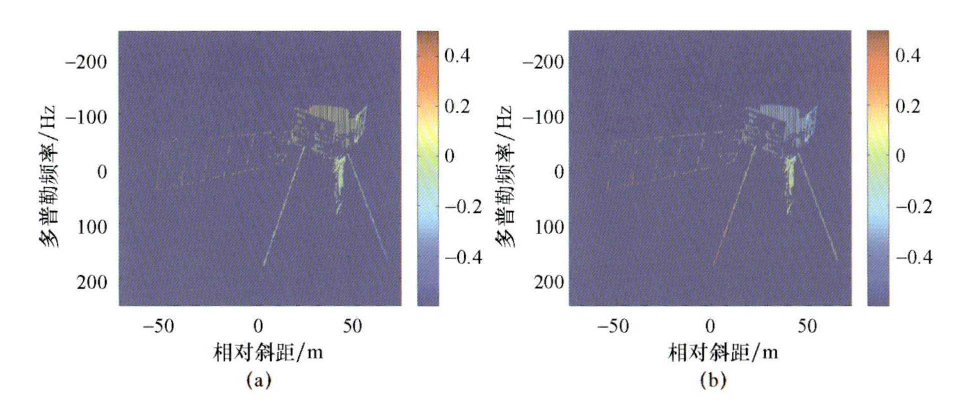

图 9.21　短基线对应目标二维成像结果的干涉相位图

(a)与等效相位中心 E_0、E_{S1} 对应;(b)与等效相位中心 E_0、E_{S2} 对应。

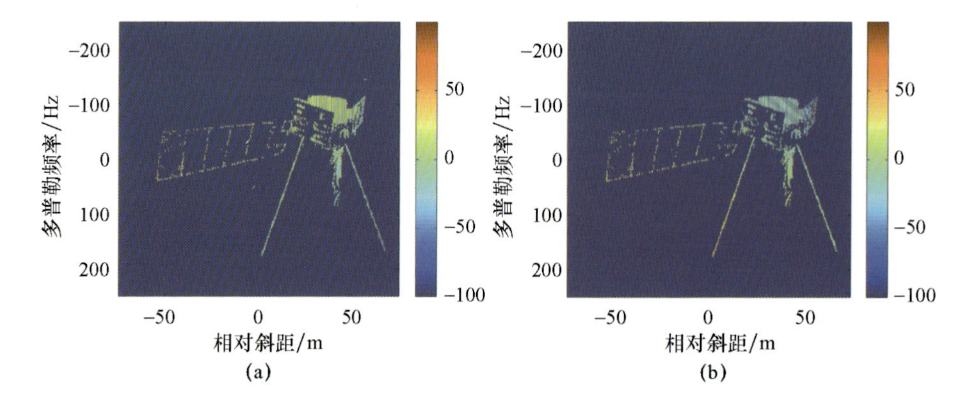

图 9.22　解缠后的长基线对应二维成像结果的干涉相位图

(a)与等效相位中心 E_0、E_{L1}对应;(b)与等效相位中心 E_0、E_{L2}对应。

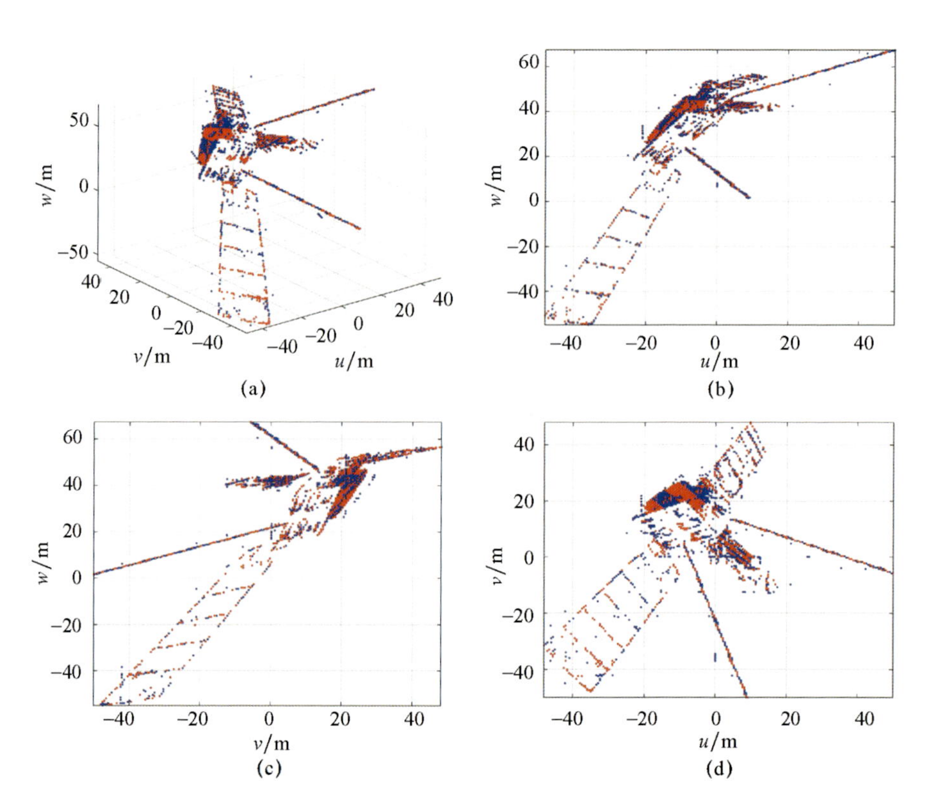

图 9.23　基于本章方法进行相位误差补偿后的目标三维成像结果及其三视图

(a)三维成像结果;(b)正视图;(c)侧视图;(d)俯视图。

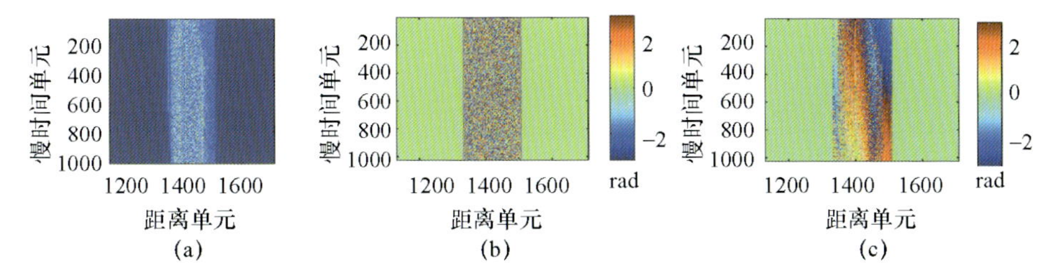

图 10.5　不含噪声时回波数据距离压缩后的幅度和相位

(a)幅度;(b)ISAL 相位;(c)InISAL 干涉相位。

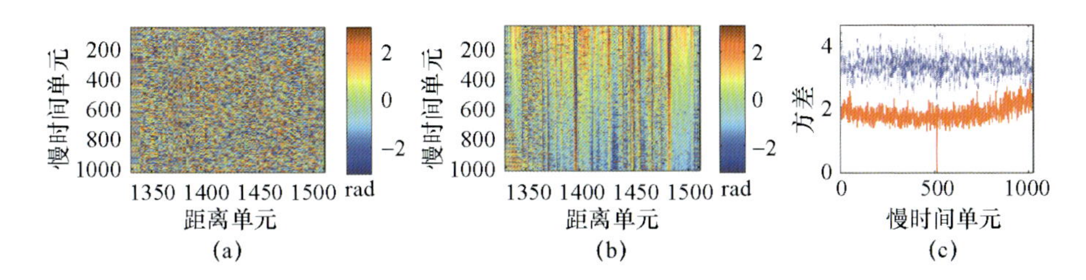

图 10.6　各脉冲相对于第 512 个脉冲的相位变化

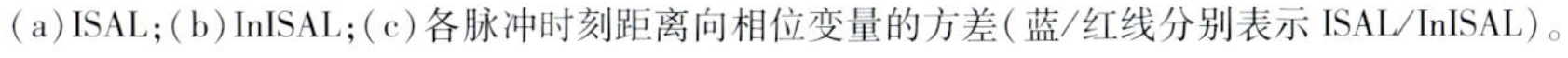

(a)ISAL;(b)InISAL;(c)各脉冲时刻距离向相位变量的方差(蓝/红线分别表示 ISAL/InISAL)。

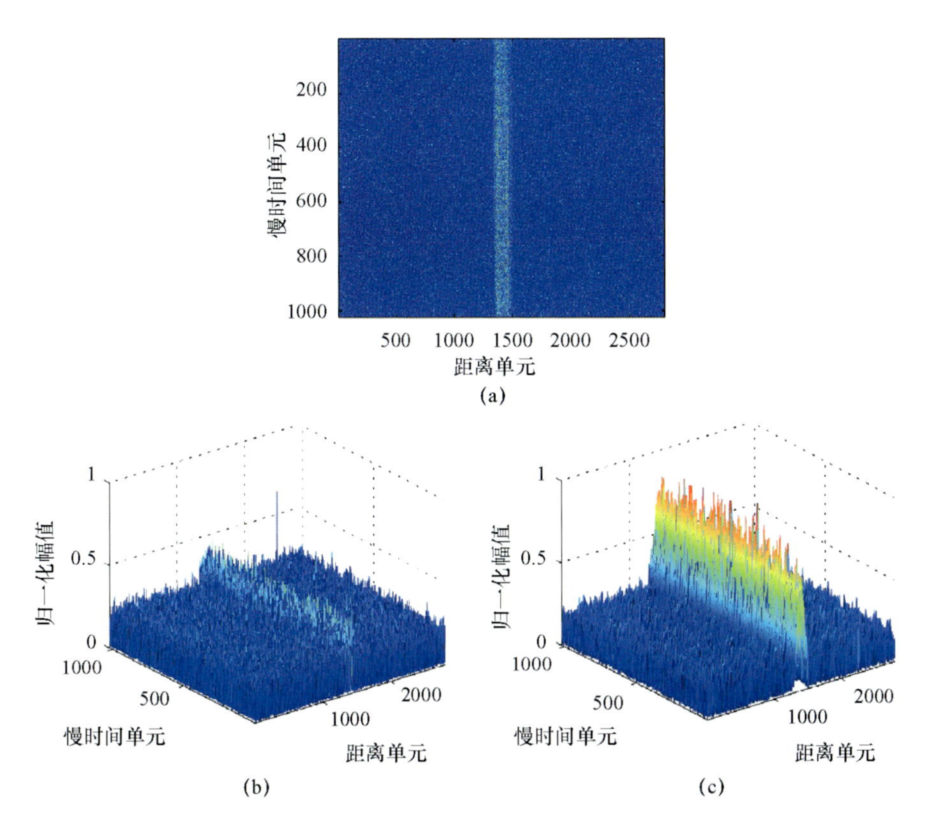

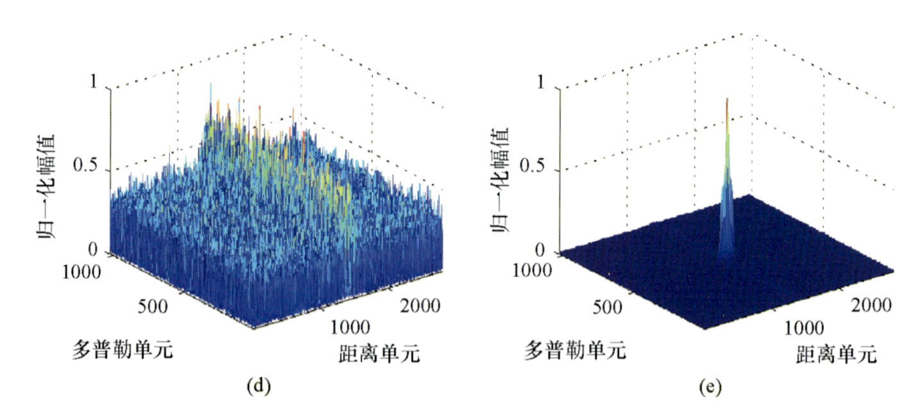

图 10.8 扩展目标单脉冲 SNR =5dB 时目标匹配滤波及相应的距离－多普勒域探测结果

(a) ISAL 距离压缩回波；(b) ISAL 目标匹配滤波结果；(c) InISAL 目标匹配滤波结果；

(d) ISAL 距离－多普勒域探测结果；(e) InISAL 距离－多普勒域探测结果。

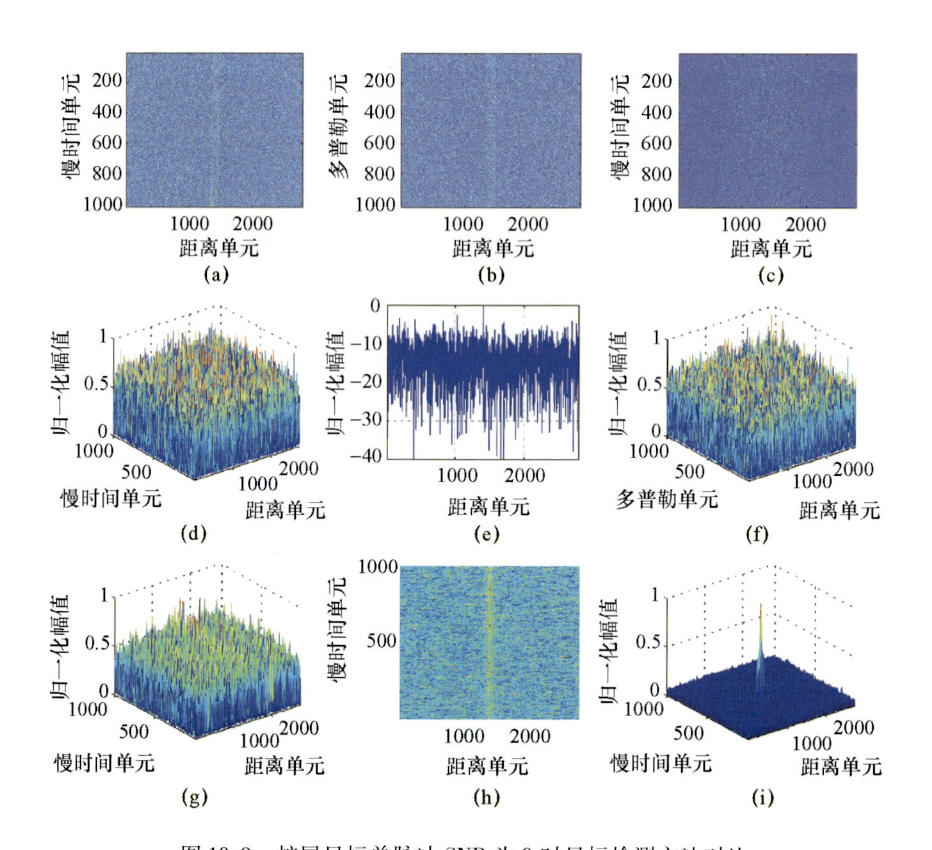

图 10.9 扩展目标单脉冲 SNR 为 0 时目标检测方法对比

(a) ISAL 距离压缩回波；(b) ISAL 距离－多普勒域探测结果；(c) ISAL 相邻相关检测结果；

(d) ISAL 目标匹配滤波结果；(e) 图(d)第 512 个脉冲切片；(f) ISAL 距离－多普勒域探测结果；

(g) InISAL 目标匹配滤波结果；(h) 图(g)俯视图；(i) InISAL 距离－多普勒域探测结果。

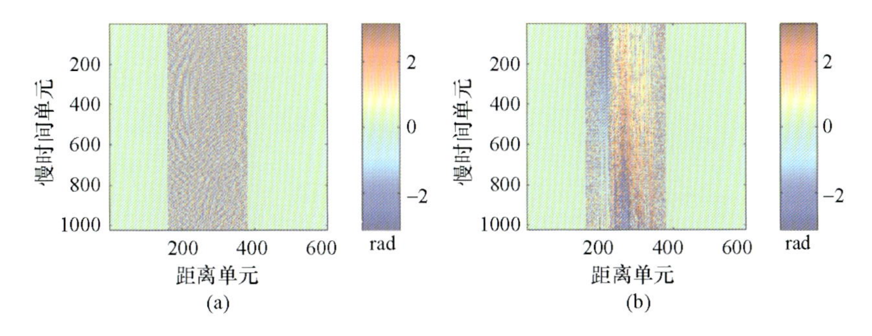

图 10.10　实际数据相位图

(a) ISAR 相位图;(b) InISAR 干涉相位图。

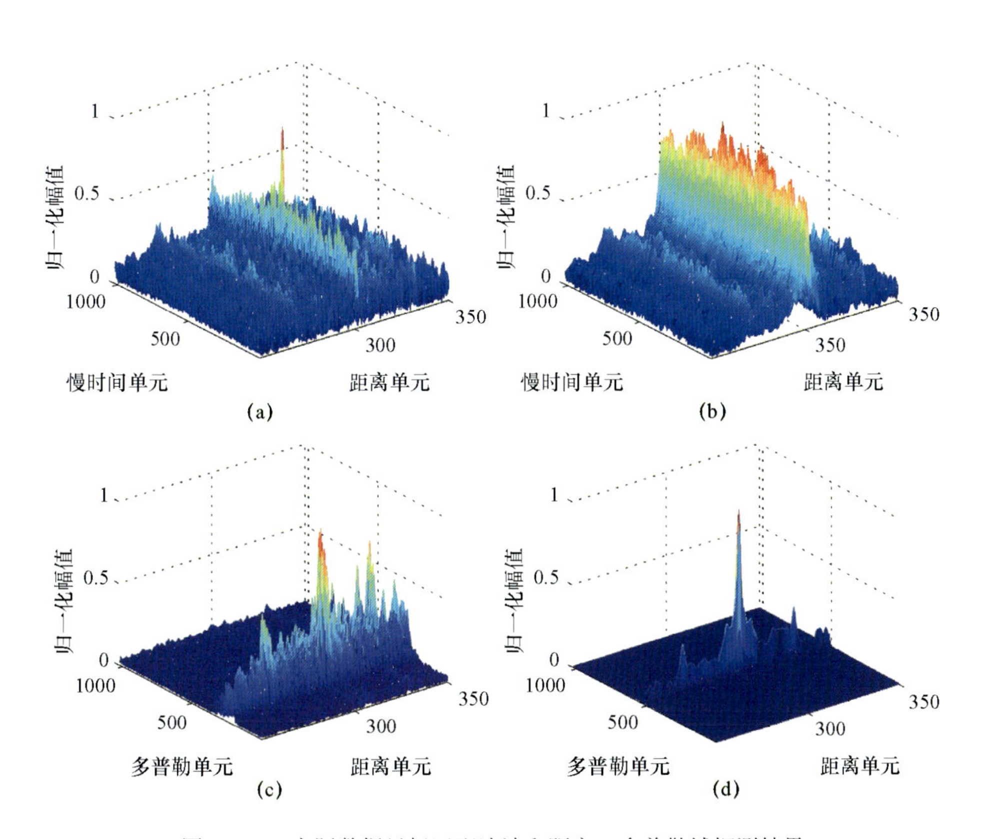

图 10.13　实际数据目标匹配滤波和距离 - 多普勒域探测结果

(a) ISAR 目标匹配滤波结果;(b) InISAR 目标匹配滤波结果;

(c) ISAR 距离 - 多普勒域探测结果;(d) InISAR 距离 - 多普勒域探测结果。

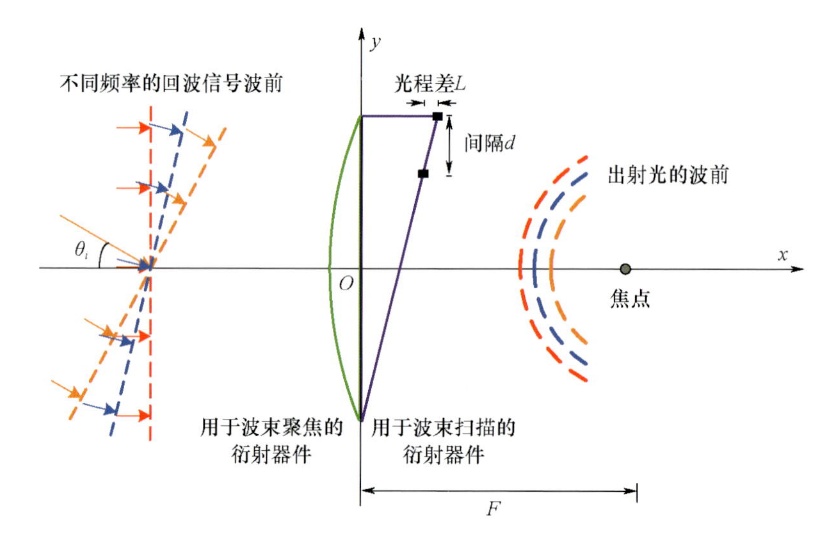

图 10.22　频率扫描实现波束扫描的光学系统示意图

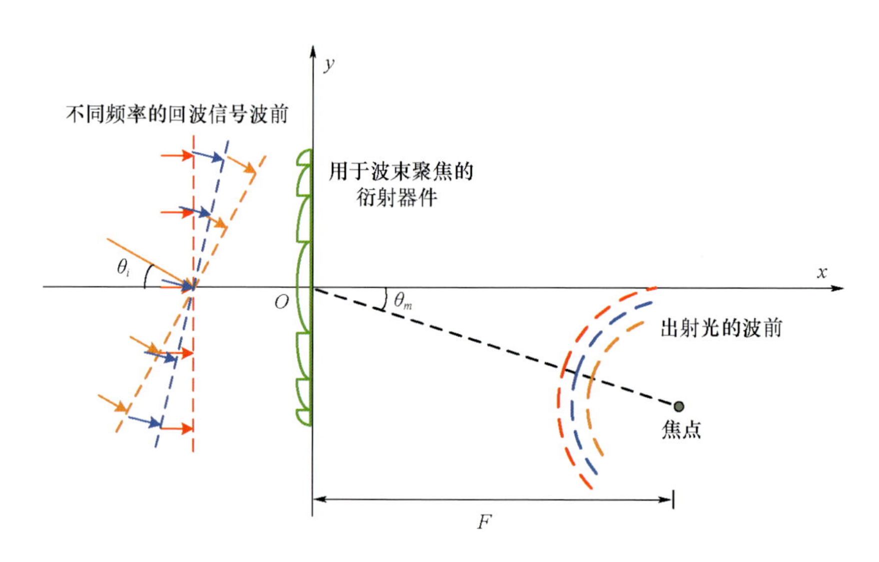

图 10.24　焦点偏置频率扫描实现波束扫描的平面光学系统示意图

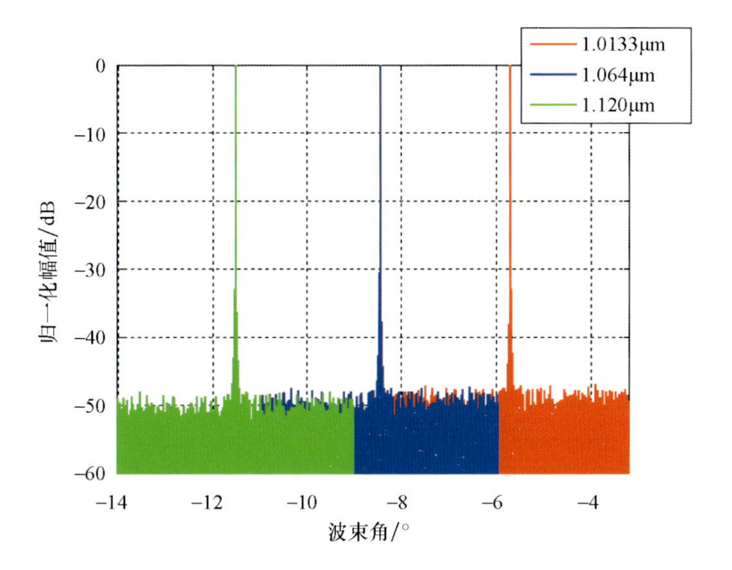

图 10.25　波长 1.0133μm、1.064μm、1.120μm 对应的波束方向图

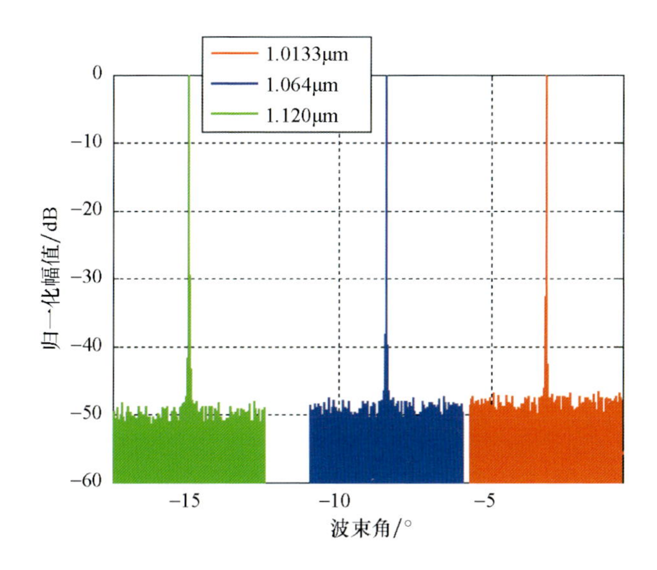

图 10.26　波长 0.9672μm、1.064μm、1.1822μm 对应的波束方向图